建筑工程入门之路丛书

建筑工程设备安装实例教程

秦　柏　主　编
刘安业　马向东　副主编

机　械　工　业　出　版　社

本书以国家颁布的最新有关建筑设备安装施工验收规范及有关技术标准为依据，全面、系统地介绍了建筑设备安装施工工艺和操作技术要点。内容主要包括建筑设备安装基础、建筑给水排水管道的安装、供暖管道及设备的安装、室内外燃气管道及设备安装、供暖锅炉及辅助设备的安装、空调用制冷设备及管道的安装、通风空调管道及设备的安装、管道设备的防腐及保温。

本书可作为相关专业高等院校、高职高专院校教材或参考用书，也可供建筑设备安装工程技术人员、工程质量监督与检查人员、工程监理人员学习使用。

图书在版编目（CIP）数据

建筑工程设备安装实例教程/秦柏主编. —北京：机械工业出版社，2013.6

（建筑工程入门之路丛书）

ISBN 978-7-111-42917-3

Ⅰ. ①建…　Ⅱ. ①秦…　Ⅲ. ①房屋建筑设备—建筑安装工程——教材
Ⅳ. ①TU8

中国版本图书馆 CIP 数据核字（2013）第 132764 号

机械工业出版社（北京市百万庄大街 22 号　邮政编码 100037）
策划编辑：范秋涛　责任编辑：范秋涛
版式设计：常天培　责任校对：丁丽丽
封面设计：陈　沛　责任印制：张　楠
北京振兴源印务有限公司印刷
2013 年 8 月第 1 版第 1 次印刷
140mm×203mm · 15.625印张 · 2插页 · 420千字
标准书号：ISBN 978-7-111-42917-3
定价：48.00 元

前 言

建筑设备是房屋建筑的主要部分，它对房屋功能起着重要的作用。房屋中安装的设备不但体现了建筑物现代化水平的提高，也反映了当前我国人民生活水平日益提高的需要。随着建筑设备施工技术发展，新材料、新工艺、新方法等不断涌现，为适应新技术的发展，与建筑设备安装工程相关的设计与施工验收规范及有关技术标准多数进行了重新修订。为了使从事建筑设备安装工程的工程技术人员尽快掌握新的设计、施工等方面的相关知识，我们按照目前正在执行的最新规范的要求编写这本实用教程。

本书以工业与民用建筑中的给水排水、燃气、供暖、通风、制冷及空调工程为主，根据安装施工过程中的实际工作需要，分项编写而成。本书内容综合了我国建筑安装企业已采用的成熟技术经验和传统先进的施工方法，并遵照给水排水、供暖、燃气、通风与空调工程有关技术标准和施工验收规范的规定，系统地介绍了上述各项工程的基本施工工艺和操作技术要点。本书还编入了常用资料及建筑安装工程中使用的管道、设备、部器件的技术规格及安装要求等。本书可作为日常工具书，供从事建筑设备安装的工程技术人员及质量检查人员使用，也可作为注册建筑师、设备师、造价师的专业培训参考资料，还可作为相关专业的大学师生的参考用书。

全书共分八章，由哈尔滨理工大学秦柏副教授（第1、3、5、6、7章）、哈尔滨工业大学交通科学与工程学院博士后刘安业高级工程师（第2、4章）、黑龙江省高速公路管理局马向东高级工程师（第8章）编写。全书由秦柏任主编，刘安业、马向东任副主编。中能装备严帅博士、牡丹江师范学院孙清华硕士、黑龙江省高速公路管理局陈闯工程师、哈尔滨华德学院马文慧硕士等参与了本书的编写工作；湖北美术学院设计系雷青云完成全书的图表设计制作和架构；哈尔滨理工大学计算机科学与技术学院高智婷和东北农业大学水利与建筑学院李维同学完成了本书的资料整理、外文文献翻译和校对工作。全书最后由秦柏统稿和定稿。

在本书编写过程中，参阅了大量国内外有关论著，在此向各位同行专家、学者致以诚挚的感谢。机械工业出版社范秋涛编辑为本书的编撰完成倾注了大量心血，在此向他及机械工业出版社各位同仁表示深深的敬意。由于编者水平有限，书中难免存在错误及纰漏之处，请读者不吝赐教。

目　　录

前言
第 1 章　建筑设备安装基础 …… 1
1.1　管道设备安装基础 …… 1
1.1.1　管材及附件的通用标准 …… 1
1.1.2　管材及管件 …… 8
1.1.3　板材和型钢 …… 33
1.1.4　常用阀门及选用 …… 45
1.2　建筑设备安装基础技能 …… 65
1.2.1　管道加工前的准备 …… 65
1.2.2　钢管的加工及连接 …… 68
1.2.3　铸铁管的加工及连接 …… 97
1.2.4　非金属管的加工及连接 …… 100
第 2 章　建筑给水排水管道的安装 …… 109
2.1　建筑给水排水施工图的识读 …… 109
2.1.1　建筑给水排水施工图的表示 …… 109
2.1.2　建筑给水排水施工图的图例 …… 114
2.1.3　建筑给水排水施工图的识读方法 …… 116
2.1.4　建筑给水排水施工图的实例 …… 119
2.2　建筑内给水管道及设备的安装 …… 123
2.2.1　建筑内给水管道的安装 …… 123
2.2.2　建筑内给水设备的安装 …… 134
2.3　室内排水管道及卫生器具的安装 …… 148
2.3.1　室内排水管道安装 …… 148
2.3.2　卫生器具安装 …… 155
2.4　室内给水排水管道的试压与验收 …… 168

2.4.1 管道压力试验 …… 168
2.4.2 室内排水管道灌水试验 …… 170
2.4.3 给水排水工程验收 …… 171
第3章 供暖管道及设备的安装 …… 174
3.1 供暖施工图的识读 …… 174
3.1.1 供暖施工图的表示 …… 174
3.1.2 供暖施工图的图例 …… 178
3.1.3 供暖施工图的识读方法 …… 181
3.1.4 某建筑供暖施工图识读实例 …… 184
3.2 室内供暖系统及设备的安装 …… 185
3.2.1 室内供暖管道的安装 …… 185
3.2.2 室内供暖设备的安装 …… 196
3.2.3 室内供暖系统的试压与试运行 …… 206
3.3 室外供暖管道与设备的安装 …… 208
3.3.1 室外供暖管道的安装 …… 208
3.3.2 室外供暖管网设备和附属器具安装 …… 217
3.3.3 室外供暖管网的试压与验收 …… 224
3.4 低温热水地板辐射供暖系统安装 …… 225
第4章 室内外燃气管道及设备安装 …… 228
4.1 燃气施工图的识读 …… 228
4.1.1 燃气施工图的表示方法 …… 228
4.1.2 燃气施工图的常用图例 …… 235
4.1.3 燃气施工图的识读方法 …… 238
4.1.4 燃气施工图的识读举例 …… 240
4.2 室外燃气管道及设备的安装 …… 243
4.2.1 常用的室外燃气管材 …… 243
4.2.2 室外燃气管道安装 …… 245
4.2.3 燃气管道附件与设备安装 …… 252
4.3 室内燃气系统的施工安装 …… 258
4.3.1 室内燃气管道常用管材与连接方式 …… 258

4.3.2　室内燃气管道安装 …… 259
4.3.3　燃气表和燃烧器具安装 …… 263
4.3.4　室内燃气系统试压与验收 …… 268
第5章　供暖锅炉及辅助设备的安装 …… 270
5.1　锅炉房施工图及施工图的识读 …… 270
5.1.1　锅炉房施工图 …… 270
5.1.2　锅炉房施工图的识读 …… 271
5.2　锅炉安装用起吊机具 …… 272
5.2.1　起重索具 …… 272
5.2.2　起重机具 …… 274
5.2.3　吊装工具 …… 282
5.3　锅炉基础验收、划线 …… 284
5.3.1　锅炉基础验收 …… 284
5.3.2　锅炉基础划线 …… 285
5.4　锅炉钢架和平台的安装 …… 286
5.5　锅筒、集箱的安装 …… 288
5.5.1　安装前的质量检查与划线 …… 288
5.5.2　锅筒支座的安装 …… 289
5.5.3　锅筒就位 …… 290
5.5.4　锅筒调整 …… 290
5.5.5　集箱安装 …… 292
5.6　锅炉受热面的安装 …… 293
5.6.1　受热面管子的安装 …… 293
5.6.2　尾部受热面的安装 …… 299
5.7　锅炉燃烧设备的安装 …… 301
5.8　锅炉安全附件的安装 …… 302
5.8.1　压力表的安装 …… 302
5.8.2　水位计的安装 …… 303
5.8.3　安全阀的安装 …… 304
5.9　锅炉整体水压试验 …… 306

5.9.1 试验前的准备 …… 306
5.9.2 锅炉整体水压试验 …… 307
5.10 锅炉炉墙施工 …… 308
5.10.1 炉墙砌筑前的准备工作 …… 308
5.10.2 操作工艺及施工技术要求 …… 309
5.11 整体式锅炉的安装 …… 311
5.11.1 快装锅炉安装前的准备 …… 311
5.11.2 快装锅炉的安装工艺 …… 313
5.12 锅炉的试运行及竣工验收 …… 316
5.12.1 试运行前的准备 …… 316
5.12.2 锅炉系统的试运转 …… 319
5.12.3 竣工验收 …… 322
第6章 空调用制冷设备及管道的安装 …… 324
6.1 冷热源机房施工图的识读 …… 324
6.1.1 系统原理识读 …… 324
6.1.2 设备及管道布置识读 …… 325
6.2 制冷机组安装 …… 326
6.2.1 安装的一般规定 …… 326
6.2.2 活塞式冷水机组安装与试运行 …… 329
6.2.3 其他制冷机组安装 …… 366
6.3 换热器及空调水系统设备的安装 …… 371
6.3.1 冷却塔安装 …… 371
6.3.2 分水器、集水器安装 …… 372
第7章 通风空调管道及设备的安装 …… 375
7.1 通风空调施工图的识读 …… 375
7.1.1 通风空调系统施工概述 …… 375
7.1.2 通风空调施工图表示方法 …… 378
7.1.3 通风空调施工图常用图例 …… 380
7.1.4 通风空调施工图识读方法 …… 384
7.1.5 通风空调施工图识图举例 …… 386

7.2 风管及配件加工制作 …… 394
7.2.1 划线 …… 394
7.2.2 剪切下料 …… 401
7.2.3 折方和卷圆 …… 403
7.2.4 板材连接 …… 404
7.2.5 法兰制作 …… 409
7.2.6 风管加固 …… 412
7.2.7 配件加工 …… 413
7.2.8 其他风管和配件加工 …… 415
7.3 通风空调系统管道安装 …… 421
7.3.1 安装前准备工作 …… 421
7.3.2 施工安装程序 …… 422
7.4 通风空调系统部件安装 …… 435
7.4.1 防火阀 …… 435
7.4.2 风管止回阀 …… 437
7.4.3 密闭阀 …… 437
7.4.4 风口制作与安装 …… 438
7.4.5 风帽、吸尘罩与排气罩的安装 …… 440
7.5 通风空调设备的安装 …… 441
7.5.1 通风机的安装 …… 441
7.5.2 空气处理设备的安装 …… 446
7.6 通风空调系统的调试与验收 …… 457
7.6.1 通风空调系统的调试 …… 457
7.6.2 竣工验收 …… 461
第8章 管道设备的防腐及保温 …… 463
8.1 管道及设备的防腐 …… 463
8.1.1 管道及设备的防腐概述 …… 463
8.1.2 腐蚀及防腐保护 …… 464
8.1.3 除污 …… 465
8.1.4 刷油 …… 466

8.1.5 埋地管道的防腐 …………………………… 469
8.2 管道及附件保温 …………………………………… 472
8.2.1 管道及附件保温工程概述 ………………… 472
8.2.2 保温材料的选用 ……………………………… 473
8.2.3 保温结构的组成 ……………………………… 474
8.2.4 保温结构的施工 ……………………………… 475
参考文献……………………………………………………… 487

第 1 章　建筑设备安装基础

1.1　管道设备安装基础

1.1.1　管材及附件的通用标准

为便于生产、设计、施工和建设等单位进行工程建设，国家于 1959 年正式批准了管材及其附件的统一技术标准，即公称通径标准和公称压力标准，目前我国通用的标准有国家颁发的国家标准、中央各部委颁发的行业标准、各专业局颁发的局颁标准和一些大型骨干企业颁发的仅限于企业内部通用的企业标准。为了使用和交流的方便，每种技术标准都用标准代号表示。统一格式的标准代号由标准类别代号、标准顺序号和颁发年号三部分组成，如 GB/T 1047—2005。标准类别一般为其标准汉语拼音字母首位拼音字母的缩写，如“GB”表示国家标准，“GB/T”表示推荐性国家标准。

1. 公称尺寸

为了便于管道工程施工，就必须使管子、管件、法兰、阀门等部件的尺寸统一起来以便于连接，这一统一尺寸称为公称尺寸(或称公称直径)，用符号 *DN* 表示，单位为 mm。在机械行业中，尺寸数字的基本单位为 mm，所以，除特殊情况外，尺寸数字后面的单位都不必写出。例如，表示公称尺寸 100mm 的管子或管件，即写为 *DN*100。

我国现行管材及其附件的公称尺寸标准按表 1-1 规定。

表 1-1 管材公称尺寸 （单位：mm）

6	32	125	350	800	1500	2600	3800
8	40	150	400	900	1600	2800	4000
10	50	175	450	1000	1800	3000	
15	65	200	500	1100	2000	3200	
20	80	250	600	1200	2200	3400	
25	100	300	700	1400	2400	3600	

公称尺寸从 6 ~ 4000mm 共分为 43 个级别，其中 15、20、25、32、40、50、65、80、100、125、150、200、250、300、400、500、600、700（mm）共 18 个规格是工程上常用的公称尺寸规格。管材及其管件的实际生产制造规格如下：

1）阀门等附件，其公称尺寸等于其实际内径。

2）内螺纹管件，公称尺寸等于其内径。

3）各种管材，公称尺寸既不等于其实际内径，也不等于其实际外径，只是个名义直径，但无论管材的实际内径和外径的数值是多少，只要其公称尺寸相同，就可用相同公称尺寸的管件相连接，具有通用性和互换性。

2. 公称压力、试验压力、工作压力

工程上常以基准温度（200℃）下制件所允许承受的工作压力作为该制件的耐压强度标准，称为公称压力，用符号 *PN* 表示，后面的数字表示公称压力数值，单位为 MPa㊀。例如，*PN*10 表示公称压力为 10MPa。

通常将压力分为低、中、高三级：低压是 2.5MPa 以下；中压是 2.6 ~ 10MPa；高压是 10.1 ~ 32MPa。试验压力是在常温下检验管子和附件机械强度及严密性能的压力标准。试验压力以 p_s 表示。水压试验采用常温下的自来水，试验压力为公称压力的

㊀ 本书压力单位采用 MPa（原习惯单位为 kgf/cm^2），为工程应用方便，在单位换算时按 $1kgf/cm^2 \approx 0.1MPa$ 计算。

1.5～2 倍，即 $p_s = (1.5 \sim 2) PN$，公称压力 PN 较大时倍数值取小的，PN 值较小时倍数值取大的，当公称压力达到 20～100MPa 时，试验压力取公称压力的 1.25～1.4 倍。

工作压力是指管道内流动介质的工作压力，用字母 p 表示，右下角附加的数字为输送介质最高温度 1/10 的整数值，后面的数字表示工作压力数值。例如，介质最高温度为 300℃，工作压力为 10MPa，用 $p_{30}10$ 表示；介质最高温度为 425℃，工作压力为 10MPa，用 $p_{42}10$ 表示。输送热水、过热水和蒸汽的热力管道和附件，由于温度升高而产生热应力，使金属材料机械强度降低，承压能力随着温度升高而降低，所以热力管道的工作压力随着工作温度提高而应减小其最大允许值。p 随温度变化的数值列于表 1-2 中。

试验压力、公称压力、工作压力之间的关系是：$p_s > PN \geqslant p$，这是保证系统安全运行的重要条件。为保证管道系统安全可靠地运行，用各种材料制造的管子附件，均应按表 1-2 中压力标准试压。对于机械强度的检查，待配件组装后，用试验压力等于公称压力 PN 的水压试验进行密封性检验和强度检验，检验密封、填料和垫片等密封性能。压力试验必须遵守该项产品的技术标准。例如，青铜制造的阀门，按产品技术标准应符合公称压力 PN 小于或等于 1.6MPa，则对阀门构件（如阀体）应进行 2.4MPa 的水压试验，装配后再进行 1.6MPa 的水压试验，检验其密封性。根据表 1-2 可知，此阀门用在介质温度低于 120℃ 时，其工作压力为 1.6MPa，在 200℃ 时为 1.3MPa，而当温度为 250℃ 时，就只能用在工作压力为 1.1MPa 的管道中。

综上所述，公称压力也表示管子附件的一般强度标准，因而就可以根据所输送介质的参数选择管子附件及管子，而不必再进行强度计算，这样既便于设计，也便于安装。

表 1-2　公称压力、试验压力及工作压力

碳素钢制品[①]

公称压力 PN/MPa	试验压力（用温度低于100℃的水）p_s/MPa	介质工作温度/℃						
		至200	250	300	350	400	425	450
		最大工作压力 p/MPa						
		p_{20}	p_{25}	p_{30}	p_{35}	p_{40}	p_{42}	p_{45}
0.1	0.2	0.1	0.09	0.08	0.07	0.06	0.06	0.05
0.25	0.4	0.25	0.23	0.2	0.18	0.16	0.14	0.11
0.4	0.6	0.4	0.37	0.33	0.29	0.26	0.23	0.18
0.6	0.9	0.6	0.55	0.5	0.44	0.38	0.35	0.27
1.0	1.5	1.0	0.92	0.82	0.73	0.64	0.58	0.45
1.6	2.4	1.6	1.5	1.3	1.2	1.0	0.9	0.7
2.5	3.8	2.5	2.3	2.0	1.8	1.6	1.4	1.1
4.0	6.0	4.0	3.7	3.3	3.0	2.8	2.3	1.8
6.4	9.6	6.4	5.9	5.2	4.3	4.1	3.7	2.9
10.0	15.0	10.0	9.2	8.2	7.3	6.4	5.8	4.5

钼的质量分数不少于0.4%的钼钢及铬钢制品[②]

公称压力 PN/MPa	试验压力（用温度低于100℃的水）p_s/MPa	介质工作温度/℃								
		至350	400	425	450	475	500	510	520	530
		最大工作压力 p/MPa								
		p_{35}	p_{40}	p_{42}	p_{45}	p_{47}	p_{50}	p_{51}	p_{52}	p_{53}
0.1	0.2	0.1	0.09	0.09	0.08	0.07	0.06	0.05	0.04	0.04
0.25	0.4	0.25	0.23	0.21	0.2	0.18	0.14	0.12	0.11	0.09
0.4	0.6	0.4	0.36	0.34	0.32	0.28	0.22	0.2	0.17	0.14
0.6	0.9	0.6	0.55	0.51	0.48	0.43	0.33	0.3	0.26	0.22
1.0	1.5	1.0	0.91	0.86	0.81	0.71	0.55	0.5	0.43	0.36
1.6	2.4	1.6	1.5	1.4	1.3	1.1	0.9	0.8	0.7	0.6
2.5	3.8	2.5	2.3	2.1	2.0	1.8	1.4	1.2	1.1	0.9
4.0	6.0	4.0	3.6	3.4	3.2	2.8	2.2	2.0	1.7	1.4
6.4	9.6	6.4	5.8	5.5	5.2	4.5	3.5	3.2	2.8	2.3
10	15	10	9.1	8.6	8.1	7.1	5.5	5.0	4.3	3.6

（续）

灰铸铁及可锻铸铁制品					
公称压力 PN/MPa	试验压力（用温度低于100℃的水）p_s/MPa	介质工作温度/℃			
		至120	200	250	300
		最大工作压力 p/MPa			
		p_{12}	p_{20}	p_{25}	p_{30}
0.1	0.2	0.1	0.1	0.1	0.1
0.25	0.4	0.25	0.25	0.2	0.2
0.4	0.6	0.4	0.38	0.36	0.32
0.6	0.9	0.6	0.55	0.5	0.5
1.0	1.5	1.0	0.9	0.8	0.8
1.6	2.4	1.6	1.5	1.4	1.3
2.5	3.8	2.5	2.3	2.1	2.0
4.0	6.0	4.0	3.6	3.4	3.2

青铜、黄铜及纯铜制品				
公称压力 PN/MPa	试验压力（用温度低于100℃的水）p_s/MPa	介质工作温度/℃		
		至120	200	250
		最大工作压力 p/MPa		
		p_{12}	p_{20}	p_{25}
0.1	0.2	0.1	0.1	0.07
0.25	0.4	0.25	0.2	0.17
0.4	0.6	0.4	0.32	0.27
0.6	0.9	0.6	0.5	0.4
1.0	1.5	1.0	0.8	0.7
1.6	2.4	1.6	1.3	1.1
2.5	3.8	2.5	2.0	1.7
4.0	6.0	4.0	3.2	2.7
6.4	9.6	6.4		
10	15	10		
16	24	16		
20	30	20		
25	33	25		

① 略去了公称压力为16、20、25、32、40、50的六级。

② 略去了公称压力为16～100的九级。

注：1. 所用压力均为表压力。

2. 当工作温度为表中温度级的中间值时，可用插入法决定工作压力。

3. 管螺纹标准

管螺纹是管道采用螺纹连接的通用螺纹，管螺纹按其构造形式，分为圆柱管螺纹和圆锥管螺纹两种。为了便于通用附件的应用，对螺纹连接的管子及管子附件以及其他采用螺纹连接的机器设备接头的螺纹规定了统一标准，即螺纹的齿形及尺寸标准。

根据有关标准圆锥管螺纹的规定，管螺纹齿形尺寸见图 1-1 及表 1-3。这种螺纹的齿形尺寸对圆锥管螺纹与圆柱管螺纹都适用。一般情况下，钢管采用圆锥管螺纹（外螺纹），管子附件、配件的管接口采用圆柱管螺纹（内螺纹）。管螺纹尺寸见表 1-4。

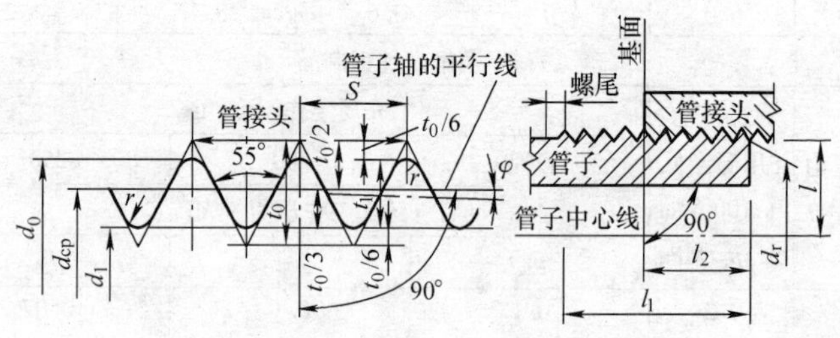

图 1-1 管螺纹齿形

表 1-3 管螺纹齿形尺寸

螺纹理论高度	t_0	0.96049S
螺纹工作高度	t_1	0.64033S
圆弧半径	r	0.13733S
倾斜角	φ	1°47′24″
斜度	2tanφ	1∶16

注：S 为螺距。

表1-4 管螺纹尺寸 （单位：mm）

公称尺寸	螺距	最小工作长度	由管端到基面	基面直径			管端螺纹内径	螺纹工作高度	圆弧半径	每英寸扣数
				中径	外径	内径				
DN	S	l_1	l_2	d_{cp}	d_0	d_1	d_r	t_1	r	n
15	1. 814	15	7. 5	19. 794	20. 956	18. 632	18. 632	1. 162	0. 249	14
20	1. 814	17	9. 5	25. 281	26. 442	24. 119	23. 524	1. 162	0. 249	14
25	2. 309	19	11	31. 771	33. 250	30. 293	29. 606	1. 479	0. 317	11
32	2. 309	22	13	40. 433	41. 912	38. 954	38. 142	1. 479	0. 317	11
40	2. 309	23	14	46. 326	47. 805	44. 847	43. 972	1. 479	0. 317	11
50	2. 309	26	16	58. 137	59. 616	56. 659	55. 659	1. 479	0. 317	11
65	2. 309	30	18. 5	73. 708	75. 187	72. 230	71. 074	1. 479	0. 317	11
80	2. 309	32	20. 5	86. 409	87. 887	84. 930	83. 649	1. 479	0. 317	11
100	2. 309	38	25. 5	111. 556	113. 034	110. 077	108. 483	1. 479	0. 317	11
125	2. 309	41	28. 5	136. 957	138. 445	135. 478	133. 697	1. 479	0. 317	11
150	2. 309	45	31. 5	162. 357	163. 836	160. 879	158. 910	1. 479	0. 317	11

注：1. 基面为指定剖面，在此剖面中圆锥管螺纹直径（外径、中径、内径）尺寸与同样的圆柱管螺纹直径完全相等。

2. 表中所列 d_r 尺寸系列供参考用。

4. 实例分析

【例 1-1】 某管内水蒸气的工作压力为 1.3MPa，工作温度为 194℃，现有一对公称压力为 1.6MPa 的用 20 碳素钢制造的法兰，试问该法兰能否安装在这一热力管道上。

解：由表 1-2 查出，公称压力为 1.6MPa 的 20 钢法兰，当用于介质温度 194℃时（查 200℃这一列），其最大工作压力仍能承受 1.6MPa，而该管道的工作压力为 1.3MPa，因此这对法兰能安装在这条热力管道上。

【例 1-2】 某管内饱和蒸汽的工作压力为 1MPa，工作温度为 183℃，如在这条热力管道上安装一个铸铁阀门，试问应选用多大公称压力的阀门。

解：因为介质工作温度为 183℃，所以应查表 1-2 介质最高工作温度 200℃一列，介质工作压力为 1MPa，所以应查最大工作压力 1.5MPa 这一行，所要查的温度和压力确定后，即可查到这条热力管道上应选用公称压力为 1.6MPa 的铸铁阀门。

1.1.2 管材及管件

1. 管材

管子根据材质和制造工艺的不同有很多品种，按管子的材质分类，有钢管、铸铁管、有色金属管、非金属管；按其制造方法分类可分为无缝管、有缝管、铸造管。

（1）钢管

1）无缝钢管。无缝钢管采用碳素钢或合金钢制造，一般以 10、20、35 及 45 低碳钢用热轧或冷拔两种方法生产。热轧无缝钢管的规格见表 1-5。冷拔管的外径从 5mm 到 133mm，共分 72 种；其壁厚从 0.5mm 到 12mm，共分 30 种，其中以壁厚小于 6mm 者最常用。热轧无缝钢管的长度一般为 4 ~ 12.5m，冷拔无缝钢管为 1.5 ~ 7m。

表 1-5 热轧无缝钢管的规格

外径/mm	壁厚/mm										
	3.5	4	4.5	5	5.5	6	7	8	9	10	11
	理论质量/(kg/m)(设钢的密度为7.85g/cm³)										
57	4.62	5.23	5.83	6.41	6.99	7.55	8.63	9.67	10.65	11.59	12.48
60	4.83	5.52	6.16	6.78	7.39	7.99	9.15	10.26	11.32	12.33	13.29
63.5	5.18	5.87	6.55	7.21	7.87	8.51	9.75	10.95	12.10	13.19	14.24
68	5.57	6.31	7.05	7.77	8.48	9.17	10.53	11.84	13.10	14.30	15.46
70	5.74	6.51	7.27	8.01	8.75	9.47	10.88	12.23	13.54	14.80	16.01
73	6.00	6.81	7.60	8.38	9.16	9.91	11.39	12.82	14.21	15.54	16.82
76	6.26	7.10	7.93	8.75	9.56	10.36	11.91	13.42	14.87	16.28	17.63
83	6.86	7.79	8.71	9.62	10.51	11.39	13.21	14.80	16.42	18.00	19.53
89	7.38	8.38	9.38	10.36	11.33	12.28	14.16	15.98	17.76	19.48	21.16
95	7.90	8.98	10.04	11.10	12.14	13.17	15.19	17.16	19.09	20.96	22.79
102	8.50	9.67	10.82	11.96	13.09	14.21	16.40	18.55	20.64	22.69	24.69
108	—	10.26	11.49	12.70	13.90	15.09	17.44	19.73	21.97	24.17	26.31
114	—	10.85	12.15	13.44	14.72	15.98	18.47	20.91	23.31	25.65	27.94
121	—	11.54	12.93	14.30	15.67	17.02	19.68	22.29	24.86	27.37	29.84
127	—	12.13	13.59	15.04	16.48	17.90	20.72	23.48	26.19	28.85	31.47

（续）

外径/mm	壁厚/mm										
	3.5	4	4.5	5	5.5	6	7	8	9	10	11
	理论质量/（kg/m）（设钢的密度为7.85g/cm^3）										
133	—	12.73	14.26	15.78	17.29	18.79	21.75	24.66	27.52	30.33	33.10
140	—	—	15.04	16.65	18.24	19.83	22.96	26.04	29.08	32.06	34.99
146	—	—	15.70	17.39	19.06	20.72	24.00	27.23	30.41	33.54	36.62
152	—	—	16.37	18.13	19.87	21.66	25.03	28.41	31.75	35.02	38.25
159	—	—	17.15	18.99	20.82	22.64	26.24	29.79	33.29	36.75	40.15
168	—	—	—	20.10	22.04	23.97	27.79	31.57	35.29	38.99	42.59
180	—	—	—	—	—	25.75	29.87	33.93	37.95	41.92	45.85
194	—	—	—	（23.31）	—	27.82	32.28	36.70	41.06	45.38	49.64
219	—	—	—	—	—	31.52	36.60	41.93	46.61	51.54	56.43
245	—	—	—	—	—	—	41.09	46.76	52.38	57.95	63.48
273	—	—	—	—	—	—	45.92	52.28	58.60	64.86	71.07
299	—	—	—	—	—	—	—	57.41	64.37	71.27	78.13
325	—	—	—	—	—	—	—	62.54	70.14	77.86	85.18
351	—	—	—	—	—	—	—	67.67	75.91	84.10	92.23
377	—	—	—	—	—	—	—	—	—	90.51	99.29
426	—	—	—	—	—	—	—	—	（92.55）	—	112.58

无缝钢管的力学性能应符合表1-6的规定。它所能承受的水压试验压力值以下式确定，但最大压力不超过40MPa。

$$p_s = 200\frac{SR}{D}$$

式中 S——最小壁厚（mm）；

R——许用应力（MPa），对用碳素钢制作的钢管，R值采用抗拉强度（表1-6）的35%；

D——钢管的内径（mm）。

表1-6 无缝钢管的力学性能

钢号	软钢管		低硬钢管		硬钢管	
	抗拉强度 σ_b/MPa	伸长率 δ_{10}(%)	抗拉强度 σ_b/MPa	伸长率 δ_{10}(%)	抗拉强度 σ_b/MPa	伸长率 δ_{10}(%)
08和10	320	20	380	12	400	5
15	360	18	410	10	450	4
20	400	17	450	8	500	3
Q215	340	20	360	12	—	—
Q235	380	18	400	10	—	—

安装工程上所选用的无缝钢管应有出厂合格证，如无质量合格证时需进行质量检查试验，不得随意采用。检查必须根据国家标准《金属材料 拉伸试验 第1部分：室温试验方法》（GB/T 228—2010)、《钢板和钢带检验、包装、标志及质量证明书的一般规定》（GB/T 247—2008)、《金属管 液压试验方法》（GB/T 241—2007)、《金属管 扩口试验方法》（GB/T 242—2007）等规定进行。外观上钢管表面不得有裂缝、凹坑、鼓包、碾皮及壁厚不均等缺陷。

同一公称直径的无缝钢管有多种壁厚，满足不同的压力需要，适用压力范围广，故无缝钢管规格一般不用公称直径表示，而用“外径×壁厚”表示其规格，如外径为133mm及壁厚为4.5mm的无缝钢管，则可写为$\phi133\times4.5$。无缝钢管管壁较有缝钢管薄，故一般不用螺纹连接，采用焊接。

无缝钢管具有强度高、内表面光滑、水力条件好的优点，适用于高压供暖系统和高层建筑的热、冷水管。一般工作压力在0.6MPa以上的管道都应采用无缝钢管，多用在锅炉房、热力站工艺管道、制冷与制冷站工艺管道以及供暖外网工程中。

2）焊接钢管。焊接钢管因有焊接缝，常称为有缝钢管，材质采用易焊接的碳素钢。焊接管按生产方法的不同，分为对焊管、叠边焊管和螺旋焊管，如图1-2所示。

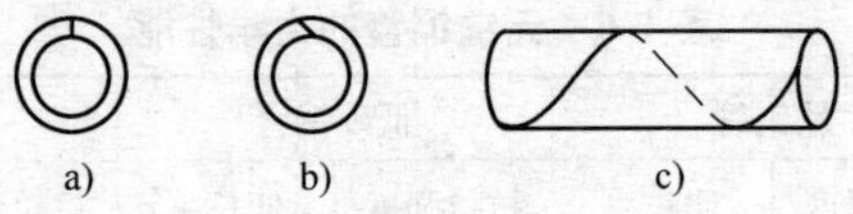

图1-2 焊接钢管

a）对焊管 b）叠边焊管 c）螺旋焊管

水、燃气输送主要采用有缝钢管，故常常将有缝钢管称为水燃气管。这种管材制造较简单，能承受一般要求的压力，因而也常称为普通钢管。由于制造材料为黑色金属，所以焊接钢管又称为黑铁管（无缝钢管不称为黑铁管）。将黑铁管镀锌后则称为白铁管或镀锌管，镀锌管能防锈蚀，可以保护水质，常用于生活饮用水管道、热水供应系统及消防喷淋系统，但由于其耐腐蚀性不够好，会出现黄水、红水等现象，造成二次污染，因此原建设部等四部委《关于在住宅建筑中淘汰落后产品的通知》［1999］295号文中规定，自2000年6月1日起，在城镇新建住宅中，禁止将冷镀锌钢管用于室内给水管道，并根据当地实际情况逐步限时禁止使用热镀锌钢管。

有缝钢管根据壁厚可分为一般管及加厚管，低压流体输送用焊接、镀锌焊接钢管的规格见表1-7。有缝管质量检验标准与无缝管的检验标准相同。有缝管内外表面的焊缝应平直光滑，符合强度标准，不得有开裂现象。镀锌管的锌层应完整和均匀。两头带有圆锥状管螺纹的黑铁管及镀锌管的长度一般为4～9m，并带一个管接头（管箍）。无螺纹的黑铁管长度为4～12m。

表 1-7 低压流体输送用焊接、镀锌焊接钢管的规格

公称直径		管子					螺纹				每6m加一个接头计算的钢管质量/(kg/m)
			一般管		加厚管				退刀部分前的螺纹		
mm	in	外径/mm	壁厚/mm	理论质量/(kg/m)	壁厚/mm	理论质量/(kg/m)	基面外径/mm	每英寸扣数	锥螺纹/mm	圆柱螺纹/mm	
8	1/4	13.5	2.25	0.62	2.75	0.73	—	—	—	—	—
10	3/8	17	2.25	0.82	2.75	0.97	—	—	—	—	—
15	1/2	21.3	2.75	1.26	3.25	1.45	20.956	14	12	14	0.01
20	3/4	26.8	2.75	1.63	3.50	2.01	26.442	14	14	16	0.02
25	1	33.5	3.25	2.42	4.00	2.91	33.250	11	15	18	0.03
32	1¼	42.3	3.25	3.13	4.00	3.78	41.912	11	17	20	0.04
40	1½	48	3.50	3.84	4.25	4.58	47.805	11	19	22	0.06
50	2	60	3.50	4.88	4.50	6.16	59.616	11	22	24	0.09
65	2½	75.5	3.75	6.64	4.50	7.88	75.187	11	23	27	0.13
80	3	88.5	4.00	8.34	4.75	9.81	87.887	11	32	30	0.2
100	4	114	4.00	10.85	5.00	13.44	113.034	11	38	36	0.4
125	5	140	4.50	15.04	5.50	18.24	138.435	11	41	38	0.6
150	6	165	4.50	17.81	5.50	21.63	163.836	11	45	42	0.8

注：1. 轻型管壁厚比表中一般管的壁厚小0.75mm，不带螺纹，易于焊接。

2. 镀锌钢管比不镀锌钢管质量大3%～6%。

焊接钢管是以公称尺寸标称的，其最大的公称尺寸为150mm (6in)。此外，还有大口径的卷焊钢管，管径的大小和管壁的厚薄根据需要用钢板卷制成直缝管或螺纹缝管。直缝卷焊钢管长度一般为6~10m，螺纹卷焊钢管长度为8~18m，壁厚$\delta>7$mm。

焊接钢管所能承受的水压试验压力：一般管和轻型管为2MPa，加厚钢管为2.5MPa。

集中供暖系统及燃气管道的工作压力一般不超过0.4MPa。因此，采用普通焊接钢管最为合适，它易于加工及连接，而且经济。

卷焊钢管一般应用于供暖网及燃气网的管道，它的管径及承受试验压力见表1-8。

表1-8 卷焊钢管管径及承受试验压力

管径/mm	245	273	299	325	351	377	426	478	529	630	720
压力/MPa	8.6	7.6	6.9	6.4	5.9	5.4	4.8	4.3	3.8	3.2	2.8

（2）铸铁管　铸铁管采用铸造生铁（灰铸铁）铸造而成。铸铁管的优点是耐腐蚀、经久耐用。其缺点是质脆、承压能力低，不能承受动荷载。现在生产的稀土高硅球墨铸铁管，无论是耐腐蚀性还是其机械强度都有了改进，因而扩大了铸铁管应用范围。铸铁管按实用性质分为给水铸铁管和排水铸铁管。

1）给水铸铁管。给水铸铁管及管件为承压管材，其接口形式有承插接口和法兰接口两种，用得多的是承插接口，法兰接口只用在需要拆卸检修和与阀门等配件连接处。

给水铸铁管的材质可分为灰铸铁和球墨铸铁。根据铸造方法的不同，给水铸铁管可分为砂型离心铸铁管和连续铸铁管。

①砂型离心铸铁管。该管的材质是灰铸铁，管壁薄、质量轻，适用于输送水及燃气，但主要用于燃气工程。砂型离心铸铁管按其壁厚分为P和G两级。若需要其他厚度管，可用改变内径的方法予以生产。管道接口一般采用承插式。表面质量要求不得有裂缝和管内面严重龟纹，承口、插口结合面粘砂必须铲净，

局部凸起必须铲平，凸起高度不得超过5mm。管体内外表面可涂沥青或其他防腐材料，涂料应不溶于水，有害物含量应符合卫生部饮用水的有关规定。砂型离心铸铁管出厂前应进行管环抗弯强度试验和水压试验。水压试验必须在涂覆内外表面防腐层以前进行。稳压时间不少于30s，并用0.75kg的钢锤轻击管体，无渗漏现象。承口深度偏差：公称直径小于或等于600mm，允许偏差±5mm，其余为±10mm。砂型离心铸铁管如图1-3所示，其各部尺寸见表1-9，规格见表1-10，直径、壁厚及质量见表1-11。

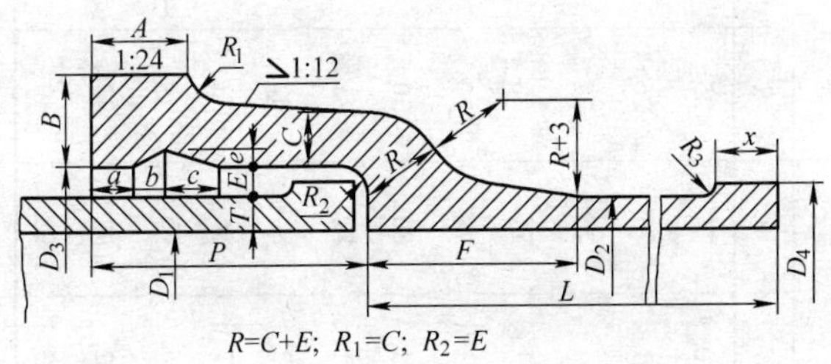

图1-3　砂型离心铸铁管

表1-9　砂型离心铸铁管各部尺寸　（单位：mm）

公称直径 DN	各部尺寸			
	a	b	c	e
75～450	15	10	20	6
500以上	18	12	25	7

②连续铸铁管。是指生产过程为连续铸造，该管适用于输送水及燃气，但主要用于给水工程。接口采用承插式。铸铁管内外表面不允许有裂缝、错位、冷隔等妨碍使用的明显缺陷。接口外径和承口内径偏差及出厂前进行的管环抗弯强度试验与砂型离心铸铁管的要求相同，只是因为壁厚分为三级，所以水压试验压力不同，其水压试验要求见表1-12。连续铸铁管如图1-4所示，其规格见表1-13，直径、壁厚及质量见表1-14。

表 1-10　砂型离心铸铁管各部规格　（单位：mm）

公称直径 DN	各部尺寸											有效长度 L
	承口							插口				
	D_3	A	B	C	P	E	F	R	D_4	R_3	x	
200	240.0	38	30	15	100	10	71	25	230.0	5	15	5000
250	293.6	38	32	15	105	11	73	26	281.6	5	20	5000
300	344.8	38	33	16	105	11	75	27	332.8	5	20	5000
350	396.0	40	34	17	110	11	77	28	384.0	5	20	5000
400	447.6	40	36	18	110	11	78	29	435.0	5	25	6000
450	498.8	40	37	19	115	11	80	30	486.8	5	25	6000
500	552.9	40	38	19	115	11	82	31	540.0	6	25	6000
600	654.8	42	41	20	120	12	84	32	642.8	6	25	6000
700	757.0	42	43	21	125	12	86	33	745.0	6	25	6000
800	860.0	45	46	23	130	12	89	35	848.0	6	25	6000
900	963.0	45	50	25	135	12	92	37	951.0	6	25	6000
1000	1067.0	50	54	27	140	13	98	40	1053.0	6	25	6000

表 1-11 砂型离心铸铁管的直径、壁厚及质量

公称直径 DN/mm	壁厚 T/mm		内径 D_1/mm		外径 D_2/mm	质量/kg			
						有效长度 5000mm		有效长度 6000mm	
	P 级	G 级	P 级	G 级		P 级	G 级	P 级	G 级
200	8.8	10.0	202.4	200.0	220.0	227.0	254.0		
250	9.5	10.8	252.6	250.0	271.6	303.0	340.0		
300	10.0	11.4	302.8	300.0	322.8	381.0	428.0	452.0	509.0
350	10.8	12.0	352.4	350.0	374.0			566.0	623.0
400	11.5	12.8	402.6	400.0	425.6			687.0	757.0
450	12.0	13.4	452.4	450.0	476.8			806.0	892.0
500	12.8	14.0	502.4	500.0	528.0			950.0	1030.0
600	14.2	15.6	602.4	599.6	630.8			1260.0	1370.0
700	15.5	17.1	702.0	698.8	733.0			1600.0	1750.0
800	16.8	18.5	802.6	799.0	836.0			1980.0	2160.0
900	18.2	20.0	902.6	899.0	939.0			2410.0	2630.0
1000	20.5	22.6	1000.0	995.8	1041.0			3020.0	3300.0

注:1. 质量按密度 7.20g/cm^3 计算。

2. 标记示例:公称直径 500mm,壁厚为 P 级,有效长度 6000mm 的砂型离心铸铁管,其标记为离心管 P-500-6000-GB 3421—82。

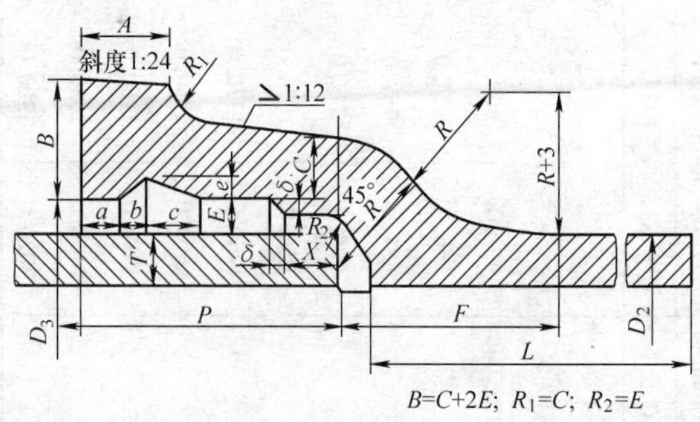

图1-4　连续铸铁管

表1-12　连续铸铁管水压试验要求

公称直径 DN/mm	试验压力/MPa		
	LA级	A级	B级
≤450	2	2.5	3
≥500	1.5	2	2.5

2）排水铸铁管。生活污水、雨水和生产污水等一般靠重力自流排出，因此排水铸铁管为非承压管材。与给水铸铁管相比较，排水铸铁管的管壁薄、质量轻，出厂时不涂刷沥青防腐层。排水铸铁管是采用连续铸造、离心铸造及砂型铸造等方法生产的灰铸铁直管（以下简称排水直管）。排水直管均采用承插式连接，承口部位形状分为A型、B型，因而也把排水管分为A型排水管、B型排水管。排水直管出厂前应进行水压试验，其试验压力为1.5MPa，抗拉强度应不小于140MPa。排水管内外表面可涂沥青或其他防腐材料，涂层均匀、粘附牢固，不得有明显的堆积现象。排水铸铁承插直管如图1-5所示，尺寸见表1-15、表1-16，壁厚及质量见表1-17。

（3）塑料管　塑料管是以聚乙烯树脂为主要原料，加入增塑剂、稳定剂、润滑剂、颜料和填料等，经过混炼、捏合，最后

表 1-13　连续铸铁管规格　（单位：mm）

公称直径	各部尺寸										
DN	承口内径 D_3	A	B	C	E	P	L	F	δ	X	R
75	113.0	36	26	12	10	90	9	75	5	13	32
100	138.0	36	26	12	10	95	10	75	5	13	32
150	189.0	36	26	12	10	100	10	75	5	13	32
200	240.0	38	28	13	10	100	11	77	5	13	33
250	293.6	38	32	15	11	105	12	83	5	18	37
300	344.8	38	33	16	11	105	13	85	5	18	38
350	396.0	40	34	17	11	110	13	87	5	18	39
400	447.6	40	36	18	11	110	14	89	5	24	40
450	498.8	40	37	19	11	115	14	91	5	24	41
500	552.0	40	40	21	12	115	15	97	6	24	45
600	654.8	42	44	23	12	120	16	101	6	24	47
700	757.0	42	48	26	12	125	17	106	6	24	50
800	860.0	45	51	28	12	130	18	111	6	24	52
900	963.0	45	56	31	12	135	19	115	6	24	55
1000	1067.0	50	60	33	13	140	21	121	6	24	59
1100	1170.0	50	64	36	13	145	22	126	6	24	62
1200	1272.0	52	68	38	13	150	23	130	6	24	64

注：管子有效长度 DN75 ~ DN100 有 4000mm、5000mm 两种；DN≥150mm 有 4000mm、5000mm、6000mm 三种。

表 1-14 连续铸铁管的直径、壁厚及质量

公称直径 DN/mm	外径 D_2/mm	壁厚/mm			质量/kg								
					有效长度 4000mm			有效长度 5000mm			有效长度 6000mm		
		LA 级	A 级	B 级	LA 级	A 级	B 级	LA 级	A 级	B 级	LA 级	A 级	B 级
75	93.0	9.0	9.0	9.0	75.1	75.1	75.1	92.2	92.2	92.2	—	—	—
100	118.0	9.0	9.0	9.0	97.1	97.1	97.1	119	119	119	—	—	—
150	169.0	9.0	9.2	10.0	142	145	155	174	178	191	207	211	227
200	220.0	9.2	10.1	11.0	191	208	224	235	256	276	279	304	328
250	271.6	10.0	11.0	12.0	260	282	305	319	347	376	378	412	446
300	322.8	10.8	11.9	13.0	333	363	393	409	447	484	486	531	575
350	374.0	11.7	12.8	14.0	418	452	490	514	557	604	609	662	718
400	425.6	12.5	13.8	15.0	510	556	600	526	685	739	743	813	878
450	476.8	13.3	14.7	16.0	608	665	718	747	819	884	887	973	1050
500	528.0	14.2	15.6	17.0	722	785	848	887	966	1040	1050	1150	1240
600	630.8	15.8	17.4	19.0	963	1050	1140	1180	1290	1400	1400	1530	1660
700	733.0	17.5	19.3	21.0	1240	1360	1460	1530	1670	1810	1810	1980	2140
800	836.0	19.2	21.1	23.0	1560	1700	1830	1910	2080	2250	2270	2470	2680
900	939.0	20.8	22.9	25.0	1900	2070	2240	2340	2550	2760	2770	3020	3280
1000	1041.0	22.5	24.8	27.0	2290	2500	2700	2810	3070	3320	3330	3640	3940
1100	1144.0	24.2	26.6	29.0	2720	2960	3190	3330	3630	3930	3950	4300	4660
1200	1245.0	25.8	28.4	31.0	3170	3450	3730	3880	4230	4580	4590	5010	5430

注:1. 质量按密度 7.20g/cm^3 计算。

2. 标记示例:公称直径 500mm,壁厚为 A 级,有效长度 5000mm,其标记为:连铸管 A-500-5000-GB/T 3422—2008。

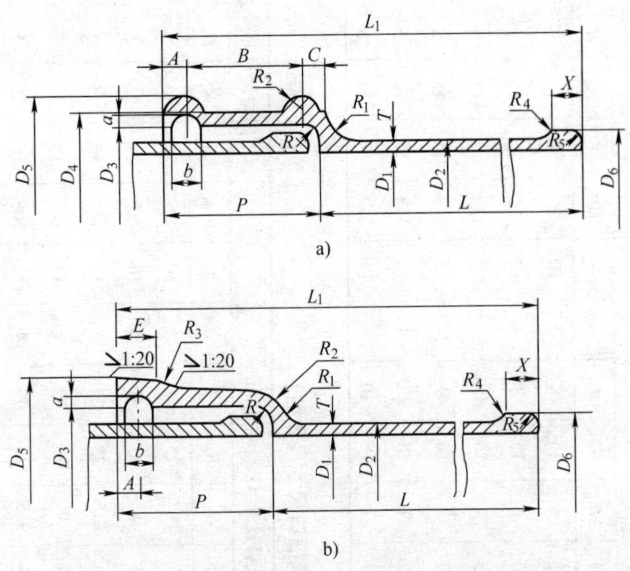

图1-5　排水铸铁承插直管

a）A型排水直管　b）B型排水直管

加工成型材；也可采用注塑、挤压、焊接等多种方法制成管材、棒材和板材；可通过改变增塑剂的含量而使其分别具有硬质、半硬质和软质材料性能。

聚氯乙烯塑料具有良好的耐腐蚀性、化学稳定性和力学性能，价格低，水力学性能好，同时密度小，可进行机械加工和热加工，施工方便，被广泛应用于给水排水工程、城市燃气、供暖等领域。目前已有专供输送热水使用的塑料管，其使用温度可达95℃。塑料管的缺点是强度低、易老化、不耐高温。

1）给水用硬聚氯乙烯管。给水用硬聚氯乙烯管用于输送温度不超过45℃的水，包括一般用水和饮用水，输送饮用水的管材不得使水产生气味、味道和颜色，水质符合卫生指标，并能保证长期符合卫生标准。给水用硬聚氯乙烯管材规格见表1-18，管子长度一般为4m、6m、8m、12m，也可由供需双方商定。

表 1-15 排水铸铁承插直管承插口尺寸（A 型） （单位：mm）

公称直径	壁厚	内径	外径	承口尺寸												插口尺寸			
DN	T	D_1	D_2	D_3	D_4	D_5	A	B	C	P	R	R_1	R_2	a	b	D_6	X	R_4	R_5
50	4.5	50	59	73	84	98	10	48	10	65	6	15	8	4	10	66	10	15	5
75	5	75	85	100	111	126	10	53	10	70	6	15	8	4	10	92	10	15	5
100	5	100	110	127	139	154	11	57	11	75	7	16	8.5	4	12	117	15	15	5
125	5.5	125	136	154	166	182	11	62	11	80	7	16	9	4	12	143	15	15	5
150	5.5	150	161	181	193	210	12	66	12	85	7	18	9.5	4	12	168	15	15	5
200	6	200	212	232	246	264	12	76	13	95	7	18	10	4	12	219	15	15	5

表 1-16 排水铸铁承插直管承插口尺寸（B 型） （单位：mm）

公称直径	壁厚	内径	外径	承口尺寸												插口尺寸		
DN	T	D_1	D_2	D_3	D_5	E	P	R	R_1	R_2	R_3	A	a	b	D_6	X	R_4	R_5
50	4.5	50	59	73	98	18	65	6	15	8	25	10	4	10	66	10	15	5
75	5	75	85	100	126	18	70	6	15	8	25	10	4	10	92	10	15	5
100	5	100	110	127	154	20	75	7	16	8.5	25	11	4	12	117	15	15	5
125	5.5	125	136	154	182	20	80	7	16	9	25	11	4	12	143	15	15	5
150	5.5	150	161	181	210	20	85	7	18	9.5	25	12	4	12	168	15	15	5
200	6	200	212	232	264	25	95	7	18	10	25	12	4	12	219	15	15	5

表 1-17 排水铸铁承插直管的壁厚及质量

公称直径 DN/mm	外径 D_2/mm	壁厚 T/mm	承口凸部质量/kg		插口凸部质量/kg	直部1m质量/kg	有效长度 L/mm							
							500		1000		1500		2000	
							总质量/kg							
			A型	B型			A型	B型	A型	B型	A型	B型	A型	B型
50	59	4.5	1.13	1.18	0.05	5.55	3.96	4.01	6.73	6.78	9.51	9.56	12.28	12.33
75	85	5	1.62	1.70	0.07	9.05	6.22	6.30	10.74	10.82	15.27	15.35	19.79	19.87
100	110	5	2.33	2.45	0.14	11.88	8.41	8.53	14.35	14.47	20.29	20.41	26.23	26.35
125	136	5.5	3.02	3.16	0.17	16.24	11.31	11.45	19.43	19.57	27.55	27.69	35.67	35.81
150	161	5.5	3.99	4.19	0.20	19.35	13.87	14.07	23.54	23.74	33.22	33.42	42.89	43.09
200	212	6	6.10	6.40	0.26	27.96	20.34	20.64	34.32	34.62	48.30	48.60	62.28	62.58

注：1. 质量按密度 7.20g/cm^3 计算。

2. 总质量 = 直部1m质量 × 有效长度 + 承口、插口凸部质量。

表 1-18 给水用硬聚氯乙烯管材规格（单位：mm）

公称直径 DN/（外径 d_e）	壁厚 δ 公称压力 PN				
	0.6MPa	0.8MPa	1.0MPa	1.25MPa	1.6MPa
20					2.0
25					2.0
32				2.0	2.4
40			2.0	2.4	3.0
50		2.0	2.4	3.0	3.7
63	2.0	2.5	3.0	3.8	4.7
75	2.2	2.9	3.6	4.5	5.6
90	2.7	3.5	4.3	5.5	6.7
110	3.2	3.9	4.8	5.7	7.2
125	3.7	4.4	5.4	6.0	7.4
140	4.1	4.9	6.1	6.7	8.3
160	4.7	5.6	7.0	7.7	9.5
180	5.3	6.3	7.8	8.6	10.7
200	5.9	7.3	8.7	9.6	11.9

塑料件的公称直径一般为外径尺寸。公称直径≤32mm 时，对管子弯曲度不作规定；公称直径为 40 ~ 200mm 时，弯曲度≤1.0%；公称直径≥225mm 时，弯曲度≤0.5%。硬聚氯乙烯管子相接，通常采用焊接和承插连接，承插连接又分为溶剂粘接和弹性密封圈连接两种。

2）埋地排污、排废水用硬聚氯乙烯管。埋地排污、排废水用硬聚氯乙烯管除用于排除生活污水外，在考虑到耐化学性和耐热性条件下也可用于工业排水。管材长一般为 5m。管材壁厚按环刚度分为 2、4、8 三级，并相应用管材系列 S25、S20、S16.7 表示。管材规格用 d_e（外径）×（公称壁厚）表示。管材外径和壁厚见表 1-19。

表1-19 管材外径和壁厚 （单位：mm）

公称直径 DN（外径 d_e）	公称壁厚		
	刚度等级		
	2	4	8
	管材系列		
	S25	S20	S16.7
110		3.2	3.2
125	3.2	3.2	3.7
160	3.2	4.0	4.7
200	3.9	4.9	5.9
250	4.9	6.2	7.3
315	6.2	7.7	9.2
400	7.8	9.8	11.7
500	9.8	12.3	14.6
630	12.3	15.4	18.4

3）给水用聚丙烯管。该管材最大连续工作压力分为0.25MPa、0.4MPa、0.6MPa、1.0MPa、1.6MPa、2.0MPa六个等级。公称直径（外径）为16～630mm，用于输送水温在95℃以下的给水管道。管材颜色一般为黑色，也可根据供需双方协商决定。

管材内外壁应光滑、平整，不允许有气泡、裂纹、分解变色线及明显的沟槽、凹陷、杂质等。管材规格用 $d_e \times \delta$（公称外径×壁厚）表示，管材标准长度为4m。管材外径和壁厚见表1-20。

（4）其他管材

1）混凝土和钢筋混凝土管。混凝土和钢筋混凝土管分为有压管与无压管，有压管可用于给水工程，接口形式有承插口、管箍和抹口等。

表 1-20 管材外径和壁厚 （单位：mm）

公称直径 DN(外径 d_e)	管外径				
	S5	S4	S3.2	S2.5	S2
	公称壁厚				
20	—	2.0	2.2	2.7	3.3
25	2.0	2.3	2.8	3.4	4.1
32	2.3	2.8	3.5	4.2	5.1
40	2.9	3.6	4.4	5.4	6.5
50	3.7	4.5	5.5	6.7	8.1
63	4.6	5.6	6.9	8.3	10.1
75	5.8	7.1	8.6	10.5	12.7
90	8.2	10.1	12.3	15.0	18.1
110	10.0	12.3	15.1	18.3	22.1
125	11.4	14.0	17.1	20.8	25.1

①混凝土管规格见表 1-21。

表 1-21 混凝土管规格

公称直径/mm	最小壁厚/mm	最小长度/mm	安全载荷/(kN/m)	破坏载荷/(kN/m)
150	25	1000	12	14
200	27		10	12
250	33		12	15
300	40		15	18
350	50		19	22
400	60		23	27
450	67		27	32

②普通钢筋混凝土管规格见表1-22。

表1-22　普通钢筋混凝土管规格　（单位：mm）

轻型			重型		
公称直径	最小壁厚	最小长度	公称直径	最小壁厚	最小长度
150	25	2000	—	—	2000
200	27		—	—	
250	28		—	—	
300	30		300	58	
400	35		400	65	
500	42		550	75	
600	50		650	80	
700	55	2400	750	90	
800	65		850	95	
900	70		950	100	
1000	75		1050	110	
1100	85		1300	125	
1200	90		1550	175	

③自应力钢筋混凝土管规格见表1-23。

表1-23　自应力钢筋混凝土管规格　（单位：mm）

公称直径 DN	管外径 D_w	管壁厚 δ	长度 L
100	150	25	2080
150	200	25	3080
200	260	30	3080
250	320	35	3080
300	380	40	4088
350	440	45	4088
400	490	45	4107
500	610	55	4107
600	720	60	4107

2）石棉水泥管

①给水石棉水泥管规格见表1-24。

表1-24 给水石棉水泥管规格 （单位：mm）

公称直径 DN	水4.5			水10			长度
	管内径	管外径	壁厚	管内径	管外径	壁厚	
75	75	93	9	75	95	10	3000
100	100	120	10	100	122	11	3000
125	123	143	10	119	143	12	4000
150	147	169	11	141	169	14	4000
200	195	219	12	189	221	16	4000
250	243	273	15	236	274	19	4000
300	291	325	17	279	325	23	5000
350	338	376	19	322	376	27	5000
400	386	428	21	368	428	30	5000

②排水石棉水泥管道，也可用于通风管道，为地方产品，无统一规格。主要用于地方市政排水工程。

3）陶土管。陶土管由耐火土焙烧而成，分带釉和不带釉两种。带釉管又有单面釉、双面釉之分，双面釉管又称耐酸缸瓦管，承插接口，根据壁厚分为普通管、厚管、特厚管。陶土管质脆，抗振性能差。带釉管光滑、水力学性能好，抗腐蚀能力强，价格便宜，为地方产品，主要用于工业排水，规格见表1-25。

4）其他。铝塑复合管以焊接铝管为中间层，内外层均为高密度聚乙烯，铝管与聚乙烯管之间以热熔胶粘合。它集中了金属管和塑料管的优点，具有强度高、可弯曲、延伸率大、耐高温、耐高压、耐腐蚀、使用寿命长等特点。目前已广泛用于室内给水、供暖、空调用水管。

钢塑复合管有衬塑和涂塑两类，也生产有相应的配件、附件。它兼有钢管强度高和塑料管耐腐蚀、保持水质的优点。

表1-25 陶土管规格 （单位：mm）

公称直径 *DN*	管壁厚	承口外径	承口长度	长度
50	15	105	50	300,500,700,1000
65	17	125		
80		140		
100		165		
125		190		
150		225		
200	20	280		
250		330		
300		380		
350		430		
400		480		

铜管可以有效地防止卫生洁具被污染，耐腐蚀性极好，优良的韧性，壁光滑，水力性好且光亮美观。目前其连接配件、阀门等也配套产出。根据我国几十年的使用情况，验证其效果优良。只是由于管材价格较高，现在多用于宾馆等较高级的建筑中，管径通常较小，连接以焊接为主。

不锈钢是在碳钢中加入合金元素，如铬、镍、钼、钴等，不锈钢管有良好的耐腐蚀性能，用于化工、医药、食品工业的工艺管道。

2. 管件

（1）钢管常用管件　在水、暖、燃气输送系统中，管道除直通部分外还要分支转弯和变换管径，因此就要有各种不同形式的管子配件与管子配合使用。尤其是小管径螺纹连接的管子，其配件种类较多。对于大管径的管子采用焊接法连接，配件种类就减少了很多。这里着重介绍用于螺纹连接的管子配件，如三通、弯头、大小头、活接头等。

管件主要用可锻铸铁（俗称玛钢或韧性铸铁）或软钢制造

而成。管件的材质要求密实坚固并有韧性，便于机械切削加工。管件也分为黑铁与白铁两种。常用管件如图1-6所示。

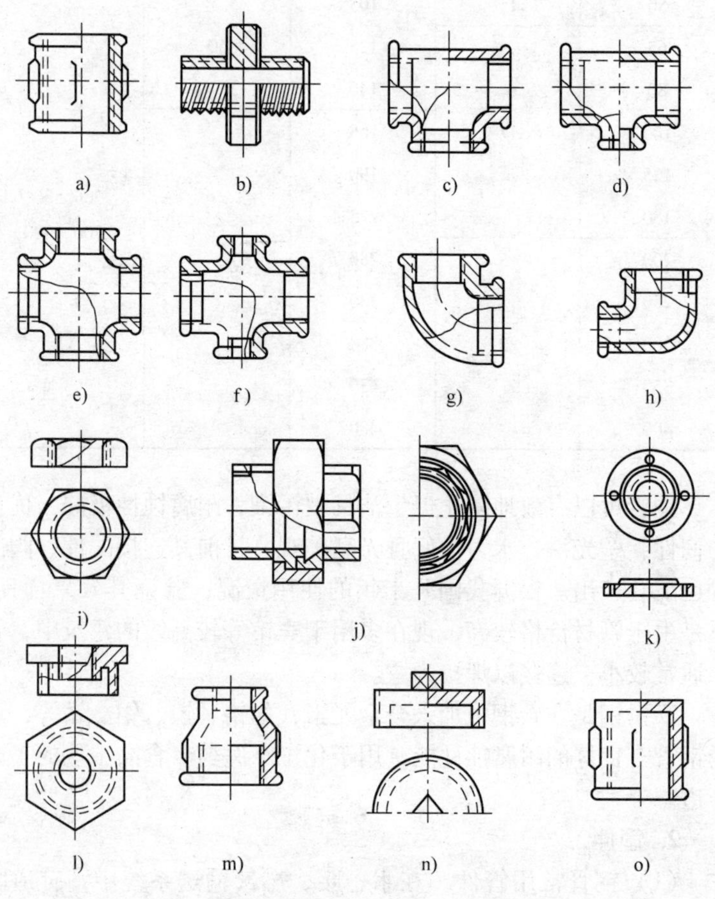

图1-6 常用管件

a）管箍 b）对丝 c）同径三通 d）异径三通 e）同径四通 f）异径四通 g）同径弯头 h）异径弯头 i）根母 j）活接头 k）法兰盘 l）补心 m）大小头 n）螺塞 o）管堵头

管件按照它们的用途可分为以下几种：

1）管道延长连接用配件：管箍、外丝（内接头）。

2）管道分支连接用配件：三通（丁字管）、四通（十字管）。

3）管道转弯用配件：90°弯头、45°弯头。

4）节点碰头连接用配件：根母（六方内丝）、活接头（由任）、带螺纹法兰盘。

5）管子变径用配件：补心（内外丝）、异径管箍（大小头）。

6）管子堵口用配件：螺塞、管堵头。

在管道连接中，法兰盘既能用于钢管，也能用于铸铁管；可以螺纹连接，也可以焊接；既可以用于管子延长连接，也可作为节点碰头连接用，所以它是一个多用途配件。

管子配件的规格和所对应的管子是一致的，是以公称尺寸标称的。同一种配件有同径和异径之分，如三通管分为同径和异径两种。同径管件规格的标记可以用一个数值表示，也可以用三个数值表示，如规格为25的同径三通可以写为⊥25或写为⊥25×25×25。异径管件的规格通常要用两个管径数值表示，前一个数表示大管径，后一个数表示小管径，如异径三通⊥25×15，大小头▷32×20。对各种管件的规格组合可按表1-26确定。

从表1-26中可知，公称尺寸15～100mm的管件中，同径管件共9种，异径管件组合规格共36种。管子配件的试压标准：可锻铸铁配件应承受公称压力为0.8MPa，软钢配件承压为1.6MPa。管子配件的内螺纹应端正整齐无断丝，壁厚均匀一致，外形规整；材质严密无砂眼。

（2）铸铁管常用管件

1）给水铸铁管件。给水铸铁管件从连接方式上分为承插接口和法兰接口。承插接口又分为非柔性接口和柔性接口，非柔性接口采用油麻、石棉水泥、铅等材料进行接口密封，柔性接口填充橡胶圈后用法兰压盖压紧密封。给水铸铁管件如图1-7所示。

2）排水铸铁管件。常用排水铸铁管件如图1-8所示。

表 1-26　管件的规格组合　（单位：mm）

同径管件	异径管件							
15×15								
20×20	20×15							
25×25	25×15	25×20						
32×32	32×15	32×20	32×25					
40×40	40×15	40×20	40×25	40×32				
50×50	50×15	50×20	50×25	50×32	50×40			
65×65	65×15	65×20	65×25	65×32	65×40	65×50		
80×80	80×15	80×20	80×25	80×32	80×40	80×50	80×65	
100×100	100×15	100×20	100×25	100×32	100×40	100×50	100×65	100×80

1.1.3　板材和型钢

1. 金属薄板

在安装工程中，金属薄板是一种用处较多的材料，其板面应平整、光滑、无脱皮现象（普通薄钢板允许表面有紧密的氧化铁薄膜层），如用作风管、气柜、水箱及围护结构，不会有裂缝、结疤及锈坑，厚薄均匀一致，边角规则呈矩形，有较好的延展性，适宜咬口加工。常用薄板分为普通薄钢板、镀锌钢板、塑料复合钢板、不锈钢板和铝板等几类。

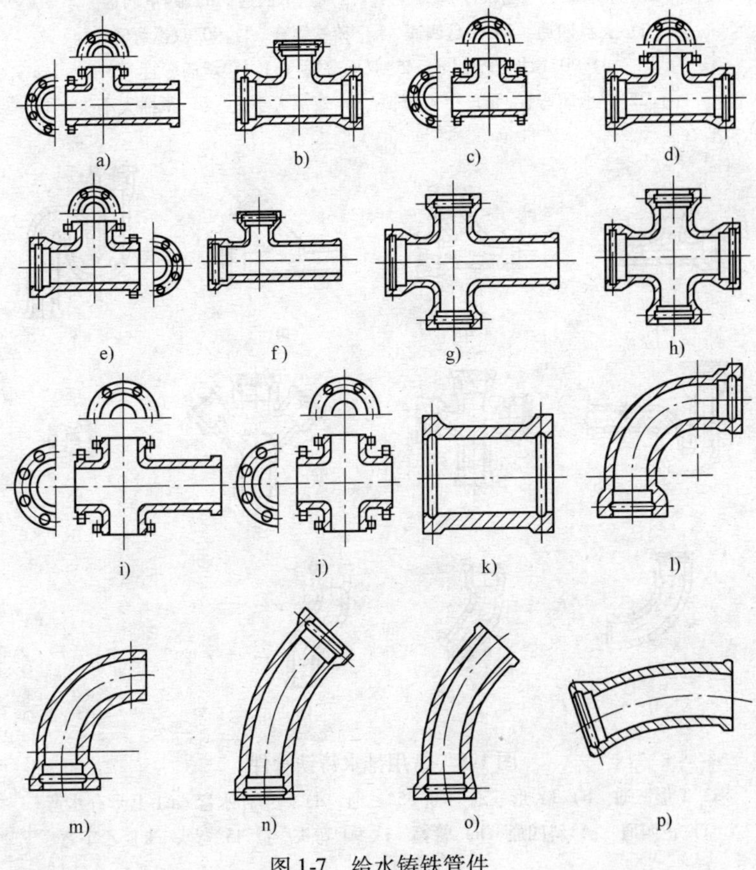

图1-7　给水铸铁管件

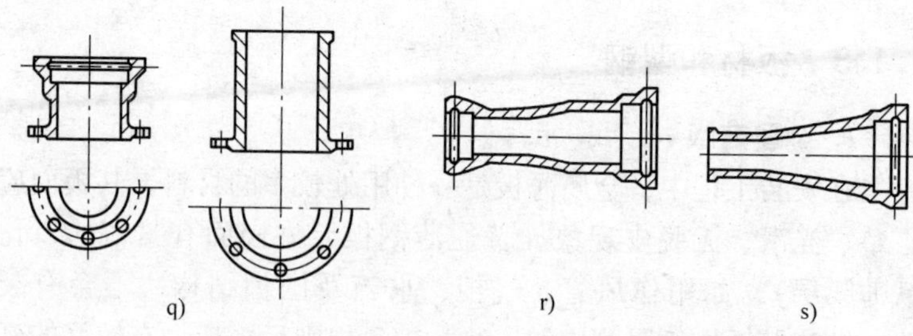

图 1-7 给水铸铁管件（续）

a）双盘三通 b）三承三通 c）三盘三通 d）双承单盘三通 e）单承双盘三通 f）双承三通 g）三承四通 h）四承四通 i）三盘四通 j）四盘四通 k）铸铁管箍 l）90°双承弯管 m）90°承插弯管 n）45°双承弯管 o）45°承插弯管 p）22.5°承插弯管 q）甲乙短管 r）双承大小头 s）承插大小头

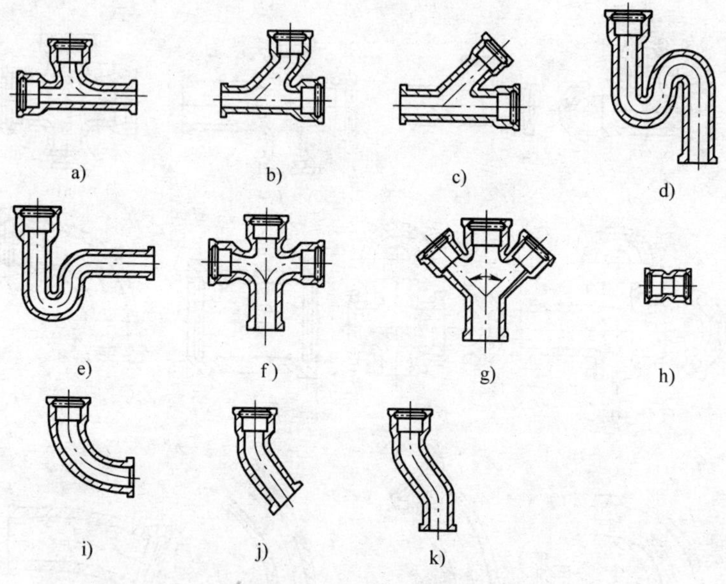

图 1-8 常用排水铸铁管件

a）T 形三通 b）TY 形三通 c）45°三通 d）S 形存水弯 e）P 形存水弯 f）正四通 g）斜四通 h）管箍 i）90°弯头 j）45°弯头 k）乙字弯

（1）普通薄钢板　俗称黑铁皮，由碳素钢热轧而成，具有良好的加工性能和机械强度，价格便宜，应用广泛，但其表面易生锈，故在使用前应刷油防腐。常用厚度为 0.5 ~ 1.5mm 的薄板制作风管及部件，用厚度 2 ~ 4mm 的薄板制作水箱、气柜等。

（2）镀锌薄钢板　俗称白铁皮，由普通薄钢板镀锌后制成，表面镀锌保护层起防锈作用，一般不再刷防锈漆。常用于不受酸雾作用的潮湿环境中的通风、空调系统的风管及配件、部件的制作。

（3）塑料复合钢板　它是将普通薄钢板表面喷涂一层 0.2 ~ 0.4mm 厚的塑料，具有较好的强度和耐腐蚀性能。常用于防尘要求较高的空调系统和温度在 -10 ~ 70℃ 的耐腐蚀系统的风管制作。

（4）不锈钢板　也称不锈耐酸钢板，在空气、酸及碱性溶液或其他介质中有较高的化学稳定性。在高温下具有耐酸碱腐蚀能力，主要用于化工高温环境下的耐腐蚀通风系统。因其硬度较高，当厚度大于 1mm 时，加工比较困难，需用电弧焊或氩弧焊连接。为了不影响不锈钢板的表面质量如主要是耐腐蚀性能，一定要注意在加工和堆放时，不使表面划伤或拉毛，避免与碳素钢材接触，以保护其表面形成的钝化膜不受破坏。用不锈钢板制作风管的厚度见表 1-27。

表 1-27　用不锈钢板制作风管的厚度（单位：mm）

圆管直径或矩形管长边尺寸	板材厚度
100 ~ 500	0.5
560 ~ 1120	0.75
1250 ~ 2000	1.0

（5）铝板　加工性能好，适宜咬口连接，有良好的耐腐蚀性和传热性能，在摩擦时不会产生火花，常用于有防爆要求的场所。铝板表面的氧化膜可防止外部的侵蚀，要注意保护，避免刻划或拉毛，放样划线时不得使用划针。当铝板与碳素钢材长时间

接触后，会发生电化学腐蚀，降低铝板的耐腐蚀性能，所以铝板铆接加工时不能用碳素钢铆钉代替铝铆钉。铝板风管用角钢制作法兰时，必须进行防腐绝缘处理（如镀锌或喷漆）。铝板焊接后，应用热水洗刷焊缝表面的焊渣残药。用铝板制作风管的厚度见表1-28。

表1-28 用铝板制作风管的厚度 （单位：mm）

圆管直径或矩形管长边尺寸	板材厚度
100 ~ 320	1.0
360 ~ 630	1.5
700 ~ 2000	2.0

金属薄板的规格通常是用短边和长边以及厚度三个尺寸表示的，如1000mm×2000mm×1.2mm。通风工程中常用薄钢板厚度为0.5 ~ 4.0mm，常用的规格为750mm×1800mm、900mm×1800mm和1000mm×2000mm，详见表1-29。

风管钢板厚度一般由设计给定，如设计图样未注明时，一般送、排风系统可参照表1-30选用，除尘系统参照表1-31选用。薄钢板的理论质量见表1-32。

2. 非金属板材

（1）玻璃钢　是由玻璃纤维与合成树脂组成的一种轻质高强度的复合材料，具有较好的耐腐蚀性、耐火性和成型工艺简单等优点。在建筑设备工程中，常用于冷却塔，另外在排除带有腐蚀性气体的通风系统使用广泛。

玻璃钢的强度好，但刚度较差，在选用壁厚时主要考虑满足刚度要求。玻璃钢风管的厚度见表1-33。

玻璃钢风管管段或配件采用法兰连接。为了保证质量，在加工风管或配件时，应连同两端的法兰一起加工成型，使其连成一整件。法兰与风管轴线垂直，法兰平面的平面度允许偏差为2mm。

表 1-29　热压薄钢板尺寸　　（单位：mm）

<table>
<tr><th rowspan="3">钢板厚度</th><th colspan="13">钢板宽度</th></tr>
<tr><th>500</th><th>600</th><th>710</th><th>750</th><th>800</th><th>850</th><th>900</th><th>950</th><th>1000</th><th>1100</th><th>1250</th><th>1400</th><th>1500</th></tr>
<tr><th colspan="13">钢板长度</th></tr>
<tr><td>0. 35,0. 4
0. 45,0. 5
0. 55,0. 6
0. 7,0. 75</td><td>1000
1500
2000</td><td>1200
1500
1800
2000</td><td>1000
1420
2000</td><td>1000
1500
1800
2000</td><td>1500
2000</td><td>1700
2000</td><td>1500
1800
2000</td><td>1500
1900
2000</td><td>1500
2000</td><td></td><td></td><td></td><td></td></tr>
<tr><td>0. 8,0. 9</td><td>1000
1500</td><td>1200
1420</td><td>1420
2000</td><td>1500
1800
2000</td><td>1500
2000</td><td>1500
1700
2000</td><td>1500
1800
2000</td><td>1500
1800
2000</td><td>1500
2000</td><td></td><td></td><td></td><td></td></tr>
<tr><td>1. 0,1. 1,1. 2
1. 25,1. 4,1. 5
1. 6,1. 8</td><td>1000
1500
2000</td><td>1200
1420
2000</td><td>1000
1420
2000</td><td>1000
1500
1800
2000</td><td>1500
2000</td><td>1500
1700
2000</td><td>1000
1500
1800
2000</td><td>1500
1900
2000</td><td>1500
2000</td><td></td><td></td><td></td><td></td></tr>
<tr><td>0,2. 2,2. 5,2. 8</td><td>500
1500
2000</td><td>600
1200
1500</td><td>1000
1420
2000</td><td>1500
1800
2000</td><td>1500
2000</td><td>1500
1700
2000</td><td>1000
1500
1800
2000</td><td>1500
1900
2000</td><td>1500
2000
3000</td><td>2200
3000
4000</td><td>2500
3000
4000</td><td>2800
3000
4000</td><td>3000
4000</td></tr>
<tr><td>3. 0,3. 2,3. 5,
3. 8,4. 0</td><td>500
1000</td><td>600
1200</td><td>1420
2000</td><td>1000
1500
1800
2000</td><td>1500
2000</td><td>1500
1700
2000</td><td>1000
1500
1800
2000</td><td>1500
1900
2000</td><td>2000
3000
4000</td><td>2200
3000
4000</td><td>2500
3000
4000</td><td>2800
3000
3500
4000</td><td>3000
3500
4000</td></tr>
</table>

表 1-30　常用送、排风管钢板最小厚度　　（单位：mm）

矩形风管最长边或圆形风管直径	钢板厚度		
	输送空气		输送烟气
	风管无加强构件	风管有加强构件	
小于450	0.5	0.5	1.0
450～1000	0.8	0.6	1.5
1000～1500	1.0	0.8	2.0
大于1500	根据实际情况		

注：排除腐蚀性气体，风管壁厚除满足强度要求外，还应考虑腐蚀余量，风管壁厚一般不小于2mm。

表 1-31　除尘系统风管用钢板最小厚度　　（单位：mm）

风管直径	钢板厚度					
	一般磨料		中硬度磨料		高硬度磨料	
	直管	异形管	直管	异形管	直管	异形管
200 以下	1.0	1.5	1.5	2.5	2.0	3.0
200～400	1.25	1.5	1.5	2.5	2.0	3.0
400～600	1.25	1.5	2.0	3.0	2.5	3.5
600 以上	1.5	2.0	2.0	3.0	3.0	4.0

注：1. 吸尘器及吸尘罩的钢板用2mm。

2. 一般磨料是指木工锯屑、烟丝和棉麻尘等。

3. 中硬度磨料是指砂轮机尘、铸造灰尘和煤渣尘等。

4. 高硬度磨料是指矿石尘、石英粉尘等。

表1-32　薄钢板的理论质量

钢板厚度/mm	理论质量/(kg/m²)	钢板厚度/mm	理论质量/(kg/m²)	钢板厚度/mm	理论质量/(kg/m²)
0.10	0.785	0.75	5.888	2.0	15.7
0.20	1.57	0.80	6.28	2.5	19.63
0.30	2.355	0.90	7.065	3.0	23.55
0.35	2.748	1.00	7.85	3.5	27.48
0.40	3.14	1.10	8.635	4.0	21.4
0.45	3.533	1.20	9.42	4.5	35.33
0.50	3.925	1.25	9.813	5.0	39.25
0.55	4.318	1.40	10.99	5.5	43.18
0.60	4.71	1.50	11.78	6.0	47.1
0.70	5.495	1.80	14.13	7.0	54.95

表1-33　玻璃钢风管的厚度　（单位：mm）

圆管直径或矩形管长边尺寸	壁厚	圆管直径或矩形管长边尺寸	壁厚
≤200	1.0~1.5	800~1000	2.5~3.0
250~400	1.5~2.0	1250~2000	3.0~3.5
500~630	2.0~2.5		

（2）硬聚氯乙烯板　通称硬塑料板，是由聚氯乙烯树脂加稳定剂和增塑剂热压加工而成。对各种酸碱类的作用均很稳定，但对强氧化剂如浓硝酸、发烟硫酸和芳香族碳氢化合物以及氮化碳氢化合物是不稳定的。线胀系数小，热导率也不大，$\lambda=0.15W/(m\cdot K)$。

由于硬聚氯乙烯板具有一定强度和弹性，耐腐蚀性良好，又便于加工成型，所以使用相当广泛。在通风工程中采用硬聚氯乙烯板制作风管和配件以及加工风机，绝大部分是用于输送含有腐蚀性气体的系统。硬聚氯乙烯板的热稳定性较差，有其一定的适应范围，一般在-10~60℃。温度过高其强度下降，温度过低会变脆易断。

硬聚氯乙烯板表面应平整，无伤痕，不得含有气泡，厚薄均匀，无离层现象。硬质聚氯乙烯风管厚度及允许偏差见表 1-34和表 1-35。

表 1-34　圆形硬质聚氯乙烯风管厚度及允许偏差

（单位：mm）

圆风管直径	板材厚度	外径允许偏差	圆风管直径	板材厚度	外径允许偏差
100 ~ 320	3	−1	700 ~ 1000	5	−2
360 ~ 630	4	−1	1120 ~ 2000	6	−2

表 1-35　矩形硬质聚氯乙烯风管厚度及允许偏差

（单位：mm）

矩形风管长边	板材厚度	外边长允许偏差	矩形风管长边	板材厚度	外边长允许偏差
120 ~ 320	3	−1	1100 ~ 1250	6	−2
400 ~ 500	4	−1	1600 ~ 2000	8	−2
630 ~ 800	5	−2			

3. 型钢

在建筑设备安装工程中，型钢主要用于设备框架、风管法兰盘、加固圈以及管道的支、吊、托架等。常用型钢种类有扁钢、角钢、槽钢、圆钢和 H 型钢等。

（1）扁钢　主要用于制作风管法兰、加固圈和管道支架等。规格以宽度 × 厚度表示，如 20mm × 4mm 扁钢。扁钢规格及质量见表 1-36。

（2）角钢　常用于制作风管法兰盘、各种箱体容器设备框架、管道支架等。角钢分为等边角钢和不等边角钢，风管法兰及管道支架多采用等边角钢，它的规格是以边宽 × 厚度表示，如 40mm × 40mm × 4mm 角钢。等边角钢规格及质量见表 1-37。

（3）槽钢　主要用于箱体、柜体的框架结构及风机等设备的机座。其高度的 1/10 数值表示其型号。槽钢规格及质量见表 1-38。

表1-36　扁钢规格及质量

厚度/mm	理论质量/(kg/m)																
	宽度/mm																
	10	12	14	16	18	20	22	25	28	30	32	35	40	45	50	55	60
3	0.24	0.28	0.33	0.38	0.42	0.47	0.52	0.59	0.66	0.71	0.75	0.82	0.94	1.06	1.18	—	—
4	0.31	0.38	0.44	0.50	0.57	0.63	0.69	0.79	0.88	0.94	1.01	1.10	1.26	1.41	1.57	1.73	—
5	0.39	0.47	0.55	0.63	0.71	0.79	0.86	0.98	1.10	1.18	1.25	1.37	1.57	1.73	1.96	2.16	2.36
6	0.47	0.57	0.66	0.75	0.85	0.94	1.04	1.18	1.32	1.41	1.50	1.65	1.88	2.12	2.36	2.59	2.83
7	0.55	0.66	0.77	0.88	0.99	1.10	1.21	1.37	1.54	1.65	1.76	1.92	2.20	2.47	2.95	3.02	3.30
8	0.63	0.75	0.88	1.00	1.13	1.26	1.38	1.57	1.76	1.88	2.01	2.20	2.51	2.83	3.14	3.45	3.77
9	—	—	—	1.15	1.27	1.41	1.55	1.77	1.98	2.12	2.26	2.47	2.83	3.14	3.53	3.89	4.24
10	—	—	—	1.26	1.41	1.57	1.73	1.96	2.20	2.36	2.54	2.75	3.14	3.53	3.93	4.32	4.71

注:通常长度为3～9mm

表 1-37　等边角钢规格及质量

尺寸/mm		理论质量/(kg/m)	尺寸/mm		理论质量/(kg/m)
边宽	厚		边宽	厚	
20	3	0.889	56	3	2.624
	4	1.145		4	3.446
25	3	1.124		5	4.251
	4	1.459		6	6.568
30	3	1.373	63	4	3.907
	4	1.786		5	4.822
36	3	1.656		6	5.721
	4	2.163		8	7.469
	5	2.654	70	4	4.372
40	3	1.852		5	5.397
	4	2.422		6	6.406
	5	2.976		7	7.398
45	3	2.088		8	8.373
	4	2.736	75	5	5.818
	5	3.369		6	6.905
	6	3.985		7	7.976
50	3	2.332		8	9.030
	4	3.059		10	11.089
	5	3.770	80	5	6.211
	6	4.465		8	9.658

注:通常长度为边宽 20 ~40mm;长 3 ~9mm;边宽 45 ~80mm,长 4 ~12mm。

表 1-38　槽钢规格及质量

型号	尺寸/mm			理论质量/(kg/m)	备注
	h	*b*	*d*		
5	50	37	4.5	5.44	
6.3	63	40	4.8	6.63	
8	80	43	5	8.04	
10	100	48	5.3	10	

（续）

型号	尺寸/mm			理论质量/(kg/m)	备注
	h	b	d		
12.6	126	53	5.5	12.37	通常长度：5～8 号 5～12mm；8～18 号 5～19mm；18 号以上 6～19mm
14a	140	58	6	14.53	
14b	140	60	8	16.73	
16a	160	63	6.5	17.23	
16b	160	65	8.5	19.74	
18a	180	68	7	20.17	
18b	180	70	9	22.99	
20a	200	73	7	22.63	
20b	200	75	9	25.77	

（4）圆钢　主要用于吊架拉杆、管道支架卡环以及散热器托钩。圆钢规格及质量见表 1-39。

表 1-39　圆钢规格及质量

直径/mm	允许偏差/mm	理论质量/(kg/m)	直径/mm	允许偏差/mm	理论质量/(kg/m)
5.5	±0.2	0.186	20	±0.3	2.47
6		0.222	22		2.98
8	±0.25	0.395	25		3.85
10		0.617	28		4.83
12		0.888	32	±0.4	6.31
14		1.21	36		7.99
16		1.58	38		8.90
18		2.00	40		9.86

注：轧制的圆钢有盘条和直条两种，一般直径 5～12mm 为盘条，直条长度为直径≤25mm长 4～10mm，直径≥26mm 长 3～9mm。

4. 实例分析

【例 1-3】 图 1-9 所示为一管道支架，这是供暖空调工程中常采用的支架结构形式，请问支架采用等边角钢制作好还是采用不等边角钢制作好?

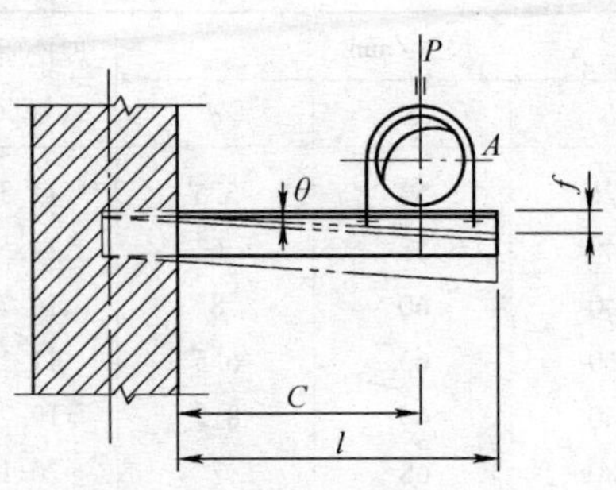

图 1-9　悬臂支架受力分析

解：该支架受力分析如下：

外力作用在支架的主惯性平面内，使支架产生平面弯曲变形，自由端 A 发生的斜率 θ 和产生的最大挠度 f 按下列两式计算：

$$\theta = \frac{PC^2}{2EJ_x}$$

$$f = \frac{PC^2}{6EJ_x}(3l - C)$$

式中　P——支架承受的外力；

E——钢材的弹性模量；

J_x——材料的界面惯性矩。

由上述两式可以看出，当外力 P 和支架材料已确定时，则 P、E 确定不变，支架发生的变形倾斜 θ 和挠度 f 就只与支架的断面特性——惯性矩 J_x 有关，J_x 越大，变形量越小，工程质量越好。在标准图册中，常发现支架选用等边角钢制作，这不一定是最佳选择。请看下面几组等边角钢和不等边角钢的数值比较：

1）角钢∟30×30×5 与角钢∟35×20×5 比较

∟30×30，$\delta=5$，$J_x=2.20$，$G=2.18$kg/m

∟35×20，$\delta=5$，$J_x=2.86$，$G=1.98$kg/m

则有　$\frac{2.18-1.98}{2.18}=0.09$（9%）

2）角钢∟40×40×5与角钢∟45×30×4比较

∟40×40，$\delta=5$，$J_x=5.54$，$G=2.97$kg/m

∟45×30，$\delta=4$，$J_x=5.81$，$G=2.26$kg/m

则有 $$\frac{2.97-2.26}{2.97}=0.24\ (24\%)$$

3）角钢∟60×60×5与角钢∟60×40×6比较

∟60×60，$\delta=5$，$J_x=19.9$，$G=4.57$kg/m

∟60×40，$\delta=6$，$J_x=20.3$，$G=4.49$kg/m

则有 $$\frac{4.57-4.49}{4.57}=0.02\ (2\%)$$

从以上三组数字比较，可明显看出，悬臂管道支架若采用不等边角钢制作，既可以节约钢材，刚度条件又好于等边角钢。所以在施工中选材时，应做到精细审查和参考采用，以免造成材料的浪费。

1.1.4　常用阀门及选用

阀门一般由阀体、阀瓣、阀盖、阀杆及手轮等部件组成。阀门种类繁多，生产阀门的厂家很多，即便相同功能的阀门，制作的样式、规格、构造、质量等也会不同，以便供工程选用。

1. 阀门的分类

阀门分类方法很多，一般按其动作特点分为两大类：驱动阀门和自动阀门。

驱动阀门是用手或其他动力操纵的阀门，如截止阀、节流阀、闸阀、旋塞阀等。

自动阀门是借助于介质本身的流量、压力或温度参数的变化而自行动作的阀门，如止回阀、安全阀、浮球阀、减压阀、跑风阀、疏水阀等。

工程上管道与阀门的公称压力划分为低压 $0<p\leqslant1.6$MPa；中压 1.6MPa $<p\leqslant$ 10MPa；高压 $p>$ 10MPa。蒸汽管道 $p\geqslant$ 9MPa，工作温度≥500℃时为高压。一般暖通空调工程均为低压系统，大型电站锅炉及各种工业管道采用中压、高压或超高压系统。

（1）截止阀　它是借改变阀瓣与阀座间的距离即流体通道截面的大小，达到开启、关闭和调节流量大小的目的。其有螺纹和法兰接口两种形式。

这种阀门的特点是结构简单，严密性较高，制造和维修方便，但流体经过截止阀时要转弯改变流向（“低进高出”），水阻力较大，安装时要注意方向不能装反。截止阀主要用于热水供应及高压蒸汽等严密性要求较高的管道中。如图 1-10 所示为筒形阀体的截止阀。

阀门的阀体 1 为三通形筒体，其间的隔板中心有一圆孔，上面装有阀座 5。阀杆 3 穿过阀盖 2，其下端连接有阀瓣 4。该阀瓣并非紧固于阀杆上，而是活动地连接在一起，这样可以在阀门关闭时，使阀瓣 4 能够正确地落在阀座 5 上而严密贴合，同时这样也可以减少阀瓣与阀座之间的磨损。阀杆的上部有梯形螺纹，并旋入阀杆螺母 6 内，上端固定有操作手轮 7。当手轮逆时针方向转动时，阀门便开启；手轮顺时针方向转动时，阀门则关闭。改变阀瓣与阀座间的距离，就改变流体通道截面的大小，从而控制阀门开、关程度的大小。为了避免介质从阀杆与阀盖之间的缝隙漏出，在阀盖 2 内填充有弹性填料 8（又称盘根），借助于填料压盖 9 和两个螺栓的作用，将填料紧压在阀杆上而不致泄漏。

（2）闸阀　又称闸门或闸板阀，它是利用闸板升降控制启闭的阀门。其构造如图 1-11 所示，特点是结构简单，阀体较短，流体通过阀门时流向不变，阻力小，安装时无方向要求，完全开启时，闸板不受流动介质的冲刷磨损，但是严密性较差，尤其启闭频繁时，由于闸板与阀座之间密封面受磨损，不完全开启时，水阻仍然较大。因此，闸阀一般只作为截断装置，即用于完全开启或完全关闭的管道中，而不宜用于需要调节开度大小和启闭频繁的管道上。闸阀常用于冷、热水管道和大直径的蒸汽管道中不常开关的地方。

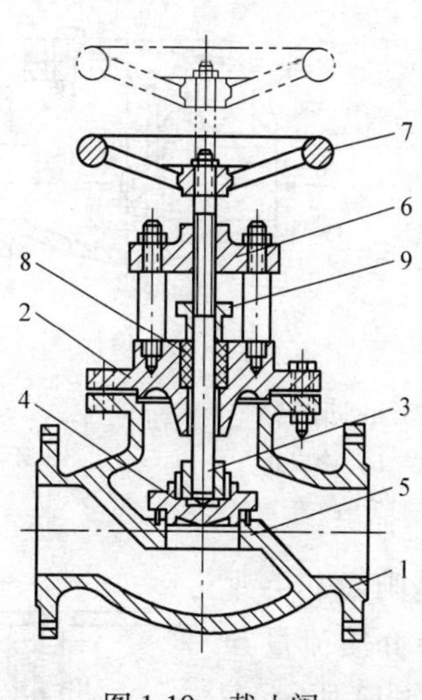

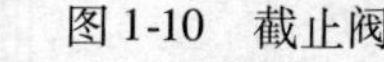
图 1-10　截止阀

1—阀体　2—阀盖　3—阀杆　4—阀瓣　5—阀座
6—阀杆螺母　7—操作手轮　8—填料　9—填料压盖

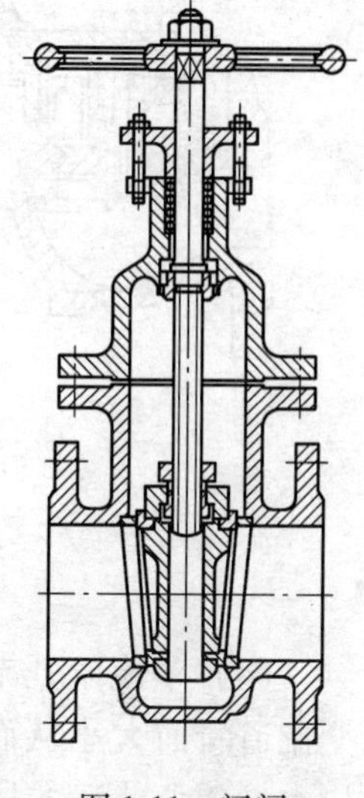

图 1-11　闸阀

（3）止回阀　又称单流阀或逆止阀，它是一种根据阀瓣前后的压力差而自动启闭的阀门。它有严格的方向性，只允许介质向一个方向流通，而阻止其逆向流动。止回阀用于不允许介质倒流的管道上，如用于水泵出口的管道上作为水泵停泵时的保护装置。

根据结构不同，止回阀可分为升降式和旋启式，如图 1-12 所示。

升降式的阀体与截止阀的阀体相同，为使阀瓣 1 准确落在阀座上，在阀盖 2 上设有导向槽，阀瓣上有导杆，并可在导向槽内自由升降。当介质自左向右流动时，在压力作用下顶起阀瓣即成通路，反之阀瓣由于自重下落关闭，介质不能回流。升降式止回阀只能用在水平管道上。旋启式止回阀是靠阀瓣转动来启闭的，安装时应注意介质的流向（箭头所示），它在水平或垂直管道上均可应用。

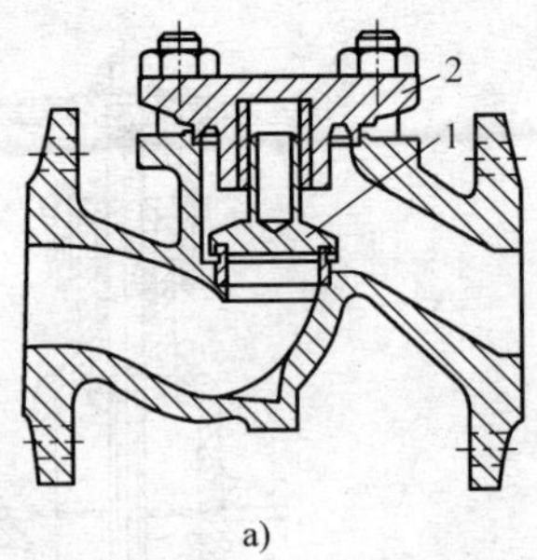

a)

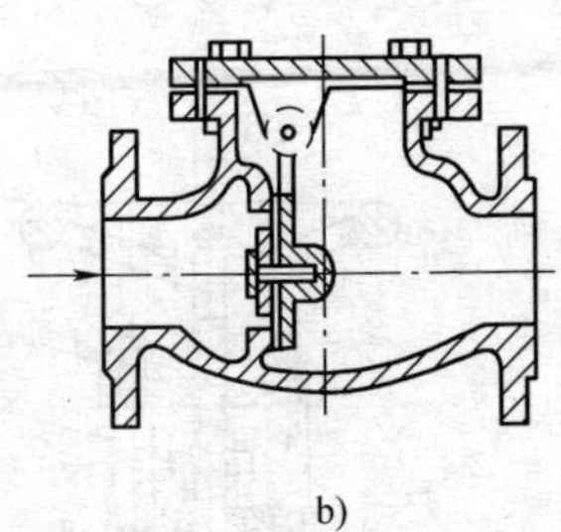
b)

图 1-12　止回阀

a）升降式　b）旋启式

1—阀瓣　2—阀盖

（4）节流阀　节流阀是借阀瓣开关改变流道断面大小从而达到调节介质流量和压力（粗调节）的目的，如图 1-13 所示。

其工作原理为：节流阀的阀瓣为锥体，与阀座间形成一狭窄通道，流体流过时，便被节流降压。节流阀多用于小的管道上，如安装压力表所用的阀门常用节流阀。其流道孔径小，内部流体流速高，易磨损，不宜用于黏度大和含尘砂的不洁净的流体中。

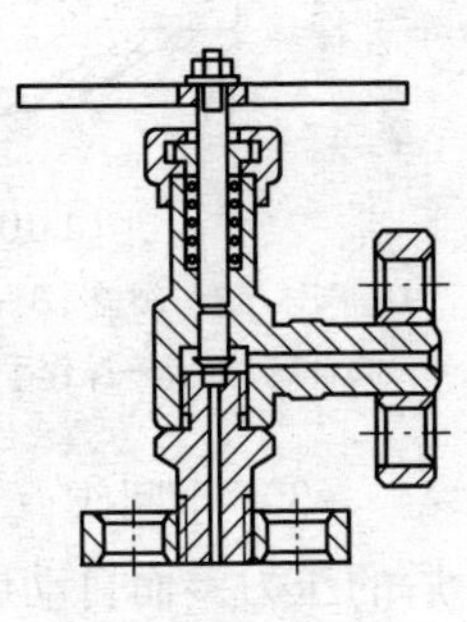
图 1-13　节流阀

（5）旋塞阀　主要由阀体和塞子（圆锥形或圆柱形）所构成。图 1-14a 所示为扣紧式旋塞阀，在旋塞的下端有一螺母，把塞子紧压在阀体内，以保证严密。旋塞塞子中部有一孔道，当旋转 90°时，即全开启或全关闭。为避免介质从塞子与阀体之间的缝隙渗漏，出现了填料式旋塞阀（图 1-14b），这种旋塞阀严密性较好。

旋塞阀的特点是构造简单、开关迅速、阻力小、无安装方向要求，但启闭较费力，严密性较差，多用在压力、温度不高且管径较小的管道上。热水龙头也属旋塞阀的一种。

（6）球阀　由阀体和中间开孔的球形阀心组成，如图 1-15

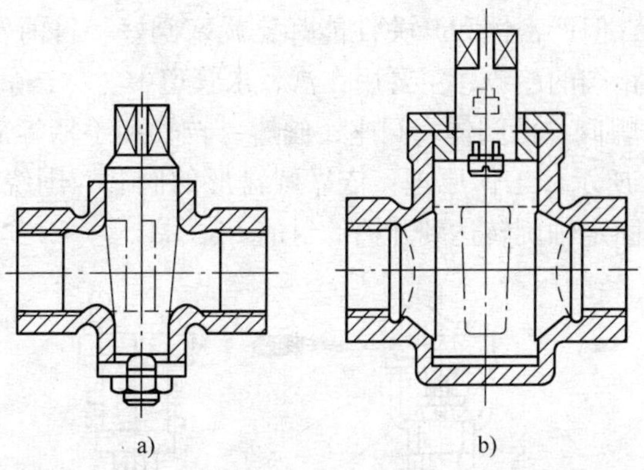

图1-14 旋塞阀
a）扣紧式 b）填料式

所示，靠旋转球体来控制阀的启闭。球阀只能全开或全关，不允许作节流用。带扳手的球阀，阀杆顶端上刻有沟槽，当顺时针方向转动扳手，沟槽与管道平行时为开启；逆时针方向转动扳手90°，使沟槽与管道垂直时则关闭。带传动装置的球阀，应按产品说明规定使用。由于密封结构及材料的限制，目前生产的球阀不宜在高温介质中使用（介质最高温度在200℃以内）。

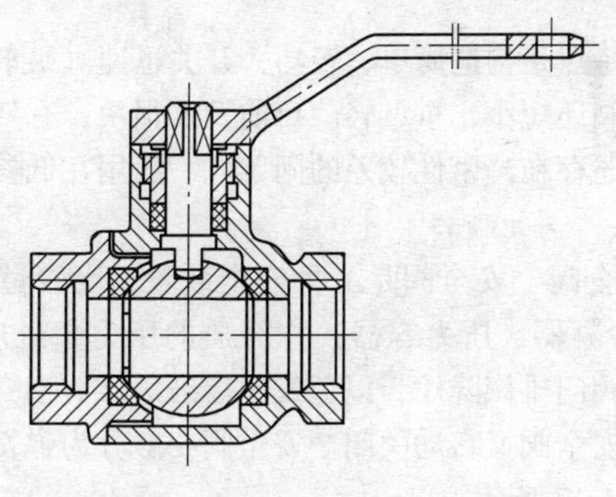

图1-15 球阀

球阀的特点是构造简单、体积较小、零部件少、质量较轻、开关迅速、阻力小。由于阀芯是球体，制造精度要求高，加工工艺难度大，但严密性和开关性能都比旋塞阀好。目前发展较快，有替代截止阀的趋势，主要用在汽、水管道中。

（7）蝶阀　由阀体、阀座、阀瓣、转轴和手柄等部件组成，如图 1-16 所示。工作原理：依靠圆盘形的阀芯，围绕垂直于管道轴线的固定轴旋转达到开关的目的。

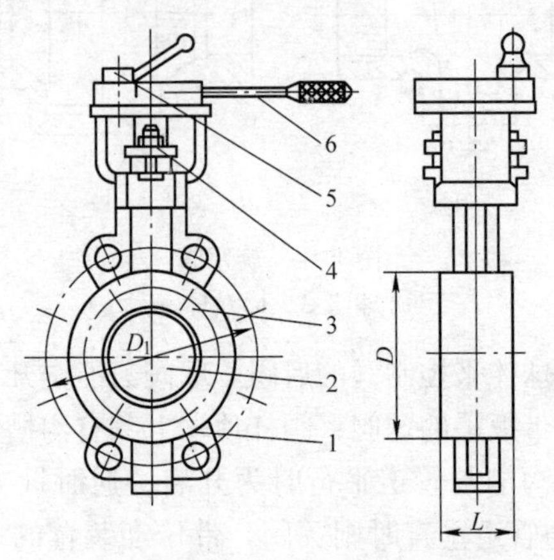

图 1-16　手动蝶阀

1—阀体　2—蝶板　3—盖板　4—填料压盖　5—定位锁紧螺母　6—手柄

蝶阀的特点是构造简单、轻巧，开关迅速（旋转 90°即可），阀体比闸板阀还短小，重量轻。目前发展很快，有替代闸板阀的趋势。目前还存在严密性较差的问题，一般用在低参数的汽、水管道中。

（8）安全阀　安全阀是一种安全装置，当管道系统或设备（如锅炉、冷凝器、压力容器）中介质的压力超过规定数值时，便自动开启阀门排汽降压，以免发生爆破危险。当介质的压力恢复正常后，安全阀又自动关闭。安全阀一般分为弹簧式和杠杆式两种，如图 1-17 所示。

弹簧式安全阀是利用弹簧的压力来平衡介质的压力，阀瓣被弹簧紧压在阀座上，平常阀瓣处于关闭状态。转动弹簧上面的螺母，即改变弹簧的压紧程度，便能调整安全阀的工作压力，一般

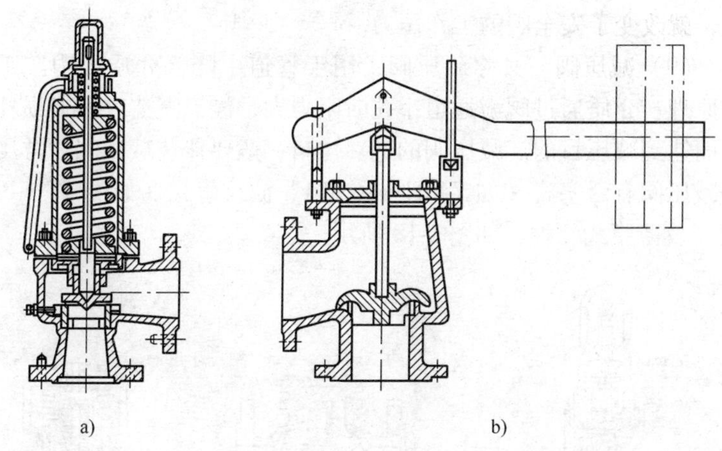

图1-17　安全阀
a）弹簧式　b）杠杆式

要先用压力表参照定压。弹簧式安全阀工作压力见表1-40，各种公称压力的弹簧式安全阀有不同工作压力级，安装时应注意。

表1-40　弹簧式安全阀工作压力　（单位：MPa）

公称压力	工作压力				
	p_1	p_2	p_3	p_4	p_5
1	>0.05~0.1	>0.1~0.25	>0.25~0.4	>0.4~0.6	>0.6~1
1.6	>0.25~0.4	>0.4~0.6	>0.6~1	>1~1.3	>1.3~1.6
2.5			>1~1.3	>1.3~1.6	>1.6~2.5
4.0			>1.6~2.5	>2.5~3.2	>3.2~4
6.4			>3.2~4	>4~5	>5~6.4
10.0			>5~6.4	>6.4~8	>8~10
16.0			>8~10	>10~13	>13~16
32.0	>16~20	>20~22	>22~25	>25~29	>29~32

杠杆式安全阀也称重锤式安全阀，它是利用杠杆将重锤所产生的力矩紧压在阀瓣上，保持阀门关闭，当压力超过额定数值，杠杆重锤失去平衡，阀瓣就打开。因此，改变重锤在杠杆上的位

置，就改变了安全阀的工作压力。

(9) 减压阀　又称调压阀，用于管道中降低介质压力。工作原理：介质通过阀瓣通道小孔时阻力大，经节流造成压力损耗从而达到减压目的。减压阀的进、出口一般要伴装截止阀。常用的减压阀有活塞式（如 Y43H—16 型）、波纹管式（如 Y44T—10 型）及薄膜式几种，如图 1-18 所示。

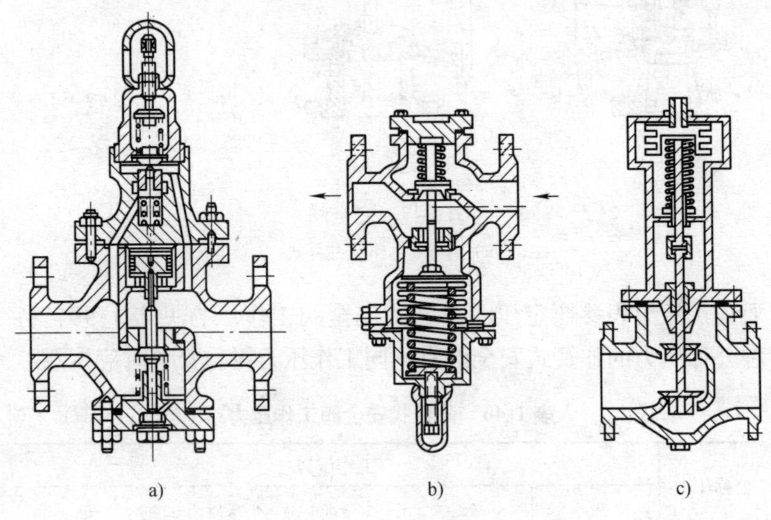

图 1-18　减压阀

a）活塞式　b）波纹管式　c）薄膜式

(10) 疏水阀　又称疏水器、隔汽具或回水盒，它的作用在于阻汽排水，属于自动作用阀门，是蒸汽系统能否正常运行和节能的关键设备。按作用原理不同，疏水阀可分为以下三种类型。

1）机械型。常用的有正向浮筒式（图 1-19a）、倒吊筒式、钟形浮子式、浮球式几种。浮筒式疏水器工作原理：依靠浮筒在凝水中的升降，带动排水阀杆，启闭排水阀孔，排除凝水。此类疏水器排水性能好，疏水量最大，筒内不易沉渣，较易于排除空气，多用于高压蒸汽系统中。

2）热动力型有盘型（图 1-19b）、锐孔型（脉冲式）两种。

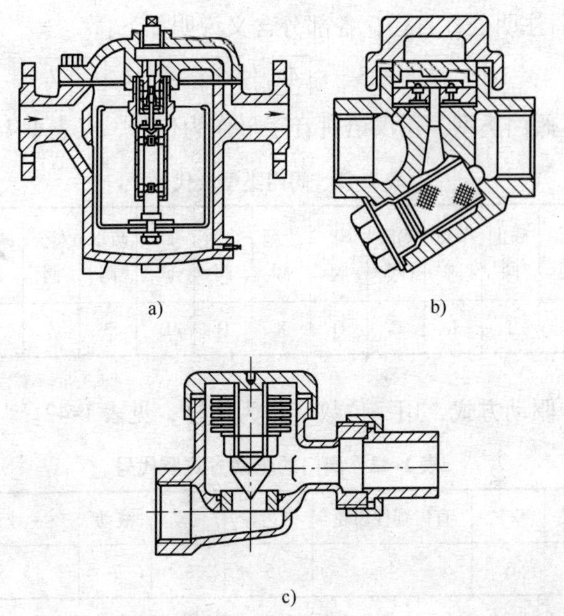

图 1-19　疏水器

a）浮筒式　b）盘型　c）波纹管式

工作原理：依靠蒸汽、凝水的比体积不同及流速不同，造成的流道动、静压不同，使阀片启闭，达到排放凝水和阻止排汽的目的。此类疏水阀体积小，重量轻，结构简单，安装维修方便，较易排除空气，且具有止回阀作用，当凝结水量小或阀前后压差过小时，会有连续漏气现象，过滤器易堵塞，需定期清除维护，多用于高压蒸汽系统中。

3）热静力型主要有波纹管式（图 1-19c）、双金属片式、液体膨胀式几种，均是利用蒸汽和凝结水的温度差引起恒温元件的膨胀变形工作的。此类疏水器阻汽排水性能良好，使用寿命长，应用广泛，适用于低压蒸汽系统。

2. 阀门选用

（1）阀门型号的识读　按照机械行业标准《阀门　型号编制方法》（JB/T 308—2004）规定，阀门的型号规格由七部分组成，其后注明公称直径，各部分含义说明如下：

| 1 | 2 | 3 | 4 | 5 | – | 6 | 7 |

1）阀门类型，用汉语拼音字母作为代号，见表1-41。

表1-41　阀门类型及代号

阀门类型	闸阀	截止阀	节流阀	隔膜阀	球阀	旋塞阀	止回阀	碟阀	疏水阀	安全阀	减压阀	调节阀
代号	Z	J	L	G	Q	X	H	D	S	A	Y	T

2）驱动方式，用一位数字作为代号，见表1-42。

表1-42　阀门的驱动方式及代号

驱动方式	蜗轮	直齿圆柱齿轮	锥齿轮	气动	液动	气－液动	电动
代号	3	4	5	6	7	8	9

注：用手轮或扳手等手工驱动的阀门和自动阀门则省略本单元代号。

3）连接形式，用一位数字作为代号，见表1-43。

表1-43　阀门的连接形式及代号

连接形式	内螺纹	外螺纹	法兰	法兰	法兰	焊接	对夹	卡箍	卡套
代号	1	2	3	4	5	6	7	8	9

注：1. 法兰连接代号3仅用于双弹簧安全阀。
2. 法兰连接代号5仅用于杠杆式安全阀。
3. 单弹簧安全阀及其他类别阀门用法兰连接时采用代号4。

4）结构形式，用一位数字作为代号，见表1-44。

5）密封面材料或衬里材料类型，用汉语拼音字母作为代号，见表1-45。

6）公称压力，直接用公称压力（PN）数值表示，并用短线与前几个单元隔开。

7）阀体材料，用汉语拼音字母作为代号，见表1-46。

表 1-44 阀门的结构形式及代号

项目	1	2	3	4	5	6	7	8	9	0
闸阀	明杆锲式单闸板	明杆锲式双闸板	明杆平行式单闸板	明杆平行式双闸板	暗杆锲式双闸板	暗杆锲式单闸板	—	暗杆平行式双闸板	—	—
截止阀 节流阀	直通式（铸造）	角式（铸造）	直通式（锻造）	角式（锻造）	直流式	—	隔膜式	节流式	无填料直通式	无填料直通式
球阀	直通式（铸造）	—	直通式（锻造）	—	—	—	—	—	—	—
旋塞阀	直通式	调节式	填料式	三通填料式	保温式	三通保温式	润滑式	—	液面指示器用	—
止回阀	直通升降式(铸造)	立式升降式	角式升降式(铸造)	单瓣旋启式	多瓣旋启式	—	—	—	—	—
蝶阀	旋转偏心轴式	—	—	—	—	—	—	—	—	杠杆式
疏水器	浮球式	—	浮筒式	—	钟形浮子式	—	双金属片式	脉冲式	热动力式	—

（续）

项目	1	2	3	4	5	6	7	8	9	0
减压阀	外弹簧隔膜式	内弹簧隔膜式	膜片活塞式	波纹管式	杠杆弹簧式	气垫薄膜式	—	—	—	—
弹簧式安全阀	封闭				不封闭				带散热器微启式	带散热器全启式
	微启式	全启式	带扳手微启式	带扳手全启式	微启式	全启式	带扳手微启式	带扳手全启式		
杠杆式安全阀	单杠杆式		双杠杆式		—	—	—	—	—	—
	微启式	全启式	微启式	全启式						
调节阀	薄膜弹簧式				薄膜杠杆式		活塞弹簧式		浮子式	
	带散热片开式	带散热片气关式	不带散热片开式	不带散热片气关式	阀前	阀后	阀前	阀后		

表 1-45 阀门密封面材料或衬里材料的代号

密封面材料或衬里材料	铜合金	不锈钢	渗氮钢	巴式合金	蒙乃尔合金	硬质合金	衬塑料	橡胶	硬橡胶	氟塑料
代号	T	H	D	B	M	Y	CS	X	J	F
密封面材料或衬里材料	皮革	聚四氯乙烯	酚醛塑料	尼龙	塑料	衬胶	衬铅	搪瓷	聚氯乙烯	聚三氯乙烯
代号	P	SA	SD	NS	S	CJ	CQ	TC	SC	SB

注:密封面由阀体直接加工的(无密封圈)代号为 W。

表 1-46 阀体材料的代号

阀体材料	灰铸铁	可锻铸铁	球墨铸铁	硅铁	铜合金	铅合金	碳钢	铬钼合金钢	铬镍钛钢	铬镍钼钛钢	铬镍钒合金钢
代号	Z	K	Q	G	T	B	C	I	P	R	V

注:对于 $PN \leqslant 1.6\text{MPa}$ 的灰铸铁阀门或 $PN \geqslant 2.5\text{MPa}$ 的碳钢阀门,省略本单元。

（2）阀门选用原则　阀门的选用应根据阀门的用途、介质种类、介质参数（温度、压力）、使用要求和安装条件等因素，全面考核、综合比较、正确选用。其中应注重阀体材料和密封材料的应用条件。可参照下列步骤进行选用。

1）根据介质种类和介质参数，选定阀体材料。

2）根据介质参数、压力和温度，确定阀门的公称压力级别。

3）根据公称压力、介质性质和温度，选定阀门的密封材料。

4）根据流量、流速要求和相连接的管道管径，确定阀门的公称直径。

5）根据阀门用途、生产要求、操作条件，确定阀门的驱动方式。

6）根据管道的连接方法，阀门的构造和公称直径大小，确定阀门的连接方式。

7）根据公称压力、公称直径、阀体材料、密封材料、驱动方式、连接形式等，再参考产品说明书（或阀门参数表）提供的技术条件，进行综合比较，并根据价格和供货条件最后确定阀门的类别及型号规格。

3. 阀门选用实例

（1）阀门的型号规格识读实例

【例 1-4】阀门型号为 Z942W-1

表示：该阀门为闸阀，电动机驱动，法兰连接，明杆楔式双闸板，密封面由闸体直接加工，公称压力为 1MPa，阀体由灰铸铁制造。

【例 1-5】阀门型号为 Q21F-4P

表示：该阀门为球阀，手动，外螺纹连接，浮动直通式，阀座密封面材料为氟塑料，公称压力为 4MPa，阀体材料为铬镍钛钢。

【例 1-6】公称直径 50mm，公称压力为 1MPa，扳手直接驱动，内螺纹连接，带填料，无密封圈的直通旋塞阀，应写为：X13W-1.0 50。

其名称统一写为：内螺纹填料旋塞阀 *DN*50。

【例1-7】公称直径65mm，公称压力1.6MPa，手轮直接驱动，内螺纹连接并带有铜密封圈，用于水和蒸汽的直通截止阀，应写为 JllT-1.665。

其名称统一写为：内螺纹截止阀 *DN*65。

（2）普通阀门选用实例

【例1-8】某蒸汽管道，工作压力1.3MPa，温度350℃，管道公称直径 *DN*100，管道上设一起开、关作用的阀门，试选用阀门的类别及型号规格。

选择步骤如下。

1）根据工作压力和温度，可选用球墨铸铁和优质碳素钢的阀体阀门。

2）根据工作压力和温度，查明阀门的公称压力级为 *PN*2.5MPa。

3）根据工作压力和温度，查明密封面材料应选用不锈钢。

4）根据阀门使用性质只起开、关作用，无操作方式特殊要求，管径又较小，可选用手动驱动阀门。

5）根据管道连接形式为焊接，阀门宜采用法兰连接形式。

6）根据连接管道的直径选用公称直径100的阀门。

7）综合上述条件，确定阀门类别、型号规格，可选用截止阀，截止阀价格较便宜，严密性好，但根据产品目录表没有 *PN*2.5MPa 的碳钢截止阀，有闸阀产品，故最后选用闸阀，型号Z40H-2.5。

（3）特定功能阀门的选用方法实例

【例1-9】减压阀的选用计算

减压阀的选用计算是根据工艺确定的阀前、阀后压力，介质流量、温度等参数，利用流体力学中有关计算公式算出阀孔面积，进而选定减压阀的型号规格尺寸。

1）介质的临界压力比值 δ_1 饱和蒸汽 0.577；过热蒸汽 $\delta_1 = 0.546$；压缩空气 $\delta_1 = 0.528$。

2）单位阀孔面积流量

当 $\frac{p_2}{p_1} > \delta_1$ 时：

饱和蒸汽 $q = 462\sqrt{\frac{p_1}{V_1}\left[\left(\frac{p_2}{p_1}\right)^{1.76} - \left(\frac{p_2}{p_1}\right)^{1.88}\right]}$ [kg/(cm²·h)]

过热蒸汽 $q = 332\sqrt{\frac{p_1}{V_1}\left[\left(\frac{p_2}{p_1}\right)^{1.54} - \left(\frac{p_2}{p_1}\right)^{1.77}\right]}$ [kg/(cm²·h)]

压缩空气 $q = 298\sqrt{\frac{p_1}{V_1}\left[\left(\frac{p_2}{p_1}\right)^{1.48} - \left(\frac{p_2}{p_1}\right)^{1.71}\right]}$ [kg/(cm²·h)]

当 $\frac{p_2}{p_1} \leqslant \delta_1$ 时：

饱和蒸汽 $q = 71\sqrt{\frac{p_1}{V_1}}$ [kg/(cm²·h)]

过热蒸汽 $q = 75\sqrt{\frac{p_1}{V_1}}$ [kg/(cm²·h)]

压缩空气 $q = 77\sqrt{\frac{p_1}{V_1}}$ [kg/(cm²·h)]

3）阀孔面积或直径

阀孔面积 $f = \frac{G}{q\mu}$ (cm²)

阀孔直径 $d_0 = \sqrt{\frac{4f}{\pi}}$ (mm)

式中 G——通过阀孔流量（kg/h）；

q——通过 1cm² 阀孔面积流量（kg/cm²·h）；

μ——阀孔流量系数，水为 0.45 ~ 0.65；气为 0.65 ~ 0.85；

p_1——阀前介质压力（绝对值）（MPa）；

p_2——阀后介质压力（绝对值）（MPa）；

V_1——阀前介质比体积（m³/kg）；

f——阀孔面积（cm^2）。

4）减压阀型号选用。根据计算出的阀孔面积f，再根据表1-47对应数据选用。

表1-47　减压阀阀孔直径的选用

公称直径 DN/mm	25	32	40	50	65	80	100	125	150
阀孔计算面积 f/cm^2	2.0	2.8	3.48	5.3	9.45	13.2	23.5	36.8	52.2

【例1-10】疏水器的选用计算

疏水器选用时，主要是确定其排水量。排水量常常受工作条件的制约，工作条件是多变的，给确定排水量造成一定困难。排水量与疏水器前后压差有关，压差大、流量大，压差小、流量小。制造厂给出的排水量指标，往往是背压为零时的排水量，但选用时应按背压最高、压差最小时的排水量计算。除此之外，还有运行时启动与间歇运行中不稳定阶段的凝水量不易确定问题，以及不同的疏水器有不同的压差和背压要求。因此，疏水器的选用，一定不能仅根据管径选用，而应依据其负担的排水量多少来确定。在施工中常常按下列公式核算。

1）疏水量

理论计算凝水量　$G_2 = \dfrac{Q}{\gamma}$（kg/h）

疏水器的排水量　$G = KG_2$（kg/h）

式中　Q——疏水器承担散热设备的总热量（kJ/h）；

γ——蒸汽压力下的汽化潜热（kJ/kg）；

K——疏水器选择倍率。

K与换热设备种类和蒸汽压力有关，取值如下。

采暖设备：$P \geqslant 0.1$MPa，$K \geqslant 2 \sim 3$；$P < 0.1$MPa，$K \geqslant 4$。

空气加热器：$P \geqslant 0.2$MPa，$K \geqslant 2$；$P < 0.2$MPa，$K \geqslant 3$。

沐浴加热器：独立热交换，$K \geqslant 2$；多喷头，$K \geqslant 4$。

生产设备：一般换热器，$K \geqslant 3$；大容量、间歇、快速等，$K \geqslant 4$。

2）疏水器的压差

$$\Delta p = p_1 - p_2 (\text{MPa})$$

式中 p_1——阀前压力，按95% ~100%设备蒸汽压力取用；

p_2——阀后压力，通大气时 $p_2 = 0$，不通大气时 $p_2 = 0.1(H + h) + p_3$；

H——疏水器后系统阻力；

h——疏水器后提升阻力；

p_3——凝水箱内的压力。

4. 阀门的安装

（1）安装前应进行的检查工作

1）按设计要求核对阀门规格、型号。

2）进行阀门外观检查：检查外观质量有无问题，不允许有裂纹、砂眼等缺陷；拆卸检查阀座与阀体的结合应牢固；阀盖与阀体、阀芯与阀座的结合应良好无缺陷；阀杆无弯曲、锈蚀，阀杆和填料压盖配合处良好，螺纹无缺陷；填加的法兰垫片、螺纹填料及螺栓等齐全，无缺陷。

3）应检查阀门填料压入后的高度和紧密度，并留有一定的调整余量。

4）阀门密封面表面不得有任何缺陷，表面粗糙度和吻合度（径向最小接触宽度与阀体密封面宽度之比）应满足下列要求。

表面粗糙度要求：当公称直径 $DN < 400$mm 时，不低于 $Ra0.8$；当公称直径 $DN \geqslant 400$mm 时，不低于 $Ra0.4$。

吻合度要求：当公称直径 $DN \leqslant 50$mm 时为30%；当 $65\text{mm} \leqslant DN \leqslant 150$mm 时为25%；当 $200\text{mm} \leqslant DN \leqslant 400$mm 时为20%。

（2）安装前应进行的试验

1）低压阀门应从每批（同制造厂、同规格、同时到货）中抽查10%（至少一个），进行强度和严密性试验。若有不合格，再抽查20%，如仍有不合格则需逐个检查。

2）高、中压和有毒、剧毒及甲、乙类火灾危险物质的阀门均应逐个进行强度和严密性试验。

3）在供暖卫生与煤气系统中的阀门，安装前进行强度和严密性试验。对于安装在主干管道上起切断作用的闭路阀门，应逐个进行强度和严密性试验。

4）阀门的强度和严密性试验，应符合下列规定：阀门的强度试验压力为公称压力的1.5倍；严密性试验压力为公称压力的1.1倍。试验压力在试验持续时间（表1-48）内应保持不变，且壳体填料及阀瓣密封面无渗漏。

表1-48　阀门试验持续时间

公称直径 DN/mm	最短试验持续时间/s		
	严密性试验		强度试验
	金属密封	非金属密封	
≤50	15	15	15
65~200	30	15	60
250~450	60	30	180

5）阀门的强度试验：进行闸阀和截止阀强度试验时，应把闸板或阀瓣打开，压力从通路一端引入，另一端堵塞；试验止回阀时，应从进口端引入压力，出口一端堵塞；试验直通旋塞阀时，塞子应调整到全开状态，压力从通路一端引入，另一端堵塞；试验三通旋塞阀时，应把塞子调整到全开的各个工作位置进行试验；带有旁通的阀件，试验时旁通阀也应打开。

6）阀门的严密性试验：除蝶阀、止回阀、底阀、节流阀外的阀门，严密性试验一般应以公称压力进行，在能够确定工作压力时，也可用1.25倍的工作压力进行试验，以阀瓣密封面不漏为合格。公称压力小于或等于2.5MPa的水用铸铁、铸铜闸阀允许渗透量不超过表1-49所列数值。

表 1-49 闸阀密封面允许渗透量

公称直径/mm	渗透量/(cm³/min)	公称直径/mm	渗透量/(cm³/min)
≤40	0.05	600	10
50~80	0.1	700	15
100~150	0.2	800	20
200	0.3	900	25
250	0.5	1000	30
300	1.5	1200	50
350	2.0	1400	75
400	3.0	≥1600	100
500	5.0		

阀门试验应在如图 1-20 所示的专用试验台上进行。把被试验的阀门放在试验台上，用千斤顶或丝杠紧固，向阀体内注水排气，而后逐渐升压至试验压力，进行检查，达到规定要求即为合格。试验闸阀时，应分别从两面检查其严密性，首先将闸板紧闭，从阀的一端引入压力，在另一端检查其严密性；在压力逐渐消除后，再从阀的另一端引入压力，反方向的一端检查其严密性。对双闸板的闸阀，是通过两闸板之间阀盖上的螺孔引入压力，而在阀的两端检查其严密性。

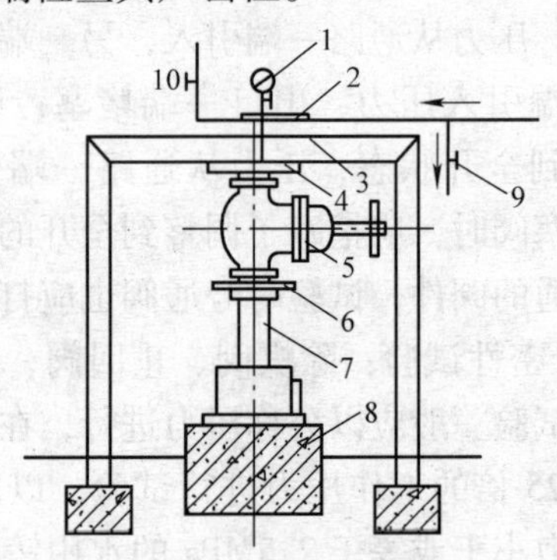

图 1-20 阀门试验台

1—压力表 2—进水管 3—试验台架（槽钢） 4—上堵板 5—试验阀门 6—下堵板 7—千斤顶 8—钢筋混凝土座 9—放水阀 10—放气阀

试验截止阀时，阀杆应处在水平位置，阀瓣紧闭，压力从阀孔低的一端引入，在阀的另一端检查其严密性。试验直通旋塞阀时，将塞子调整到全关位置，压力介质从一端引入，于另一端检查其严密性。对于三通旋塞阀，应将塞子轮流调整到各个关闭位置，引入压力后在另一端检查其各关闭位置的严密性。试验止回阀时，压力介质从出口一端引入，在进口一端检查其严密性。阀体及阀盖的连接部分及填料部分的严密性试验，应在阀件开启的情况下进行。

严密性试验不合格的阀门，必须解体检查，并重新试验。严密性试验合格的阀门，应及时排尽内部积水。密封面应涂防锈油（需脱脂的阀门除外），关闭阀门，封闭出、入口。高压阀门应填写《高压阀门试验记录》。

1.2 建筑设备安装基础技能

1.2.1 管道加工前的准备

管子加工及连接是管道安装工程的中心环节。加工主要是指管子的调直、切断、套螺纹、煨弯及制作异形管件等过程。连接主要讲述焊接、螺纹连接及法兰连接等几种方法。加工和连接的每一个工序过程均应遵守操作规程和符合质量标准。管道的加工准备包括管道测绘、管道调直和管道划线等工作。它要求工作人员具有较强的阅图能力、材料知识和划线技巧。

1. 管道测绘

建筑设备工程的管道系统，大多通过支架固定在建筑结构上（墙、梁、柱），由于建筑结构施工存在误差，造成了图样中所注安装尺寸与建筑结构位置尺寸之间的偏差。所以，在熟悉了安装图样内容之后，应在施工现场的建筑结构上，进行管道安装位置的具体放线，并根据放线结果，实测出在建筑结构上的安装尺寸和施工图样上标注尺寸间的差异。然后，据此绘制实际安装草图和计算、量取管段及管件的实际加工制作尺寸。常用的测绘器具有粉笔、粉墨线、水准尺、钢板尺、角尺、线锤和钢卷尺等。管道的现场放线和测量，可按下列步骤进行。

1）首先确定管道、管件的安装位置、标高、坡度、节点位置和弯曲点位置等。

2）根据上述数据，在建筑结构墙面或框架柱上，以划线方式标注出实际安装位置。

3）根据画线标定的安装位置，实测各管段和管件的安装尺寸，并用铅笔标注在施工图样上（或绘制的草图上）。

2. 管子调直

管子在运输和工地堆放过程中，会由于各种原因发生弯曲变形。此外，在安装中由于螺纹不正，也会造成管子呈现弯曲。意外弯曲处会影响介质的流通和排放，所以管子进行施工安装之前，应先进行弯曲变形检查和调直。

（1）管子的弯曲变形检查

1）目测检查法。这是施工现场应用最广泛最普遍的检查管材弯曲变形的方法。检查者用手将管子一端抬起（另一端自然触地），以管子的两个端点和检查者的眼睛三点成一直线为准。然后，边转动管子边用眼睛看管端的管壁外圆素线是否成一直线，是直线，则无弯曲变形，否则，有弯曲变形。这种方法十分简便实用，由于是检查者一人操作，只能用在管径较小、重量较轻的管材检查中。

2）滚动检查法。如图1-21所示，将被检查的管子，平放在两根水平且平行的轨道架上，然后轻轻滚动管子数次，并细心观察管子在轨道上停下来的位置。若每次滚动时在任一位置能停下，说明管子无弯曲；反之，若停止时都是某一面向下，说明有弯曲变形，且凸弯朝下。

（2）调直方法　管子的调直方法有冷调直和热调直两种。

1）冷调直。这种方法适用于*DN*50以下、弯曲变形不大的管子。可用两把手锤敲打进行冷调直，如图1-22所示。用一锤

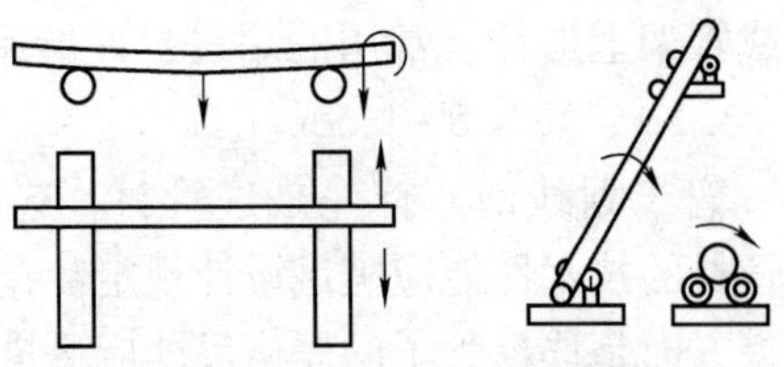

图1-21　滚动检查管子弯曲

顶在管子凹面（弯里）起弯点作支点，另一锤敲打凸面处，直至校直为准。注意，两锤不能对着敲打，锤击处宜垫硬木板，防止把管子打扁。对螺纹连接管道的节点处弯曲校直采用此法时，不能敲打管件，只能敲打管件两端的管子。

2）热调直。这种方法适用于管径大、弯曲变形大的管子调直，如图1-23所示。设置地面加热炉和滚动调直平台（由两根水平且平行的钢管或型钢铺成），将管子弯曲部位加热到600～800℃，然后放置在平台架上反复滚动，利用重力作用和管材的塑性变形，将管子调直。加热管子应用焦炭，不应使用原煤，也可利用氧气、乙炔焰加热。调直后的管子，应在水平场地存放，避免产生新的弯曲。由于热调直工作繁琐，有时将残缺部分直接割除掉，然后将完好部分连接起来应用。

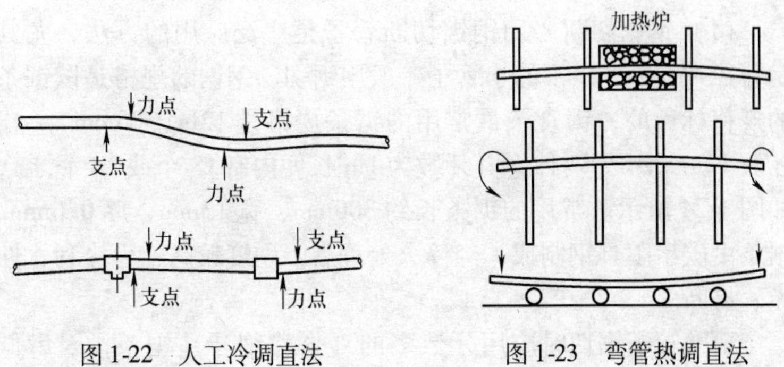

图1-22　人工冷调直法

图1-23　弯管热调直法

3. 管子划线

管段或管件加工制作前的划线是一项细致的工作。划线一般在管子划线台或管架上进行。常用的划线台外形尺寸：长7.0～9.0m，宽0.9～1.1m，高0.8～0.9m。

（1）选材　管子划线前，首先是选管材。选材依据两个方面：一方面是管材的技术性能应满足设计规定和金属结构加工工艺的要求；另一方面是选择管子的规格尺寸应尽量使下料后剩余的边角余料减少到最小程度，使管件的金属加工量减少到最小程度。

（2）切割余量　划线时必须计入切割余量。一般的切割余量值规定如下：碳素钢，边缘部分余量为2～3mm，中间部分余量为4～5mm；合金钢，火焰切割时边缘部分余量为5～7mm，中间部分余量为10～12mm。

1.2.2　钢管的加工及连接

1. 钢管切断

根据管道安装需要的尺寸、形状，要将管子切断成管段，切断过程常称为下料。钢管切断方法很多，可归纳为两类：手工切断和机械切断。在工厂里钢管切断可采用大型切管机。对于施工现场宜用小型切管机具，常用的小型切管机具及其使用方法如下。

（1）钢锯切断　用钢锯切断管子是广泛应用的方法，尤其是管径在50mm以下的小管子一般用锯切。钢锯的规格是以锯条的规格标称的，锯管子最常用的锯条规格是12in（300mm）×18牙及12in×24牙两种（其牙数为1in长度内有18个或24个牙），如图1-24所示。常用的锯条长约300mm、宽13mm、厚0.6mm，锯条由碳素工具钢制成，经淬火处理后，硬度较高、齿锋利、性脆、易断。

薄壁管子锯切时应用牙数多的（俗称细牙）锯条，因齿低及齿距小，进刀量小，不致卡掉锯齿。如果用牙数少的（粗牙）锯条锯薄壁管子，就容易发生卡掉锯齿的情况。所以壁厚不同的管子锯切时应选用不同规格的锯条。操作时锯条平面必须始终保

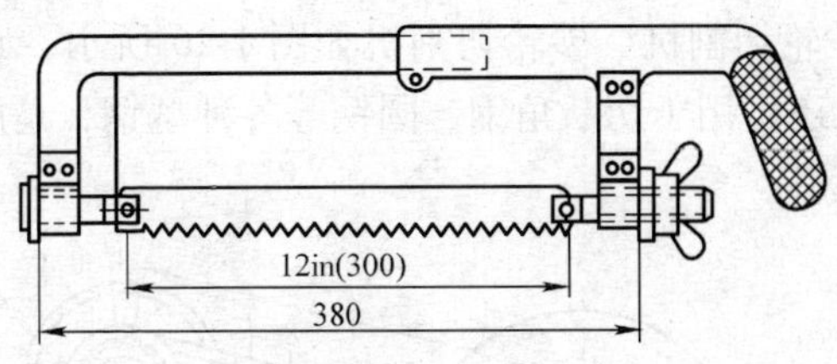

图1-24　钢锯

持与管子垂直，以保证断面平正。切口必须锯到底，不能采用不锯完而掰断的方法，以免切口残缺不整齐，影响套螺纹或焊接。

手工钢锯切断的优点是设备简单，灵活方便，节省电能，切口不收缩、不氧化。缺点是速度慢，劳动强度大，切口平正较难掌握。

（2）刀割　刀割使用的工具称为滚刀切管器，也称为割刀。一般适用于管径 40 ~ 150mm 的管子。滚刀切管器是用带有刃口的圆盘形刀片，在压力作用下，边进刀边沿管壁旋转，将管子切断，如图1-25所示。

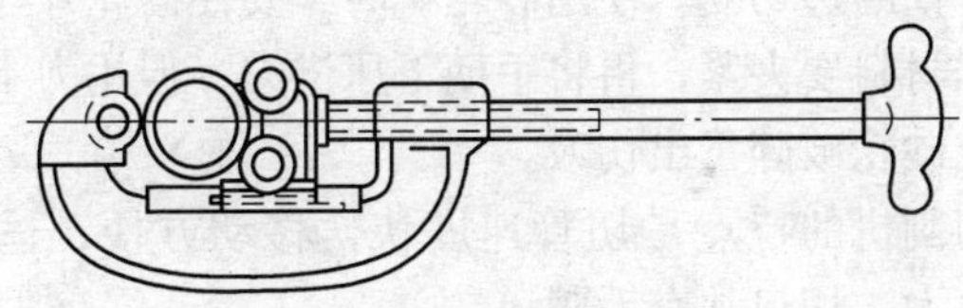

图1-25　滚刀切管器

操作时，先将管子在管子压钳内夹紧牢固，再把切割器套在管子上，使管子夹在割刀和滚轮之间，刀刃对准管子切割线。拧动手把，使滚轮夹紧管子，然后沿管子切线方向转动螺杆，同时拧动手把，就可以使滚刀不断切入管壁，直至切断为止。使用该切管器时，必须使滚刀垂直于管子，否则易损坏刀刃。

滚刀切管器的特点是切割速度快，切口平正，但切断面因受挤压而易产生缩口，增大介质流动阻力，因此必须用铰刀刮平缩口部分。

（3）砂轮切割机　砂轮切割机如图 1-26 所示，它不但用来切割管子，还可用于切断角钢、圆钢等各种型钢，是施工现场常用的切割设备。

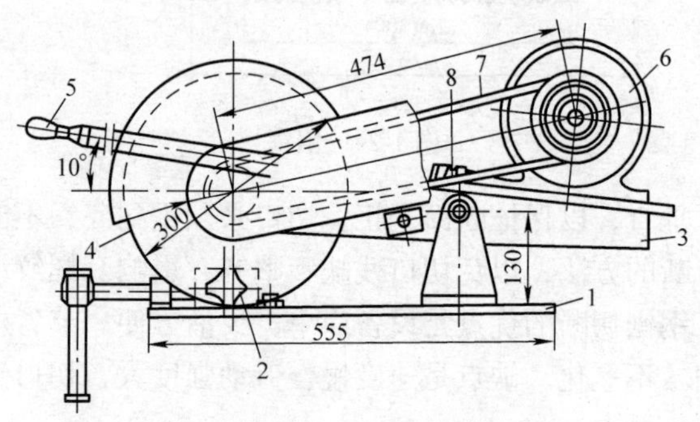

图 1-26　砂轮切割机

1—工作台面　2—夹管器　3—防护罩　4—金刚砂轮片

5—手柄　6—电动机　7—传动装置　8—张紧装置

砂轮切割机的工作原理是高速旋转的砂轮片与管壁接触摩擦切削，将管壁磨透切断。使用砂轮机时，要使砂轮片与管子保持垂直，被锯材料要夹紧，再将手柄下压进刀，但用力不能过猛或过大，以免砂轮破碎飞出伤人。

砂轮切割机的特点是切管速度快，移动方便，适合施工现场，但噪声大，切口常有毛刺。

（4）气割　钢管安装工程中常用的气割工具是射吸式割炬，俗称气割枪，如图 1-27 所示。它是利用氧气及乙炔气的混合气体为热源，对管壁或钢板的切割处进行加热，烧至钢材呈黄红色（约 1100～1150℃），然后喷射高压氧气，使高温的钢材在纯氧中燃烧生成四氧化三铁熔渣，熔渣松脆易被高压氧气吹开，使管

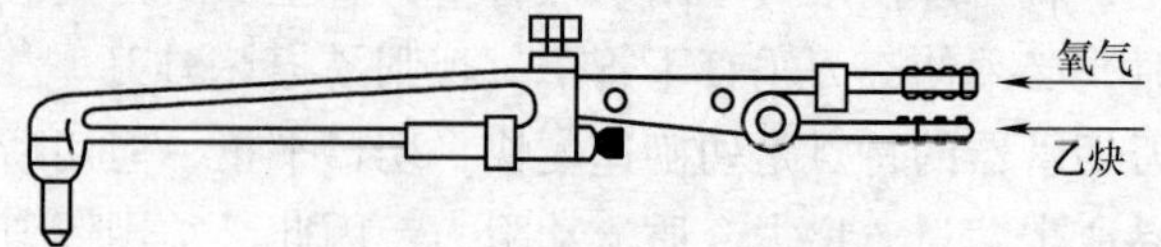

图 1-27　射吸式割炬

子切断。

根据管壁厚度不同，切割时应采用不同规格的割炬：1号割炬的割嘴孔径为0.6～1.0mm，切割钢材厚度为1～30mm；2号割炬切割钢材厚度为10～100mm；3号割炬切割钢材厚度为80～300mm。管径100mm以上的大管子一般采用气割。用手工气割时，在气割前应在切口划线，并用冲子在线上打上若干点，以便操作时能按线切割。

气割方法的优点是省力，速度快，能割弧形切口；缺点是切口不够平整，且有氧化铁熔渣，所以气割后的管口，应用砂轮磨口机打磨平整和除去铁渣，以利焊接。

(5) 大直径管切断与切坡口　大直径钢管除用气断外，也可以采用切断机械，如图1-28所示的切断机。这种切断机切管的同时完成坡口加工。它由单相电动机、主体、传动齿轮装置、刀架等部分组成，可以切断管径75～600mm的管子。图1-28所示为三角定位大管径切断机，这种切断机较为轻便，对埋于地下的管子或其他管网的长管中间切断尤为方便，可以切割壁厚12～20mm，直径600mm以下的钢管。

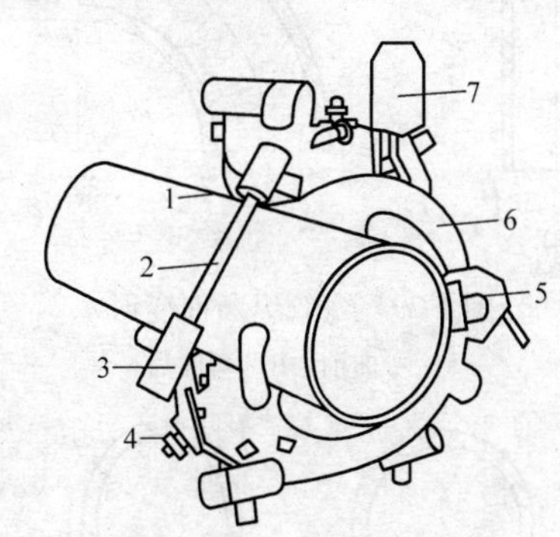

图1-28　大直径钢管切断机

1—主体A　2—连接杆　3—主体B　4—倒角刀架

5—切断刀架　6—齿轮　7—油罐

(6) 等离子切割　气体在电弧高温下被电离成电子和正离

子，这两种粒子组成的物质流称为等离子体。等离子体流又同时经过热收缩效应和磁收缩效应变成一束温度高达15000～30000℃高能量密度的热气流，气流速度可以控制，能在极短的时间内熔化金属材料，可用来切割合金钢、有色金属和铸铁等，称为等离子切割。我国生产的等离子切割机有手把式和自动式两种。

2. 弯管加工

在建筑设备安装工程中，需用大量弯管，如90°和45°弯管、乙字弯、抱弯、方形补偿器等，这些弯管大部分是在施工现场和管道加工厂制作的。

（1）弯管质量要求　一段直管段，未弯曲变形前的纵断面如图1-29a所示，给以弯矩使其弯曲变形（如90°）后的纵断面如图1-29b所示。未弯曲变形前的横断面如图1-30a所示，给以弯矩使其弯曲变形（如90°）后的横断面如图1-30b所示。

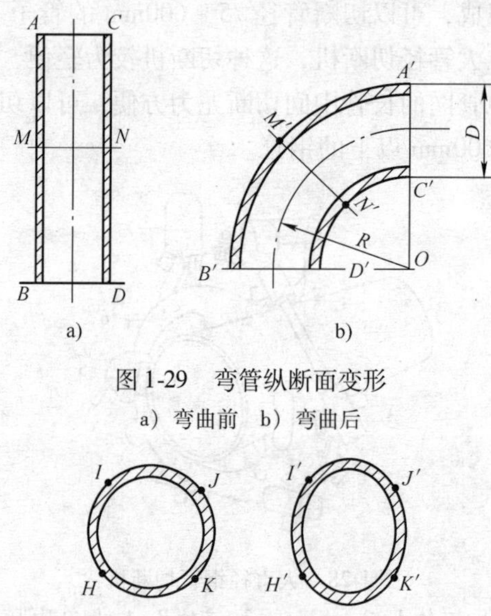

图1-29　弯管纵断面变形

a）弯曲前　b）弯曲后

图1-30　弯管横断面变形

a）断面 $M—N$（弯曲前）　b）断面 $M^1—N^1$（弯曲后）

1）从纵断面看，管段弯曲变形后，管壁内侧各点均受压力，由于挤压作用，管壁增厚，直线 CD 变成弧线 $C'D'$ 压缩变短；管壁外侧各点均受拉力，在拉伸作用下，管壁变薄，直线 AB 变成弧线 $A'B'$ 拉伸变长。

上述分析说明，管道断面上各点，纵向变形不同，应力不同，外侧壁厚变薄，使该部分截面强度降低。

2）从横断面看，管段弯曲变形后，横断面 $M—N$ 由圆形截面变成椭圆形截面。椭圆形长轴两端，为拉应力变形，圆弧变形大；短轴两端，为压应力变形，圆弧变形小。$H'I'$ 段管壁截面成凹形变薄，$J'K'$ 段管壁截面成凸形变厚。截面上有四点 H、I、J、K 无变形。

上述分析说明，管子断面 $M—N$ 由圆形截面变成椭圆形截面，其水力特性、力学性能都有所降低。整个椭圆形截面上，各点的壁厚变化不同，承受的应力大小不同，强度不同。外侧受拉面，强度最薄弱。为了弯管的水力特性和机械强度无明显降低，对弯管质量做了如下的规定：弯曲段管壁减薄应均匀，减薄量（最不利截面处）不应超过壁厚的15%；断面的椭圆率（长、短轴之差与长轴之比）在中低压介质范围内，应满足下列要求，即当管径 $DN \leqslant 50$mm 时，不大于10%；$50\text{mm} < DN \leqslant 150$mm 时，不大于8%；$DN > 150$mm 时，不大于6%。

大量的弯管作业实践表明：同型号规格管段弯曲时，影响管壁变薄量多少、椭圆率大小的主要因素是弯曲半径 R，弯曲变形的大小与曲率半径 R 成反比。弯曲半径越大，管子的受力和变形越小，管壁的减薄度越小，而且流体的阻力损失越少。但在工程上 R 大的弯头占空间大且不美观，所以弯曲半径 R 应有一个选定范围。根据管径及使用场所选取相应的弯曲半径 R：一般情况下可采用 $\boldsymbol{R=1.5\sim4DN}$，机械煨弯时 $R=3.5DN$；机械冷煨弯时 $R=4DN$；冲压弯头 $R=1.5DN$；焊接弯头 $R=1.5DN$。

用有缝钢管煨弯时应注意焊缝的位置，焊缝应放在受力小变形小的部位。图1-30中对最不利断面的情况分析，截面上只有

四点 H、I、J、K 无变形，不受力的作用，这四个点与椭圆的长短轴近似成45°角，这四点是布置焊缝的最佳位置。

（2）弯管下料　在进行弯管之前，必须先计算出管子的弯曲长度，并确定管子的弯曲始点。同时为了弯曲加工和以后安装的需要，在弯曲部分的起弯点、终弯点以外，必须留有一直段。

如图1-31所示，直段的长度为：公称直径 $DN \leqslant 150$mm 时，应不小于400mm；公称直径 $DN > 150$mm 时，应不小于600mm。煨弯部分的长度按下式计算：

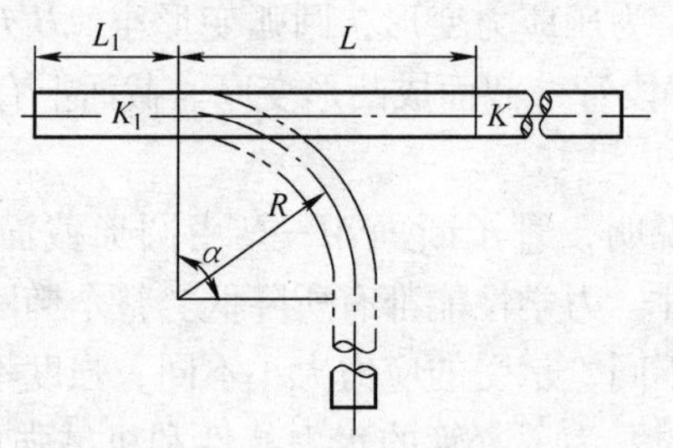

图1-31　弯管划线及弯曲示意

$$\hat{L} = \pi\alpha \frac{R}{180}$$

式中　$\hat{L}$——煨弯长度（mm）；

α——弯曲角（°）；

R——弯曲半径（mm）。

【例1-11】 90°弯头的下料。

1）计算下料长度。90°弯头如图1-32所示。

其下料长度按下式计算：

$$L = a + b - 2R + \hat{L}$$

式中　L——弯头下料长度（mm）；

a、b——弯头两端的中心长度（mm）；

R——弯曲半径（mm）；

$\hat{L}$——煨弯长度（mm）。

2）划线。如图1-33所示，选取一直管，其长度为L，然后从一端量取长度为a，再倒退R长度至A点，划线，则A点为弯头的起弯点，再从A点向前量取$\hat{L}$长得B点，再划线，则B点为终弯点。

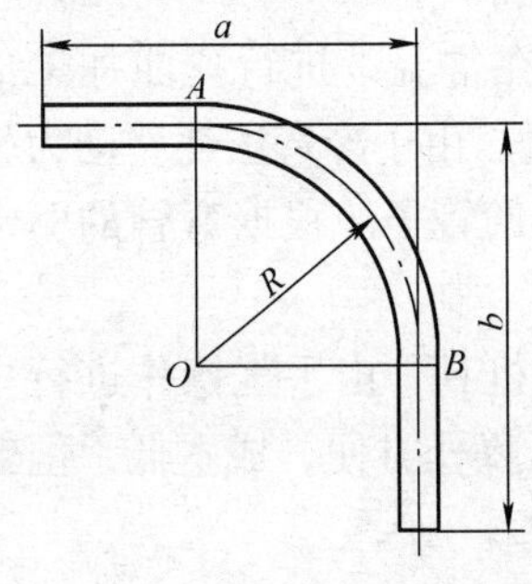

图1-32　90°弯头

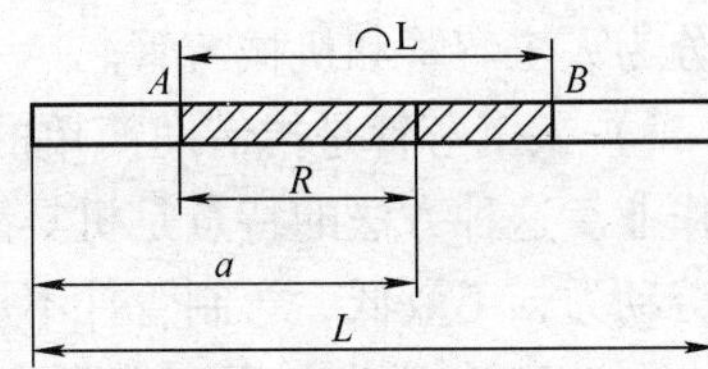

图1-33　90°弯头下料划线方法

【例1-12】 计算任意弯曲角度α弯头的下料。

1）计算下料长度。任意弯曲角度α的弯头如图1-34所示，其下料长度按下式计算：

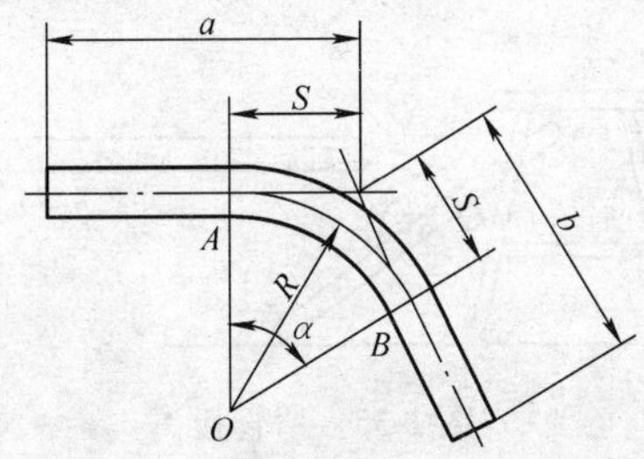

图1-34　任意弯曲角度α的弯头

$$L = a + b - 2S + \hat{L}$$

式中　L——弯管下料长度（mm）；

$\hat{L}$——煨弯长度（mm）；

S——弯头弯曲角度所对应的直角边的长度（mm），$S =$

$R\tan\frac{\alpha}{2}$。

2）划线。如图 1-34 所示，选取一直管长为 L，从管子的一端量取长为 a，再由 a 退 S 长度至 A 点，则 A 点为起弯点，再从 A 点量取 $\hat{L}$ 长得 B 点，则 B 点为终弯点。

（3）钢管冷弯法　冷弯法是管段在常温下进行弯曲加工的方法，一般借助于弯管器或液压弯管机。由于冷弯法耗费动力较大，所以一般适用于管径 $DN\leqslant175$mm 的管子。根据弯管的驱动力分为人工弯管和机械弯管。

1）人工弯管是指借助简单的弯管机具，由手工操作进行弯管作业。这种方法的特点是机具简单，操作方便，成本低，但耗费劳动力，工效低，弯制管件不规范。

图 1-35 所示为利用弯管板煨弯，弯管板一般是用硬质木板制作，在板上按照需要煨弯的管子外径开设不同的圆孔。弯管时将管子插入孔中，加上套管作为杠杆，由人力操作压弯。这种弯管方法适用于小管径（$DN15\sim DN20$）、小角度的煨弯，常用于散热器连接支管来回弯的制作。

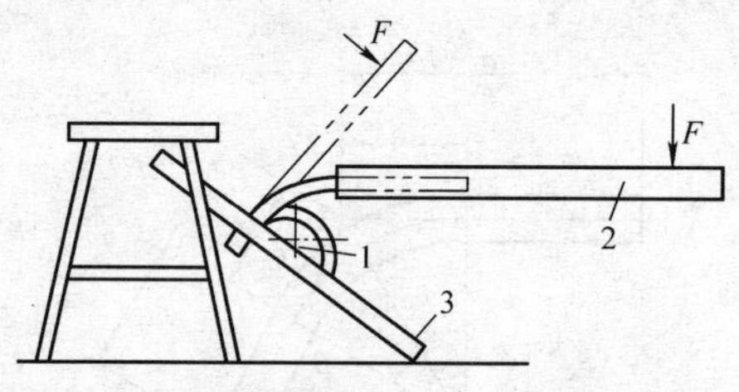

图 1-35　弯管板

1—垫木　2—套管　3—弯管板

图 1-36 所示为滚轮弯管器。它由钢夹套、固定导轮、活动导轮、夹管圈等部件构成。以固定导轮作胎具，通过杠杆作用，利用压紧导轮将管子沿胎具压弯。煨弯时，将管子插入两导轮之间，一端由夹管圈固定，然后扳动手柄，通过杠杆带动压紧导轮沿胎具转动，把管子压弯。使用滚轮弯管器时应注意，每种滚轮只能

弯一种规格的管子。一般适用于煨制 DN15 ~ DN25 规格的管道。

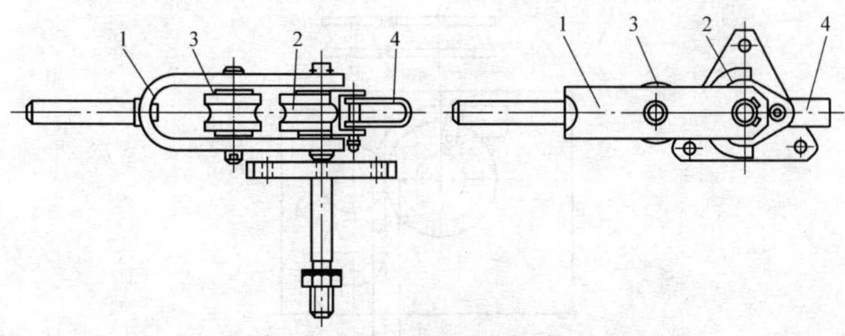

图 1-36　滚轮弯管器

1—钢夹套　2—固定导轮　3—活动导轮　4—夹管圈

图 1-37 所示为小型液压弯管机。这种弯管机采用手动油泵作为动力机构，操作省力。弯管范围为 DN15 ~ DN40，适用于施工现场安装。

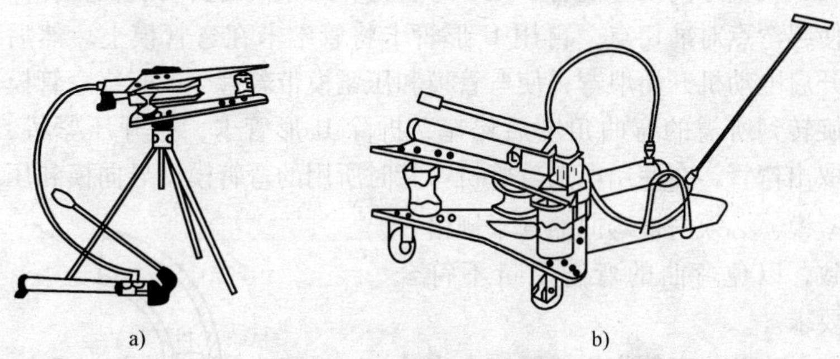

图 1-37　小型液压弯管机

a）三脚架式　b）小车式

2）机械弯管是在人工弯管耗费体力大、工效低，对于大管径难以实现人工弯管的条件下生产制造的弯管机械，品种规格繁多，最常用的设备是电动弯管机。

电动弯管机是由电动机通过传动装置，带动主轴以及固定在主轴上的弯管模一起转动进行煨弯的，图 1-38 所示为电动弯管机煨弯示意图。

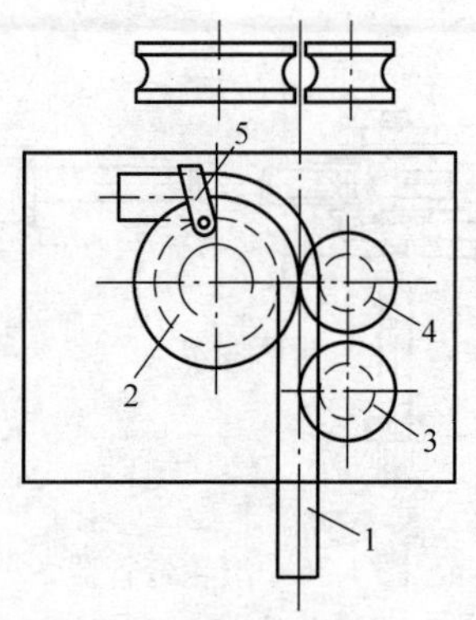

图 1-38 电动弯管机煨弯示意图

1—管子 2—弯管模 3—压紧模 4—导向模 5—U 形管卡

煨管时，先要把弯曲的管子沿导向模放在弯管模和压紧模之间，调整导向模，使管子处于弯管模和压紧模的公切线位置，并使起弯点对准切点，再用 U 形管卡将管端卡在弯管模上。然后开启电动机开始煨弯，使弯管模和压紧模带着管子一起绕弯管模旋转到所需的弯曲角度后停车，拆除 U 形管卡，松开压紧模，取出弯管。在使用电动弯管机弯管时所用的弯管模、导向模和压紧模，必须与被弯曲的管子规格一致，以免弯曲的弯管质量不符合要求。

为防止弯管产生椭圆度，当被弯曲的管子外径大于 60mm 时，必须在管内放置芯棒，芯棒外径比管内径小 2mm 左右，放在管子起弯点稍前处，芯棒的圆锥部分与圆柱部分的交线处要放在管子的起弯点处，如图 1-39 所示。凡使用芯棒煨弯时，煨弯前应将被弯管子管腔

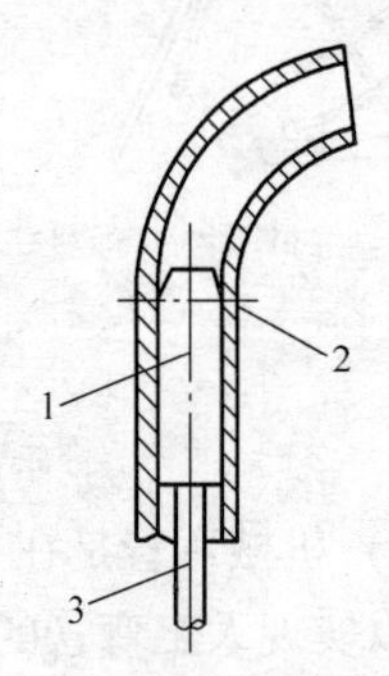

图 1-39 弯管时弯曲芯棒的位置

1—芯棒 2—管子的开始弯曲面

3—拉杆

内的杂物清除干净。有条件时，可在管子内壁涂少量机油，以减少芯棒与管壁的摩擦。

（4）钢管热弯法　热煨弯是将钢管加热到一定温度后，弯曲成所需要的形状。它是利用钢材加热后强度降低，塑性增加，从而可大大降低弯曲动力的特性。热弯弯管机适用于大管径弯曲加工，钢材最佳加热温度为800～950℃，此时塑性便于弯曲加工，强度不受影响。与冷弯法相比，热弯法可大大节约动力消耗并提高工效几倍到十几倍。常用的热弯弯管机有火焰弯管机和中频弯管机两种。

1）火焰弯管机。图1-40所示为火焰弯管机，其结构可分为四个部分：加热与冷却装置，主要是火焰圈、氧—乙炔、冷却水系统等；传动机构，由电动机、带轮、蜗杆蜗轮变速系统等部件组成；拉弯机构，由传动横臂、夹头、固定导轮等部件组成；操纵系统，由电气控制系统、角度控制器、操纵台等部件组成。

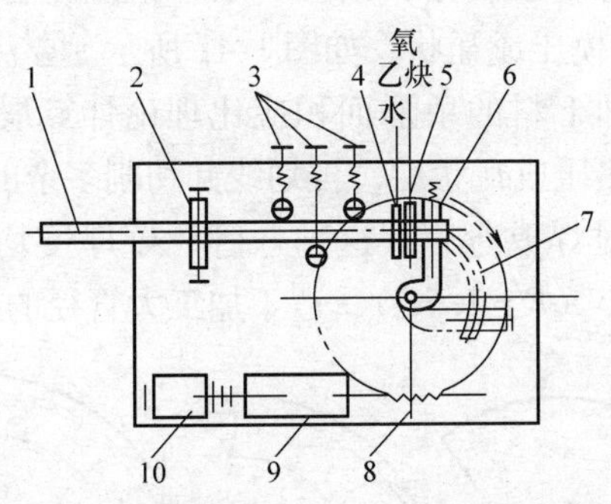

图1-40　火焰弯管机

1—直管　2—托辊　3—调节轮　4—水冷圈　5—火焰圈　6—转臂　7—弯管　8—传动机构　9—调速机构　10—电动机

2）中频弯管机。火焰弯管机虽然使煨管工艺更先进，但是还存在一些问题：如火焰圈的喷气孔孔径很小易堵塞，以致加热不均匀影响弯管质量；用氧和乙炔气加热，容易因回火引起爆炸事故。利用中频弯管机能克服火焰弯管机的缺点。

中频感应圈用矩形截面的紫铜管制作，管壁厚2～3mm，与管子外表面保持3mm左右的间隙。感应圈的宽度决定着加热红带的宽度，随弯曲加工的管径而定：当管径为68～108mm时，宽度为12～13m；当管径为133～219mm时，宽度为15mm。感应圈内通入冷却水，水孔直径为1mm，孔距为8mm，喷水角为45°。管段弯曲成形的加热、煨弯、冷却定形通过自控系统同步连续进行。

中频弯管机除具备火焰弯管机的优点外，还从根本上改善了火焰弯管机火焰不稳定、加热不均匀的缺陷，并且可用于不锈钢管的弯曲加工。

（5）模压弯管　模压弯管是根据一定的弯曲半径制成模具，然后将下好料的钢板或管段放入加热炉中加热至900℃左右，取出放在模具中加压成形，用板材压制的为有缝弯管，用管段压制的为无缝弯管。

有缝模压弯管的制作，按弯管展开原理先将钢板下料（扇形），然后加热模压成瓦状，如图1-41所示。要注意下料时留一定加工余量，即下料的扇形面积应比理论计算展开面积放大一些。将扇形板热压成瓦状后，再划线并切割多余的部分，最后将两块弯瓦组合对焊成弯管。这种弯管管壁厚度均匀，耐压强度高，弯曲半径小（$R=1.5D$），适于加工大管径的弯管。

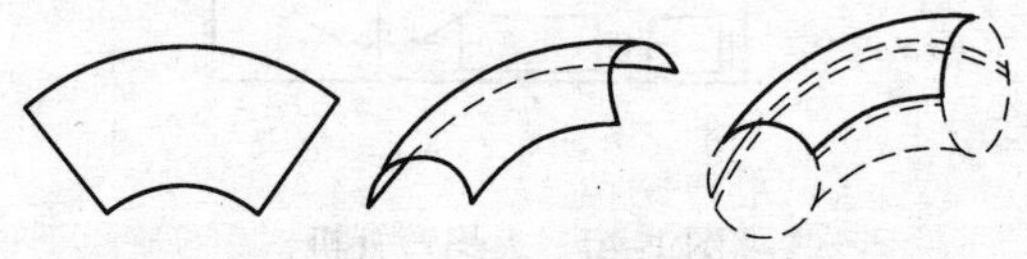

图1-41　有缝模压弯管

无缝模压弯管是根据计算展开长度下料（图1-42），将切好的管段放入加热炉中加热，加热至900℃，取出放在模具中压制，模具由上模、下模及芯子三部分组成，经模压一次成形。实践证明，在下料时弯管的长臂要比理论计算值加长15%，而短臂比理论计算值应减小4%。

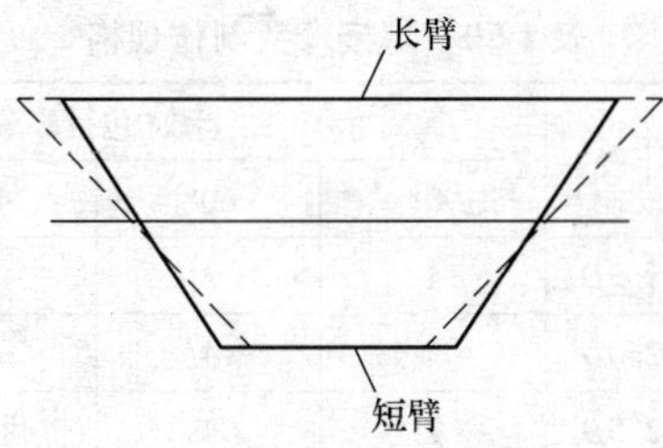

图1-42　无缝模压弯管下料

模压弯管要先制作大量模具，用以加工各种弯管。这种弯管也适合工厂化生产，运输方便，成本也较其他加工方法低。

（6）焊接弯管　当管径较大、管壁较厚或较薄、弯曲半径 R 较小时，采用冷或热煨弯法均较困难，此时常采用焊接弯管（俗称虾米弯）。

焊接弯头是指由若干个带有斜截面的直管段对接、焊接起来的弯头。如图1-43所示，焊接弯头由两个端节和两个中节组成，其中端节为中节的一半，使端部断面保持圆形，便于和管道连接。焊接弯头不受管径大小、管壁厚度的限制，其弯曲角度、弯曲半径、组成节数根据设计要求或实际情况确定。曲率半径 R 越大，节越多，弯头则越平滑，对介质的阻力小，水力学特性好。工程上常用的焊接弯头制作规格见表1-50。焊接弯头的展开划线与通风弯管相同。

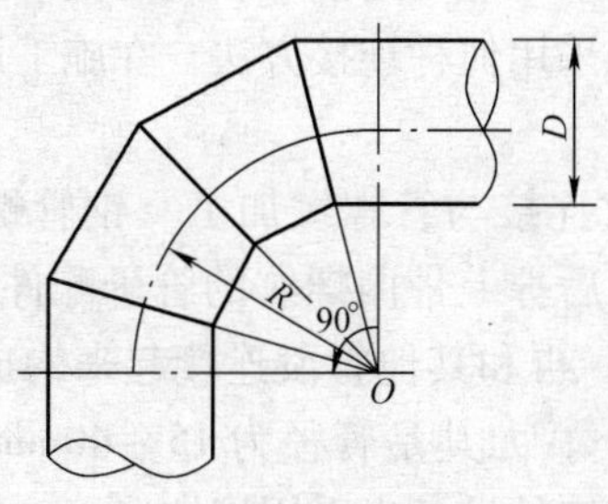

图1-43　焊接弯头制作

表 1-50 焊接弯头制作规格

管径/mm	弯曲半径	节数(包括端节)			
		90°	60°	45°	30°
57 ~ 159	1.0 ~ 1.5D	4	3	3	3
219 ~ 318	1.5 ~ 2.0D	5	4	4	4
>318	2.0 ~ 2.5D	7	4	4	4

焊接制作时应注意两点：管子切断成管节时，由于沿管壁斜切下料的影响，焊制成的弯头，常有不同的勾头现象，略小于需要的角度，应注意修正；管子切断成节前，在管子直径两端的地面上各画一条直线作为管节焊接组对的标记，以便于各管节之间的对接焊接，保障弯头平整。

焊接弯头由于采用直管段管节焊制而成，管壁厚度、长度无变化，断面形状无变化，无加工变形和加工应力，所以弯头的强度、刚度比较好，但由于弯头是多边体焊件，中间有多条环形焊缝，弹性差、弯矩大、焊缝工作条件差，故焊接弯头不能作自然补偿器用。由于焊接工艺的普遍应用，弯头规格不受限制，加工制作条件简单，成本低，因此焊接弯头在施工安装工程中，得到了广泛的应用。

3. 钢管连接

管道的连接方法有螺纹连接、法兰连接、焊接连接、承插连接、卡套连接等。采用何种连接方法，在施工过程中视具体情况选定。

（1）钢管螺纹连接与管螺纹加工　钢管螺纹连接是在管段端部加工螺纹，然后拧上带内螺纹的管子配件（如管箍、三通、弯头、活接头等），再和其他管段连接起来构成管道系统。一般管径在 100mm 以下，尤其是管径为 15 ~ 40mm 的小管子都采用螺纹连接。定期检修的设备也采用螺纹连接，使拆卸安装较为方便。螺纹连接适用于低压流体输送用焊接钢管、硬聚氯乙烯塑料管等。

1）钢管螺纹连接形式。管螺纹有圆柱形和圆锥形两种。

圆柱形管螺纹（图1-44a）的螺纹深度及每圈螺纹的直径均相等，只是螺尾部分较粗一些。这种管螺纹接口严密性较差，仅用于长丝活接（代替活接头），其他用处较少，但管子配件（三通、弯头等）及螺纹阀门的内螺纹均为圆柱形螺纹，加工方便。

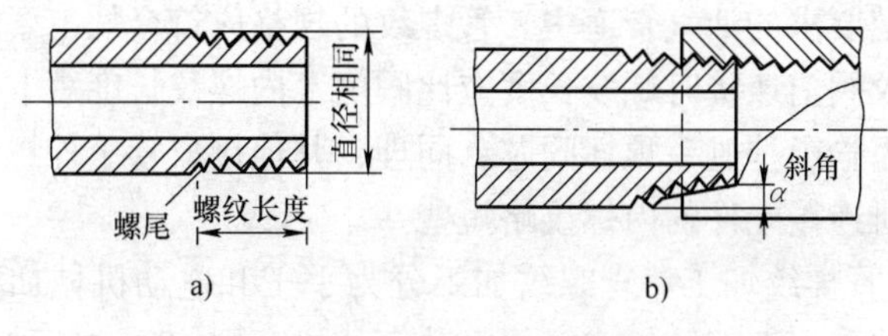

图1-44　圆柱及圆锥管螺纹
a）圆柱形管螺纹　b）圆锥形管螺纹

圆锥形管螺纹（图1-44b）各圈螺纹的直径均不相等，从螺纹的端头到根部成锥台形。这种管螺纹和圆柱形内螺纹连接时，螺纹越拧越紧，接口较严密。用电动套丝机或手工管子铰板（带丝）加工的螺纹为圆锥状管螺纹，因为铰板上的板牙带有一定锥度。

管螺纹的连接方式有三种：圆柱形接圆柱形管螺纹，圆柱形接圆锥形管螺纹，圆锥形接圆锥形管螺纹。圆柱形螺纹接圆柱形螺纹简称柱接柱，是指管端的外螺纹与管件的内螺纹都是圆柱形管螺纹，由于制造公差，外螺纹直径略小于内螺纹直径。圆柱形螺纹连接只是全部螺纹齿面间的压接，压接面积大，强度高，但压接面上的压强小、严密性差。主要用在长丝、根母的接口连接，代替活接头。

圆锥形螺纹接圆柱形螺纹简称锥接柱，是指管端的锥螺纹（外螺纹）与管件的柱螺纹（内螺纹）之间的连接，由于只有锥螺纹的基面与柱螺纹直径相等，所有螺纹之间的连接既有齿面接触面上的压接，又有基面上的压紧作用，螺纹连接的强度和严密性都较好，是管道螺纹连接的主要接口形式。

圆锥形螺纹接圆锥形螺纹简称锥接锥，是指管端的外螺纹与管件的内螺纹都是圆锥管螺纹，随着连接件间的拧紧，螺纹之间的连接既有全部齿面间的压接，又有全部齿面上的压紧，接口的强度和严密性都很好，但由于内锥螺纹加工困难，这种接口形式应用在对接口强度和严密性要求都比较高的中高压管道工程中或具有特定要求的油气管道中。管螺纹的规格应符合规范要求，管子和螺纹阀门连接时螺纹长度应比阀门上内螺纹长度短 1 ~2 扣，以避免因管子拧过头顶坏阀芯。同理，其他接口管子外螺纹长度也应比所连接配件的内螺纹略短些。

2）管螺纹加工。管螺纹加工分为手工和电动机械加工两种方法，即采用人工铰板或轻便电动套丝机套螺纹。这两种形式的套丝机构基本相同，即铰板上装着四块板牙，用以切削管壁产生螺纹。质量方面的要求：螺纹应端正、光滑无毛刺、无断丝缺扣（允许不超过螺纹全长的 1/10）、螺纹松紧度适宜，以保证螺纹接口的严密性。

图 1-45a 所示为管子铰板的构造，在铰板的板牙架上设有四个板牙孔，用于装置板牙，板牙的进、退调节靠转动带有滑轨的活动标盘进行。铰板后部设有四个可调节松紧的卡子，套螺纹时用以把铰板固定在管子上。图 1-45b 所示为板牙的构造，套螺纹

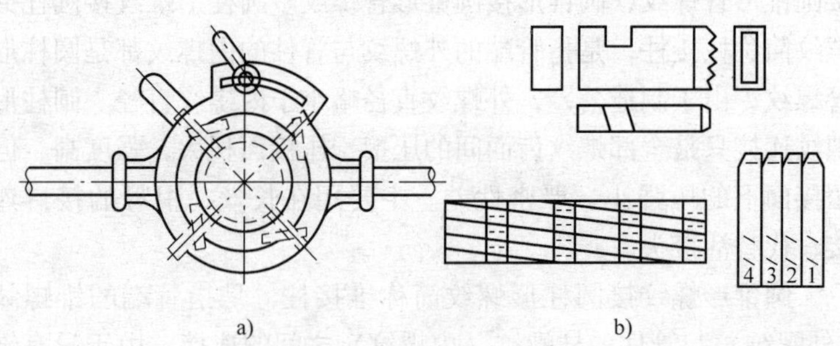

图 1-45　铰板及板牙

a）铰板　b）板牙

时板牙必须依1、2、3、4的顺序装入板牙孔内，切不可将顺序装乱，否则就套不出合格的螺纹而出乱丝。一般在板牙尾部及板牙处均印有1、2、3、4序号字码，以便对应装入板牙。板牙每组四块能套两种管径的螺纹。使用时应按管子规格选用对应的板牙，不可乱用。

用铰板加工管螺纹时，应避免产生以下缺陷。

①螺纹不正。产生的原因是铰板上卡子未卡紧，因而铰板的中心线和管子中心线不重合或手工套螺纹时两臂用力不均，铰板被推歪；管子端面锯切不正也会引起套螺纹不正；或是由于管壁厚薄不均匀所造成。

②细丝螺纹。由于板牙顺序弄错或板牙活动间隙太大所造成，或前遍与后遍套螺纹轨迹不重合所造成。

③螺纹不光或断丝缺扣。由于套螺纹时板牙进刀量太大或板牙的牙刃不锐利，或牙有损坏处以及切下的铁渣积存等原因所引起。在套螺纹时用力过猛或用力不均匀也会出现这些缺陷。为了保证螺纹质量，套螺纹时一次进刀量不可太大，管径15～20mm的管子宜分两次，25mm以上的管子如用手工套螺纹应不少于三次套成。有时管子端头被切成坡口，出现铰板打滑现象，这是由于板牙进刀量太大，应减小进刀量并用手锤将坡口打平再套螺纹。

④管螺纹竖向或横向出现裂缝。螺纹竖向有裂缝，是焊接钢管的焊缝未焊透或焊缝不牢所致。螺纹横向有裂缝，是板牙进刀量太大或管壁较薄而产生，薄壁管及一般无缝钢管不能采用套螺纹连接。

3）螺纹连接常用工具。常用的螺纹连接工具有管钳和链钳。链钳用于大管径和场地狭窄处的连接，但目前大管径多用焊接，故链钳现在很少采用。管钳为螺纹接口的主要拧紧工具，如图1-46所示，规格及适用范围见表1-51。

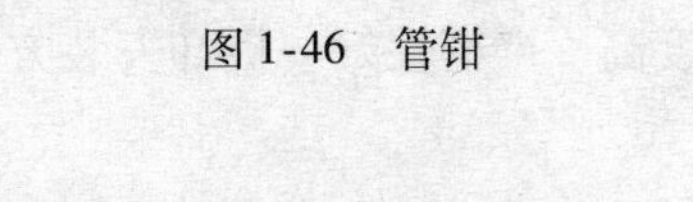

图1-46 管钳

表 1-51 管钳的规格及适用范围 （单位：mm）

规格	150	200	250	300	350	450	600	900	1200
工作范围（管径）	4～8	8～10	8～15	10～20	15～25	32～50	50～80	65～100	80～125

管钳规格是以钳头张口中心到手柄尾端的长度来标称的，此长度代表转动力臂的大小。使用管钳时应当注意，小管径的管子若用大号管钳拧紧，虽因手柄长省力，容易拧紧，但也容易因用力过大拧得过紧而胀破管件，大直径的管子用小号管钳，费力且不容易拧紧，而且易损坏管钳，所以安装不同管径的管子应选用对应号数的管钳。使用管钳时不允许用管子套在管钳手柄上加大力臂，以免拉断钳颈或破坏钳颚。

4）填充材料。为了增加管子螺纹接口的严密性和维修时不致因螺纹锈蚀不易拆卸，螺纹处一般要加填充材料。因此，填料既要能充填空隙又要能防腐蚀。应注意的是若管子螺纹套得过松，只能切去头部重新套螺纹，而不能采取多加填充材料来防止渗漏，以保证接口长久严密。

选用的填料种类与介质的性质和参数（压力、温度等）有关。螺纹连接常用的填料：对热水供暖系统或冷水管道，可用聚四氟乙烯胶带或麻丝沾白铅油（铅丹粉拌干性油），聚四氟乙烯胶带使用方便，接口清洁整齐；对于介质温度超过115℃的管道接口可采用黑铅油（石墨粉拌干性油）和石棉绳；氧气管道用黄丹粉拌甘油（甘油有防火性能）；氨管道用氧化铝粉拌甘油；燃气管道用聚四氟乙烯生料。

（2）钢管法兰连接　法兰连接就是把固定在两个管口上的一对法兰中间放入垫片，然后用螺栓拉紧使其接合起来的一种可拆卸的接头。在中、高压管道系统和低压大管径管道中，凡是需要经常检修的阀门等附件与管道之间的连接、管子与带法兰的配件或设备的连接一般都采用法兰连接。法兰连接的特点是结合强度高、严密性好、拆卸安装方便，但法兰接口耗用钢材多、工时多、价格贵、成本高。

1）法兰盘的类型。法兰盘一般是用钢板加工的，也有铸钢法兰和铸铁螺纹法兰。根据法兰盘与管子的连接方式不同，法兰盘可分为平焊法兰、对焊法兰、平焊松套法兰、对焊松套法兰、翻边松套法兰、螺纹法兰等，如图1-47所示。其中平焊法兰用得最广泛。

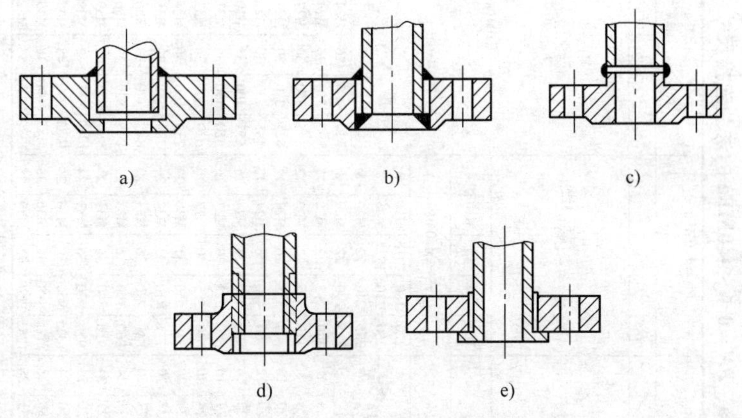

图1-47　法兰的几种形式

a、b）平焊法兰　c）对焊法兰　d）铸铁螺纹法兰　e）翻边松套法兰

法兰既可采用成品，也可以按照国家标准在现场加工。法兰盘的通用制造标准见表1-52，尺寸标注如图1-48所示。需要在现场加工法兰盘时，应提前安排加工。法兰盘划线下料时，应注意节约用料。法兰盘的外缘和内孔应留有切削加工余量。管道与阀门或设备采取法兰连接时，应按阀门或设备上的法兰盘配制。

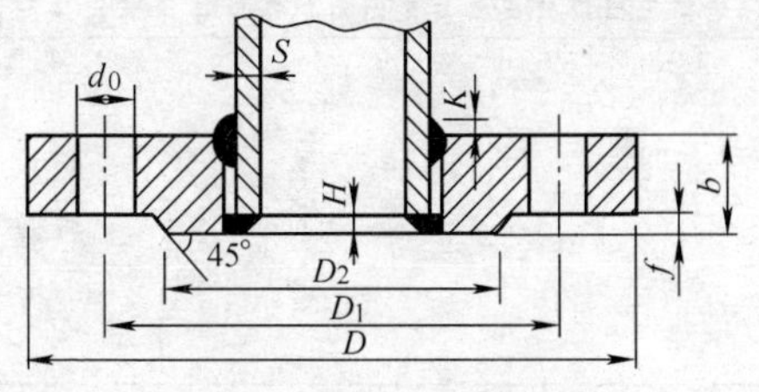

图1-48　法兰盘尺寸标注

表 1-52　公称压力 $PN<0.25\text{MPa}$、$PN=0.6\sim4.0\text{MPa}$ 的法兰连接尺寸　　（单位：mm）

公称直径 DN	$PN\leqslant0.25$MPa (2.5kgf/cm²)					$PN=0.6$MPa (6kgf/cm²)				
	D	D_1	d_0	T_n	n	D	D_1	d_0	T_n	n
6	按 $PN=0.6$MPa					65	40	11	M10	4
8						70	45	11	M10	4
10						75	50	11	M10	4
15						80	55	11	M10	4
20						90	65	11	M10	4
25						100	75	11	M10	4
32						120	90	13.5	M12	4
40						130	100	13.5	M12	4
50						140	110	13.5	M12	4
65						160	130	13.5	M12	4
80						190	150	17.5	M16	4
100						210	170	17.5	M16	4
125						240	200	17.5	M16	8
150						265	225	17.5	M16	8
175						295	255	17.5	M16	8
200						320	280	17.5	M16	8
225						345	305	17.5	M16	8
250						375	335	17.5	M16	12
300						440	395	22	M20	12
350						490	445	22	M20	12
400						540	495	22	M20	16
450						595	550	22	M20	16
500						645	600	22	M20	20
550						705	665	26	M24	20
600						755	705	26	M24	20
650						810	760	26	M24	20
700						860	810	26	M24	24
750						920	865	30	M27	24
800						975	920	30	M27	24
900						1075	1020	30	M27	24
1000						1175	1120	30	M27	28

公称直径 DN	$PN=1.0$MPa (10kgf/cm²)					$PN=1.6$MPa (16kgf/cm²)				
	D	D_1	d_0	T_n	n	D	D_1	d_0	T_n	n
6	按 $PN=4.0$MPa					按 $PN=4.0$MPa				
8										
10										
15										
20										
25										
32										
40	按 $PN=1.6$MPa					185	145	18	M16	4
50										
65	按 $PN=4.0$MPa					按 $PN=4.0$MPa				
80										
100	按 $PN=1.6$MPa					220	180	17.5	M16	8
125						250	210	17.5	M16	8
150						285	240	22	M20	8
175						315	270	22	M20	8
200	340	295	22	M20	8	340	295	22	M20	12
225	370	325	22	M20	8	370	325	22	M20	12
250	395	350	22	M20	12	405	355	26	M24	12
300	445	400	22	M20	12	460	410	26	M24	12
350	505	460	22	M20	16	520	470	26	M24	16
400	565	515	26	M24	16	580	525	30	M27	16
450	615	565	26	M24	20	640	585	30	M27	20
500	670	620	26	M24	20	715	650	33	M30	20
550	730	675	30	M27	20	775	710	33	M30	20
600	780	725	30	M27	20	840	770	36	M33	20
650	835	780	30	M27	24	860	790	36	M33	24
700	895	840	30	M27	24	910	840	36	M33	24
750	965	900	33	M30	24	970	900	36	M33	24
800	1015	950	33	M30	24	1025	950	39	M36	24
900	1115	1050	33	M30	28	1125	1050	39	M36	28
1000	1230	1160	36	M33	28	1255	1170	42	M39	28

公称直径 DN	$PN=2.5$MPa (25kgf/cm²)					$PN=4.0$MPa (40kgf/cm²)				
	D	D_1	d_0	T_n	n	D	D_1	d_0	T_n	n
6	按 $PN=4.0$MPa					75	50	11	M10	4
8						80	55	11	M10	4
10						90	60	13.5	M12	4
15						95	65	13.5	M12	4
20						105	75	13.5	M12	4
25						115	85	13.5	M12	4
32						140	100	17.5	M16	4
40						150	110	17.5	M16	4
50						165	125	17.5	M16	4
65						185	145	17.5	M16	8
80						200	160	17.5	M16	8
100						235	190	22	M20	8
125						270	220	26	M24	8
150						300	250	26	M24	8
175	330	280	26	M24	12	350	295	30	M27	12
200	360	310	26	M24	12	375	320	30	M27	12
225	395	340	30	M27	12	420	355	33	M30	12
250	425	370	30	M27	12	450	385	33	M30	12
300	485	430	30	M27	16	515	450	33	M30	16
350	555	490	33	M30	16	580	510	36	M33	16
400	620	550	36	M33	16	660	585	39	M36	16
450	670	600	36	M33	20	685	610	39	M36	20
500	730	660	36	M33	20	755	670	42	M39	20
550	785	710	39	M36	20	835	740	48	M45	20
600	845	770	39	M36	20	890	795	48	M45	20
650	895	820	39	M36	24	945	850	48	M45	24
700	960	875	42	M39	24	995	900	48	M45	24
750	1020	935	42	M39	24	1080	970	56	M52	24
800	1085	990	48	M45	24	1140	1030	56	M52	24
900	1185	1090	48	M45	28	1250	1140	56	M52	28
1000	1320	1210	56	M52	28	1360	1250	56	M52	28

注：DN 为管道公称直径；D 为法兰外径；D_1 为螺栓孔中心圆直径；d_0 为螺栓孔直径；T_n 为螺栓的螺纹；PN 为管道公称压力；n 为螺栓个数。

2）法兰与管子连接。螺纹连接适用于钢管与铸铁法兰盘的连接，或镀锌钢管与钢制法兰盘的连接。加工螺纹时，管子的螺纹长度应稍短于法兰盘的内螺纹长度。螺纹拧紧时应注意两个法兰盘的螺栓孔对正，若孔未对正，只能继续拧紧法兰盘或拆卸后重装，不能将法兰回松对孔，以保证接口严密不漏。

焊接法适用于平焊法兰盘、对焊法兰盘及铸钢法兰盘与管子连接。焊接时要保持管子和法兰垂直，其允许偏差见表 1-53。在法兰的连接面上，焊肉不得凸出，飞溅在表面上的焊渣或形成的焊瘤应铲除干净。管口不得与法兰连接面平齐，应凹进 1.3 ~ 1.5 倍管壁厚度或加工成管台，如图 1-47a、b 所示。

表 1-53 法兰焊接允许偏差 （单位：mm）

公称直径	≤80	100 ~ 250	300 ~ 350	400 ~ 500
法兰盘允许偏斜值 a	±1.5	±2	±2.5	±3

翻边连接主要用于铸铁法兰盘与钢管连接、钢制法兰盘与有色金属管以及塑料管的连接。此外，一个管段两头均需用法兰盘连接时，可以先焊好一头的法兰盘，另一头可套上法兰，将此管段安装就位对准螺栓孔后再焊接。翻边松套法兰安装时，先将法兰盘套在管子上，再将管子端头翻边，翻边要平正、成直角、无裂口损伤，不挡螺栓孔。

3）接口质量检查。法兰连接时，两个法兰盘的连接面应平正、互相平行，其允许偏差见表 1-54。应在法兰连接螺栓全部拧紧后，测量 a 和 b 的数值。法兰的密封面（即法兰台）加工应符合标准、无损伤，垫圈厚薄要均匀。上螺栓时要对称拧紧，接口压合严密，如果不对称拧紧，会使垫圈局部压扁或挤偏，造成接口不严密。两个法兰盘如不平行，也会出现如上结果。

表 1-54　法兰密封面平行度允许偏差

a(最大间隙)

b(最小间隙)

公称直径/mm	允许偏差(a - b)/mm	
	$PN<1.6$MPa	$PN=1.6\sim4.0$MPa
≤100	0.20	0.10
>100	0.30	0.15

4）法兰连接用垫料。为使法兰密封面严密压合以确保接口的严密性，两法兰盘间必须加入垫料。垫料应具有良好的弹性，使其能压入密封线或与法兰密封面压紧，而且还能耐腐蚀。垫料应根据介质的性质和参数（工作压力、工作温度等）、法兰密封面的形式及设计要求等条件确定。**设计无明确规定时**，可参考表 1-55 选用。

表 1-55　法兰形式及垫片选用参考

输送介质	公称压力/MPa	介质温度/℃	法兰形式	垫片材质
冷水、空气、盐水、酸碱稀溶液	≤1.0	<60	光滑面平焊	工业橡胶板 软聚氯乙烯板
乳化液 酸类	≤1.0 ≤1.6	<90 ≤200	光滑面平焊	低压橡胶石棉板 中压橡胶石棉板
热水 化学软水	<2.5 <2.5	≤300 301~405	光滑面对焊	中压橡胶石棉板 缠绕式垫片
蒸汽 冷凝水	<4.0 6.4~20	≤450 ≤660	凹凸面对焊	缠绕式垫片 金属齿形垫片
天然气 煤气 氢、氮气	≤1.6 2.5	≤300 ≤300	光滑面平焊	低、中压橡胶石棉板
	4.0 6.4	<500 <500	凹凸面对焊	中压橡胶石棉板 缠绕式垫片 金属齿形垫片
油及油气	2.5	≤200	光滑面平焊	耐油橡胶石棉板

使用法兰垫料时应注意如下事项：一副法兰只垫一个垫圈，不允许加双垫圈或偏垫，因为垫圈层数越多，可能渗漏的缝隙越多，加之日久以后垫圈材料疲劳老化，接口易渗漏；垫片的内径不得小于法兰的孔径，外径应小于相对应的两个螺栓孔内边缘的距离，使垫圈不遮挡螺栓孔；垫圈边宽应一致；对不涂敷胶粘剂的垫圈，在制作垫圈时应留一个手把，以便于安装，如图1-49所示。

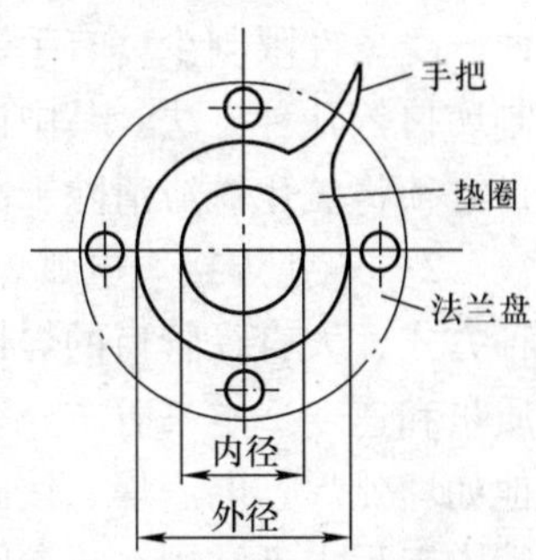

图1-49　法兰垫圈

(3) 钢管焊接　随着工业生产的发展，管道直径越来越大，高温高压的管道日益增多，螺纹连接远不能满足需要，焊接应用则颇为广泛。钢管焊接是将管子接口处及焊条加热，达到使金属熔化的状态，而使两个被焊件连接成一整体。焊接的方法很多，一般管道工程上常用的是手工电弧焊及氧—乙炔气焊，尤其是电焊用得多，气焊一般用于公称直径大于57mm、壁厚小于3.5mm的管道焊接。

焊接连接接头强度高，牢固耐久，接头严密性高，不易渗漏，不需要接头配件，造价相对较低，工作性能安全可靠，不需要经常维护检修。焊接的缺点是接口是固定接口，不可分离，拆卸时必须把管子切断，接口操作工艺要求较高，需受过专门培训的焊工配合施工。

1) 管子坡口加工。为了保证焊缝的抗拉强度，焊缝必须达到一定熔深，因此对要焊接的管口必须切坡口和钝边。施焊时两管口间要留一定的间距，其间距大小可根据焊件的厚薄确定，一般是焊件厚度的30%～40%，电焊法间距可比气焊法间距略小些。焊肉底不应超过管壁内表面，更不允许在内表面产生焊瘤。

坡口的加工方法可分为电动机械加工及手工开坡口两种方法。电动机械加工的质量好，适用于直径32～219mm的钢管，其中手提式磨口机体积小、重量轻，便于携带，使用方便。手工开坡口方法经常被用于现场条件较复杂的情况，其特点是操作方便，受条件限制少，有手锤和扁铲凿坡口、风铲打坡口及用氧气割坡口等几种方法。其中以氧气割坡口法用得较多，但气割的坡口必须将氧化铁渣清除干净，并将凸凹不平处磨平整。

2）电弧焊接。电弧焊接可分为自动焊接和手工电弧焊接两种方式，大直径管口的焊接用自动焊既节省劳动力又可提高焊接质量和速度。本书着重介绍常用的手工电弧焊接的一般知识，其他如埋弧焊、电渣焊、接触焊、滚焊、氩弧焊等在一般建筑设备管道工程中不常用，可参阅有关专业书籍。

手工电弧焊接采用直流电焊机或交流电焊机均可。用直流电焊机时电流稳定，焊接质量较好，但往往施工现场只有交流电，所以施工现场一般采用交流电焊机进行焊接。以下分别介绍电焊机、电焊条及操作要求。

①电焊机。由变压器、电流调节器及振荡器等部件组成。

变压器的作用是将常用的220V或380V电源电压，变为焊接需要的55~65V安全电压。电流调节器的作用是根据金属焊件的厚薄，对焊接电流进行相应调节，一般可按所用焊条直径的40~60倍来确定焊接电流的大小，焊条细所用电流可用40倍，焊条粗可用60倍。例如，焊条直径为7mm，则电流应为7×60=420A；焊条直径为2.5mm，则电流应为2.5×40=100A。焊条粗细应根据焊件的厚度选用，一般电焊条的直径不应大于焊件的厚度，通常钢管焊接采用直径3~4mm的焊条。

振荡器的作用是提高电流的频率，将电源的频率由50Hz提高到250000Hz，使交流电的交变间隔趋于无限小，增加电弧的稳定性，以利焊接和提高焊缝质量。

②电焊条。由焊条芯和焊药层组成，其中焊药层的作用是依靠其熔化后形成的焊渣和气体保护焊缝免受空气中氧和氮等气体侵入，防止铁水氧化或氮化，避免焊缝中出现气孔等缺陷。另外，还可由焊药中向铁水内加入合金元素，提高焊缝处金属质量。

焊条按焊药厚薄分为薄药焊条和厚药焊条两种，经常采用厚药焊条，因它的性能较好。受潮湿的焊条使用时不易点火起弧，且电弧不稳定易断弧，所以焊条存放时要注意干燥防潮。焊条根据熔渣特性分为酸性焊条和碱性低氢焊条。酸性焊条容易使焊缝产生气孔，用于低碳钢和不重要的结构钢的焊接。碱性低氢焊条使焊缝金属合金化的效果好，不易产生气孔，主要用于高强度低合金钢和各种性能合金钢的焊接。

③基本操作。焊接时的运条过程是：引弧→沿焊缝纵方向直线运动，同时向焊件送焊条→熄弧。或者：引弧→沿焊缝做直线运动，同时向焊件送焊条，并做横向摆动→熄弧。

引弧方法通常有两种：接触引弧法，焊条垂直对焊件碰击，然后迅速将焊条离开焊件表面4~5mm，便产生电弧；擦火引弧法，将焊条像擦火柴似的擦过焊件表面，随即将焊条提起距焊件表面4~5mm，便产生电弧。

④焊接要求。管子对接焊时，其对口的错口偏差不得超过管壁厚20%，且不超过2mm；管子对接焊缝应饱满，且高出焊件1.5~2mm；应选择合适的焊接电流（表1-56），以防止因电流不合适而出现咬边、未熔合、未焊透等焊接缺陷。

表1-56　焊接电流选用

焊条直径/mm	2	3	4	5	6	7	8
电流强度/A	60~85	80~130	140~200	220~280	250~350	350~450	450~550

⑤电焊的安全措施。电弧光中有强烈的紫外线，对人的眼睛及皮肤均有损害。焊接人员必须注意防护电弧光对人体的照射，电焊操作时必须戴上防护面罩和手套。此外，在敲击热焊渣时注意防止飞溅烫着皮肤，防止飞溅入周围易燃材料中酿成火灾。过早地敲掉焊渣对防止焊口金属氧化也不利，故焊渣应待冷却后除去为宜。当电线与电焊钳接触不良时，焊钳会发高热烫手，影响操作。电焊机应放置在避雨干燥的地方，防止短路漏电不安全。

3）气焊。气焊是用氧—乙炔进行焊接。氧和乙炔的混合气体燃烧温度可达到3100~3300℃，借助于化合过程所放出的大量化学热熔化金属，进行焊接。

气焊常用材料及设备：

①电石（CaC_2）。由石灰和焦炭在电炉中焙烧化合而成。电石与水作用分解产生乙炔气（C_2H_2）。每1kg电石可产生乙炔气230~280dm^3（需用水5~15dm^3）。可在集中式乙炔发生站，将乙炔气装入钢瓶内，输送到各用气点，这样既方便又安全经济。

②氧气。焊接用的氧气一般是用空气分离法提取的，要求纯度达到98%以上，氧气厂生产的氧气以15MPa的压力注入钢瓶中，运送到工地或用户供使用。氧气瓶用厚钢板制成，满瓶氧气的压力为15MPa，氧气量为7m^3，空瓶重约70kg。使用时瓶中高压氧气必须经压力调节器降压至0.3~0.5MPa供焊炬使用。氧气瓶及压力调节器均忌沾油脂；也不可放在烈日下曝晒，应存放在阴凉处并注意防火；与乙炔发生器要有5m以上的距离，防止发生安全事故。

③焊条（丝）。钢管焊接用的焊丝，其金属成分应与钢管金属成分一致，不能用一般钢丝作为焊丝，焊丝表面应干净无锈、无油脂及其他污垢。

④高压胶管（风带）。用于输送乙炔及氧气至焊炬，应有足够的耐压强度，氧气管（红色、内径8mm）用2MPa气压、乙炔管（黑色或绿色、内径10mm）用0.5MPa气压进行压力试验。气焊胶管长度一般不小于30m，胶管质料要柔软便于操作。

⑤焊炬（焊枪）。射吸式焊炬如图1-50所示，氧和乙炔在焊炬的混合室中混合，从焊嘴喷射出点燃，焊炬中氧和乙炔管中设有调节阀门，可以调节供气量从而调节焊接火焰，焊嘴可以拆卸，焊件厚薄不同，选用不同规格的焊嘴。

气焊基本操作：在焊接过程中，为了获得优质美观的焊缝，常使焊炬和焊丝进行各种均匀协调的摆动。焊接火焰指向未焊部分，焊丝位于火焰的前方。用气焊进行钢管焊接时，可采用定位焊法，其目的是使焊件的装配间隙在焊接过程中保持不变，以防焊后工件产生较大的变形。管子定位焊时，直径小于50mm的管

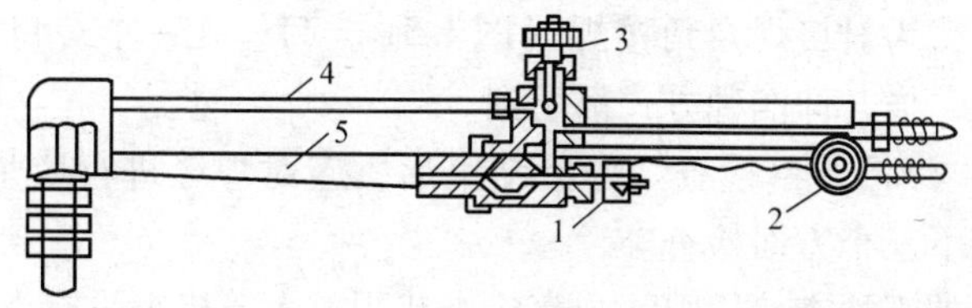

图1-50　射吸式焊炬

1—气调节阀　2—乙炔阀　3—高压氧气阀　4—氧气管　5—混合气管

子焊口只需两点定位焊，管径较大时应采用对称定位焊。

4）焊接方式。根据气焊和电焊操作位置不同，焊接方式可分为平焊、立焊、横焊、仰焊四种情况，如图1-51a ~ d所示。平焊又称俯焊，较其他三种形式容易操作；立焊又称直焊，宜由下向上焊，且应采用较细的焊条和较小的电流以便于操作；仰焊也称顶焊，较难操作，电弧仰焊也宜用细焊条、小电流和短电弧间歇焊法，仰焊电流比平焊电流宜小10% ~20%。钢管焊接的

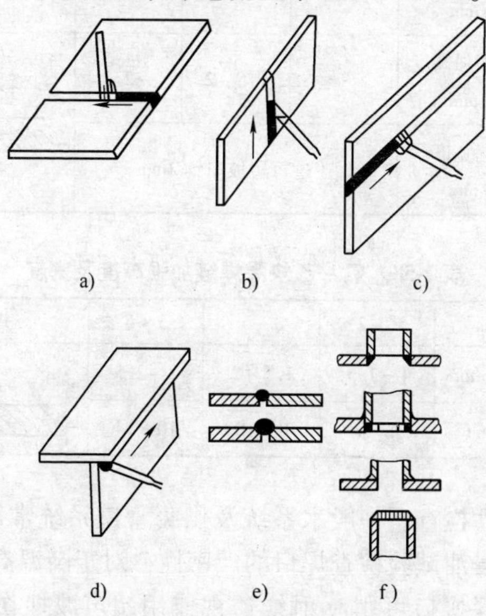

图1-51　几种焊接方式

a）平焊　b）立焊　c）横焊　d）仰焊　e）对接焊　f）角接焊

结构形式为对接焊及角接焊（图1-51e、f）。在一个焊口中往往平、立、横、仰四种方式都用到。

5）焊接质量检查。焊接结束后，应对焊缝进行质量检查。可从以下三个方面检查。

①外观检查。用眼睛观察检查或用放大镜检查。检查焊缝处焊肉的波纹粗细、厚薄均匀规整等。加强高度和宽度尺寸应符合标准（表1-57及表1-58）。焊缝处无裂纹、气孔及夹渣；管子内、外表面无残渣、弧坑和明显的焊瘤。

表1-57 电焊焊缝加强高度和宽度

管壁厚度/mm		2~3	4~6	7~10	焊缝形式
无坡口	焊缝加强高度 h/mm	1~1.5	1.5~2	—	b h
	焊缝宽度 b/mm	5~6	7~9	—	
有坡口	焊缝加强高度 h/mm	—	1.5~2	2	b h 1~2
	焊缝宽度 b/mm	盖过每边坡口约2mm			

表1-58 氧-乙炔焊焊缝加强高度及宽度

管壁厚度/mm	1~2	3~4	5~6	焊缝形式
焊缝加强高度 h/mm	1~1.5	1.5~2	2~2.5	b h
焊缝宽度 b/mm	4~6	8~10	10~14	

②严密性检查。一般水系统及供暖管道系统常用水压试验、气压试验或浸油试验检查焊口的严密性，对于高温高压或有特殊要求的管道焊接口可用γ射线透视或用超声波探伤。一般水压试验和气压试验压力为工作压力的1.25~1.5倍，要求在规定的试验压力下进行检查，不渗水、漏水为合格。

③强度检查。检查焊缝是否达到规定的机械强度。检查时一般在所有焊口或焊缝中抽检5%，进行强度试验，主要是进行拉伸试验及静力弯曲试验。焊缝的抗拉强度应大于母材（管壁）强度的85%，即

$$\sigma_h \geqslant 0.85\sigma_g$$

$$\sigma_h = \frac{P}{F}$$

式中 σ_h——焊缝的抗拉强度（MPa）；

σ_g——母材的抗拉强度（MPa）；

P——拉伸试验的破坏力（N）；

F——焊缝的断面面积（mm^2）。

弯曲试验是当弯曲角达到70°（气焊）或100°（电焊）时，弯曲面上无裂缝为合格。

1.2.3 铸铁管的加工及连接

1. 铸铁管的切断

铸铁管硬而脆，切断的方法与钢管不同，常用工具是凿子和手锤，用于把铸铁管凿断。凿子分为平口凿和尖口凿两种。

操作方法是：将管子切口划线，并在切断线下的两侧垫上木方，转动管子，用凿子沿切断线凿切1～2圈刻出3～4mm的线沟，然后沿线沟用凿子、手锤敲打，即可截断。操作时应注意：凿子要保持和管子垂直，人应站在管子侧面，不要被飞溅的铁渣碰伤眼睛和脸部。

对于直径在100mm以下的排水铸铁管，也可用剁子（又称断管器）剁断。目前使用的剁子有50mm、75mm和100mm三种规格。操作时，将两个半圆的剁刀放在底座里夹住铸铁管，用大锤猛敲剁子，一般情况下，一锤即可剁断。无论是凿切法还是剁切法，均劳动强度大、效率低，且切口不易整齐。在施工现场上可以采用电弧烧切铸铁管，或采用等离子切割法，这种切割方法变形小、切口质量好、效率高，被广泛应用。

2. 铸铁管的连接

铸铁管的连接方法分为法兰连接和承插连接两种，其中法兰连接只用在管件连接等特殊位置，管道的接口一般都采用承插连接。铸铁管承插式接口通常采用油麻石棉水泥接口，除此之外，还有橡胶圈石棉水泥、橡胶圈水泥砂浆、油麻青铅和自应力水泥砂浆接口等。

（1）油麻石棉水泥接口　油麻石棉水泥接口如图1-52所示。在2.0~2.5MPa压力下能保持严密；能抵抗轻微振动。其缺点是油麻在使用一个时期后会腐朽，以致影响水质。此外，填打油麻石棉水泥的劳动量较大，且需要技术熟练的工人，如接口渗漏，修理不方便。

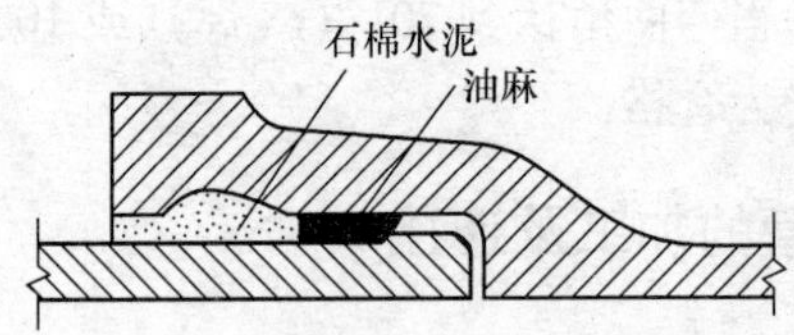

图1-52　承插式铸铁管油麻石棉水泥接口

油麻石棉水泥接口属于刚性连接，不适用于地基不均匀沉陷地区和温度变化的条件。施工时，油麻在使用之前应进行消毒，以防止细菌进入给水管道，影响水质。石棉水泥接口尺寸及主要材料用量见表1-59。

表1-59　石棉水泥接口尺寸及主要材料用量

管径/mm	承口长度/mm	填灰深度/mm	塞麻深度/mm	环形空间标准宽度/mm	每个接口的材料用量/kg		
					石棉	水泥	油麻
75	75	45	30	9	0.214	0.610	0.096
100	80	45	35	9	0.247	0.703	0.120
150	85	45	40	9	0.412	1.171	0.190
200	85	45	40	10	0.510	1.440	0.220
250	90	45	45	10	0.563	1.803	0.304
300	95	45	50	10	0.662	1.884	0.356

1）管子对口。对口前应检查管子的质量，看其是否有裂纹，还应清理管口，清除承口处的沥青和管口的铸砂。管子对口时，插口不应顶死承口，应留有2~3mm的间隙，使管子有松动的余地。

2）塞麻。油麻是用绒麻在5%的5号沥青和95%的汽油混合物中浸透晒干而成。其直径应大于承插口间隙，每条油麻的长度拉紧后应比管子外围周长大5~10mm，塞入承插口间隙2~3圈，然后用捻凿和手锤加力打完，打完后的油麻深度应为承口深度的1/3。

3）石棉水泥的配制。石棉和水泥的质量比为3∶7。搅拌均匀后，加入两者质量之和10%~12%的水，揉成潮润状态，并应能用手捏成团。根据用量随用随搅拌，由用水搅拌到填口的时间，一般不应超过15min。

4）填石棉水泥。将石棉水泥分层填入，填入一层后用捻凿和手锤沿圆周方向打实，直至填料表面为黑灰色，手锤打在捻凿上有反弹力，且填料表面与承口平齐为宜。

5）养护接口。做好后，应对接口进行养护，直至接口达到强度。一种养护方法是用湿黏土将接口包起，并填土到高于管顶50mm，进行养护。另一种养护方法是用湿草袋、麻袋布、破布或草帘等覆盖，保持湿润24h（每隔6~8h浇水一次）。

（2）橡胶圈石棉水泥接口　用橡胶圈代替油麻，即在承插口间隙中加入1~2个橡胶圈。橡胶圈富有弹性和水密性，即使管子沿轴线方向有所移动或接口受外界影响产生明显弯曲，甚至石棉水泥封口受到损伤后，也不致渗水漏水。此种接口造价高于油麻石棉水泥接口。

（3）橡胶圈水泥砂浆接口　用水泥砂浆代替了石棉水泥封口，因此省去了锤打石棉水泥的重体力劳动。这种接口形式，用在小于200mm的小口径管道上，能耐压1.4MPa，是一种比较好的接口形式。

（4）油麻青铅接口　这是一种比较传统的接口形式，承受振动和弯曲的性能较好，损坏时易于修理，但青铅价格较高，又是有色金属，仅用在管道抢修、新旧管道的连接工程和防止基础沉陷、防振等特殊管道工程中。

一般按下述程序操作：先将油麻打好后，把管口用卡箍（或石棉绳）严密围住，卡箍和管壁之间的接触处用湿黏土抹好，以防漏铅，如果用石棉绳代替卡箍，可将接口用石棉绳固紧，绳的两端用金属钳子向上夹起，并做成漏斗形的灌铅口，将纯度为99%以上的铅在熔铅锅中熔至紫红色，除去铅皮等杂质，然后从灌铅口徐徐倒入，空气则由另一端被挤压排出，承口与插口之间不得有泥土或水（因熔化的铅遇水则爆炸），铅凝固后，需再待1~5min拆去卡箍，然后用铅錾在接口表面打紧。

沉在水中的管道制作铅口时，一般采用冷铅法，即将扁铅、铅条或铅丝分层填塞，打入接口中。

1.2.4 非金属管的加工及连接

1. 硬聚氯乙烯塑料管的加工及连接

（1）塑料管的加工　塑料管在安装前的加工包括冷加工和热加工。冷加工就是常温状态下进行的机械加工，如切割、坡口和钻孔等。热加工就是利用塑料的热塑性，把它加热软化后加工成所需要的形状，如弯管、管口扩胀或翻边等。

1）冷加工。塑料管的切割一般可用钢锯或木锯人工直接切割；管材可以人工用锉刀锉坡口，也可用坡口机或机床加工坡口，然后用粗锉磨坡口表面；硬聚氯乙烯塑料的钻孔可用普通钻床、手提式电钻或手摇钻直接钻孔。

2）热加工

①弯管。塑料热煨弯管应采用无缝塑料管加工制作。弯曲半径为管子公称直径的3.5~4倍。加工前应先用木材（也可以用型钢）根据弯管外径和弯曲半径制作好胎模。弯管时，先将塑料管的一端用木塞塞紧，管内用无杂质的干细砂填实，以防止弯管过程中发生截面形状变形，填完后用木塞将管子另一端堵死。

然后在蒸汽加热箱或电加热箱内加热到130～150℃，加热长度应稍大于弯管的弧长。加热时，应使加热箱的温度达到需要温度后，再将要加热的管子放入加热箱内，加热时间根据管径大小可参照表1-60而定。管子加热至要求时间后，迅速从加热箱内取出，放入弯管胎模内成形，用水冷却后，从胎模内取出立即倒出管内的砂子，并继续用水冷却。考虑到弯管在冷却后有回缩现象，所以在弯曲时，应使弯曲角度比要求的角度大2°左右。

表1-60 塑料管煨弯加热时间

公称通径/mm	≤65	80	100	150	200
加热时间/min	15～20	20～25	30～35	45～60	60～75

②管口扩胀。塑料管采用承插口连接时，必须预先将管子的一端扩胀为承口。扩胀前，将管子预备加工为承口的一端加工成45°的内坡口，将作为插口的一端加工成45°的外坡口，如图1-53所示。将管子扩胀端均匀加热，加热的长度制作扩口时为20～50mm，制作承插口时为管径的1～1.5倍。加热温度硬聚氯乙烯管、聚氯乙烯管为120～150℃；聚丙烯管为160～180℃。加热方法：采用蒸汽间接加热或用甘油直接加热。

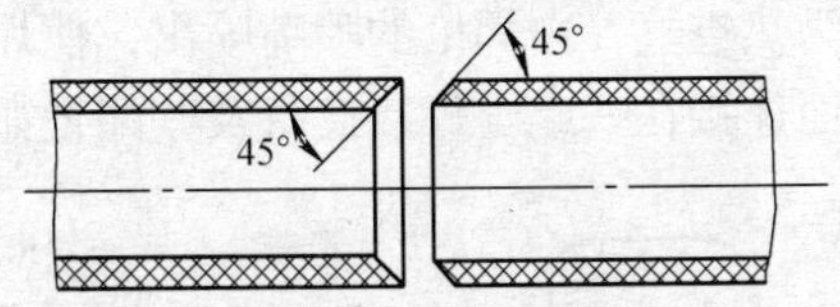

图1-53 塑料管扩胀前的坡口

图1-54所示为简易甘油加热锅。制作承口时，将带有外坡口的管子插入加热变软的带有内坡口的管端内，使其扩大为承口，成形后，再将插口的管端拔出。制作扩口时，金属模具也应预热至80～100℃。

③管口翻边。塑料管采用卷边松套法兰连接时，必须预先在管口翻边。翻边时应先在甘油加热锅内进行加热。加热温度及加

热时间与管口扩胀相同。管端加热后，套上钢法兰，再将管子固定在翻边器上，然后将预热至 80～100℃的翻边内胎模（图 1-55）推入加热变软的管口，使管口翻成垂直于管子轴线的卷边，成形后退出翻边胎模，并且用水冷却。

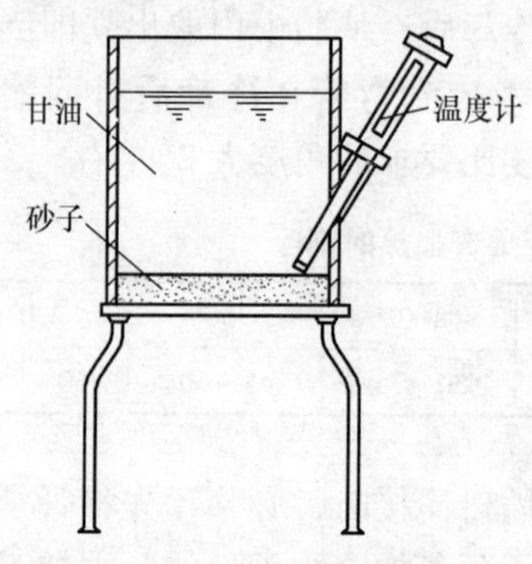

图 1-54 简易甘油加热锅

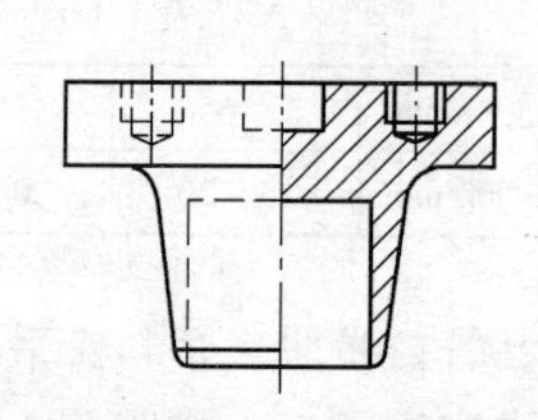

图 1-55 塑料管翻边内胎模

（2） 塑料管的连接 塑料管的连接方法主要有对接焊接、承插连接和法兰连接等。

1）对接焊接。硬聚氯乙烯塑料管的连接广泛采用的是热空气焊接法。热空气采用经过滤后的无油无水的压缩空气，通过电热焊枪加热成为热空气，由焊枪的喷嘴喷出，使焊件和焊条被加热到熔融状态而连接在一起。焊接设备及其配置如图 1-56 所示。

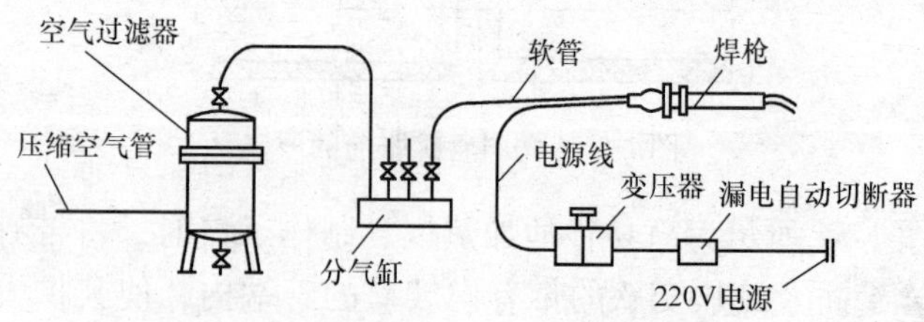

图 1-56 热空气焊接设备及其配置

焊接前，应选用合适的焊条，塑料焊条的化学成分应与焊件的化学成分一致，焊条直径根据所焊管子的壁厚选用，见表

1-61。但是，要注意焊缝根部的第一根打底焊条，通常采用直径为2mm的细焊条。

表1-61　塑料焊条规格的选用　（单位：mm）

管子壁厚	2~5	5.5~15	>15
焊条直径	2~2.5	3~3.5	3.5~4

焊接的管端应开60°~80°坡口，留1mm的钝边。对口间隙为0.5~1.5mm。焊缝处应清洁，不得有油、水及污垢。焊接时，压缩空气的压力应保持在0.05~0.1MPa，可由气流控制阀调节。如果压力过高，会吹毛焊缝表面；压力过低又会影响焊接速度。焊接气流的温度为230~250℃，它是通过调压变压器来调节焊枪内电热丝的供电电压进行控制的，如果温度过高，会使焊缝与焊条被烧焦；温度过低又会使焊接速度减慢，并且焊条不能充分熔融，使焊条与焊件之间不能很好粘合。

焊接操作时左手持焊条，手指捏在焊条距焊接点100~120mm处，并对焊条施以大约10N的压力，焊条必须与焊缝垂直。右手持焊枪，焊枪喷嘴距焊条与焊缝的接触点7~10mm，喷嘴与焊条的夹角为30°~40°。焊枪应均匀地摆动，摆动频率和幅度可根据焊接温度的高低灵活掌握。要使焊条与焊件同时被加热。焊接速度与焊接温度和焊条直径有关，操作时既要使焊条充分熔融，又要做到无烧焦现象。焊缝中焊条必须排列紧密不能有空隙。各层焊条的接头必须错开。焊缝应饱满、平整、均匀、无波纹、断裂、吹毛和未焊透等缺陷，焊缝焊接完毕，应使其自然冷却。

2）承插连接。塑料管采用承插连接时，应先用酒精或丙酮将承口内壁和插口外壁擦净，再均匀地涂上一层20%的过氯乙烯树脂与80%的二氯乙烷（或丙酮）组成的胶粘剂，然后将插口插入承口内，要使接头插足，承插口之间应结合紧密，间隙不得大于0.3mm，最后用硬聚氯乙烯塑料焊条将接口处焊接起来，如图1-57所示。这种连接的强度较好，耐压较高，直径相同的管子最好采用这种连接形式。

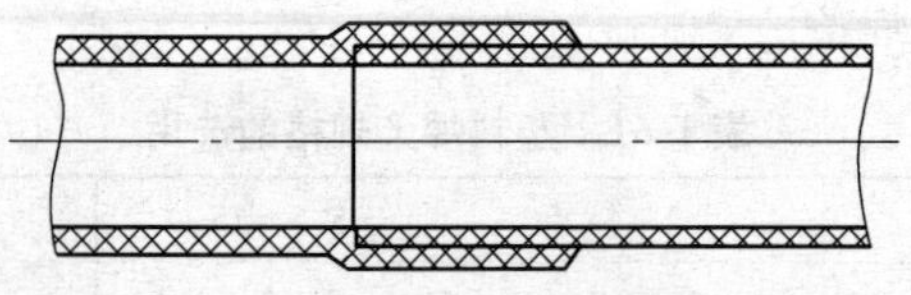

图 1-57　塑料管的承插连接

3）法兰连接。塑料管的法兰连接结构简单，可以拆卸，但不耐高压，可用于常压或压力不高的管道连接。常用的有卷边松套法兰连接和平焊法兰连接两种。

①卷边松套法兰连接。此种连接是在管口已翻边的塑料管上套钢制法兰（图 1-58a），并用螺栓连接紧固。

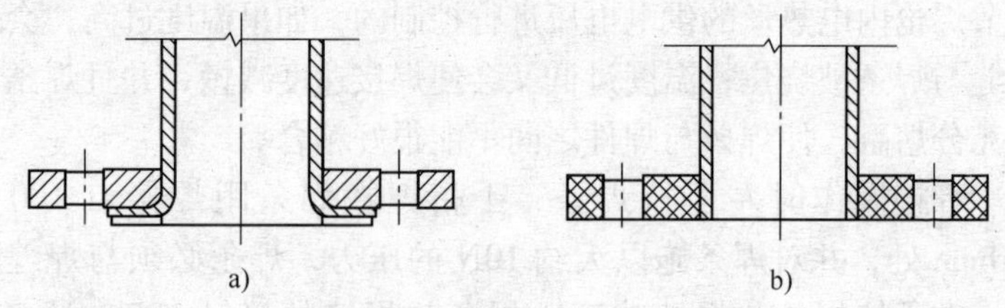

图 1-58　塑料管的松套法兰和平焊法兰
a）松套法兰　b）平焊法兰

②平焊法兰连接。此种连接是将塑料板制成法兰，直接平焊在管子端头上，然后再用金属螺栓紧固连接（图 1-58b）。法兰内径的两面都车成 45°的坡口，两面都应与管子焊接。法兰密封面上多余的焊条，必须用锉锉平。

塑料管采用法兰连接时，密封面应使用软塑料制作垫片，防止拧紧螺栓时损坏法兰。

2. 混凝土管及钢筋混凝土管接口

混凝土管及钢筋混凝土管的接口，主要有承插式接口、抹带式接口和套环式接口三种。

（1）承插式接口　管径在 400mm 以下的混凝土管，多制成承插式接口，其接口方法基本上与铸铁管相同。接口材料有水泥砂浆和油麻沥青胶砂等（油麻只需要塞紧，不需要锤打）。施工时，将承插口对正，然后填入质量比为1:（2.5～3）的水泥砂浆。水泥砂浆应有一定稠度，以便填塞时不致从承插口中流出。水泥砂浆填满后，应用抹刀挤压表面，做成如图1-59所示的形状。当地下水或污水具有侵蚀性时，应采用耐酸水泥。

（2）抹带式接口　这种接口常见的有水泥砂浆抹带和钢丝网水泥砂浆抹带两种接口。

1）水泥砂浆抹带接口。属刚性接口，由于其闭水能力较差，故多用于平口式钢筋混凝土雨水管道上。抹带采用质量比为1:2.5的水泥砂浆（水灰比不大于0.5）。管带应严密无裂缝，一般用抹刀分两层抹压，第一层为全厚的1/3，其表面要粗糙，如图1-60所示，以便与第二层紧密结合。此种接口一般需打混凝土基础和管座，消耗水泥量较多，并且需要较长的养护时间。

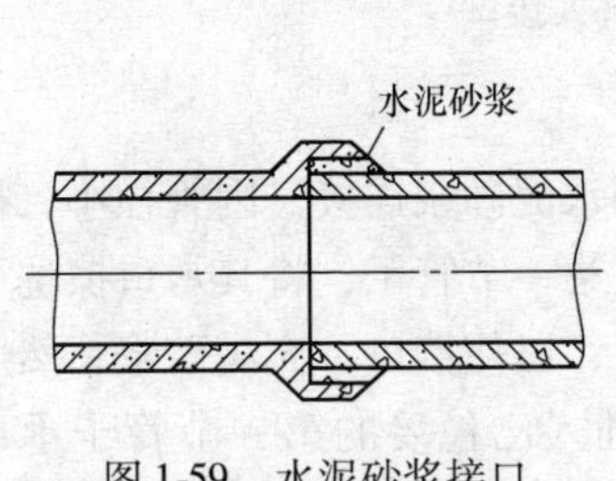

图1-59　水泥砂浆接口

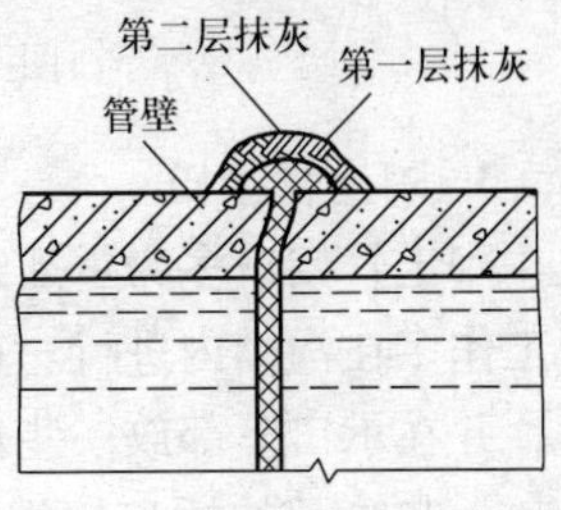

图1-60　水泥砂浆抹带接口

2）钢丝网水泥砂浆抹带接口　在水泥砂浆抹带中加入一层或几层22号钢丝编织成的钢丝网，可以增加接口的闭水能力和强度，如图1-61所示。这种接口可用于平口式钢筋混凝土雨水管道上，也可用于低压给水管道上。钢丝网在管座施工时预埋在

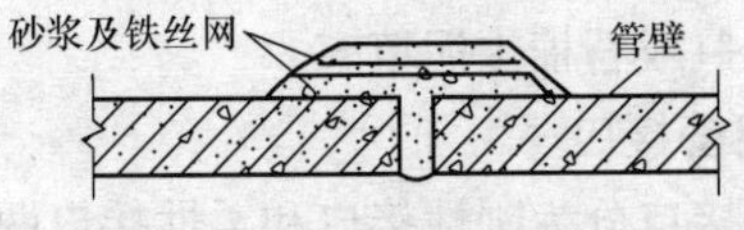

图1-61　钢丝网水泥砂浆抹带接口

管座内。水泥砂浆分两层抹压，第一层抹完后，将管座内侧的钢丝网兜起，紧贴平放砂浆带内；抹第二层并压实。

（3）套环式接口　如图1-62所示，套环套在两管接口处后，在接口空隙间打入石棉水泥或油麻石棉水泥等，也可用水泥砂浆填塞。套环的材料一般与管材相同，套环内径比管外径大25~30mm。油麻和石棉水泥的质量、石棉水泥的配合比及填打方法均与承插式铸铁管相同，不同之处是填打时应从两侧同时进行，每层填灰厚度不大于20mm。

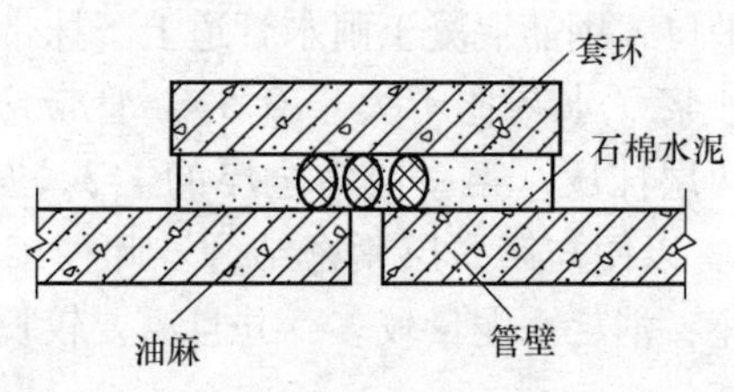

图1-62　套环式接口

3. 陶土管接口

陶土管接口多为承插式，采用水泥砂浆连接。因管径小，接口工作多在沟槽内进行。首先稳好第一节管子，将其承口擦洗干净，并在承口下部放一些水泥砂浆，以使接口下充满砂浆，然后将另一节管子的插口擦洗干净，插入已稳妥的第一节管子承口内。承插口的其余缝隙，再用水泥砂浆紧密塞实，填塞水泥砂浆时，注意检查管底标高。接口所用水泥砂浆的配合比为1∶1或1∶2，其稠度以填塞到插口中不流动为适宜。当地下水位较高或有侵蚀性时，最好采用火山灰水泥，接口后再用泥土养护。

水泥砂浆接口方法简单，容易操作。但因其为刚性接口，易产生地基下沉而裂缝漏水的现象，对质量要求较高的地方，可采用沥青玛琋脂接口或石棉水泥填塞。

4. 石棉水泥管接口

石棉水泥管接口分为刚性接口和柔性接口两种。刚性接口不用橡胶密封圈，造价低，但在地基不均匀沉陷时，容易在纵向折断或拉断。

（1）刚性接口　由套管和填料组成，套管有铸铁套管和石棉水泥套管两种，其强度一般不得低于管子的强度。接口填料可使用石棉水泥、自应力水泥（膨胀水泥）砂浆和胶粘剂等。目前最常用的是石棉水泥接口。接口方法是：将管子按套管长度插入，对口留有3~8mm的间隙，调整管子与套管同轴后，向管子与套管的环形间隙中塞入油麻并打完。填麻长度约占套管长度的1/5~1/3，如图1-63所示。然后分层填入石棉水泥并打实。

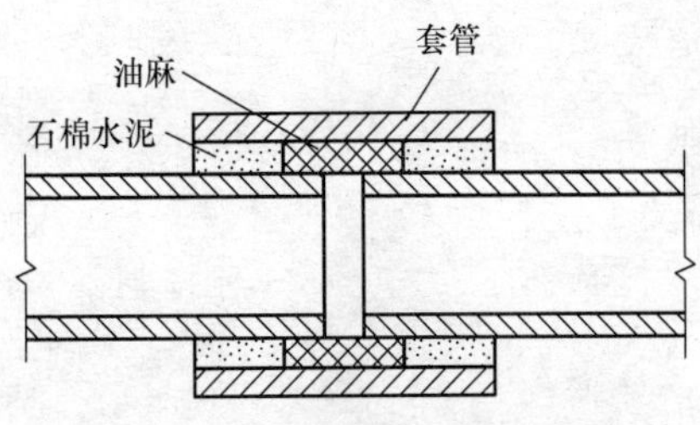

图1-63　石棉水泥管刚性接口

（2）柔性接口　按构造不同，可分为套箍式、法兰式和套箍式单面柔性接口三类。常用的是人字箍和橡胶圈柔性接口，如图1-64所示。这种接口承压高达1.4MPa。接口所用橡胶圈的主要物理性能应符合设计规定，铸铁人字箍及橡胶圈的尺寸误差不得超出设计允许范围，否则将影响接口的水密性，铸件内外应平滑，无疵痕、蜂窝、凸凹等缺陷。套用人字箍的管子的管端必须平滑。施工时，人字箍要放在正中，不能倾斜或偏于一侧。具体

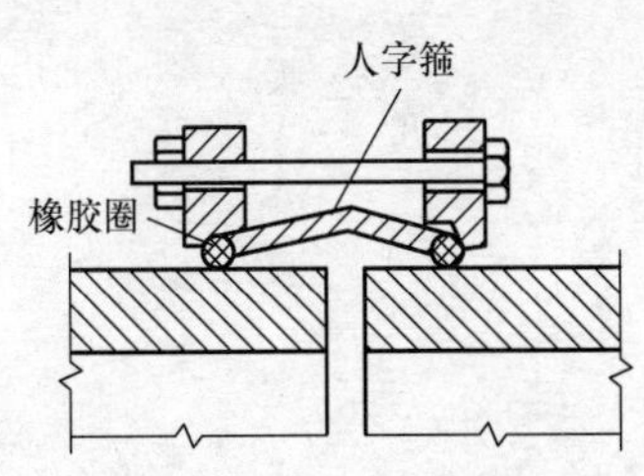

图1-64　石棉水泥管人字箍柔性接口

操作时要求按如下步骤及方法进行。

1）将法兰盘分别套在需要连接的管子上。

2）将橡胶圈套入两管端。

3）在对口的同时套上人字箍，并摆在对口的中心位置，对口间隙应为3～8mm。

4）移动橡胶圈，使其靠紧人字箍断面凹槽。

5）移动两面法兰盘，使其紧靠橡胶圈。

6）穿螺栓，带螺母，用扳手对称拧紧，以防受力不均扭断法兰盘。

第2章　建筑给水排水管道的安装

2.1　建筑给水排水施工图的识读

2.1.1　建筑给水排水施工图的表示

建筑室内给水排水工程图包括图样目录、设计总说明、给水排水平面图、给水排水系统图、详图等几部分。建筑给水排水工程中的平面图、剖面图和详图是采用正投影绘制的，系统图是采用轴测投影绘制的。图中器材和设备采用统一图例表示，管道一般采用单线画法以粗线绘制，建筑结构的图形采用细线绘制，有关用水设备采用中实线绘制，不需表明的管道端部采用细线的S形折断符号表示。这些图例和符号并不反映实形，不同直径的管道，以同样线宽的线条表示，管道坡度无需按比例画出，管道的管径和坡度等尺寸用数字注明；沿墙敷设的管道，不必按比例准确表示出管线与墙面的微小距离，图中只需略有距离即可，即使暗装管道也与明装管道一样画在墙外，只需说明哪些部分要求暗装即可；当在同一平面位置布置有几根不同高度的管道时，若严格按投影来画，平面图就会重叠在一起，这时可画成平行排列。除了有特殊要求，一般引用标准图册上的有关做法，不再绘制大样图。

室内给水排水工程图中的管道首尾相连，来龙去脉清楚，从给水引入管到各用水点，从污水收集器到污水排出管，给水排水管道不突然断开消失，也不突然产生，具有十分清楚的连贯性。所以读图时可以按照从水的引入到污水的排出这条主线，循序渐进，逐一理清给水、排水管道及与之相连的给水排水设施。

1. 线型

给水排水工程图常用线型见表2-1。图线的宽度根据图样的类别、比例和复杂程度，按《房屋建筑制图统一标准》（GB/T 50001—2001）中的规定选用。线宽一般为0.7mm或1.0mm。

2. 比例

建筑给水排水工程图常用比例见表2-2。在管道纵断面图中，可根据需要对纵向与横向采用不同的组合比例；建筑给水排水轴测图中，如局部表达有困难时，该处可不按比例绘制；水处理流程图和建筑给水排水系统原理图均不按比例绘制。

3. 标高

标高单位为米（m），一般标注至小数点第三位。标高符号及一般标注方法应符合《房屋建筑制图统一标准》（GB/T 50001—2001）中的规定。在下列部位应标注标高：沟渠和重力流管道的起止点、转角点、连接点、变坡点、变尺寸（管径）点及交叉点等处；压力流管道中的标高控制点；管道穿越外墙、剪力墙和构筑物的池壁及地板等处；不同水位线处；构筑物土建部分的相关标高。

表2-1 给水排水工程图常用线型

名称	线型	线宽	用途
粗实线	————————	b	新设计的各种排水和其他重力流管线
粗虚线	—— —— ——	b	新设计的各种排水和其他重力流管线的不可见轮廓线
中粗实线	————————	$0.75b$	新设计的各种给水和其他压力流管线;原有的各种排水和其他重力流管线
中粗虚线	– — — — — –	$0.75b$	新设计的各种给水和其他压力流管线及原有的各种排水和其他重力流管线的不可见轮廓线

（续）

名称	线型	线宽	用途
中实线	————————	0.50b	给水排水设备，零（附）件的可见轮廓线；总图中新建的建筑物和构筑物的可见轮廓线；原有的各种给水和其他压力流管线
中虚线	— — — — — — —	0.50b	给水排水设备，零（附）件的不可见轮廓线；总图中新建的建筑物和构筑物的不可见轮廓线；原有的各种给水和其他压力流管线的不可见轮廓线
细实线	————————	0.25b	建筑的可见轮廓线，总图中原有的建筑物和构筑物的可见轮廓线；制图中各种标注线
细虚线	- - - - - - - - - -	0.25b	建筑的不可见轮廓线，总图中原有的建筑物和构筑物的不可见轮廓线
单点长画线	—·—·—·—	0.25b	中心线，定位轴线
折断线	——\/——	0.25b	断开界线
波浪线	∿∿∿	0.25b	平面图中水面线；局部构造层次范围线；保温范围示意线等

表 2-2　建筑给水排水工程图常用比例

名称	比例	备注
区域规划图，区域位置图	1:50000，1:25000，1:10000，1:5000，1:2000	宜与总图专业一致
总平面图	1:1000，1:500，1:300	宜与总图专业一致
总管纵断面图	纵向：1:200，1:100，1:50 横向：1:1000，1:500，1:300	
水处理厂（站）平面图	1:500，1:200，1:100	

（续）

名称	比例	备注
水处理建筑物,设备间,卫生间,泵房间,剖面图	1:100,1:50,1:40,1:30	
建筑给水排水平面图	1:200,1:150,1:100	宜与总图专业一致
建筑给水排水轴测图	1:150,1:100,1:50	宜与总图专业一致
详图	1:50,1:30,1:20,1:10,1:5,1:2,1:1,2:1	

平面图、剖面图、系统图中，管道标高分别按图 2-1 ~ 图 2-3 的方式标注。

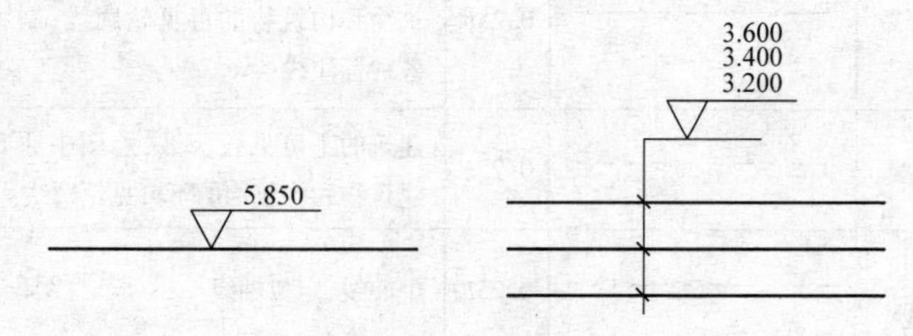

图 2-1 平面图中管道标高注法

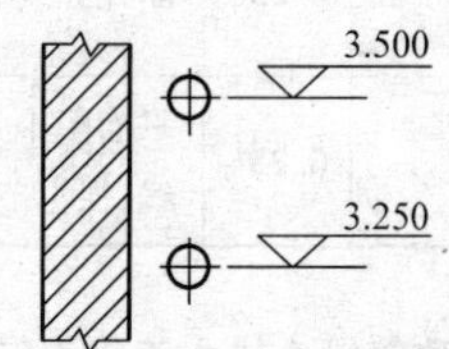

图 2-2 剖面图中管道标高注法

4. 管径

管径单位为毫米（mm），水煤气输送钢管（镀锌、非镀锌）、铸铁管等管材，管径以公称直径“*DN*”表示，如 *DN*15、*DN*50 等；钢筋混凝土管（或混凝土管）、陶土管、耐酸陶瓷管、缸瓦管等管材，管径以内径“*d*”表示，如 *d*250、*d*350 等；焊接钢管（直缝或螺旋缝）、无缝钢管、铜管、不锈钢管等管材管

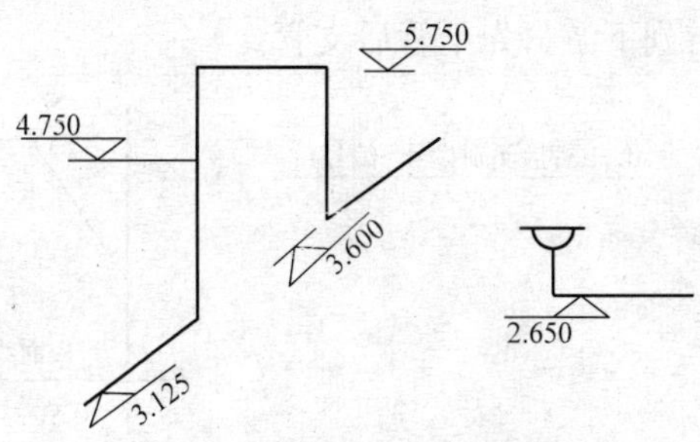

图 2-3　系统图中管道标高注法

径以“外径 $D\times$壁厚 δ”表示，如 $D100\times4$、$D150\times4.5$ 等；塑料管材管径宜按产品标准的方法表示，一般用“*De*”表示塑料管的外径。

5. 编号

当建筑物的给水排水进、出口数量多于一个时，通常用阿拉伯数字编号，编号宜按图 2-4 的方法表示。

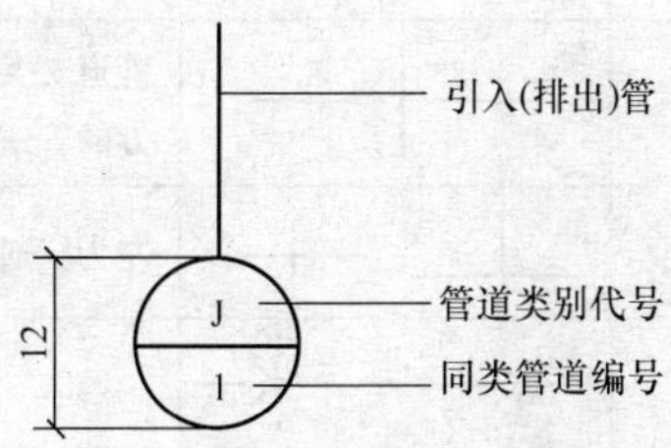

图 2-4　给水排水进、出口编号表示法

建筑物内穿过一层及多层的立管，其数量多于一个时，宜用阿拉伯数字编号。用指引线注明管道的类别代号，如“JL”表示给水立管、“PL”表示排水立管。图 2-5a 所示为平面图中立管的编号方法，图 2-5b 所示为系统图中立管的编号方法。

给水排水附属构筑物（如阀门井、检查井、水表井、化粪池等）多于一个时需编号，编号宜用构筑物代号后加阿拉伯数字表示，构筑物代号应采用汉语拼音字头。给水阀门井的编号顺序是从水源到用户，从干管到支管再到用户。排水检查井的编号顺序是从上游到下游，先干管后支管。

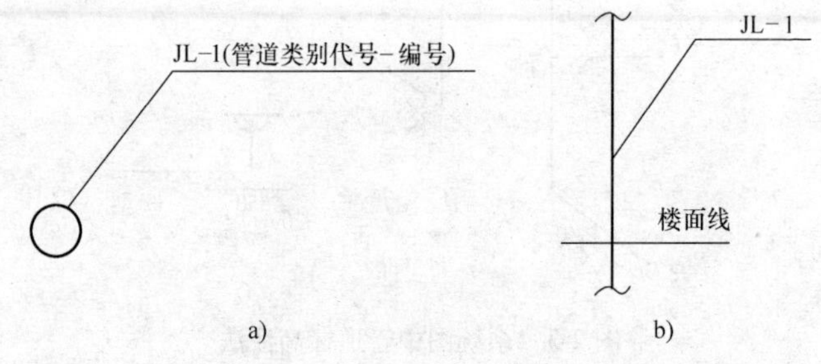

图 2-5 给水排水立管编号表示法

2.1.2 建筑给水排水施工图的图例

建筑室内给水排水工程图常用图例见表 2-3。

表 2-3 建筑室内给水排水工程图常用图例

序号	名称	图例	说明
1	交叉管		管道交叉不连接，在下方和后方的管道应断开
2	管道连接		左为三通，右为四通
3	管道固定支架		
4	多孔管		
5	存水管		
6	检查口		
7	清扫口		左为平面，右为系统
8	通气帽		左为成品，右为钢丝球

（续）

序号	名称	图例	说明
9	圆形地漏	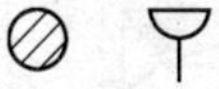	左为平面，右为系统
10	柔性防水套管	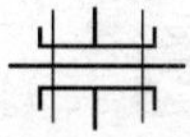	
11	可曲挠接头	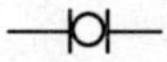	
12	截止阀		左为≥DN50，右为<DN50
13	闸阀		
14	止回阀	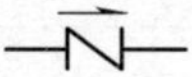	
15	延时自闭阀	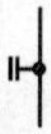	
16	蝶阀		
17	放水龙头		
18	室内单出口消火栓	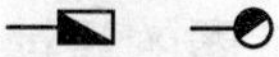	左为平面，右为系统
19	室内双出口消火栓	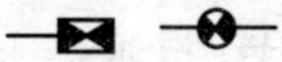	左为平面，右为系统
20	自动喷淋头		左为平面，右为系统
21	淋浴喷头	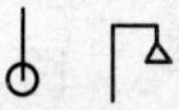	
22	水表		
23	洗脸盆		
24	浴盆	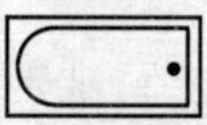	
25	污水池		

（续）

序号	名称	图例	说明
26	盥洗槽		
27	小便槽		
28	小便器		
29	大便器		左为蹲式，右为立式
30	法兰连接		
31	承插连接		管道画成连接，接头处画半圆弧细线
32	螺纹连接		接头处画一条细线
33	焊接		接头处画一个点

2.1.3 建筑给水排水施工图的识读方法

识读施工图时，应熟悉图样目录，了解设计说明，对给水图样和排水图样应分开读。

识读给水图样时，按水源→管道→用水设备的顺序，首先从平面图入手，然后看系统（轴测）图，分清该系统属于何种给水系统，粗看储水池、水箱及水泵等设备的位置，对系统有一个全面认识，再综合对照各图样细看，弄明管道的走向、管径、坡度和坡向，设备的安装位置、型号、规格及设备的支架、基础形式等。

识读排水图样时，按卫生器→排水支管→排水横管→排水立管→排出管的顺序，先从平面图入手，然后看系统（轴测）图，分清系统种类，将平面图上的排水系统编号与系统图上的编号相对应，分清管径、坡度和坡向。

1. 室内给水排水施工图说明识读

说明就是用文字而非图形的形式表达有关必须交待的技术内容。说明是图样重要组成部分，按照先文字、后图形的识图原则，弄通说明是进行识读给水排水施工图的第一步，必须认真对待。在识读图样之前，首先应仔细阅读说明有关内容。说明中交待的有关事项，往往对整套给水排水施工图的识读和施工有着重要影响，对说明提及的相关问题，如引用的标准图集、有关施工验收规范、操作规程、要求等内容，也要收集查阅、熟悉掌握。给水排水说明的主要条款由如下内容构成。

1）设计依据（所遵循的规范、标准）。

2）尺寸单位及标高标准。

3）管材及管材连接方式。

4）消火栓安装。

5）管道的安装坡度。

6）检查口及伸缩节安装要求。

7）立管与排出管的连接。

8）卫生器具的安装标准。

9）管线图中代号的含义。

10）管道支架及吊架做法。

11）管道保温。

12）管道防腐。

13）试压。

2. 室内给水排水平面图识读

室内给水排水平面图是给水排水施工图中最基本、最重要的图样，主要表明建筑物内给水排水管道及用水设备的平面布置情况。识读内容如下。

1）查明卫生器具、用水设备、升压设备的类型、数量、安装位置及定位尺寸等。

2）识读引入管和污水排出管的平面位置、走向、定位尺寸、系统编号、管径、坡度以及与室外给水排水管网的连接形式、管径和坡度等。引入管上一般设阀门，阀门如果设在室外阀门井内，在平面图上就能完整地表示出来，这时要查明阀门的型号及距建筑物的距离。污水排出管与室外排水总管的连接是通过检查井来实现的，要了解排水管的长度，即外墙至检查井之间的距离。

3）识读给水干管和排水干管、立管、支管的平面位置、管径尺寸、立管编号及安装方式等。从平面图上可以清楚地查明管道是明装还是暗装，以确定施工方法。平面图上的管线虽然是示意性的，但仍有一定的比例，因此估算材料可以结合详图，用比例尺度量进行计算。

4）识读管道配件（如阀门、清扫口、水表、消火栓和清通设备等）的型号、口径大小、平面位置、安装形式及设置情况等。给水管道上设置水表时，必须查明水表的型号、安装位置及水表前后阀门设置情况；消防给水管道要查明消火栓的布置位置、口径大小及消火栓的形式与设置，消防箱有明装、暗装和单门、双门之分，识读时要加以注意；雨水管道，要查明雨水斗的型号及布置情况，并结合详图搞清楚雨水斗与天沟的连接方式。

3. 室内给水排水系统图识读

给水排水系统图主要表明管道系统的空间走向，识读时应按给水系统和排水系统分别识读，在同系统中应按系统编号依次识读。

识读室内给水系统时，应根据给水管道系统的编号，从给水引入管开始按照水的流向，顺序进行，即从给水引入管，经水表节点、水平干管、立管、横支管直至用水设备。查明给水管道系统的具体走向，干管的敷设形式，管径尺寸及其变化情况，阀门的设置，引入管、干管、支管的标高。

识读室内排水系统时，应根据排水管道系统的编号，从卫生器具开始，按照水的流向，顺序进行，即从卫生器具开始经存水弯、水平横支管、立管、排出管直至检查井。查明排水管道系统的具体走向，管道分支情况，管径尺寸与横管坡度，管道标高，存水弯形式，清通设备等的设置情况。

给水排水管道系统图中的管道一般采用单线图绘制，管道中的重要管件（如阀门）用图例表示，而更多的管件（如补芯、活接、短接、三通及弯头等）在图中并未进行特别标注。这就要求熟练掌握有关图例、符号和代号的含义，并对管道构造和施工程序有足够了解。

4. 室内给水排水大样图识读

大样图就是将给水排水平面图或系统图中的某一位置放大或剖切再放大而得到的图样。大样图表达了某一被表达位置的详细做法。

给水排水工程图上的大样图有两类：一类是由设计人员在图样上绘出的；另一类是引自有关安装图册。除了有特殊要求，设计人一般不专门绘制大样图，更多是引用标准图册上的有关做法。有关标准图册的代号，可参见说明中的有关内容或图样上的索引号。由此可见，识读一套给水排水工程图，仅仅只看设计图样还是不够的，同时还要查阅有关标准图册及施工验收规范。

2.1.4　建筑给水排水施工图的实例

以某单位三层办公楼的给水排水施工图为例，介绍一下建筑给水排水工程图的识读方法。主要图样有给水排水平面图（图 2-6 和图 2-7）、给水管道系统图（图 2-8）、排水管道系统图（图 2-9）。

该三层办公楼施工图的识读如下：

1）弄清各层平面图中哪些房间布置有卫生器具，布置的具体位置，地面和各层楼面的标高。

通过对给水排水管道平面图的识读可知：底层有淋浴间，二、三层有厕所间，淋浴间内设有四组淋浴器，一个洗脸盆，还有一个地漏，二楼厕所内设有高位水箱蹲式大便器三套，小便器两套，洗脸盆一个，地漏两个，三楼厕所内卫生器具的布置和数

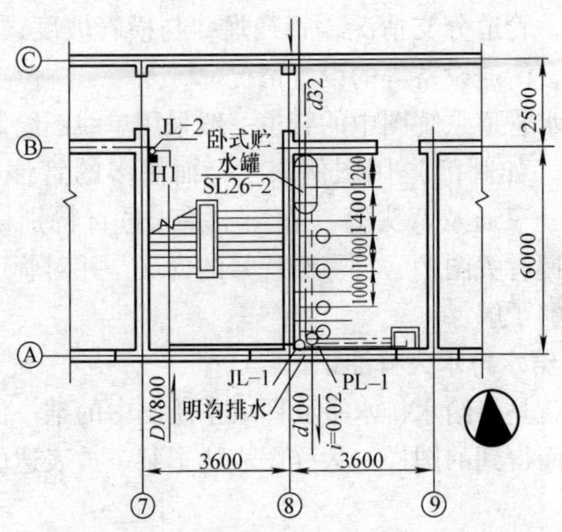

图 2-6　底层室内给水排水管道平面图（1∶100）

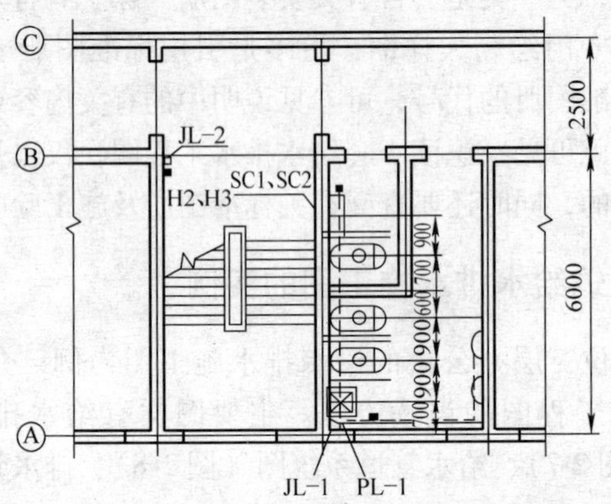

图 2-7　二、三层室内给水排水管道平面图（1∶100）

量都和二楼相同，每层楼梯间均设有一组消火栓。

2）弄清给水系统的数量及给水管道布置。

给水系统是生活和消防混合系统。给水引入管在⑦轴线东面 615mm 处，由南向北进屋，管道埋深 -0.8m，进屋后分成两路，一路由西向东进入淋浴室，立管编号为 JL-1，在平面图上是个小圆圈，另一路进屋继续向北，作为消防用水，立管编号为 JL-2，

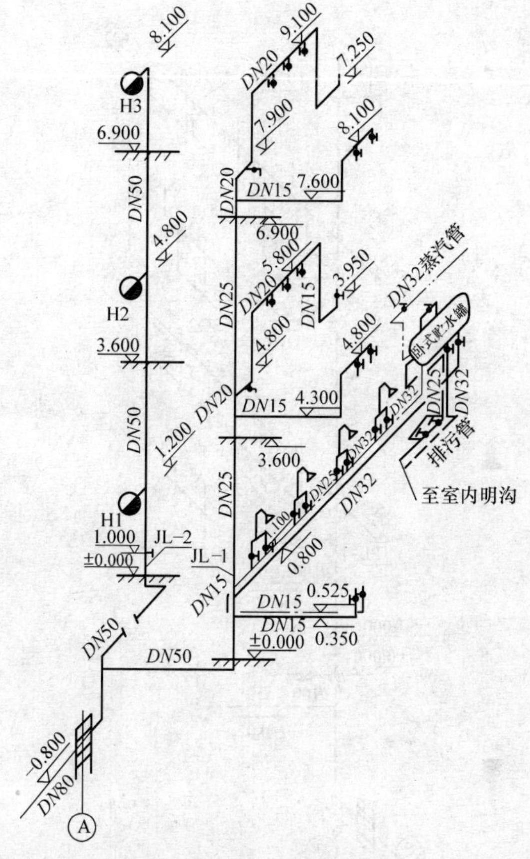

图 2-8　室内给水管道系统图

在平面图上也是个小圆圈。

JL-1 设在Ⓐ轴线和⑧轴线的墙脚，自底层至标高 7. 900m。该立管在底层分两路供水，一路由南向北沿⑧轴线的墙脚敷设，标高为 0. 8m，管径 *DN*32，经过四组淋浴器进入卧式储水罐，另一路由西向东沿Ⓐ轴线墙壁敷设，标高为 0. 350m，管径 *DN*15，送入洗脸盆。在二楼内也分两路供水，一路由南向北，标高为 4. 800m，管径 *DN*20，接水龙头为洗涤盆供水，然后登高至标高 5. 800m，管径 *DN*20，为蹲式大便器高位水箱供水，再返低至标

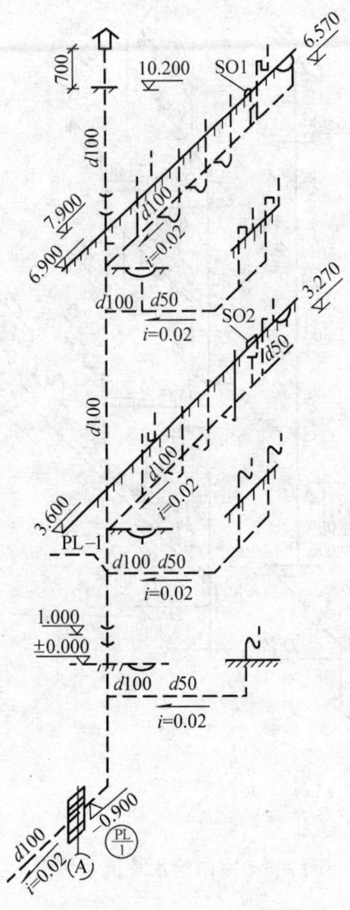

图 2-9 室内排水管道系统图

高 3. 950m，管径 *DN*15，为洗脸盆供水；另一路由西向东，标高为 4. 300m，至⑨轴线登高到标高 4. 800m 转弯向北，管径 *DN*15，为小便器供水。三楼管道走向、管径、设置高度均和二楼相同。

JL-2 设在Ⓑ轴线和⑦轴线的楼梯间内，在标高 1. 000m 处设有闸阀，消火栓编号为 H1、H2、H3，分别设于一、二、三层距地面 1. 2m 处。

卧式储水罐 SL26-2 上，有五路管线同它连接：罐端部的上口是 *DN*32 蒸汽管进罐，下口是 *DN*25 凝结水管出罐，储水罐底部是 *DN*32 冷水管进罐，顶部是 *DN*32 热水管出罐，底部还有一路排污管至室内明沟。热水管（用点画线表示）从罐顶部接出，加装阀门后朝下转弯至 1.100m 标高后由北向南，为四组淋浴器供应热水，并继续向前至Ⓐ轴线墙面朝下至标高 0.525m，然后自西向东为洗脸盆提供热水。热水管管径从罐顶出来至前两组淋浴器为 *DN*32，后两组淋浴器热水干管管径为 *DN*25，去洗脸盆一段管径为 *DN*15。

3）弄清排水系统的数量及排水管道布置。

排水系统（用粗虚线表示）在二楼和三楼都是分两路横管与立管连接，一路是地漏、洗脸盆、三套蹲式大便器和洗涤盆组成的排水横管，在排水横管上设有清扫口，清扫口之前的管径为 *d*50，之后的管径为 *d*100，另一路是两只小便器和地漏组成的排水横管，地漏之前的管径为 *d*50，之后的管径为 *d*100。两路管线坡度均为 0.02。底层是洗脸盆和地漏组成的排水横管，属埋地敷设，地漏之前的管径为 *d*50，之后的管径为 *d*100，坡度为 0.02。

排水立管及通气管管径 *d*100，立管在底层和三层分别距地面 11.000m 处设检查管，通气管伸出屋面 0.7m。排出管管径 *d*100，过墙处标高 -0.900m，坡度 0.02。

2.2　建筑内给水管道及设备的安装

2.2.1　建筑内给水管道的安装

建筑内给水管道分为生活给水管道、生产给水管道和消防给水管道，在实际安装工程中，常将上述单一的供水系统组合，形成生活 - 生产、生产 - 消防、生活 - 消防或生活 - 生产 - 消防合并的给水系统。

生活饮用水管道，应使用镀锌钢管，管径大于 80mm 可使用给水铸铁管。消防和生活合用的给水管道，应按生活饮用水管道选用管材。镀锌钢管采用螺纹连接，不得对镀锌钢管进行热调直和采用焊接方法连接。塑料管和 PP—R 管采用定型管配件螺纹连接。铸铁管采用承插或法兰连接，安装前应除掉承口内侧和插口外侧端头上的沥青，并使插口方向顺着水流的方向。管道安装应结合具体条件，合理安排顺序。一般为先地下、后地上；先大管后小管，先主管后支管。

室内给水管道安装工艺流程如下：安装前准备工作→预制加工→引入管安装→干管安装→立管安装→支管安装→管道试压→管道冲洗→管道防腐和保温。

1. 建筑内给水管道敷设要求

管道安装时，一般从总进口开始操作，总进口端头加好临时丝堵以备试压。把预制完的管段运到安装部位按编号依次排开，安装前清扫管膛，螺纹连接管道抹上铅油缠好，用管钳按编号次序依次上紧，螺纹外露 2～3 扣，安装完后，找直找正，复核分支留口的位置、方向及变径无误后，清除麻头。安装中所有敞开管口均应临时堵死，以防污物进入。安装立管时，应注意先自顶层通过管洞向下吊线，以检查管洞的尺寸和位置是否正确，并据此弹出立管位置线，立管自下向上安装时，每层立管先按立管位置线装好立管卡，安装至每一层时加以固定。

立管的垂直度偏差不超过 2/1000，超过 5m 的层高总偏差不超过 10mm，可用线坠吊测检查。直线管段敷设时每隔 20～30m 加一个活接头，以便于拆卸和维修。管沟内的管道应尽量单层敷设，以便于安装和检修。

若为双层或多层敷设时，一般将管径较小、阀门安装较多的管子安放在上层，管壁距沟壁和沟底的净距离为：当管径不大于 32mm 时，净距不小于 100mm；管径大于 32mm 时，净距不小于 150mm。管道穿过基础、墙壁和楼板时，应配合土建预留孔洞，并设置金属或塑料套管。若预留孔洞的尺寸设计无要求，应按表

2-4 中的规定执行。

表 2-4　室内给水管道预留孔洞的尺寸（单位：mm）

管道名称	管径	明管	暗管
		留孔尺寸(长×宽)	墙槽尺寸(宽×深)
一根给水立管	≤25 32 ~ 50 70 ~ 100	100×100 150×150 200×200	130×130 150×130 200×200
一根排水立管	≤50 70 ~ 100	150×150 200×200	200×130 250×200
两根给水立管	≤32	150×100	200×130
一根给水立管和一根排水立管在一起	≤50 70 ~ 100	200×150 250×200	200×130 250×200
两根给水立管和一根排水立管在一起	≤50 70 ~ 100	200×150 250×200	200×130 250×200
给水支管	≤25 32 ~ 40	100×100 150×130	60×60 150×100

2. 室内生活给水管道的安装

（1）施工前的准备工作　同其他工程一样，在施工前，需要认真做好准备工作，如熟悉和会审施工图样及制订各种计划等。

（2）引入管安装　引入管自室外管网将水引入室内，也称入户管。引入管应尽量与建筑物外墙轴线相垂直，这样穿过基础或外墙的管段最短。为防止建筑物下沉而破坏引入管，穿越建筑物基础时，应预留孔洞或预埋钢套管。预留孔洞的尺寸或钢套管的直径比引入管直径大 100 ~ 200mm。引入管敷设在预留孔内，要保持管顶距孔壁的距离不小于 100mm；预留孔与管道间空隙用黏土填实，两端用 1:2 水泥砂浆封口，以防室外雨水渗入，如图 2-10 所示。

当引入管由基础下部进入室内或者穿过建筑物地下室进入室内时，其敷设方法如图 2-11 和图 2-12 所示。

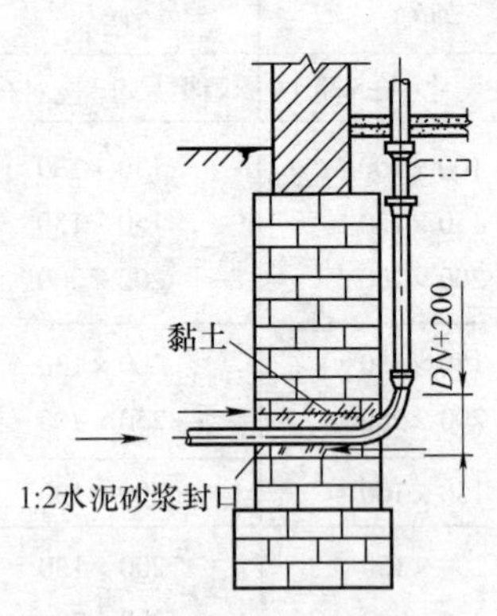

图 2-10　引入管穿墙基础图

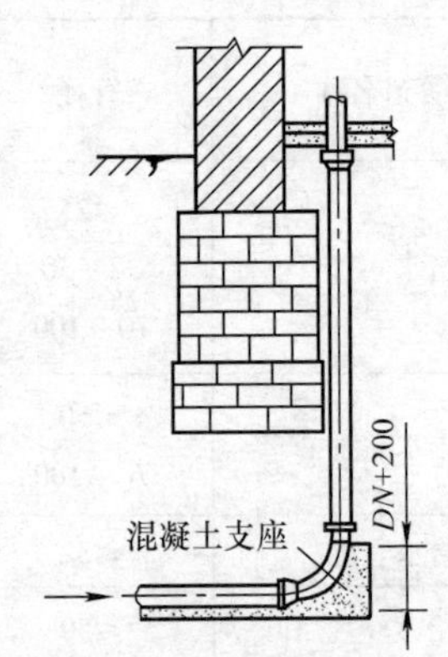

图 2-11　引入管由基础下部进室内大样图

引入管埋深应满足设计要求，当设计无要求时，通常敷设在冰冻线以下 200mm，覆土厚度不小于 0. 7m，敷设坡度 0. 003，坡向室外管网，以便于维修时将室内系统中的水放空。与排水管平行敷设时，两管间的最小水平净距应为 0. 5m，交叉敷设时，给水管在上，垂直净距为 0. 15m，如给水管必须在排水管下面时应加套管，其长度不应小于排水管径的 3 倍。煤气管道引入管与给水管道及供暖管道的水平距离不应小于 1m。

（3）水表安装　必须单独计算水量的建筑物应在引入管上或每户总支管上装设水表。建筑物的总水表一般安装在室外引入管上，寒冷地区往往安装在水表井内，温暖地区可安装在地面上，也有将水表安装在地下室等部位。目前室内给水系统的计量广泛采用流速式水表。

流速式水表只能水平安装，按翼轮构造分为旋翼式和螺翼式两种。旋翼式阻力较大，适用于测量小流量；螺翼式阻力较小，适用于较大流量的计量。安装螺翼式水表时，表前与阀门间的直

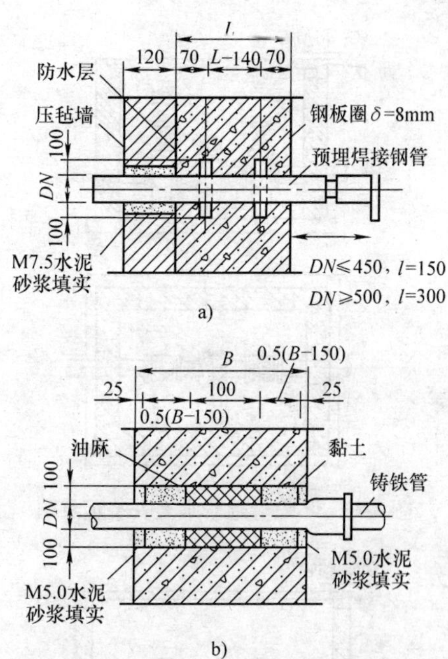

图 2-12　引入管穿地下室墙壁做法

a）在潮湿土壤区　b）在干土壤区

管段长度应不小于 8 ~ 10 倍的水表接管口径；安装其他水表时，表前、后的直管段长度不应小于 300mm。这是因为水表附近的管道有转弯时，水便会产生涡流，影响水表计量的准确性。

水表安装形式有不设旁通管和设旁通管两种。对于用水量不大，供水又可以间断的建筑物，一般可以不装设旁通管，如图 2-13 所示；对于设有消火栓的建筑物和因断水而影响生产的工业建筑物，如只有一根引入管，应设旁通管，如图 2-14 所示。水表与管道的连接方式，有螺纹连接和法兰连接两种，采用哪种方式取决于水表本身已有接口形式。

安装水表时，要注意表的方向，以免装倒而损坏表件。环状供水管网中，当建筑物由两路供水时，各路水表出水口处应装设止回阀，以防止水表受反向压力而倒转，损坏计量机件。井中安

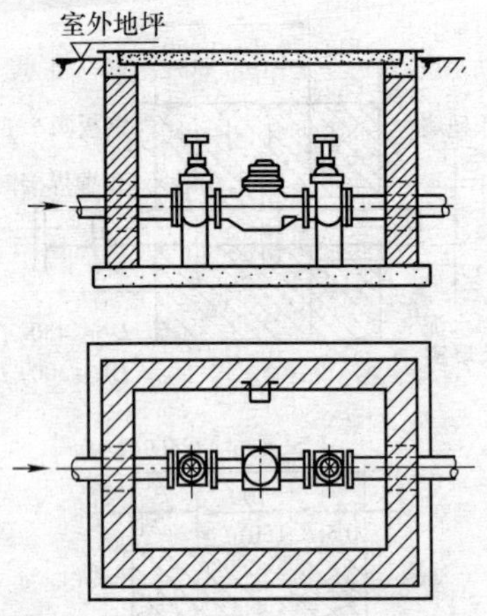

图 2-13　不设旁通管水表安装示意图

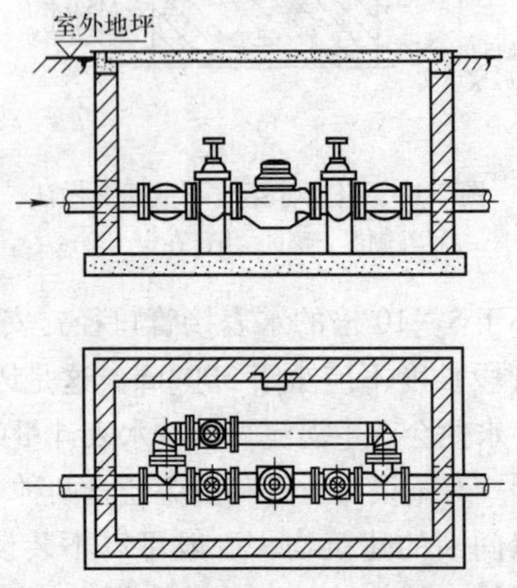

图 2-14　设旁通管水表安装示意图

装的水表，不得将水表直接放在水表井底的垫层上，应用红砖或混凝土预制块把水表垫起来。明装在室内分户的水表，表外壳距墙表面不应大于30mm。

（4）干管安装　明装干管一般设在建筑物的顶层顶棚下或建筑物的地下室顶板下。沿墙敷设时，管外壁与墙面净距一般为

30～50mm，用角钢或管卡将其固定在墙上，不得松动。

暗装干管一般设在建筑物的顶棚、地沟或设备层里，或者直接埋设在地面下。当敷设在顶棚里时，应考虑冬季的防冻措施；当敷设在管沟里时，沟底和沟壁与管壁间的距离不小于150mm，以便于施工和维修；直接埋设在地面下的管道应进行防腐处理。

为了便于维修时放空，给水横干管应有0.002～0.005的坡度，坡向泄水装置。

（5）立管安装　立管一般沿房间的墙角或墙、梁、柱敷设。立管与墙的净距随管径大小而异，当管径小于或等于32mm时，净距为20～25mm；管径大于32mm时，净距为30～50mm。安装立管时，首先应确定立管中心线的位置并打孔，在地面上进行立管的预制和组装，然后按立管上的编号从一层干管甩头处往上逐层进行安装。

立管一般应在距地面150mm处装设阀门，并应安装可拆卸的连接件。安装带有支管的立管时，应注意预留口的位置，要保证支管的方向坡度的准确性。立管穿楼板应加钢套管，普通房间套管高出地面20mm，厨卫等房间应高出地面50mm，立管接口不应处在套管内，以免维修困难。建筑物层高小于或等于5m时，每层内设一个立管管卡，层高大于5m时，每层内立管管卡不得少于2个，并匀称安装，管卡安装高度距地面为1.5～1.8m。立管不宜穿过污水池、小便槽等。暗装管道在施工时，应配合土建施工预留尺寸合适的管槽，管道安装试压要在墙壁抹灰前完成，阀门及管道活接件不得埋入墙内。

（6）支管安装　安装支管前，立管、卫生器具及用水设备已基本安装完毕。安装时，从立管上预留的管口开始确定支管的安装位置并划线、打孔，将预制、组装好的管材找平找正后，用钩钉或管卡进行固定。

支管安装完毕后，检查并清除所有管头内残留的污物，然后用管堵或管帽进行封闭，以防污物进入并为充水试压做好准备。

横支管应有 0.002～0.005 的坡度，坡向立管或配水点。明装支管一般沿墙敷设，管外壁距墙面应有 20～25mm 的距离，支管与墙壁之间用钩钉或管卡固定，固定点设在配水点附近。

冷、热水管并行安装时，遵循“上热下冷”“左热右冷”的原则，即冷、热水管平行安装时热水支管在上，垂直安装时热水管在左，卫生器具上安装冷、热水龙头时，热水龙头也应安装在左侧。暗装的支管敷设在墙槽内，应按卫生器具的位置预留好管口，并应加临时管堵；工业车间机器设备用水的支管，可以敷设在地面下，以免妨碍生产。

3. 室内消防给水管道的安装

根据国家有关消防规定，应在建筑物中安装独立的或联合的消防给水系统，以保障安全。室内消防给水管道的安装有消火栓系统、自动喷洒消防系统和水幕消防系统三种形式。

（1）消火栓系统安装　室内消火栓系统如图 2-15 所示。

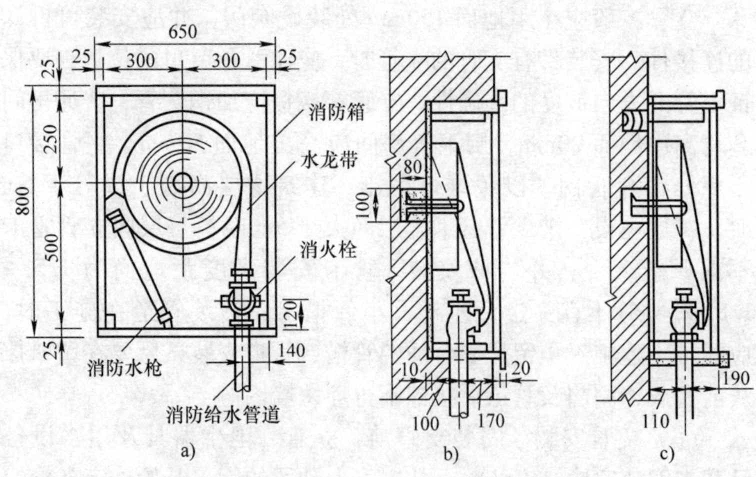

图 2-15　室内消火栓系统
a）立面　b）暗装侧面　c）明装侧面

1）消防龙头也称消火栓、八字门。口径分为 50mm 和 60mm 两种。用螺纹连接在管道上，以供消防使用。

2）水龙带。由棉麻质纤维制成，其口径与消火栓配套。长度可根据建筑物大小而定，一般有10m、15m和20m三种。

3）水枪。目前有铝合金制和硬质聚氯乙烯制两种，喷水口径有13mm、16mm和19mm三种。水枪与水龙带及水龙带与消火栓之间均采用内扣式快速接头连接。

对于生活消防共用系统，消火栓系统的安装是从室内给水干管上直接接出消防立管（对于单独设置的消防给水系统，消防立管直接接在消防给水系统上），再从立管上引出短支管接往消火栓。消火栓栓口应朝外或朝下，中心距地面为1.1m，允许偏差±20mm。阀门中心距箱侧面为140mm，距箱后内表面为100mm，允许偏差±5mm。消火栓水龙带和水枪与快速接头绑扎好后，应根据箱内构造将水龙带挂在箱内的挂钉上或盘在水龙带盘上，以便有火警时，能迅速展开使用。

室内消火栓一般应采用单阀单栓，除18层以下、每层不超过8户、总面积小于650m的塔式住宅外，尽量不使用双出口型消火栓，禁止使用单阀双口消火栓。当消火栓处的静水压力大于或等于0.8MPa时，或出水压力大于或等于0.5MPa时，应在消火栓支管上设置不锈钢减压孔板，或采用减压稳压消火栓。

（2）自动喷洒消防系统和水幕消防系统安装　自动喷洒消防系统，采用的是能自动喷水灭火并发出火警信号的防火器具，多设在人员多、不易疏散、火灾危险性较大、起火蔓延很快、火灾不易被发现的场所，如棉纺厂的原材料和成品仓库、木材加工车间、大面积商店、高层建筑及大剧院的舞台等。在设有集中空调的建筑中，也被要求设置自动喷水灭火系统。自动喷洒消防系统如图2-16所示，一般由洒水喷头、洒水管网、控制信号阀和水源所组成。

水幕消防装置是将水喷洒成帘幕状，用于隔绝火源或冷却防火隔绝物，防止火势蔓延，以保护着火邻近地区的安全。这种消防装置主要用于耐火性能较差而防火要求较高的门、窗、孔洞等处，防止火势窜入相邻的房间，也可在无法设置防火墙的地方用

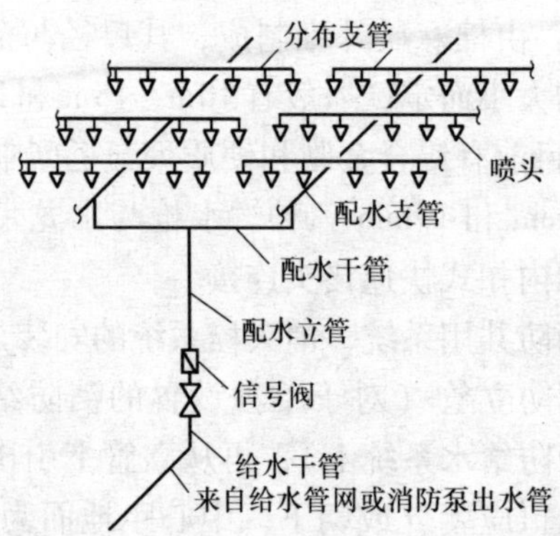

图 2-16 自动喷洒消防系统

于防火隔断。例如，在同一厂房内由于生产类别不同或工艺过程要求不允许设置防火墙时，常采用水幕设备作为阻火设施；在剧院舞台口上方设置水幕，阻止舞台火势向观众厅蔓延。水幕消防系统如图 2-17 所示，一般由喷头、管网、控制设备和水源四部分组成。

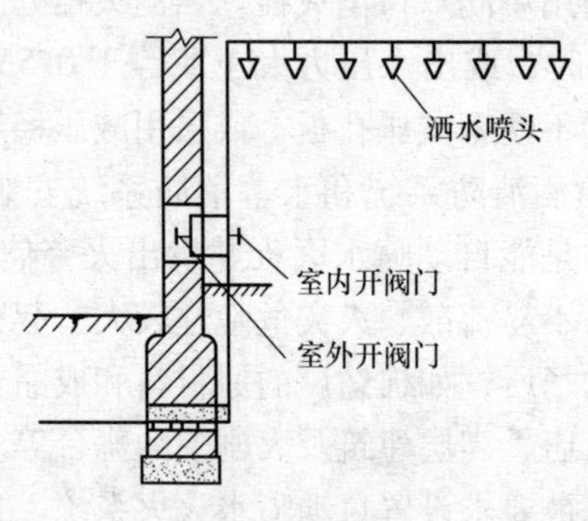

图 2-17 水幕消防系统

自动喷洒消防系统和水幕消防系统管道的连接设计无要求时，充水系统可采用螺纹连接或焊接；充气或气水交替系统应采用焊接。横管应设坡度，充水系统的坡度不小于 0.002，充气系统和分支管的坡度应不小于 0.004。安装自动喷洒消防装置，应不妨碍喷头的喷水效果。如设计无要求时，应符合下列规定：吊架与喷头的距离应不小于300mm，距末端喷头的距离应不大于750mm；吊架应设在相邻喷头间的管段上，当相邻喷头间距小于或等于3.6m时，可设一个吊架，当相邻喷头间距小于1.8m时，允许隔段设置吊架。在自动喷洒消防系统的控制信号阀前应设阀门，在其后面不应安装其他用水设备。

自动喷洒消防系统的喷头溅水盘与吊顶顶棚、楼板、屋面板的距离不宜小于70mm，并不宜大于150mm（图2-18）。当楼板、屋面板为耐火极限等于或大于0.5h的非燃烧体时，其距离不宜大于300mm（吊顶型喷头可不受上述距离的限制）。当喷头溅水盘高于附近梁底或通风管道等顶板底部凸出腹面时，喷头安装位置应符合表2-5的规定。当喷头安装于不到顶的隔墙附近时，喷头距隔墙的安装距离应符合表2-6的规定。喷头与大功率灯泡或出风口的距离不得小于0.8m。

表2-5　喷头与梁、通风管道等顶板底部凸出物的距离

（单位：mm）

喷头与梁、通风管道等顶板底部凸出物的水平距离	喷头溅水盘高于梁底、通风管道等顶板底部凸出物腹面的最大距离	喷头与梁、通风管道等顶板底部凸出物的水平距离	喷头溅水盘高于梁底、通风管道等顶板底部凸出物腹面的最大距离
305～610	25	1220～1370	178
610～760	51	1370～1530	229
760～915	76	1530～1680	280
915～1070	102	1680～1830	356
1070～1220	152		

表2-6　喷头的水平距离和垂直距离　（单位：mm）

水平距离	150	225	300	375	450	600	750	≥900
最小垂直距离	75	100	150	200	256	318	388	450

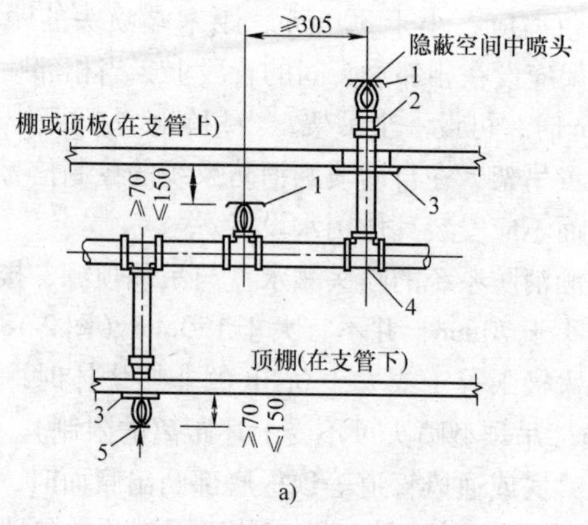

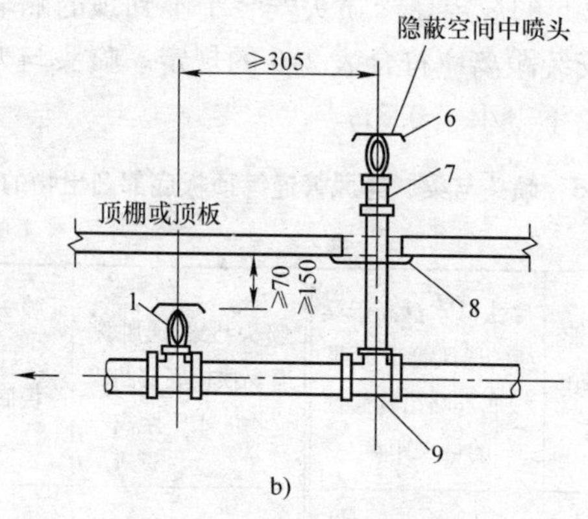

图 2-18　顶棚上、下喷头安装

a）顶棚上、下喷头支管布置　b）顶棚上、下喷头的布置

1—直立型喷头　2、7—异径管接头　3、8—装饰板

4、9—三通　5—下垂型喷头　6—闭式喷头

2.2.2　建筑内给水设备的安装

室内给水设备主要是指为满足建筑正常供水而采用的加压水泵、储水设备等。

1. 水泵的安装

在给水排水工程中最常用的是离心泵，所以这里重点介绍这类泵。安装水泵的一般步骤依次是：安装前的准备工作、基础施工及验收、机座安装、水泵泵体安装、水泵电动机安装、水泵试运行。

（1）安装前的准备工作　水泵安装前应对水泵进行以下检查：按水泵铭牌检查水泵性能参数，即水泵规格型号及电动机型号、功率、转速等；设备不应该有损坏和锈蚀等情况，管口保护物和堵盖应完整；用手盘车应灵活，无阻滞、卡住现象，无异常声音。

（2）水泵基础施工及验收　小型水泵多为整体组装式，即在出厂时已把水泵、电动机与铸铁机座组合在一起，安装时只需将机座安装在混凝土基础上即可。也有水泵泵体与电动机分别装箱出厂的，安装时要分别把泵体和电动机装在混凝土基础上。

水泵基础应按设计图样确定中心线、位置和标高，有机座的基础，其基础各向尺寸要大于机座 100～150mm；无机座的基础，外缘应距水泵或电动机地脚螺栓孔中心 150mm 以上。基础顶面标高应满足水泵进、出口中心高度要求，并不低于室内地坪 100mm。

基础一般用混凝土、钢筋混凝土浇筑而成，强度等级不低于 C15。固定机座或泵体、电动机的地脚螺栓，可随浇筑混凝土同时埋入，此时要保证螺栓中心距十分准确，一般要依尺寸要求用木板把螺栓上部固定在基础模板上，螺栓下部用 $\phi6$ 圆钢相互焊接固定。另一种做法是，在地脚螺栓的位置先预留埋置螺栓的深孔，待安装机座时再穿上地脚螺栓进行浇筑，此法称为二次浇筑法。由于土建施工先做基础，再安装水泵及管道，为了安装时更为准确，所以常采用二次浇筑。

地脚螺栓直径 d 是根据水泵底座上的螺栓孔直径确定的，一般直径 d 比孔径小 2～10mm，地脚螺栓直径及埋深见表 2-7。

地脚螺栓埋入基础的尾部做成弯钩或燕尾式，埋入深度可参照直径确定。地脚螺栓的垂直度偏差不大于 10/1000；地脚螺栓距孔壁的距离不应小于 15mm，其底端不应碰预留孔底；安装前应将地脚螺栓上的油脂和污垢消除干净；螺栓与垫圈、垫圈与水

表 2-7　地脚螺栓直径及埋深　　（单位：mm）

螺孔直径	12~13	14~17	18~22	23~27	28~33	34~40	41~47	48~55
螺栓直径	10	12~14	16	20	24	30	36	42
埋深尺寸	200~400				500		600	700

注：水泵基础深度一般比地脚螺栓埋深多200mm。

泵底座接触面应平整，不得有毛刺、杂屑；地脚螺栓的紧固，应在混凝土达到设计要求或相应的验收规范要求后进行，拧紧螺母后，螺栓必须露出螺母1.5~5个螺距。地脚螺栓拧紧后，用水泥砂浆将底座与基础之间的缝隙填充密实，再用混凝土将底座下的空间填满填实，以保证底座的稳定。

水泵基础验收主要内容有：基础混凝土强度等级是否符合设计要求，外表面是否平整光滑，浇筑和抹面是否密实，可用手锤轻打，声音实脆且无脱落为合格。尺寸检查有平面位置、标高、外形尺寸及地脚螺栓留孔数量、位置、大小、深度。在基础混凝土强度达到70%以上，方可进行水泵安装。在气温10~15℃时，一般要在7~12天以后才可进行二次浇筑并进行安装。

（3）水泵泵体安装　当基础的尺寸、位置、标高符合设计要求后，办理水泵基础交接验收手续。将底座置于基础上，套上地脚螺栓，调整底座的纵、横中心位置与设计位置相一致。测定底座水平度：用水平仪（或水平尺）在底座的加工面上进行水平度的测量。其允许误差纵、横向均不大于0.1/1000，底座安装时应用平垫铁片使其调成水平，并将地脚螺栓拧紧。

水泵整机在基础上就位，机座中心线应与基础中心线重合，因此安装时首先在基础上定出中心线位置。机座用调整垫铁的方法进行找平，垫铁厚度依需要而定，垫铁组在能放稳和不影响灌浆的情况下，应尽量靠近地脚螺栓。每个垫铁组应尽量减少垫铁块数，一般不超过3块，并少用薄垫铁。放置平垫铁时，最厚的放在下面，最薄的放在中间并将各垫铁相互焊接（铸铁垫铁可不焊），以免滑动影响机座稳固。机座的水平偏差沿水泵轴方向不超过0.1/1000，沿与水泵轴垂直方向不超过0.3/1000。

水泵泵体、电动机如已装为一体，机座就位后找正、找平即完成安装。如分体安装时，还要进行水泵泵体和电动机的安装和连接。此时应按图样要求在机座上定出水泵纵、横中心线，纵中心线就是水泵轴中心线，横中心线是以出水管的中心线为准。水泵找平：把水平尺放在水泵轴上测量轴向水平；或用吊垂线的方法，测量水泵进、出口的法兰垂直平面与垂线是否平行，若不平行，可以用泵体基座与泵体螺栓相接处加减薄钢片调整。水泵找正：在水泵外缘以纵、横中心线位置立桩，并在空中拉相互交角90°的中心线，在两根线上各挂垂线，使水泵的轴线和横向中心线的垂线相重合，使其进、出口中心线与纵向中心线相重合。

电动机的安装主要是把电动机轴的中心线调整到与水泵轴的中心线在一条直线上，一般用钢板尺立在联轴器上进行接触检查，转动联轴器，两个半联轴器与钢板尺处处紧密接触为合格。这是水泵安装中最关键的工序。另外，还要检查半联轴器之间的间隙能否满足在两轴做少量自由窜动时，不会发生顶撞和干扰。规定其间隙为：小型水泵2～4mm，中型水泵4～5mm，大型水泵4～8mm。水泵安装允许偏差应符合表2-8的规定；水泵安装基准线的允许偏差和检验方法见表2-9。

（4）水泵的配管　离心式水泵的管道附件装置如图2-19所示。

泵的连接管有吸入管和压出管两部分。管道与泵的连接为法兰连接，要求法兰连接同心并平行。为了减少水泵配管对水泵本身产生的应力和泵运转时通过管道传递振动和噪声，可在水泵进、出水管上安装可曲挠性接头。连接管道应有牢固的独立支撑。吸水管道的特点是在水泵运行中处于负压段，如果吸水管道一旦进入空气，就会破坏水泵的正常运行，因此对安装管道有以下要求。

1）吸水管道必须严密，不漏气，在安装完成后应和压水管一样，要求进行水压试验。

表 2-8 水泵安装允许偏差

<table>
<tr><th rowspan="2">项次</th><th colspan="3" rowspan="2">项目</th><th rowspan="2">允许偏差/mm</th><th colspan="2">检测频率</th><th rowspan="2">检验方法</th></tr>
<tr><th>范围</th><th>点数</th></tr>
<tr><td>1</td><td colspan="3">底座水平度</td><td>±2</td><td>每台</td><td>4</td><td>用水准仪测量</td></tr>
<tr><td>2</td><td colspan="3">地脚螺栓位置</td><td>±2</td><td>每只</td><td>1</td><td>用尺量</td></tr>
<tr><td>3</td><td colspan="3">泵体水平度、垂直度</td><td>每米 0.1</td><td rowspan="5">每台</td><td>2</td><td>用水准仪测量</td></tr>
<tr><td rowspan="2">4</td><td rowspan="2">联轴器同轴度</td><td colspan="2">轴向倾斜</td><td>每米 0.8</td><td>2</td><td rowspan="2">在联轴器互相垂直四个位置上用水平仪、百分表、测微螺旋和塞尺检查</td></tr>
<tr><td colspan="2">径向位移</td><td>每米 0.1</td><td>2</td></tr>
<tr><td rowspan="2">5</td><td rowspan="2">带传动</td><td rowspan="2">轮宽中心平面位移</td><td>平带</td><td>1.5</td><td>2</td><td rowspan="2">在主、从动带轮端拉线用尺检查</td></tr>
<tr><td>V 带</td><td>1.0</td><td>2</td></tr>
</table>

表 2-9 水泵安装基准线的允许偏差及检验方法

<table>
<tr><th>项次</th><th colspan="3">项目</th><th>允许偏差/mm</th><th>检验方法</th></tr>
<tr><td>1</td><td rowspan="3">安装基准线</td><td colspan="2">与建筑轴线距离</td><td>±20</td><td>用钢卷尺检查</td></tr>
<tr><td>2</td><td rowspan="2">与设备</td><td>平面位置</td><td>±10</td><td rowspan="2">用水准仪和钢板尺检查</td></tr>
<tr><td>3</td><td>标高</td><td>+20
−10</td></tr>
</table>

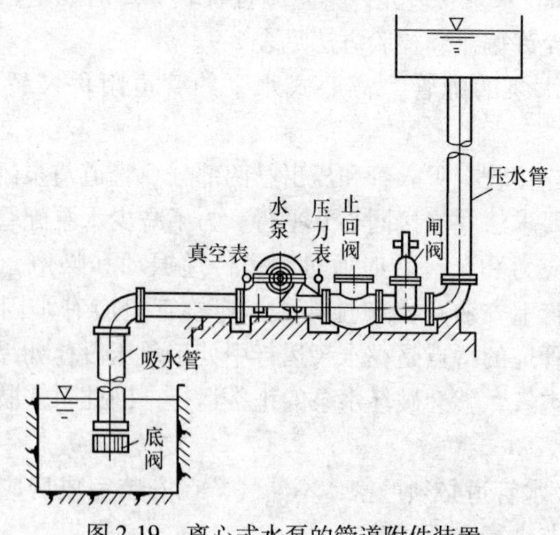

图 2-19 离心式水泵的管道附件装置

2）建筑给水系统加压水泵一般采用离心式清水泵。水泵宜设计成自动控制运行方式，间接抽水时应尽可能采用自灌式。当泵中心线高出吸水井或储水池水位时，需设引水装置，以保证水泵的正常启动。常用的引水装置有底阀、水环式真空泵、水射器和水上式底阀等。

3）每台水泵宜设单独的吸水管，尤其是吸上式水泵。若共用吸水管，运行时可能影响其他水泵的启动，吸水管不少于3根，并在连通管上装分段阀门，吸水管合用部分应处于自灌状态。如水泵为自灌式或水泵直接从室外管网抽水时，吸水管末端必须安装吸水底阀。

4）当水泵直接从室外给水管网抽水时，应在吸水管上装设阀门、止回阀和压力表，并应绕水泵设置装有阀门的旁通管，图2-20所示为从室外管网抽水管道连接方式。室外给水管网允许直接抽水时，应保证室外给水管网压力不低于100kPa（从室外地面算起）。

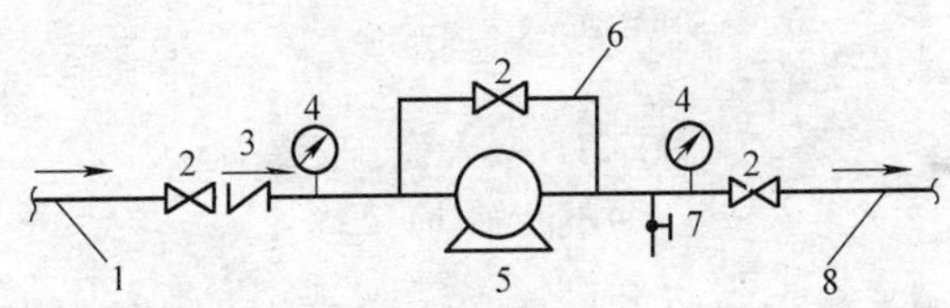

图2-20　从室外管网抽水管道连接方式

1—来自室外管网　2—阀门　3—止回阀　4—压力表　5—水泵
6—旁通管　7—泄水阀　8—接至室内管网

5）吸上式水泵吸水管应有向水泵方向上扬且大于或等于0.005的坡度，吸入管道的任何部分都不应高于泵的入口，以免空气及水蒸气（水在负压区可能汽化）存在管内。吸水管道安装时不能出现空气囊，如吸水管水平管段变径时，偏心异径管的安装要求管顶平接，水平管段不能出现中间高的现象等，并应防止由于施工误差和泵房与管道产生不均匀沉降而引起的吸水道路的倒坡，如图2-21所示。

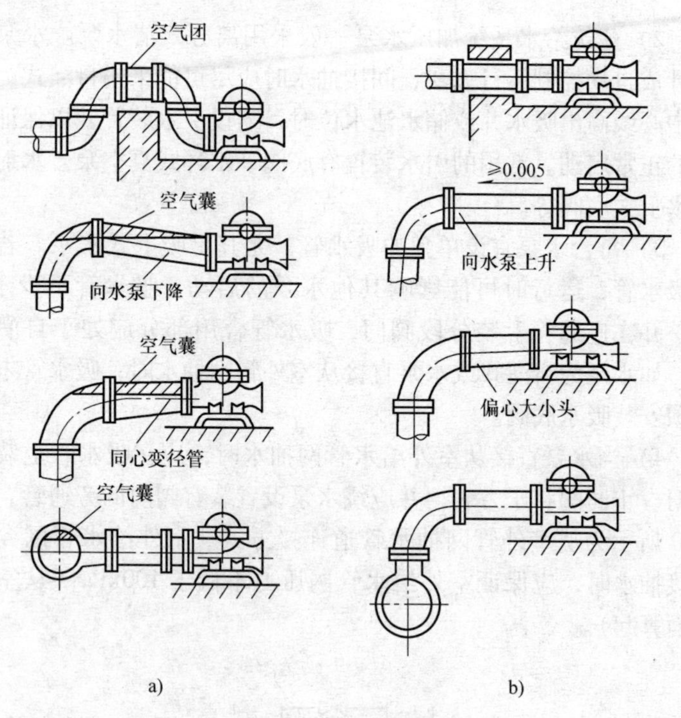

图 2-21 吸入管道安装

a）不正确 b）正确

6）为避免吸空或吸入杂物，吸水管在水池中的位置有一定要求：吸水管入口应做成喇叭口，喇叭口直径 D 等于 1.3 ~ 1.5 倍吸入管直径 d，喇叭口悬空高度不小于 0.8D，且不宜小于 0.5m，其最小淹没深度一般为 0.5 ~ 1.0m，喇叭口与水池壁的净距为（0.75 ~ 1.0）D，喇叭口之间净距不小于 1.5D，吸水管在水池中的位置要求如图 2-22 所示，避免相互干扰。消防用水与生活或生产用水合用一个储水池又无溢流墙时，其生活或生产水泵吸水管在消防水位面上应设小孔，以确保消防储备水量不被动用，如图 2-23 所示。

每台水泵出水管上应装设闸阀、止回阀和压力表。消防水泵的出水管应不少于两条，与环状管网相连，并应装设试验和检查

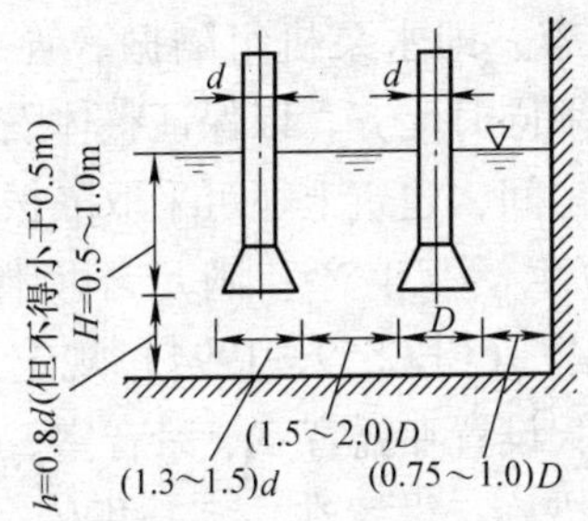

图 2-22　吸水管在水池中的位置要求

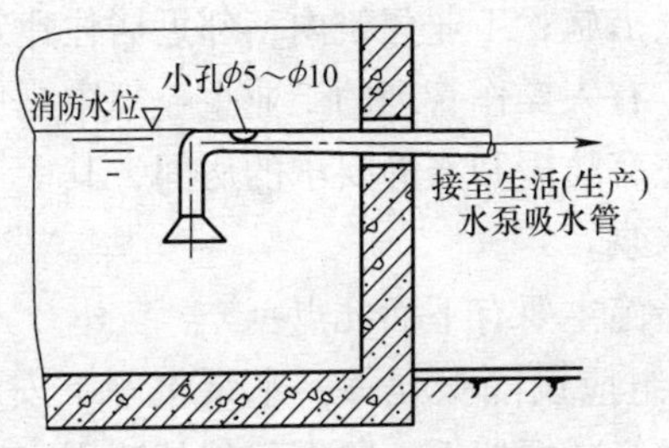

图 2-23　消防储备水不被动用措施

用的放水阀门。

压水管一般比吸水管小一号管径。铸铁变径管与泵出口连接，并作为泵体配件一同供货。在大流量供水系统中通常用微阻缓闭止回阀代替普通止回阀。在正常运行时，微阻缓闭止回阀是常开的，因此阻力小，当停泵，水停止流动时，阀板先速闭并剩余 20% 左右开启面积。以缓解回流水击作用力，随后阀板徐徐缓闭，缓闭时间可在 0 ~ 60s 范围内调节。与普通旋启式止回阀相比，减少阻力 20% ~ 50%，节电率大于 20%，并起到防止水击的安全作用。

（5）水泵基础的减振　在建筑给水系统中，水泵是产生噪声的主要来源，而水泵的噪声主要来自振动。水泵的振动通过固体传振和空气传振两条途径向外传送。固体传振防治重点在于隔振，空气传振防治重点在于吸声。一般采用隔振为主，吸声为辅。固体传振通过泵基础及泵进、出水管道和管支架，因此水泵隔振应包括三项内容，即水泵机组隔振、管道隔振、管支架隔振。这三项隔振必须同时配齐，以保证整体隔振效果。在有必要时，对设置水泵的房间，建筑上还可采取隔振吸声措施。

为了确保正常生活、生产和满足环境保护的要求，根据《水泵隔振技术规程》（CECS59—1994）规定，下列场合设置水泵应采取隔振措施：设置在播音室、录音室、音乐厅等建筑内的水泵必须采取隔振措施；设置在住宅、集体宿舍、旅馆、宾馆、商住楼、教学楼、科研楼、化验楼、综合楼、办公楼等建筑内的水泵应采取隔振措施；工业建筑内，邻近居住建筑和公共建筑的独立水泵房内，有人操作管理的工业企业集中泵房内的水泵宜采取隔振措施；在有防振和安静要求的房间，其上下和毗邻的房间内，不得设置水泵。

水泵隔振措施主要有下面几点：

1）水泵机组应设隔振元件：水泵机座下安装橡胶隔振垫、橡胶隔振器、弹簧减振器等。隔振元件的选用应根据水泵型号规格、水泵转速和安装位置等因素由设计人员选定。卧式水泵宜采用橡胶隔振垫，安装在楼层时宜采用多层串联叠合的橡胶隔振垫、橡胶隔振器或阻尼弹簧隔振器。立式水泵宜采用橡胶隔振器。采用橡胶隔振垫的卧式水泵隔振基座安装如图 2-24 所示。

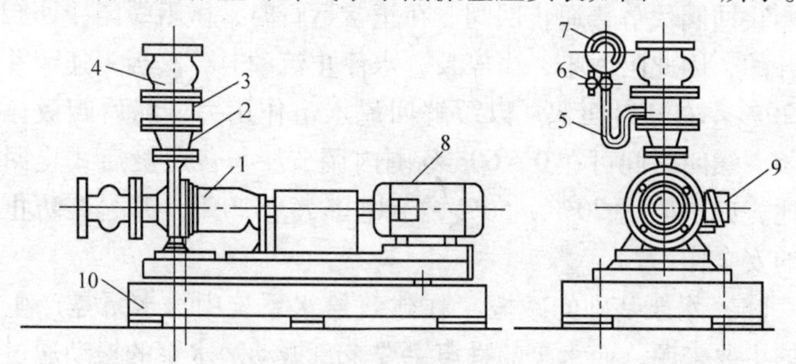

图 2-24　卧式水泵隔振基座安装

1—水泵　2—锥管　3—短管　4—可曲挠接头　5—表弯管　6—表旋塞　7—压力表　8—电动机　9—钢筋混凝土基座　10—隔振垫

2）在水泵进、出水管上应安装可曲挠橡胶接头。可曲挠橡胶接头安装如图2-25所示。

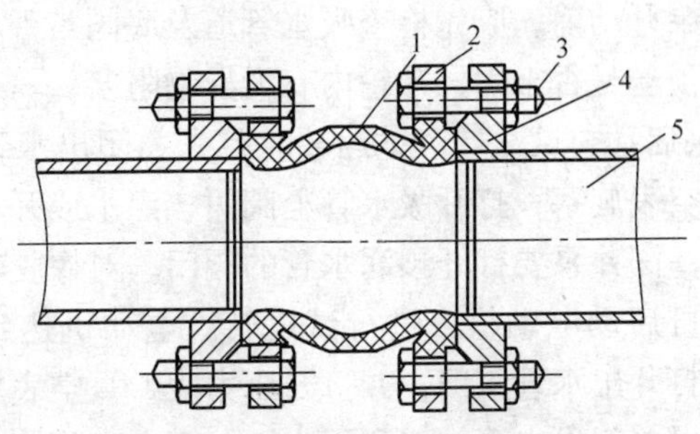

图2-25 可曲挠橡胶接头安装

1—可曲挠橡胶接头 2—特制法兰 3—螺栓 4—普通法兰 5—管道

3）管道支架应采用弹性吊架、弹性托架。

4）管道穿墙或楼板处，应有防振措施，其孔口外径与管道间应填以玻璃纤维。

（6）水泵试运转 设备安装完毕，经检验合格，应进行试运转以检查安装质量。水泵设备长期停用，在运行前也应进行试运行。试运转前应做好准备工作，新装水泵由施工单位制订试运转方案，包括试运转的人员组织、应达到的要求、操作规程或注意事项、记录表格、安全措施等，并对设备、仪表进行检查，电气部分除必须与机械部分同时运行外，应先行试运转。

1）水泵试运转前的检查

①电动机转向应与水泵转向一致。

②各固定连接部位应无松动。

③润滑油的规格、质量、数量应符合设备技术文件的规定，有润滑要求的部位应按规定进行预润。

④吸水池水位正常。

⑤盘车应灵活、正常，无异声。

⑥各指示仪表、安全保护装置及电控装置均应灵敏、准确、可靠。

⑦压力表、真空表、止回阀、蝶阀（闸阀）等附件安装正确并完好。

⑧离心泵开动前，应先检查吸水管道及底阀是否严密，传动带轮的键和顶丝是否牢固，叶轮内有无异物阻塞。

2）水泵启动、试运转。试运转时首先关闭出水管上阀门和压力表、真空表旋塞，打开吸水管上阀门，灌水或开动真空泵使水泵充满水；深井泵要打开预润水管的阀门，对橡胶轴承进行润湿，此时即可启动电动机，进行试运转。电动机达到额定转速后，应逐渐打开出水管阀门，并打开压力表、真空表旋塞。试运转合格后慢慢关闭出水管阀门和压力表、真空表旋塞，停止电动机运行。试运转完毕。

3）试运转的要求。离心泵和深井泵应在额定负荷下运转8h；轴承温升应符合产品说明书的要求，最高温度不得超过75℃；填料处温升很小，压盖松紧适度，只允许每分钟有20～30滴水滴泄出；水泵不应有较大振动，声音正常；各部位不得有松动和泄漏现象；对于深井泵在启动20min应停止运转，进行轴向间隙终调节；电动机的电流不应超过额定值；水泵房中各种接头、部件均无泄漏现象；各种信号装置、计量仪表工作正常；从水泵房中输出的水应具有设计要求的水量、水压；水泵停止运转后，泵房内水管中的积水可以全部放空。

4）清理整理工作。试运转结束后要断开电源，排除泵和管道中存水，复查水泵轴向间隙和地脚螺栓、联轴器螺栓、法兰螺栓等紧固部分，最后清理现场，整理各项记录，施工和使用单位在记录上签证。

2. 给水箱的安装

在建筑给水系统中，水箱是开式储水装置。常用于需要增压、减压或调节储存水量的情况。常用水箱材料有金属、钢筋混凝土及其他材料，如塑料、玻璃钢等。金属大小水箱均可采用，重量较轻，施工方便，但易锈蚀，维护工作量较大，造价较高。钢筋混凝土适用于大型水箱，经久耐用、维护简单，但重量大，与管道连接处理不好，易漏水。其他新型材料，如塑料、玻璃钢等，具有耐腐蚀、重量轻、安装维护方便等优点，但造价较高。

水箱的形状有圆形、方形、矩形和球形，特殊情况下，也可根据具体条件设计成其他任意形状。圆形水箱结构合理，耗材少，造价低，但占地较大，有时布置不方便；方形和矩形水箱布置方便，占地较小，但结构较复杂，耗材多，造价高。球形水箱造型美观大方，承压均匀，但安装复杂，目前已成功生产1～1000m^3容量的球形玻璃钢水箱。

水箱一般应设进水管、出水管、溢流管、泄水管、通气管、液位计、检查口等附件，如图2-26所示。

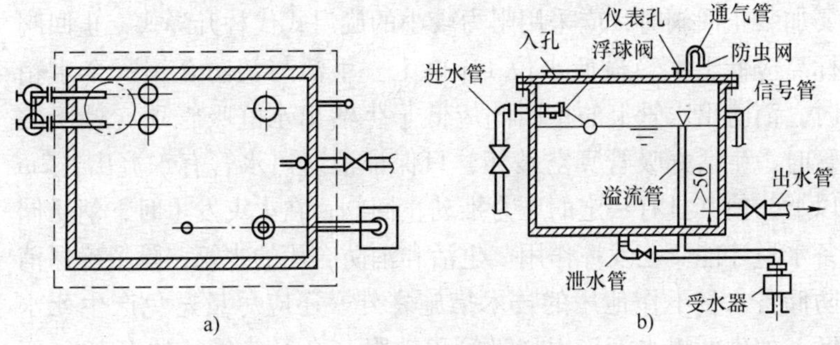

图2-26　水箱结构

（1）水箱就位　水箱应设置在便于维护、光线和通风良好且不冻结的地方。一般设置在顶层或闷顶内；在我国南方地区，大多设置在平屋顶上。水箱内有效水深，一般采用0.7～2.5m。金属水箱安装用槽钢或钢筋混凝土支墩支撑。为防止水箱底与支撑的接触面腐蚀，在它们之间垫以石棉橡胶板、橡胶板或塑料板等绝缘材料。水箱底距地面宜有不小于800mm的净空高度，以便进行检修和安装管道。为收集安装在室内钢板水箱壁上的凝结水及防止水箱漏水，一般在水箱支座上设置托盘，托盘用50mm厚的木板上包22号镀锌薄钢板制作而成，其周边应伸出水箱周界100mm，高出盘面50mm。水箱托盘上设泄水管，以排除盘内的积水。

（2）水箱附件安装

1）进水管安装。进水管一般从侧壁接入，也可从底部或顶部接入。当水箱利用管网压力进水时，进水管水流出口应设液压水位控制阀或者浮球阀，控制阀由顶部接入水箱。当管径大于或等于50mm时，其数量一般不少于两个，每个控制阀前应装有检修阀门；当水箱利用加压泵进水并利用水位升降自动控制加压泵运行时，不应装水位控制阀。

2）出水管安装。出水管可从侧壁或底部接出。出水管管口应高出水箱内底50mm以上。出水管上应设置内螺纹（小口径）或法兰（大口径）闸阀，不允许安装阻力较大的截止阀。当需要加装止回阀时，应采用阻力较小的旋启式代替升降式，止回阀标高应低于水箱最低水位1m以上。生活与消防合用一个水箱时，消防出水管上的止回阀应低于生活出水虹吸管顶（低于此管时，生活虹吸管真空破坏，只保证消防出水管有水流出）2m以上，使其具有一定的压力推动止回阀，在火灾发生时，消防储备水量才能真正发挥作用。生活和消防合用的水箱，除了确保消防储备水量不作他用的技术措施之外，还应尽量避免产生死水区，如生活出水管采用虹吸管顶钻眼（孔径为管径的1/10）等措施，如图2-27所示。

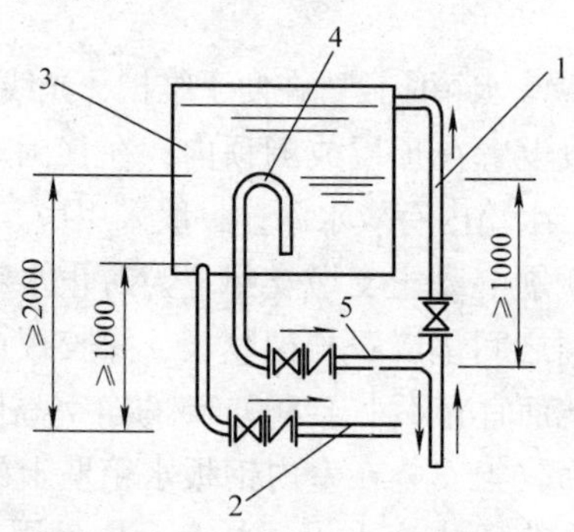

图2-27 生活和消防合用水箱

1—进水管 2—消防出水管 3—水箱 4—虹吸管顶钻眼 5—生活出水管

3）溢流管安装。溢流管用来控制水箱的最高水位，可从侧壁或底部接出，其管径宜比进水管大1～2号，但在水箱底1m以下的管段可用大小头缩成等于进水管管径。溢流管中的溢水必须经过隔断水箱后才能与排水管相连。溢流管上不得装设阀门。溢流管上应有防止尘土、昆虫等进入的措施，如设置水封、滤网等。

4）泄水管安装。泄水管又称排水管或污水管，应从底部最低处接出，以排除箱底沉泥及清洗水箱内的污水。泄水管上装设内螺纹或法兰闸阀（不应装截止阀）。泄水管可与溢流管相接，但不得与排水系统直接连接。无特殊要求时，泄水管管径一般不小于50mm。

5）检查口与通气管安装。生活饮用水的水箱应设有密封箱盖，箱盖上应设有加锁的检修人孔和通气管。通气管可伸至室内或室外，但不得伸到有有害气体的地方，管口应设防止灰尘、昆虫等进入的滤网，一般管口朝下设置。通气管上不得装设阀门、水封等妨碍通气的装置，也不得与排水通气系统和通风道连接。通气管管径一般不小于50mm。

6）水位信号装置安装。水位信号装置有水位计和信号管两种。一般应在水箱侧壁上安装玻璃液位计，用于就地指示水位；在一个液位计长度不够时可上下安装两个或多个；相邻两个液位计的重叠部分，不宜小于70mm。若在水箱未装液位计时，可设信号管给出溢水信号。信号管一般从水箱侧壁接出，安装在水箱溢流管管口标高以下10mm处，管径一般为15mm，接至经常有人值班房间内的洗脸盆、洗涤盆等处，以便及时发现水箱浮球阀设备失灵而检修。

7）内、外人梯安装。当水箱高度大于或等于1500mm时，应安装内、外人梯，以便于水箱的检修和日常维护。

（3）水箱满水试验　水箱组装完毕后，应进行满水试验。关闭出水管和泄水管，打开进水管，边放水边检查，放满为止，经24h，不渗水为合格。

（4）水箱布置　水箱间的净高不得低于2.2m，应满足水箱布置要求，结构应为非燃烧材料。应有良好的通风、采光和防蚊蝇措施，室内气温不得低于5℃。水箱间的位置应便于管道布置，尽量缩短管道长度，同时还应满足水箱布置要求。

对于一般居住和公共建筑内，可以只设一个水箱；对于大型公共建筑和高层建筑，为保证供水安全，宜将水箱分成两部分或设置两个水箱。水箱布置间距见表2-10。

表2-10　水箱布置间距　（单位：m）

水箱形式	水箱外壁与墙面之间的距离		水箱之间净距	水箱顶至建筑最低点的距离
	有阀一侧	无阀一侧		
圆形	0.8	0.5	0.7	0.6
矩形	1.0	0.7	0.7	0.6

注：1. 水箱旁连接管道时，表中所规定的距离应从管道外表面算起。

2. 当布置有困难时，允许水箱之间或水箱与墙壁之间的一面不留检查通道。

3. 表中有阀或无阀是指有无液压水位控制阀或浮球阀。

2.3　室内排水管道及卫生器具的安装

2.3.1　室内排水管道安装

室内排水系统管道的管材，一般均为排水铸铁管，采用承插连接。管道安装程序应与土建施工程序相协调，一般安装工艺流程如下：安装前准备工作→管道预制→排出管安装→横干管、通气管安装→横支管、通气管安装→器具、排水支管安装→灌水试验。

1. 施工前的准备

同其他工程一样，在施工前，需要认真做好准备工作，如熟悉和会审施工图样及制订各种计划等。另外，正式安装前，对于地下排水管道的敷设，必须满足基础达到或接近±0.00标高，房心土回填到管或稍高的高度，房心内沿管线位置无堆积物，且在管道穿过建筑物基础处，按设计要求预留好孔洞。对于各楼层内的排水管道，应与结构施工隔开一层以上，且管道结构部位的孔洞等均已预留完毕，室内模板或杂物已清除排净，室内房间尺寸线及水平线已准确标出。

2. 排出管安装

排出管是指室内排水立管或横管与室外第一个排水检查井之间的连接管道。排出管安装是整个排水系统安装工程的起点，必须保证施工质量。为了减小管道的局部阻力和防止污物堵塞管道，排出管与排水立管的连接，宜采用两个45°弯头连接，如图2-28a所示，也可采用带清扫口的弯头接出，如图2-28b所示。室内排水是靠重力流动，在施工安装时，应注意把管道承口作为进水方向，并使管道坡度均匀，不要产生突变现象。生活污水和地下埋设的雨水排水管道的最小坡度应符合表2-11和表2-12的规定。

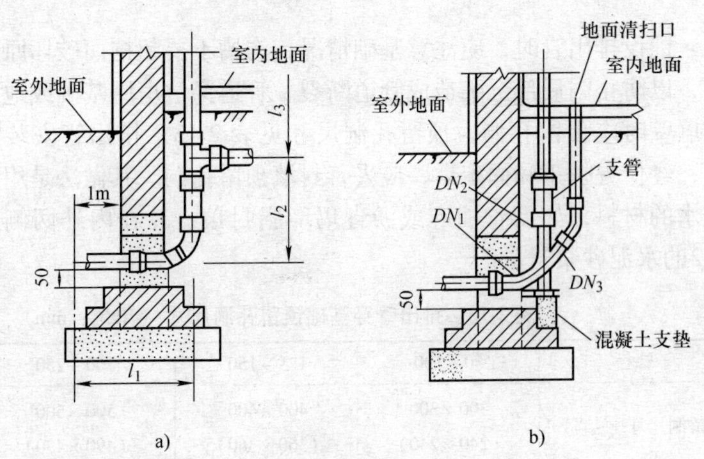

图2-28　排出管安装

a）用两个45°弯头接出　b）用带清扫口的弯头接出

表 2-11 生活污水管道的坡度

管径/mm	标准坡度	最小坡度
50	0.035	0.025
75	0.025	0.015
100	0.020	0.012
125	0.015	0.010
150	0.010	0.007
200	0.008	0.005

表 2-12 地下埋设雨水排水管道的坡度

管径/mm	最小坡度
50	0.020
75	0.015
100	0.008
125	0.006
150	0.005
200 ~ 400	0.004

铺设排出管时，应注意基础情况，沟槽不要超挖而破坏原土层，以防止因局部沉陷造成管道断裂。管道穿过房屋基础或地下室墙壁时应预留孔洞，预留孔洞尺寸见表 2-13。排出管安装完毕，经位置校正和固定后，应妥善封填预留孔洞。其做法是用不透水的材料，如沥青油麻或沥青玛琋脂封填，并在内外两侧用 1∶2的水泥砂浆封口。

表 2-13 排出管穿基础预留孔洞尺寸（单位：mm）

管径	50 ~ 100	125 ~ 150	200 ~ 250
留洞尺寸(砖墙)	300 × 300 (240 × 240)	400 × 400 (360 × 360)	500 × 500 (490 × 490)

为了检修方便，排出管的长度不宜太长，一般检查井中心至建筑物外墙的距离不小于 3m，不大于 10m。排出管室外部分应

安装在冻土层以下且低于明沟的基础，接入检查井的位置不能低于检查井的流水槽。

3. 排水横管安装

底层排水横管一般埋入地下，或以托、吊架敷设于地下室顶棚下或地沟内；各楼层的排水横支管安装在楼板下。

当排水横管的直线管段较长时，应按表 2-14 规定的距离设置检查口或清扫口。连接两个以上大便器或三个及以上卫生器具的污水管与地面相平的地方，转角小于 135°的排水横管上通常设置清扫口。横管在楼板下悬吊敷设时，清扫口应设在上一层楼地面上。排水支管起点的清扫口与墙壁净距不得小于 200mm。若在排水管起点设置堵头代替清扫口，与墙面的距离不得小于 400mm。

表 2-14　排水横管的直线管段上检查口或清扫口之间的最大距离

管径/mm	污水性质			清除装置的种类
	生产废水	生活粪便水或成分相似污水	含大量悬浮物的污水	
	间距/m			
50 ~ 75	15	12	10	检查口
50 ~ 75	10	8	6	清扫口
100 ~ 150	15	10	8	清扫口
100 ~ 150	20	15	12	检查口
200	25	20	15	检查口

4. 排水立管安装

排水立管常沿卫生间墙角垂直敷设。排水立管安装应用线锤找直，三通口找正，铸铁管承口应向上。现场施工时，也可以先进行预制，即按量出的立管尺寸进行零部件预制加工，然后分层组装。施工时，立管中心线可标注在墙上，按量出的立管尺寸及所需的配件进行配管。各支管通往排水立管的三通或四通，一般情况下，特别是粪便污水管，应采用斜三通或斜四通。

安装排水立管时，立管与墙面应留有一定的操作距离，立管穿现浇楼板时，应预留孔洞。立管轴线与墙面距离及楼板预留洞尺寸，可参照表2-15采用。按照设计要求，立管上应安装检查口。无要求时每两层设置一个检查口，但在最底层和最高层必须设置。若为两层建筑，仅在底层设置检查口。有乙字弯管时，在该层乙字弯管的上部设置检查口。检查口中心距地面1m，允许偏差为±20mm，其朝向应便于检修，暗装立管的检查口处应安装检查门。立管应用管卡固定，管卡间距离不得超过3m。每根承插管的直管应设管卡，多层建筑的立管底部应设支架或吊卡。

表2-15 立管轴线与墙面距离及楼板预留洞尺寸

（单位：mm）

管径	50	75	100	150
管轴线与墙面距离	100	110	130	150
楼板预留洞尺寸	100×100	200×200	200×200	300×300

当采用塑料管时，还需设置伸缩节。当层高小于或等于4m时，立管每层设一伸缩节，层高大于4m时，应根据实际伸缩量确定设置数量，如图2-29所示。塑料管道穿越楼板、防火分区时，应加装防火套管或阻火圈，做法如图2-30所示。

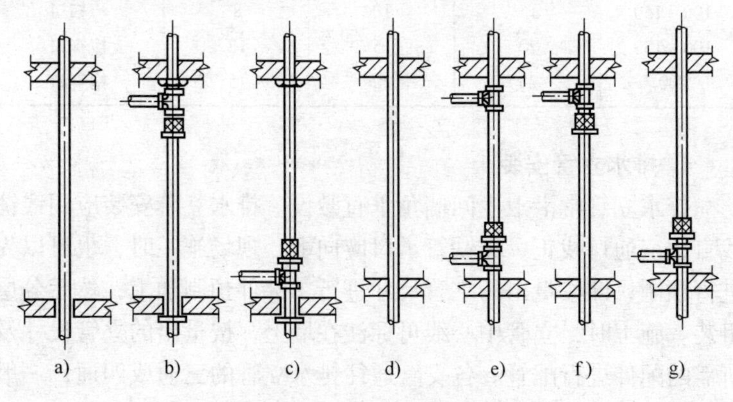

图2-29 伸缩节设置位置

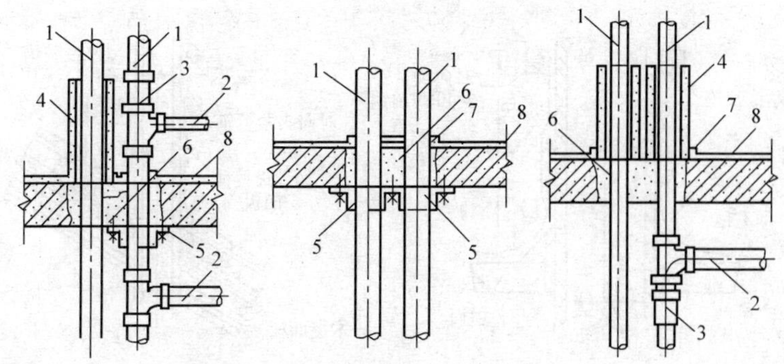

图2-30 立管穿越楼板阻火圈、防火套管安装

1—PVC-U立管 2—PVC-U横支管 3—立管伸缩节 4—防火套管 5—阻火圈 6—细石混凝土二次嵌缝 7—阻水圈 8—混凝土楼板

5. 排水支管安装

立管安装后，应按卫生器具的位置和管道规定的坡度敷设排水支管。排水支管的末端与排水立管预留的三通或四通相连接。排水支管不得穿过沉降缝、烟道和风道等，敷设时应满足设计要求的坡度。排水支管如悬吊在楼板下时，其吊架间距一般为1.5m。

6. 通气管及辅助通气管安装

为提高排水系统的排水能力，避免管内压力波动过大，排水系统一般利用最高层卫生器具以上并延伸到屋顶的一段管道作为通气管。当层数较多或同一排水支管上卫生器具较多时，还应设置辅助通气管或专用通气立管，也可采用通气阀。

通气管安装时不得与风道或烟道连接。通气管的安装方法与排水立管相同，只是穿出屋面时，应与屋面工程配合进行，一般做法如图2-31所示。

先把通气管安装好，然后把屋面和管道接触处的防水处理好。通气管应高出屋面0.3m以上，并且应大于最大积雪厚度，以防止积雪掩盖通气管口；对上人屋面，通气管应高出屋面2m。寒冷地区通气管穿过不供暖房间时，管径应比立管管径大一号，

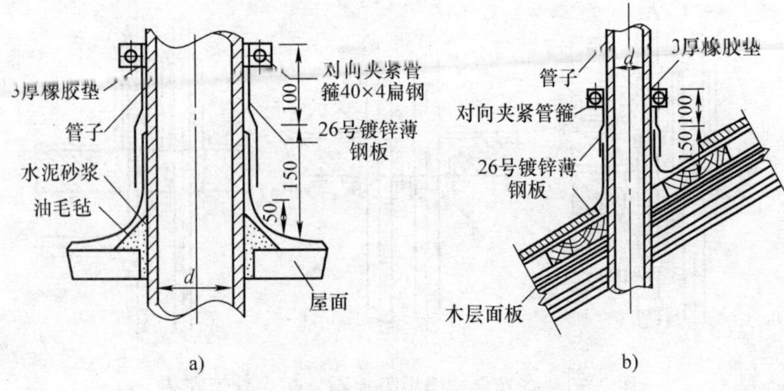

图 2-31 通气管伸出屋面

a）穿钢筋混凝土屋面 b）穿瓦屋面

异径管下部承口应伸至顶棚下 15～20mm，伸出屋面的管段不应有承口。通气口上应做网罩，以防落入雨雪或杂物。辅助通气管连接如图 2-32 所示。

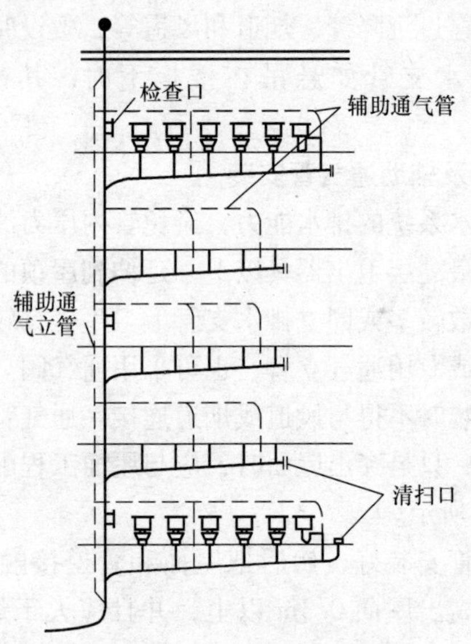

图 2-32 辅助通气管连接

2.3.2　卫生器具安装

卫生器具是供洗涤、收集和排除日常生活、生产中产生的污（废）水的一种设备，主要包括大、小便器以及洗脸盆、洗涤盆、污水盆、盥洗槽、淋浴器、浴盆等。安装中在订货的基础上，参照实物确定安装方案。

卫生器具安装的基本工艺流程为：安装准备→卫生器具及配件的检验→卫生器具的安装→配件预装→卫生器具稳装→卫生器具与墙、地之间的缝隙处理→外观检查→通水试验。

1. 安装准备及质量检验

（1）安装准备

1）卫生器具安装前应熟悉施工安装图样，确定所需的工具、材料及数量、配件的种类等；熟悉现场实际情况，对现场进行清理，确定卫生器具的安装位置并凿眼、打洞。

2）材料准备。包括：管材、管件及阀门等附件；油麻、青铅、橡胶板等接口密封材料；沥青、防锈漆、玻璃丝布等防腐材料；型钢、小线、锯条、焊条等辅助材料。

3）主要工机具准备。包括：套丝机、手电钻、电锤等机具；手锤、管钳、螺钉旋具等工具；水平尺、线锤、钢卷尺等量具。

（2）卫生器具及配件的检验　安装前，应对卫生器具及其附件进行质量检验，包括：器具外形端正与否，瓷质细腻程度，色泽一致与否，瓷体有无破损，各部分构造上的允许尺寸是否超过公差值等。质量检查的方法如下。

1）外观检查：表面有无缺陷。

2）敲击检查：轻轻敲打，声音实而清脆是未受损伤的，声音沙哑是受损伤破裂的。

3）丈量检查：用钢卷尺细心量测主要尺寸。

4）通球检查：对圆形孔洞可进行通球检查，检查用球的直径为孔洞直径的 0.8 倍。

2. 卫生器具安装技术要求

（1）位置正确　卫生器具的安装位置主要由设计决定，包括平面位置、安装高度等。在确定卫生器具的平面位置时，一般可参照以下有关数据：成组大便器之间的间距为900mm，洗脸盆之间的间距为700mm，淋浴器之间的间距为900mm，小便器之间的间距为700mm，盥洗槽水嘴之间的间距为700mm。器具的安装位置应考虑到排水口集中于一侧，便于管道布置，同时要注意门的开启方向不得碰撞器具和影响使用。在设计图样无明确要求时，卫生器具的安装高度可参照表2-16的规定。卫生器具给水配件的安装高度，如设计无高度要求时，应符合表2-17的规定。

表2-16　卫生器具的安装高度（GB 50242—2002）

<table>
<tr><th rowspan="2">项次</th><th rowspan="2" colspan="3">卫生器具名称</th><th colspan="2">卫生器具安装高度/mm</th><th rowspan="2">备注</th></tr>
<tr><th>居住和公共建筑</th><th>幼儿园</th></tr>
<tr><td rowspan="2">1</td><td rowspan="2">污水盆（池）</td><td colspan="2">架空式</td><td>800</td><td>800</td><td rowspan="2"></td></tr>
<tr><td colspan="2">落地式</td><td>500</td><td>500</td></tr>
<tr><td>2</td><td colspan="3">洗涤盆（池）</td><td>800</td><td>800</td><td rowspan="4">自地面器具上边缘</td></tr>
<tr><td>3</td><td colspan="3">洗脸盆、洗手盆（有塞、无塞）</td><td>800</td><td>800</td></tr>
<tr><td>4</td><td colspan="3">盥洗槽</td><td>800</td><td>500</td></tr>
<tr><td>5</td><td colspan="3">浴盆</td><td>≤520</td><td>—</td></tr>
<tr><td rowspan="2">6</td><td rowspan="2">蹲式大便器</td><td colspan="2">高水箱</td><td>1800</td><td>1800</td><td>自台阶面至高水箱底</td></tr>
<tr><td colspan="2">低水箱</td><td>900</td><td>900</td><td>自台阶面至低水箱底</td></tr>
<tr><td rowspan="3">7</td><td rowspan="3">坐式大便器</td><td colspan="2">高水箱</td><td>1800</td><td>1800</td><td>自地面至高水箱底</td></tr>
<tr><td rowspan="2">低水箱</td><td>外露排水管式</td><td>510</td><td>—</td><td rowspan="2">自地面至低水箱底</td></tr>
<tr><td>虹吸喷射式</td><td>470</td><td>370</td></tr>
<tr><td>8</td><td colspan="3">挂式小便器</td><td>600</td><td>450</td><td>自地面至下边缘</td></tr>
<tr><td>9</td><td colspan="3">小便槽</td><td>200</td><td>150</td><td>自地面至台阶面</td></tr>
<tr><td>10</td><td colspan="3">大便槽冲洗水箱</td><td>≥2000</td><td>—</td><td>自台阶面至水箱底</td></tr>
<tr><td>11</td><td colspan="3">妇女卫生盆</td><td>360</td><td>—</td><td>自地面至器具上边缘</td></tr>
<tr><td>12</td><td colspan="3">化验盆</td><td>800</td><td>—</td><td>自地面至器具上边缘</td></tr>
</table>

表2-17 卫生器具给水配件的安装高度（GB 50242—2002）

项次	给水配件名称		配件中心距地面高度/mm	冷热水龙头距离/mm
1	架空式污水盆(池)水龙头		1000	—
2	落地式污水盆(池)水龙头		800	—
3	洗涤盆(池)水龙头		1000	150
4	住宅集中给水龙头		1000	—
5	洗手盆水龙头		1000	—
6	洗脸盆	水龙头(上配水)	1000	150
		水龙头(下配水)	800	150
		角阀(下配水)	450	—
7	盥洗槽	水龙头	1000	150
		冷热水管 其中热水龙头 上下并行	1100	150
8	浴盆	水龙头(上配水)	670	150
9	淋浴器	截止阀	1150	95
		混合阀	1150	—
		淋浴喷头下沿	2100	—
10	蹲式大便器(台阶面算起)	高水箱角阀及截止阀	2040	—
		低水箱角阀	250	—
		手动式自闭冲洗阀	600	—
		脚踏式自闭冲水阀	150	—
		拉管式冲洗阀(从地面算起)	1600	—
		带防污助冲器阀门(从地面算起)	900	—
11	坐式大便器	高水箱角阀及截止阀	2040	—
		低水箱角阀	150	—
12	大便槽冲洗水箱截止阀(从台阶面算起)		≥2400	—
13	立式小便器角阀		1130	—

（续）

项次	给水配件名称	配件中心距地面高度/mm	冷热水龙头距离/mm
14	挂式小便器角阀及截止阀	1050	—
15	小便槽多孔冲洗管	1100	—
16	实验室化验水龙头	1000	—
17	妇女卫生盆混合阀	360	—

注：装设在幼儿园内的洗手盆、洗脸盆和盥洗槽水嘴中心距地面安装高度为700mm；其他卫生器具给水配件的安装高度，应按卫生器具实际尺寸相应减少。

（2）稳固　安装中应特别注意支撑卫生器具的底座、支架、支腿等的安装质量，以确保器具安装的稳固。

（3）美观　卫生器具是室内的固定陈设物，它除了满足人们的使用外，还具有装饰作用，因而安装时除了保证其实用外，还应端正、美观。因此，在安装过程中，应随时用水平尺、线坠等工具对器具安装部分进行严格检验和校正。

（4）严密　卫生器具是给水系统的末端，又是排水系统的始端，从安装质量的严密性而言，包括两个方面：一是与给水系统的连接应严密，不得有渗漏；二是与排水系统的连接处应密封可靠。

（5）可拆卸　卫生器具在使用过程中可能会被损坏和出现故障，因而安装时应考虑维修、更换的要求。其措施是：卫生器具与给水系统的连接处应安装可拆卸件（活接头），器具与排水短管、存水弯相连处均应加设便于拆卸的油灰填塞。

（6）软结合、软加力　硬金属与瓷器之间的所有结合处，均应严格按软结合的原则安装，即用橡胶垫、塑料垫、铅垫等进行柔性结合。与器具连接的配件采用螺纹连接时，应先用手加力拧，再用紧固工具缓慢加力，防止用力过猛损伤瓷器。用管钳紧拧铜质、镀铬的给水配件时，应垫棉布，防止出现管钳加力后的牙痕。

（7）安装后的防护　卫生器具的安装应放在工程的收尾阶段。器具安装完毕，应进行有效防护，特别注意各工种间的良好配合。防护措施如切断水源、用草袋覆盖等。器具的敞开排水口应加以封闭，以防堵塞。地漏常被用来排除地面污废水、水磨石灰浆等，很容易堵塞，应多加注意。

3. 常用卫生器具安装

（1）洗脸盆安装　一套完整的洗脸盆由脸盆、盆架、排水管、排水栓、链堵和脸盆水嘴等部件组成，如图 2-33 所示。墙架式脸盆一般按下述步骤进行安装。

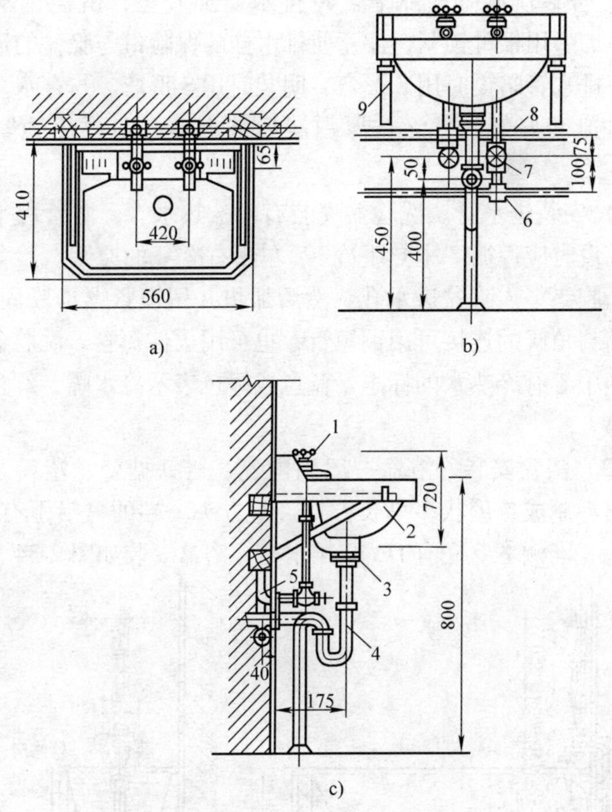

图 2-33　墙架式洗脸盆

a）平面图　b）立面图　c）侧面图

1—水嘴　2—洗脸盆　3—排水栓　4—存水弯　5—弯头

6—三通　7—角式截止阀及冷水管　8—热水管　9—托架

1）安装脸盆架。根据卫生间的设计图样和卫生间的现场情况，确定出洗脸盆的安装方位，在墙上定出横、竖中心线，找出盆架的安装位置，并用木螺钉把盆架拧紧在预埋的木砖上，如墙壁为钢筋混凝土结构，可在墙上安装膨胀螺栓，固定脸盆架。

2）稳好洗脸盆。把洗脸盆稳好放在盆架上，用水平尺测量平正，如盆不平，可用铅垫片垫平、垫稳。

3）安装洗脸盆排水管。将排水栓加胶垫，由盆排水口穿出，并加垫用根母锁紧，注意使排水栓的保险口与脸盆的溢水口对正。排水管暗设时用P形弯，明装时用S形弯。与存水弯连接的管口应套好螺纹，涂抹厚白漆后缠上麻丝，再用锁紧螺母锁紧。

4）安装进水管。洗脸盆安装有冷、热水管，两管应平行敷设，敷设时应遵循“上热下冷”“左热右冷”的原则。脸盆用水嘴垫上胶垫穿入脸盆进水孔，然后加垫并用锁紧螺母紧固。冷、热水嘴与角阀的连接可用铜短管，也可用柔性短管。洗脸盆水嘴的手柄中心有冷热水的标志，蓝色或绿色表示冷水嘴，红色表示热水嘴。

（2）浴盆安装　浴盆一般用陶瓷、铸铁搪瓷、塑料及水磨石等材料制成，形状多呈长方形。盆方头一端的盆沿下有 *DN*25 溢水孔，同侧下盆底有 *DN*40 排水孔。浴盆安装如图 2-34 所示。

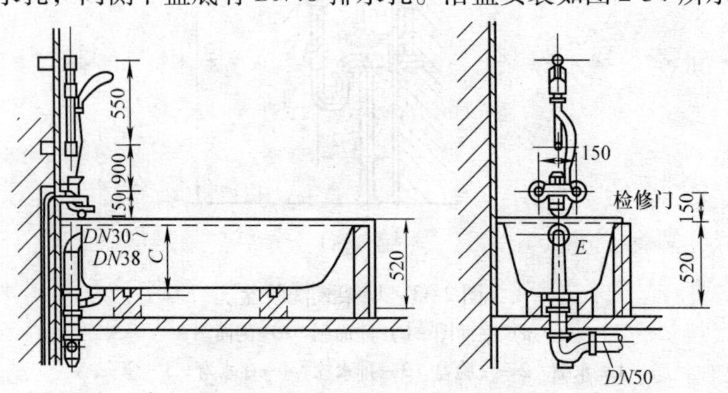

图 2-34　浴盆安装

浴盆有溢、排水孔的一端和内侧靠墙壁放置，在盆底砌筑两条小砖墩，使盆底距地面一般为120～140mm，并使盆底本身具有0.02的坡度，坡向排水孔，以便排净盆内水。盆四周用水平尺校正，不得歪斜。在不靠墙的一侧，用砖块沿盆边砌平并贴瓷砖。盆的溢、排水管一端，壁上应开一个检查门，尺寸不小于300mm×300mm，便于修理。在浴盆的方头端安装冷、热水嘴（或冷、热水混合水嘴），水嘴中心应高出盆面150mm。

安装浴盆排水管时，先将溢水管铜管弯头、三通等预先按设计尺寸量好各段的长度，下料并装配好。把盆下排水栓涂上油灰，垫上胶垫，由盆底穿出，并用锁紧螺母锁紧，多余油灰用手指刮平，再用管连接排水弯头和溢水管上三通。溢水管上的铜弯头用一端带短螺纹另一端带长螺纹的短管连接，短螺纹一端连接铜弯头，另一端长螺纹插入浴盆溢水口内，最后在溢水口内外壁加橡胶支垫，并用锁紧螺母锁紧。三通与存水弯连接处装配一段短管，插入排水管内进行水泥砂浆接口。

（3）淋浴器安装　淋浴器有成套供应的成品，也有现场制作的。淋浴器由莲蓬头、冷热水管、阀门及冷热水混合立管等组成，安装在墙上。冷热水管可以明装，也可以暗装。管式淋浴器的安装如图2-35所示。

安装时，在墙上先定出管子垂直中心线和阀门中心线，一般连接淋浴器的冷水横管中心距地面900mm，热水管距地面为1000mm。冷热水管应平行敷设，由于冷水管在下，热水管在上，所以连接莲蓬头的冷水支管用元宝弯的形式绕过横支管。明装淋浴器的进水管中心离墙面的距离为40mm。元宝弯的弯曲半径为50mm，与冷水横管夹角为60°。淋浴器的冷热水管可采用镀锌钢管、铜管、塑料管等，管径一般为*DN*15，在离地面1800mm处设管卡一个，将立管加以固定。冷热水管上的阀门可用截止阀或球阀，阀门中心距地面的高度为1150mm。两组以上的淋浴器成组安装时，阀门、莲蓬头及管卡应保持在同一高度。两淋浴器间距一般为900～1000mm。安装时将两路冷热水横管组装调直

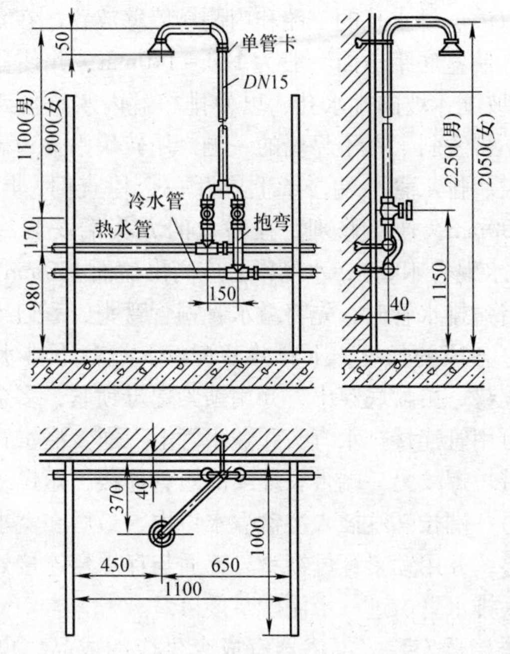

图 2-35　管式淋浴器的安装

后，先按规定的高度尺寸在墙上固定就位，再集中安装淋浴器的成排支、立管及莲蓬头。

安装成品淋浴器时，将阀门下部短管螺纹缠麻后抹铅油，与预留管口连接，阀门上部混合水管抱弯用锁母与阀门紧固，然后再用锁母把混合水铜管紧固在冷水与热水混合口处，最后使混合水铜管上部护口盘与墙壁靠严，并用木螺钉固定于预埋在墙中的木砖上。

（4）蹲式大便器安装　一套高水箱蹲式大便器由高水箱、冲洗管和蹲桶组成。

蹲式大便器本身不带存水弯，安装时需另加存水弯。在地板上稳装蹲式大便器，至少需增设高为 180mm 的平台。

高水箱蹲式大便器的安装如图 2-36 所示，通常按下述步骤进行安装。

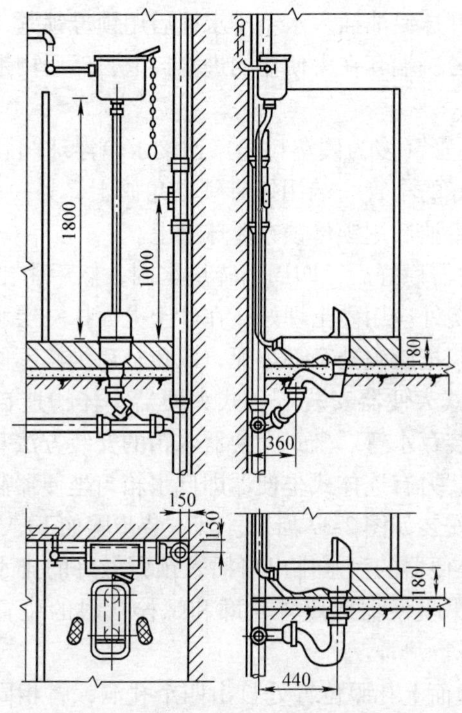

图 2-36　高水箱蹲式大便器的安装

1）确定水箱的位置，并在墙上定出横、竖中心线，把水箱内的附件装配好，然后用木螺钉或膨胀螺栓加垫把水箱拧固在墙上。

2）安装水箱浮球阀和排水栓。把浮球阀加胶垫从水箱中穿出来，再加胶垫，用根母紧固；将水箱排水栓加胶垫从水箱中穿出，再套上胶垫和薄钢板垫圈后用根母紧固，用力要适中，不要损伤水箱。

3）稳装大便器。将麻丝白灰抹在预留的大便器下存水弯管的承口内，然后插入大便器的排水口，稳装严密并用水平尺找平摆正，最后将挤出的白灰抹光。

4）安装冲洗管。将冲洗管上端（已做好乙字弯）套上锁母，管头缠麻抹铅油插入水箱排水栓后用锁母锁紧，下端套上胶碗，并将其另一端套在大便器的进水口上，然后用铜丝把两端绑扎牢固。

5）用小管（多为硬塑料管）连接水箱浮球阀和给水管的角阀。将预制好的小管一端用锁母锁在角阀上，另一端套上锁母，管端缠麻抹铅油后用锁母锁在浮球阀上。

6）大便器稳好后，四周用砖垫牢固，然后由土建按要求做好地坪，胶碗处应用砂土埋好，在砂土上面抹一层水泥砂浆。禁止用水泥砂浆把胶碗处全部填死，以免日后维修不便。

（5）坐式大便器安装　坐式大便器本体构造自带水封，故出口处不另装存水弯。坐式大便器水箱的安装方法基本上与蹲式大便器相同，另有连体式坐便器即低水箱与坐便器制成一体。分体式坐便器安装如图 2-37 所示。其安装步骤如下。

1）将坐便器的污水排出口插入预先做好的排水短管内，再在地坪上定出坐便器底座外轮廓和螺栓孔眼的位置线，移开大便器。

2）在地面上孔眼位置处打出四个孔洞，将相同规格的经防腐处理后的木砖紧紧嵌入，用水泥砂浆固定。先将排水短管承口内清理干净，抹适量的油灰，在坐便器排水口周圈和底面也抹油灰，按定出的线将坐便器的排水口插入排水短管承口内，并用水平尺校正，慢慢嵌紧使填料压实且稳正，用木螺钉将坐便器紧固。木螺钉与坐便器接触处应衬 2mm 厚的铅垫。

3）根据规定的高度在端面上放出固定水箱位置线，并考虑水箱出水管中心对准坐便器进水管口的中心。打孔预埋膨胀螺栓或木砖，用螺母加垫圈或用木螺钉将水箱固定在墙上。

4）将水箱出水口与坐便器进水口的锁紧螺母卸下，背靠背地套在冲洗管弯头上，在弯头两端螺纹上涂上白铅油，并缠上麻丝；一端插入水箱出水口，另一端插入坐便器进水口，两端均用锁紧螺母拧紧，使低水箱和坐便器连成一体；水箱进水管上 *DN*15 角阀与水箱进水口处的连接，通常用铜管（14mm × 1mm）

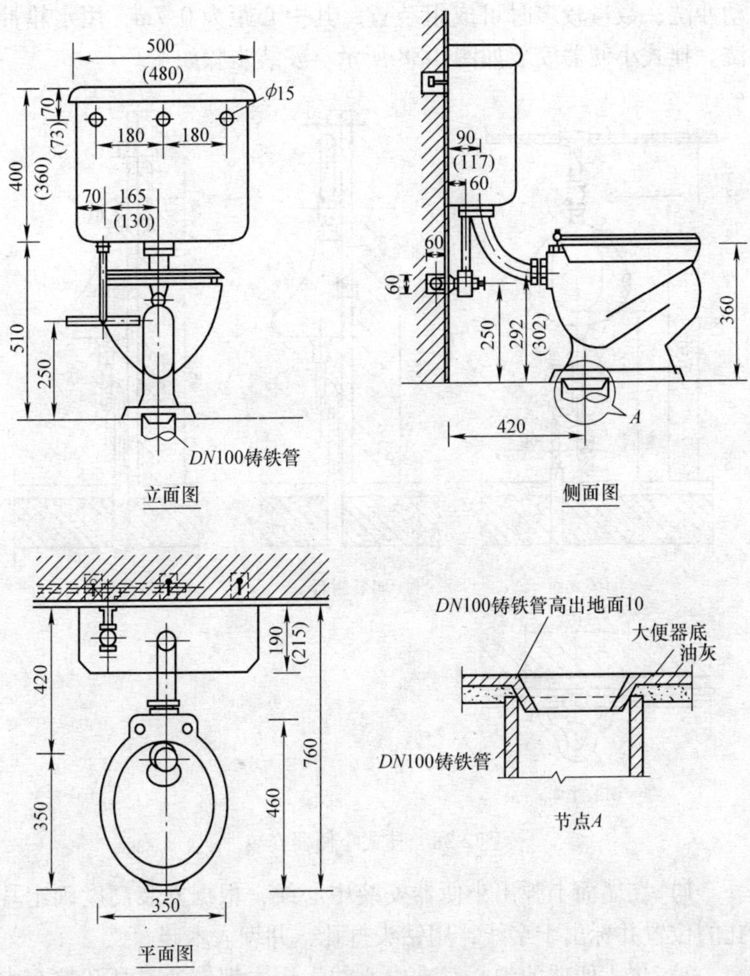

图2-37　分体式坐便器安装

进行镶接，也可用 *DN*15 镀锌管或塑料管，如角阀与低水箱进水管不在同一直线上时，应冷弯成来回弯；铜管、镀锌管或塑料管两端应缠上石棉绳、盘根填料，用锁紧螺母锁紧。

（6）小便器安装　小便器分为挂式小便器和立式小便器。其冲洗方法有自动冲洗和手动冲洗两种。通常数量不多时可用手动冲洗；数量较多时可成组装置，其中心距为 0.7m，用水箱冲洗。挂式小便器安装如图 2-38 所示。安装步骤如下。

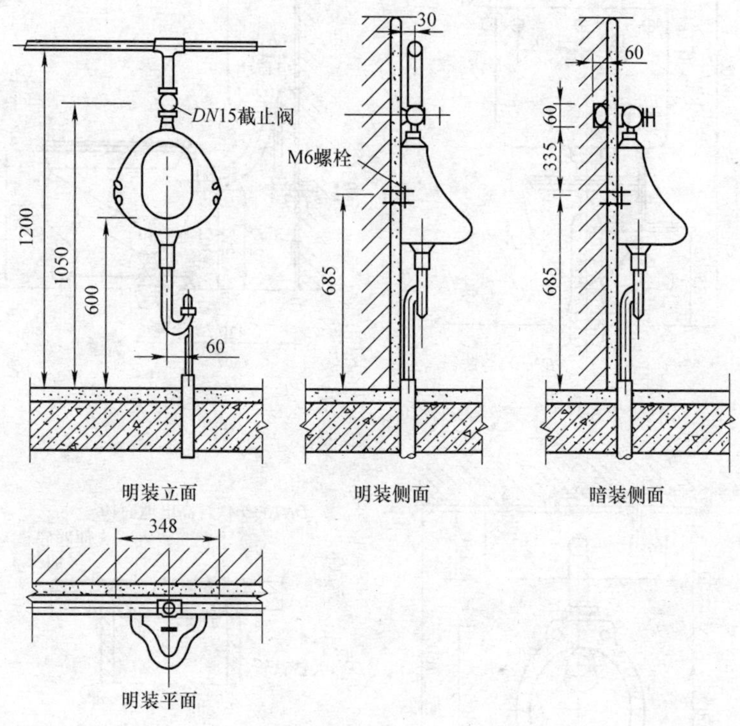

图 2-38　挂式小便器安装

1）在墙面上弹出小便器安装中心线，根据安装高度确定耳孔的位置并标出十字线，用钻头打孔，并埋入木砖。

2）将小便器的中心对准中心线，用木螺钉通过耳孔拧在木砖上，螺钉与耳孔间垫入铅垫。

3）小便器的进水用三角阀，通过铜管和小便器的进水口连接，铜管插入进水口，用铜碗将油灰压入进水口而密封。小便器给水管暗装时，三角阀的出水口与小便器进水口正好在同一垂线上，保持铜管和小便器直线连接。若给水管明装，则铜管就必须加工成灯叉弯。

4）安装存水弯，在其上口周围抹上油灰，套入小便器排水口，下端缠绕石棉绳抹油灰和排水短管相插连接。

立式小便器的安装要求和方法与挂式小便器基本相同，如图2-39所示。需特别指出以下几点。

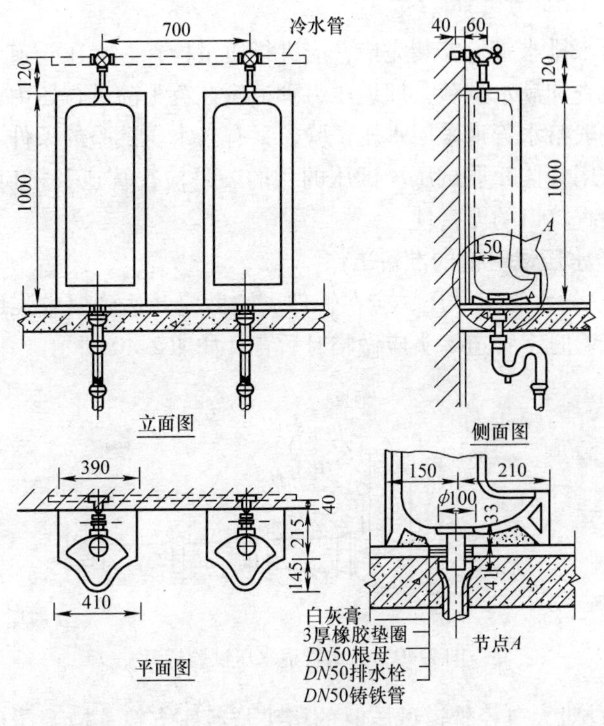

图2-39 立式小便器安装

1）小便器冲洗管插入小便器应在20mm左右。

2）在小便器排水孔上用3mm厚橡胶垫圈和锁母装好排水栓，并在排水栓和小便器底部周围空隙处填平白石灰膏。

3）在预先已制好的排水短管承口周围抹上油灰，抬起小便器，对正位置，将小便器置于排水短管承口上，使小便器上排水栓插入承口，抹平油灰，并再次校正安装中心线误差。

2.4 室内给水排水管道的试压与验收

2.4.1 管道压力试验

给水排水管道安装完毕，应进行质量检查。无压管道应进行外观检查和满水试验；埋地压力管道应在覆土前进行压力试验。

一般给水管道采用水压试验，只有当水压试验的条件不具备时，才用气体介质试压。试压的目的一是检查管道及接口强度，二是检查接口的严密性。

1. 水压试验前的准备工作

1）给水管道试压，应在管件支墩做完并达到要求强度后进行，试验时，管道堵头应做临时后背，如图2-40所示。

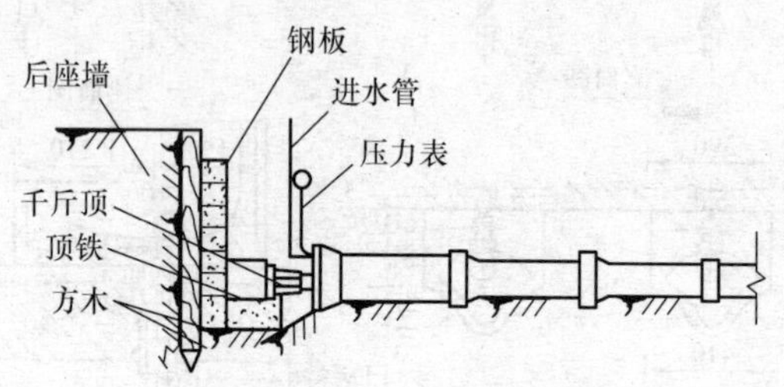

图2-40 给水管道水压试验后背

2）对大口径管道试压时的堵头与后座支撑，应当予以充分重视。后背墙的支撑面积，应根据土质和试验压力经计算后决定，一般土质可按承压0.15MPa考虑。埋地管道应在管基检查合格，胸腔填土不小于500mm后进行试压，试压管段长度一般不超过1000m。

3）水压试验时，管道各最高点设排气阀，最低点设放水阀。

4）水压试验所用的压力表必须校验准确。

5）水压试验所用手摇式试压泵或电动试压泵应与试压管道

连接稳妥，水压试验设备布置示意如图2-41所示。

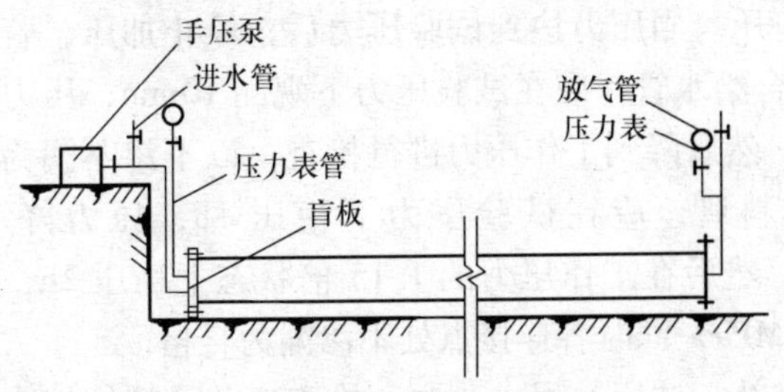

图2-41 水压试验设备布置示意图

6）管道试压前，其接口处不得进行油漆和保温，以便进行外观检查。所有法兰连接处的垫片应符合要求，螺栓应全部拧紧。

2. 试验压力标准

室内给水管道试验压力不应小于0.6MPa；消防给水系统应进行水压试验，当系统设计工作压力≤1.0MPa时，试验压力为工作压力的1.5倍，且不低于1.4MPa，当系统设计工作压力>1.0MPa时，试验压力为工作压力加0.4MPa；生活饮用水和生产、消防合用的管道，试验压力为工作压力的1.5倍，但不得超过1.0MPa。

3. 水压试验的步骤及注意事项

1）连接。将试压设备与系统相连。

2）灌水。水压试验应用清洁的水作为介质。向系统灌水时，打开系统最高点的放气阀，关闭系统最低点的泄水阀，待放气阀连续不断地向外排水时，关闭放气阀。

3）检查。系统充水完毕后，先检查一下系统有无渗水漏水现象，不要急于升压。

4）升压。检查无异常后可升压。用试压泵加压时，应逐级升压，第一次先把压力升到试验压力的一半，对管道系统进行一次全面的检查，如无异常，则应继续升压，若有问题，应进行修理（注意不要带压修理），待升到试验压力的3/4时，再进行一次检查，无异常时再继续升压，一般分2~3次升到试验压力。

5）持压。当压力达到试验压力后，停止加压，若管材为金属管及复合给水管，应在试验压力下观测10min，压力降不大于0.02MPa，然后降到工作压力进行检查，以不渗不漏为合格；若管材为塑料管，应在试验压力下稳压1h，压力降不得超过0.05MPa，然后在工作压力的1.15倍状态下稳压2h，压力降不大于0.03MPa，同时各连接点处不渗漏为合格。

6）修补。试压过程中，注意检查法兰、螺纹接头、焊缝和阀件等处有无渗漏和损坏现象，试压结束后，将系统水放空，拆除试压设施，对不合格处进行补焊和修补。

对于小口径（管径小于300mm）的管道，气温低于0℃时，可在采取特殊防冻措施后用50℃左右的水进行试验，试验完毕应立即将管内存水放净；对于大口径的管道，当气温在-5℃以下时，可用掺盐20%~30%的冷盐水进行试压。

冬季进行管道试压，小口径的管道容易冻结，如压力表管、排气阀及放水阀短管等，都要预先缠好草绳或覆盖保温。此外，试压管段长度宜控制在50m左右，操作前做好各项准备工作，操作中行动要迅速，一般应在2~3h内试验完毕。

2.4.2 室内排水管道灌水试验

为防止排水管道堵塞和渗漏，确保建筑物的使用功能，室内排水管道应进行试漏的灌水试验。灌水试漏操作顺序如下。

1）准备工作。将胶管、胶囊等按要求组合后，并对工具进行试漏检查，将胶囊置于水盆内，水盆装满水，边充气边检查胶囊、胶管接口处是否漏气。

2）灌水高度及水面位置的控制。

①大小便冲洗槽、水泥拖布池、水泥盥洗池灌水量不少于槽（池）深的1/2。

②水泥洗涤池不少于池深的2/3。

③坐、蹲式大便器的水箱、大便槽冲洗水箱灌水量放水至控

制水位。

④盥洗面盆、洗涤盆、浴盆灌水量放水至溢水处。

⑤蹲式大便器灌水量到水面高于大便器边沿 5mm 处。

⑥地漏灌水至水面离地表面 5mm 以上。

3）打开检查口，先用卷尺在管外大致测量由检查口至被检查水平管的距离加斜三通以下 50cm 左右，记住这个总长，量出胶囊到胶管的相应长度，并在胶管上做好记号，以控制胶囊进入管内的位置。

4）将胶囊由检查口慢慢送入，至放到所测长度，然后向胶囊充气并观察压力表示值上升到 0.07MPa 为止，最高不超过 0.12MPa。

5）由检查口注水于管道中，边注水边观察卫生设备水位，直到符合规定要求水位为止，检验后，即可放水。为使胶囊便于放气，必须将气门芯拔下，要防止拉出时管内毛刺划破胶囊。胶囊泄气后，水会很快排出，这时应观察水位面，如发现水位下降缓慢时，说明该管内有垃圾、杂物，应及时清理干净。

6）对排水管及卫生设备各部分进行外观检查后，如有接口（注意管道及卫生设备盛水处的砂眼）渗漏，可做出记号，随后返修处理。

7）最后进行高位水箱装水试验，30min 后，各接口等无渗漏为合格。

8）分层按系统做好灌水试验记录。

2.4.3　给水排水工程验收

管道工程验收分为中间验收和竣工验收。给水排水工程，应按分项、分部或单位工程验收。分项、分部工程应由施工单位会同建设单位共同验收。单位工程应由主管单位组织施工、设计、建设和有关单位联合验收。应做好记录、签署文件、立卷归档。

根据工程施工的特点，分项、分部工程的验收分为隐蔽工程验收、分项中间验收和竣工验收。

1. 隐蔽工程验收

隐蔽工程是指下道工序做完能将上道工序掩盖，并且是否符合质量要求无法再进行复查的工程部位，如暗装的或埋地的给水排水管道，均属隐蔽工程。在隐蔽前，应由施工单位组织有关人员进行检查验收，并填写好隐蔽工程的检查记录，纳入工程档案。

2. 分项中间验收

在管道施工安装过程中，其分项工程完工、交付使用时，应办理中间验收手续，做好检查记录，以明确使用保管责任。

3. 竣工验收

工程竣工后，必须办理验收证明书，方可交付使用，对办理过验收手续的部分不再重新验收。竣工验收应重点检查和校验下列各项。

1）管道的坐标、标高和坡度是否合乎设计或规范要求。

2）管道的连接点或接口应清洁、整齐、严密不漏。

3）卫生器具和各类支架、挡墩位置正确，安装稳定牢固。

4）给水、排水及消防系统的通水能力符合下列要求：室内给水系统，按设计要求同时开放的最大数量的配水点是否全部达到额定流量；消火栓能否满足组数的最大消防能力；室内排水系统，按给水系统的1/3配水点同时开放，检查排水点是否畅通，接口处有无渗漏。高层建筑可根据管道布置采取分层、分区段进行通水试验。

对不符合设计图样和规范要求的地方，不得交付使用，可列出未完成或保修项目表，修好后再交付使用。

单位工程的竣工验收，应在分项、分部工程验收的基础上进行，各分项、分部的工程质量，均应符合设计要求和规范的有关规定。验收时，应具有下列资料：施工图、竣工图及设计变更文件；设备、制品或构件和主要材料的质量合格证明书或试验记录；隐蔽工程验收记录和分项中间验收记录；设备试验记录；水压试验记录；管道冲洗记录；工程质量事故处理记录；分项、分部、单位工程质量检验评定记录。

上述资料保证各项工程能够合理使用，并在维修、扩建时是不可缺少的，资料必须经各级有关技术人员审定，应如实反映情况，不得擅自伪造、修改和事后补办。工程交工时，为了总结经验及积累工程施工资料，施工单位一般应保存下述技术资料：施工组织设计和施工经验总结；新技术、新工艺和新材料的施工方法及施工操作的总结；重大质量事故情况，原因及处理记录；有关重要的技术决定；施工日记及施工管理的经验总结。

第3章 供暖管道及设备的安装

3.1 供暖施工图的识读

3.1.1 供暖施工图的表示

供暖施工图文件包括目录、设计说明、主要设备及材料表、供暖工程平面图、供暖工程系统图和详图等。目录列出图样的编号，并注有图样名称。设计说明表明有关设计参数、设计范围以及施工安装要求。平面图表示设备和管道的平面位置。系统图表示设备和管道的空间位置，常用斜等测画法来表示。

供暖施工图与建筑给水排水施工图一样，要符合投影原理，要符合制图基本画法的规定。

1. 一般规定

近几年，供暖设备和系统呈多样化的趋势，并且供暖和空调系统越来越融合在一起，因此在《暖通空调制图标准》（GB/T 50114—2010）中，没有单独对供暖系统的画法进行规定，具体针对供暖系统画法的规定也很少，但是由于旧标准执行已经多年，供暖行业也约定俗成形成了许多习惯画法。本章根据现行制图标准和行业习惯画法，介绍供暖识图方法。

1）系统代号。供暖系统的代号为N。

2）比例。供暖系统的比例宜与工程设计项目的主导专业（一般为建筑）一致。

3）基准线宽。可在1.0mm、0.7mm、0.5mm、0.35mm、0.18mm中选取。

4）线型。供暖系统中一般用粗实线表示供水管，粗虚线表示回水管，散热设备、水箱等用中粗线表示，建筑轮廓及门窗用细线，尺寸、标高、角度等标注线及引出线均用细线表示。坡度用单面箭头表示。

5）供暖系统中管道一般采用单线绘制，由于目前室内供暖管道大多采用焊接钢管，因此标注用 *DN*，也有一些室内供暖系统采用塑料管，应用 *d* 标注。

6）管径尺寸标志的位置，应符合如下规定：

管径尺寸应注在变径处；水平管径的管径尺寸应注在管道的上方；斜管道的管径尺寸应注在管道的斜上方；竖管道的管径尺寸应注在管道的左侧；当管径尺寸无法按上述位置标注时，可另找适当位置标注，但应用引出线示意该尺寸与管段的关系；同一种管径的管道较多时，可不在图中标注管径尺寸，但应在附注中说明。

2. 平面图表示方法

1）平面图中管道系统宜用单线绘制。平面图上本专业所需的建筑物轮廓应与建筑图一致。

2）供暖入口的定位尺寸，应为管中心至所邻墙面或轴线的距离。

3）各种形式散热器的规格及数量，应按下列规定标注：柱式散热器应只注数量；圆翼式散热器应注“根数×排数”，如“3×2”，其中“3”代表每排根数，“2”代表排数；光管式散热器应注“管径×长度×排数”如“*D*108×3000×4”，其中“*D*108”代表管径（mm），“3000”代表长度（mm），“4”代表排数；串片式散热器应注“长度×排数”。如“1.0×3”，其中“1.0”代表长度（m），“3”代表排数。

4）散热器及其支管宜按图3-1的画法绘制，图3-1a所示为双管系统，图3-1b所示为单管系统。双管系统要表达出两个立管（即绘制两个圆圈），单管系统只表达出一个立管。

5）平面图中散热器的供水（供汽）、回水（凝结水）管道，宜按图3-2绘制。图3-2a所示为该楼层既有供水干管也有回水干

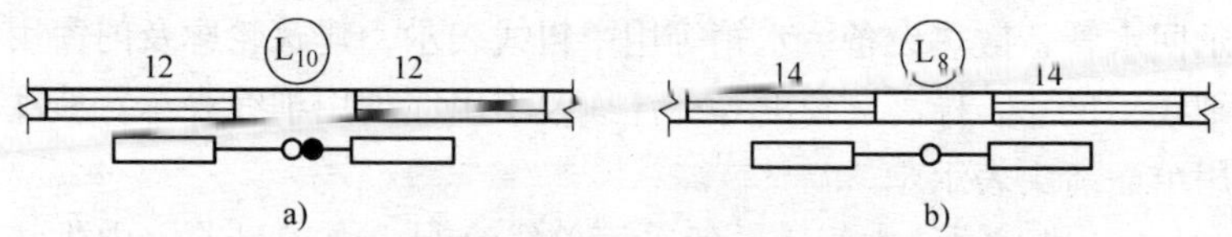

图 3-1 散热器及其支管画法

a）双管系统 b）单管系统

管的情况。如果只有其一，则应绘制相应的干管、支管与干管的连接管段，如果没有供水、回水干管，则不绘制干管，当然也不绘制干管与散热器的连接管段。图 3-2b 所示为只有供水干管的双管系统，图 3-2c 所示为只有回水干管的单管系统，图 3-2d 所示为没有供水、回水干管的双管系统。

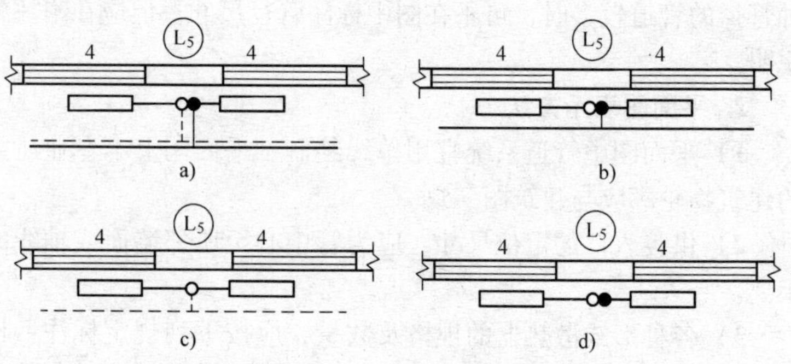

图 3-2 平面图中散热器供水、回水管道画法

6）供暖入口编号标注方法如图 3-3 所示，供暖入口的符号为带圆圈的“R”，脚标为序号，圆圈直径为 6 ~ 8mm。供暖供水立管在平面图中的编号标注方法如图 3-2 所示，符号为带圆圈的“L”，脚标为序号。

3. 系统图表示方法

1）供暖系统图用单线绘制。系统图采用与相对应的平面图相同的比例绘制。

2）需要限定高度的管道，应标注相对标高。管道应标注管中心标高，并应标在管段的始端或末端；散热器宜标注底标高，

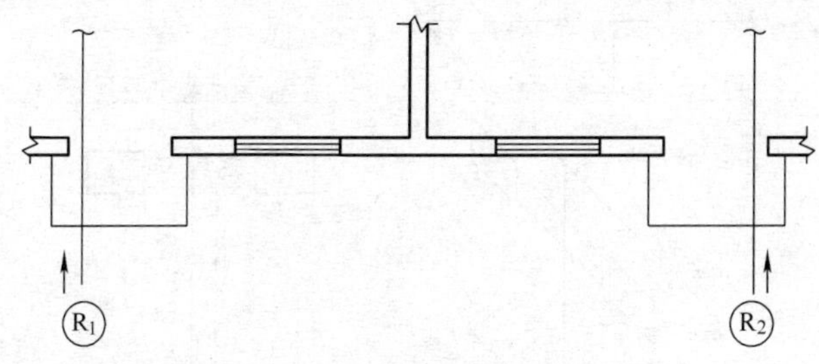

图 3-3　供暖入口编号标注方法

同一层、同标高的散热器只标右端的一组。

3）散热器宜按图 3-4 的画法绘制，其规格、数量应按下列规定标注：柱式、圆翼式散热器的数量，应注在散热器内，如图 3-4a、b 所示；光管式、串片式散热器的规格、数量，应注在散热器的上方，如图 3-4c、d 所示。

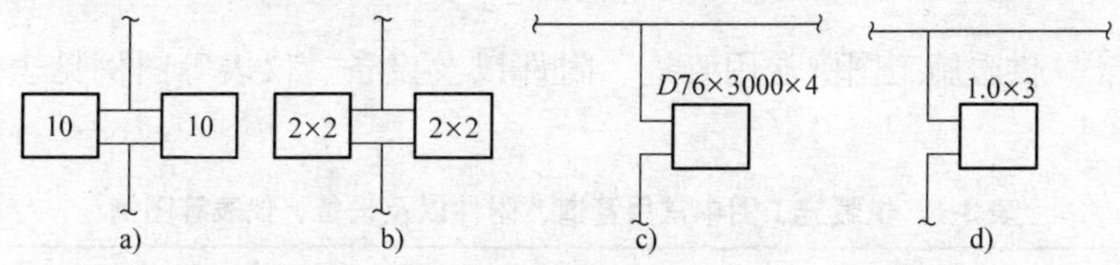

图 3-4　系统图中散热器标注方法

4）在系统图中立管的编号标注方法如图 3-5 所示，符号为带圆圈的“L”，脚标为序号。

5）系统图中的重叠、密集处可断开引出绘制。相应的断开处宜用相同的小写拉丁字母注明，如图 3-6 所示。

6）一般而言，立管与供水、回水干管都通过乙字弯相连，散热器的供水、回水支管上也有乙字弯，但目前的习惯画法是不绘制该乙字弯，初学者识图时必须注意。

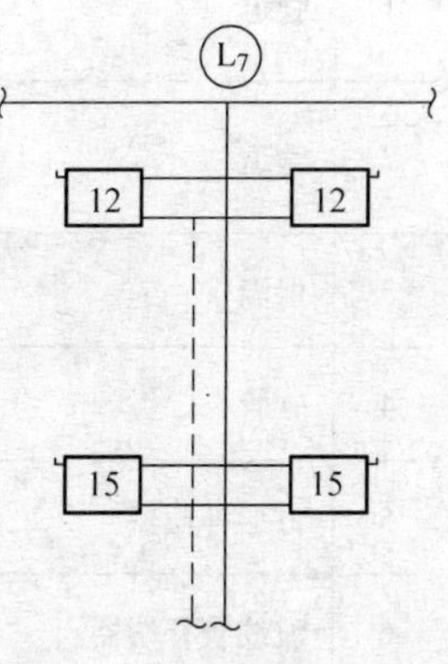

图 3-5　系统图中立管标注方法

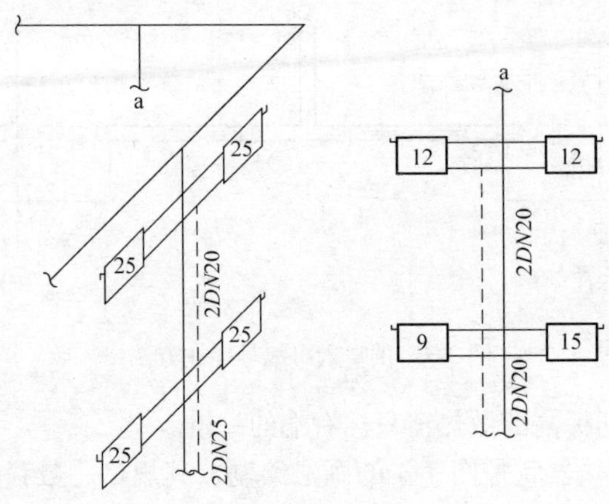

图 3-6 系统图中重叠管道的表达

3.1.2 供暖施工图的图例

供暖施工图中常用管道、附件以及设备、仪表等图例见表3-1。

表 3-1 供暖施工图中常用管道、附件以及设备、仪表等图例

序号	名　称	图　例	备　注
1	管道	————	用于一张图内只有一种管道
2	管道	—— A ——	用汉语拼音字头表示管道类别
3	保温管		可用说明代
4	软管		
5	方形补偿器		
6	波纹管补偿器		
7	套筒补偿器		

（续）

序号	名　称	图　例	备　注
8	球形补偿器	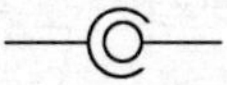	
9	弧形补偿器		
10	截止阀		
11	闸阀		
12	止回阀		
13	安全阀		
14	减压阀	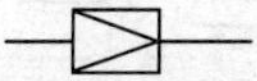	
15	球阀		
16	电磁阀	 M	
17	角阀	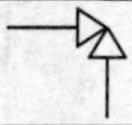	
18	蝶阀		
19	三通阀		
20	四通阀		
21	浮球阀	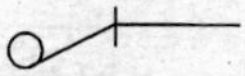	
22	散热器三通阀		
23	底阀		
24	橡胶软接头		
25	散热器放风门	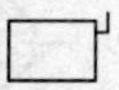	

（续）

序号	名　　称	图　　例	备　　注
26	自动排气阀		
27	手动排气阀	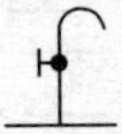	
28	疏水器	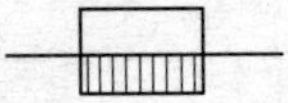	
29	集气罐	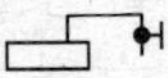	
30	散热器及手动排气阀	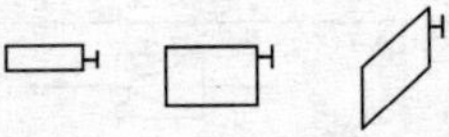	左图为平面图画法，中图为剖面图画法，右图为系统图画法
31	压力表		
32	温度计	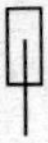	
33	Y 形过滤器	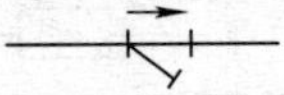	
34	除污器		左图为平面图画法，右图为立面图画法
35	丝堵		
36	暖风机		
37	固定支架	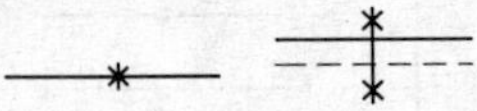	左图为单管，右图为多管
38	滑动支架		
39	管道泵		
40	离心泵	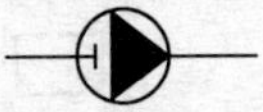	

3.1.3　供暖施工图的识读方法

识读供暖施工图应按热媒在管内所走的路程顺序进行。识读时，要把平面图和系统图联系起来，这样可以相互对照，可先粗看，弄清该工程的图样数量，弄清热入口、供水总管、供水干管、立管和回水干管的布置位置，弄清该供暖系统属何种形式，然后按热媒流向弄清各部分的分布位置尺寸、构造尺寸、安装要求及其相互关系。

1. 平面图的识读

室内供暖平面图主要表示供暖管道、附件及散热器在建筑平面图上的位置以及它们之间的相互关系，是施工图中的重要图样。平面图阅读方法如下：

1）首先查明热入口在建筑平面上的位置、管道直径、热媒来源、流向、参数及其做法等，了解供暖总干管和回水总干管的出入口位置，供暖水平干管与回水水平干管的分布位置及走向。

热入口装置一般由减压阀、混水器、疏水器、分水器、分汽缸、除污器及控制阀门等组成。如果平面图上注明热入口的标准图号，识读时则按给定的标准图号查阅标准图；如果热入口有节点图，识读时则按平面图所注节点图的编号查找热入口大样图进行识读。

若供暖系统为上供下回式双管供暖系统，则供暖水平干管绘在顶层平面图上，供暖立管与供暖水平干管相连；回水干管绘在底层平面图上，回水立管和回水干管相连。若供水（汽）干管敷设在中间层或底层，则说明是中供式或下供式系统。如果干管最高处设有集气罐，则说明为热水供暖系统；若散热器出口处和底层干管上有疏水器，则表明该系统为蒸汽供暖系统。

2）查看立管的编号，弄清立管的平面位置及其数量。

供暖立管一般布置在外墙角，或沿两墙之间的外墙内侧布置。楼梯间或其他有冻结危险的场所一般均单独设置立管。双管系统的供水或供汽立管一般置于面向的右侧。

3）查看建筑物内散热器的平面位置、种类、数量（片数）以及安装方式（即明装、半暗装或暗装），了解散热器与电管的连接情况。

凡是有供暖立管（供暖总立管除外）的地方就有散热器与之相连，并且散热器通常都布置在房间外窗内侧的窗台下（也有少数内墙布置的），其目的是使室内空气温度分布均匀。楼梯间的散热器一般布置在底层，或按一定比例分配在下部各层。若图样未说明，散热器均为明装。散热器的片数通常标注在散热器图例近旁的窗口处。

4）了解管道系统上设备附件的位置与型号。

对于热水供暖系统，要查明膨胀水箱、集气罐的平面位置、连接方式和型号。热水供暖系统的集气罐一般安装在供水干管的末端或供水支管的顶端，装于供水干管末端的为卧式集气罐，装于供水立管顶端的为立式集气罐。

若为蒸汽供暖系统，要查明疏水器的平面位置及其规格尺寸，还要了解供暖水平干管和回水水平干管固定支点的位置和数量，以及在底层平面图上管道通过地沟的位置与尺寸等。

识读时还应弄清补偿器与固定支架的平面位置及其种类、形式。凡热胀冷缩较大的管道，在平面图上均用图例符号注明固定支架的位置，要求严格时还应注明固定支架的位置尺寸。方形补偿器的形式和位置在平面图上均有表明，自然补偿器在平面图中均不特别说明。

5）查看管道的管径尺寸和敷设坡度。

供暖管的管径规律是入口的管径大，末端的管径小；回水管的管径规律是起点管径小，出口管径大。管道坡度通常只标注水平下管的坡度。

6）阅读“设计施工说明”，从中了解设备的型号和施工安装要求以及所采用的通用图等，如散热器的类型、管道连接要求、阀门设置位置及系统防腐要求等。

2. 系统图的识读

供暖系统图通常是用正面斜等轴测方法绘制的，表明从供暖总管入口直至回水总管出口的整个供暖系统的管道、散热设备及主要附件的空间位置和相互连接情况。识读系统图时，应将系统图和平面网结合起来对照进行，以便弄清整个供暖系统的空间布置关系。识读系统图时要掌握的主要内容和方法如下。

1）查明热入口装置之间的关系，热入口处热媒的水源、流向、坡向、标高、管径以及热入口采用的标准图号或节点图编号。如有节点详图，则要查明详图编号。

2）弄清各管段的管径、坡度和坡向，水平管道和设备的标高以及各电管的编号。一般情况下，系统图中各管段两端均注有管径，即变径管两侧要注明管径。供水干管的坡度一般为0.003，坡向总立管。散热器支管都有一定的坡度，其中供水支管坡向散热器，回水支管坡向回水立管。

3）弄清散热器的型号、规格及片数。对于光管式散热器，要查明其型号（A型或B型）、管径、片数及长度；对于翼式或柱式散热器，要查明其规格、片数以及带腿散热器的片数；对于其他供暖方式，则要查明供暖器具的结构形式、构造以及标高等。

4）弄清各种阀门、附件和设备在系统中的位置。凡系统图中已注明规格尺寸的，均需与平面图设备材料明细表进行核对。

3. 详图的识读

供暖系统供暖管、回水管与散热器之间的具体连接形式、详细尺寸、安装要求，以及设备和附件的制作、安装尺寸、接管情况等，一般都有标准图，因此，施工人员必须会识读图中的标准图代号，会查找并掌握这些标准图。通用的标准图有：膨胀水箱和凝结水箱的制作、配管与安装，分汽缸、分水器及集水器的构造、制作与安装，疏水管、减压阀及调压板的安装和组成形式，散热器的连接与安装，供暖系统立管、支干管的连接，管道支吊架的制作与安装，集气罐的制作与安装等。

供暖施工图一般只绘平面图、系统图、需要表明而通用标准图中所缺的局部节点详图。

3.1.4 某建筑供暖施工图识读实例

如图3-7～图3-10（见书后插页）所示为某4层建筑供暖平面图、系统图，以该图为例，对其进行识读。

该建筑是一栋4层楼房，朝向为正面朝南，热媒入口设于建筑的西面。从底层供暖平面图可以看到以虚线表示的回水干管走向，从顶层供暖平面图能看到以实线表示的供水干管走向，说明该系统为机械循环上供下回式热水供暖系统。从热媒入口开始，顺水流方向，按下列顺序进行识读：热媒入口→供水总管→供水干管→各立管Ln→各散热器支管→散热器→回水支管→立管→回水下管→热媒出口。

1. 热媒入口及供水、回水干管

从底层供暖平面图可知，热媒入口设在建筑西南角的Ⓐ轴和Ⓑ轴之间，由西向东沿建筑物的内墙设置，埋地敷设在管沟内，回水总管的出口与供水总管的入口在同一地坑内，热媒入口地坑尺寸1000mm×1000mm×1950mm。看顶层供暖平面图，供热水立管从下由①轴和Ⓐ轴处的楼梯同墙角向上，然后水平干管沿走廊向东走，走到⑨轴处分开且在分开点处有两个电动调节阀门，两水平干管末端设有集气罐，引至卫生间。在各层平面图上标有柱式散热器片数和各立管的位置。

由平面图和系统图可以看出，热媒入口处的供水总管为*DN*40，标高为-1.200m，至四楼东侧分开变为两根*DN*32横管，然后供水干管的管径由东向西缩小为*DN*25、*DN*20，其标高为11.250m，总供水干管坡度为0.003，阳面供水干管坡度为0.003，阴面供水干管坡度为0.002，敷设坡度与热水流动方向相反。底层回水干管的两个支路标高为-0.150m，到热媒入口地沟附近标高变为0.200m，出地沟后标高变为-1.200m，回水干管两个支路管径渐变为*DN*20、*DN*25、*DN*32后再合并为

*DN*40，回水干管坡度阴面和阳面都为0.002。

2. 立管

由平面图和系统图可以看出，供暖总管沿着建筑物外墙设置，分别接出各立管，立管编号为L_1 ~ L_{16}，阴阳面各有8根，各立管均为单管单面连接散热器，立管管径和支管管径均为*DN*15，各供水立管上下端都安装同管径截止阀，每个散热器的起端均设置三通磁控调节锁闭阀。

3. 散热器的安装

由各层平面图可以看出，各散热器布置在外墙窗台下，散热器为钢制柱式散热器，数量标注在散热器相应外窗外面，以立管L_1为例，散热器一层16片，二层11片，三层9片，四层10片。系统安装按《散热器及管道安装图》（96K402－2）严格执行。

3.2 室内供暖系统及设备的安装

3.2.1 室内供暖管道的安装

室内供暖系统的安装主要包括供暖管道、散热设备及附属器具等的安装。施工程序一般有两种：一种是先安装散热器，再安装干管，配立管、支管；另一种是先安装干管，配立管，再挂散热器，配支管。也可以散热器和干管同时安装，施工进度要与土建进度配合。

室内供暖系统仅是室内管道工程的一部分。在民用建筑中，它经常要与给水排水管道、燃气管道一同安装；在工业建筑中它经常要与各种工艺管道、动力管道等一同安装。施工时必须统筹兼顾，正确处理各种管道间的关系。一般各管道相遇时，可参照下列原则处理：支管让干管，小管让大管，一般管让高温管，低压管让高压管，次要管让主要管，当然还应根据实际情况协商解决。

室内供暖系统属于建筑物内部的工程项目，它安装在人们生活、工作、学习的场所。因此，施工时既要保证其工作的可靠性，还要考虑美观。

室内供暖管道常用管材是焊接钢管，在高压供暖系统和高层建筑供暖系统中常采用无缝钢管。其连接方法是：管径小于或等于32mm应采用螺纹连接，管径大于32mm应采用焊接，无缝钢管管壁较薄，故一般不用螺纹连接，而采用焊接。

室内供暖管道安装，首先要测线，确定每个管段的实际尺寸，然后按其下料加工。在测线计量尺寸时经常要涉及下列名称，解释如下：

建筑长度：管道系统中两零件或设备中心之间（轴）的尺寸，如图3-11所示。

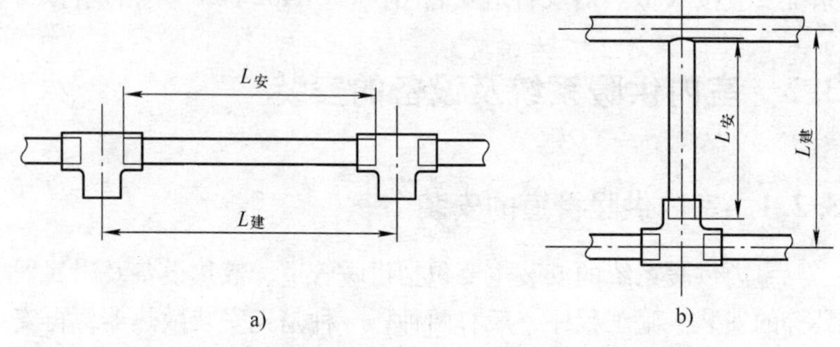

图3-11　建筑长度$L_{建}$与安装长度$L_{安}$

安装长度：零件或设备之间管子的有效长度。安装长度等于建筑长度扣去管子零件或接头装配后占去的长度，如图3-11所示。

加工长度：管干所需实际下料尺寸。对于直管段其加工长度等于安装长度。对弯管段其加工长度不等于安装长度，下料时要考虑煨弯的加工要求来确定其加工长度，如图3-12所示。法兰连接时确定加工长度要注意扣去垫片的厚度。

安装管子时主要要解决切断与连接、调直与弯曲两对矛盾，将管子按加工长度下料，通过加工连接成符合建筑长度要求的管

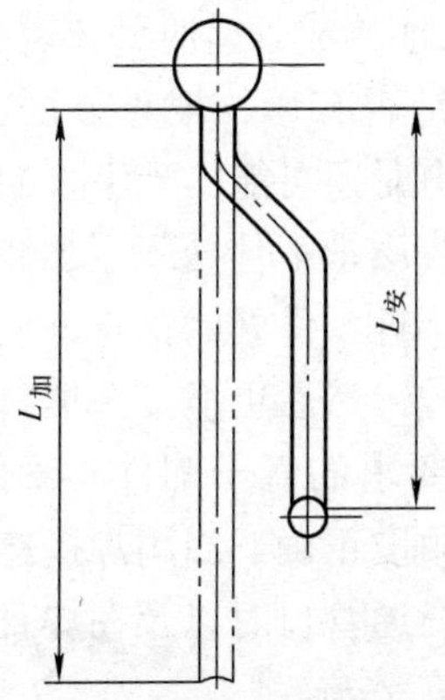

图 3-12　有弯管道的安装长度 $L_{安}$ 与加工长度 $L_{加}$

道系统。

1. 室内供暖系统安装的原则

1）室内供暖管道宜明装，只有在对装饰要求非常高或工艺上有特殊要求的建筑物中才暗装。暗装管道不得直接靠在砌体上，以免影响管道伸缩或破坏结构物。尽可能将立管布置在房间的角落，对于上供下回式系统，供水干管多设在顶层顶棚下，回水干管可敷设在地面上，地面上不允许敷设或净空高度不够时，回水干管可设置在半通行地沟或不通行地沟内。

2）供暖管道不得与输送蒸汽、燃点低于或等于 120℃的可燃液体或可燃、腐蚀性气体的管道在同一条管沟内平行或交叉敷设。室内供暖管道与电气、燃气管道最小净距应符合表 3-2 的规定。

表 3-2　室内供暖管道与电气、燃气管道最小净距

（单位：mm）

热水管	导线穿金属管在上	导线穿金属管在下	电缆在上	电缆在下	明敷绝缘导线在上	明敷绝缘导线在下	裸母线	起重机滑轮线	燃气管
平行	300	100	500	500	300	200	1000	1000	100
交叉	200	100	100	100	100	100	500	500	20

3）钢管安装前及连接成管道时都要进行调直。

安装前检查管子是否有弯，校直方法已在钢管的加工中讲述。将管子连接成管道时还可能出现不直的现象。当用管件连接管子时，有可能因接头质量不佳使管子出现不应有的“弯”。这时可用氧乙炔焰热烤接近零件处的钢管，但调直后要在零件和管子上对应位置做好记号，然后更换接头填料。因此要求材料采购员必须采购质量符合要求的管子配件。管件除了丝头光滑完整外，还应保证接管后角度正确。当用焊接连接管子时，也可能在分支的管道或立管开三通管口时以及在焊直管时使管子局部受热不均而变形。

如果由于开管口引起的弯曲，可在隆起处局部加热管子即可伸直；如为直管焊接，注意要将接口对称点焊，找直之后再分段对称施焊，大直径管子每层焊缝接头错开，可避免或减少焊接引起的弯曲。

管道连接后要保证在 10m 管长上，当直径 $d \leqslant 100$mm 时，纵横方向的弯曲允许偏差小于 5mm；$d > 100$mm 时，纵横方向的弯曲允许偏差小于 10mm。全长在 25m 以上时，横向弯曲允许偏差小于 25mm。多条平行管段在同一平面或立面上，间距允许偏差 3mm。

4）安装管道前应将所用弯管制好。

室内供暖工程中常用弯管有 90°弯头、乙字弯（来回弯）、抱弯（元宝弯）、方形补偿器等。

乙字弯主要用在立管与供、回水干管相连处及散热器供、回水支管上，使立、支管贴近墙面安装较为美观。抱弯主要用在双管系统中供水立管跨过回水支管或回水立管跨过供水支管处。方形补偿器由 4 个 90°弯头组成，用来补偿管道的热胀冷缩。方形补偿器宜用整根无缝钢管煨制，管径 $d < 40$mm 时可用水煤气管。

煨制或组对方形补偿器应在平台上进行，使四个弯头在同一平面上，以免在安装时因为不平，口对不上。为了增加方形补偿器的补偿量，减小弯曲应力，减小由于热胀冷缩量大对管道拖动的影响，一般安装时要预拉伸。预拉伸量为管段计算热伸长值（补偿量）的一半（图 3-13）。预拉的方法在施工现场常用千斤顶，将补偿器的两臂顶伸开，当达到预拉伸量时，用槽钢或钢管在两臂间焊上临时支撑件。待方形补偿器安装就位，且两侧管段的固定支架已焊牢固，再将临时支撑件拆除。

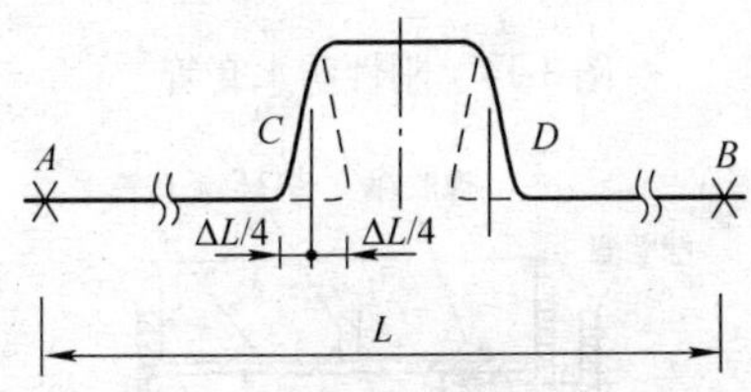

图 3-13　方形补偿器的预拉伸

L—固定支架间距　ΔL—管长 L 时的热伸长量

5）管道穿过建筑物基础、楼板、墙体、设备基础时，要根据设计预留孔洞或埋设套管。套管的作用是防止管道在使用过程中热胀冷缩拖掉墙皮及使管道移动受限。

管道穿过隔墙和楼板大多数情况下采用普通套管，分为钢板套管及钢管套管。钢板套管可用薄钢板卷成圆筒形，钢管套管是用比管径大 1 ~2 号的钢管制成，安装管段时先把预制好的套管穿上。如管道穿过楼板，套管上端应高出地面 20mm，防止上层房间地面水渗流到下层房间，下端与楼板底平。管道穿过地下室或地下构筑物外墙时宜用防水套管。一般可用刚性防水套管，如图 3-14 所示；有严格防水要求时采用柔性防水套管，如图 3-15 所示。防水套管中的填料要填实。如管道穿过有管道煤气的房间，套管与管子之间的空隙必须用防火封堵材料严密封堵。

6）供暖管道承托于支架上，支架应稳固可靠。可由施工图上标出的管道标高、管径以及是否保温等情况，在建筑物墙（柱）上标出支架的位置。一般施工图只标出管道一端的标高，可由此根据管长和坡度推算出另一端的标高和支架位置以及过墙

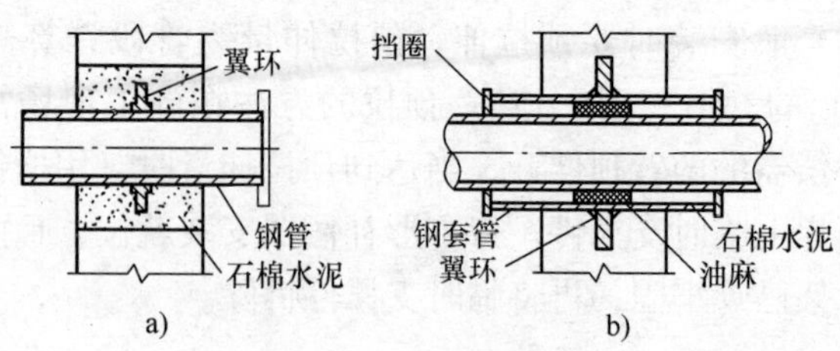

图 3-14 刚性防水套管

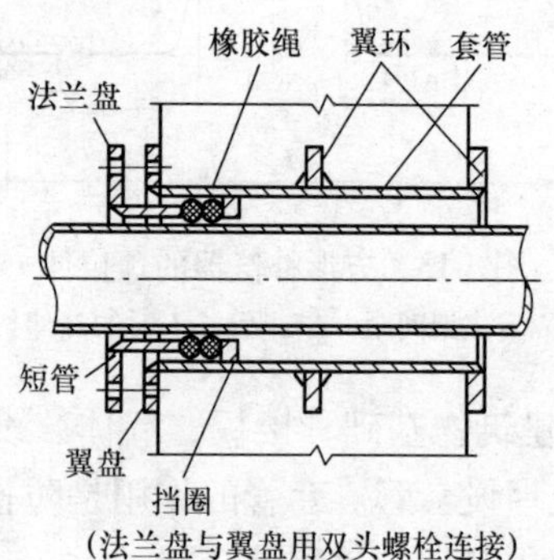

图 3-15 柔性防水套管

洞位置，打通墙洞后由两端支架拉线得出管道上中间各支架的标高。管道支架的数量和位置可根据设计要求确定，若设计上无具体要求时，最大间距应满足表 3-3 和表 3-4 的要求。间距过大会使管道产生过大的弯曲变形而使管内流体不能正常流动。

表 3-3 钢管管道支架最大间距

管子公称直径/mm		15	20	25	32	40	50	70	80	100	125	150	200	250	300
支架最大间距/m	保温管	1.5	2	2	2.5	3	3.5	4	4	4.5	5	6	7	8	8.5
	非保温管	2.5	3	3.5	4	4.5	5	6	6	6.5	7	8	9.5	11	12

表3-4 塑料管及复合管管道支架最大间距

管径/mm			12	14	16	18	20	25	32	40	50	63	75	90	110
支架最大间距/m	立管		0.5	0.6	0.7	0.8	0.9	0.1	1.1	1.3	1.6	1.8	2.0	2.2	2.4
	水平管	冷水管	0.4	0.4	0.5	0.5	0.6	0.7	0.8	0.9	1.0	1.1	1.2	1.35	1.55
		热水管	0.2	0.2	0.25	0.3	0.3	0.35	0.4	0.5	0.6	0.7	0.8		

2. 干管的安装

干管的安装从进户处或分支点开始，首先应了解干管的位置、标高、管径、坡度、立管连接点。供暖图上的标高对管子来讲是指管子中心线的高度，通常以建筑物室内一层地面标高为零点作基准面。坡度用箭头表示，指向标高降低处。干管安装时，首先安装支架，然后使管子就位。

干管常分为几个环路，如环路不太长，分支处处理得当，不仅美观还可利用其自然补偿免去补偿器（图3-16），民用建筑干管上的方形补偿器尽量设在间隔墙上或走廊、楼梯间等辅助房间内，工业建筑干管上的方形补偿器尽量绕柱设置。方形补偿器宜水平安装并与管道坡度相同，如需垂直安装时，应有排气措施。

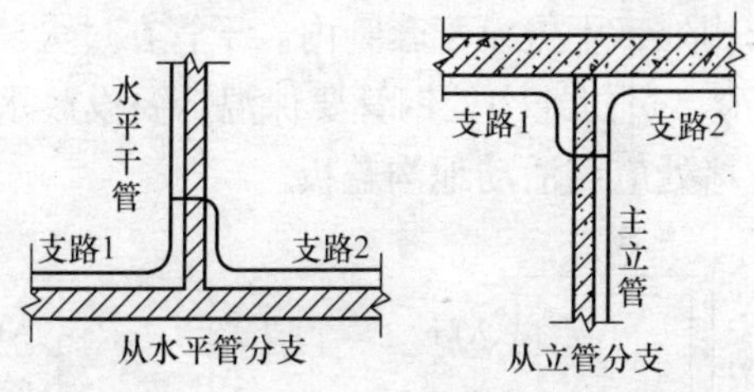

图3-16 自然补偿在管道分支时的应用

在高处安装管道要系安全带。在2m以上作业时要有脚手架。架空的管子可先在地面分段连接好，其长度以架管方便为限。管段吊装一般用滑轮、绞磨和捯链等，不能用草绳等不结实的绳索捆绑。吊装前要检查所用工具有无破损，有破损时不得迁就使用。

干管的安装要求如下：

1）支吊架不得设在焊缝处，应距焊缝不小于50~100mm。

2）并排安装的干管，直线部分应互相平行，水平方向并排管转弯时，各管的曲率半径不等但应同心，垂直方向并排管各管的曲率半径应相等。

3）应保证供暖干管的坡度要求。当热水供暖系统运行时，要保证供暖系统的正常工作和保证其散热效果，需排除系统中的空气，系统维修时要将系统中的水泄出，蒸汽供暖系统工作时要排除管道中的凝结水，需要管道具有一定的坡度。室内供暖干管的坡度如设计未注明时，应符合下列规定：汽、水同向流动的热水供暖管道和汽、水同向流动的蒸汽管道和凝结水管坡度应为0.003，且不得小于0.002；汽、水逆向流动的热水供暖管道和汽水逆向流动的蒸汽管道坡度不应小于0.005。

4）供暖干管上管道变径的位置应在三通后200mm处，不得任意延长变径位置，上供下回式系统的热水干管变径应顶平偏心连接，蒸汽干管变径应底平偏心连接。

5）无论采用焊接、螺纹连接还是法兰连接，接头不得装于墙体楼板等结构处，不得设于套管内。干管在过大门时要设过门地沟（图3-17）。过门地沟处钢管要保温，要设放水阀门或排污丝堵，排污丝堵处应设活动地沟盖板。

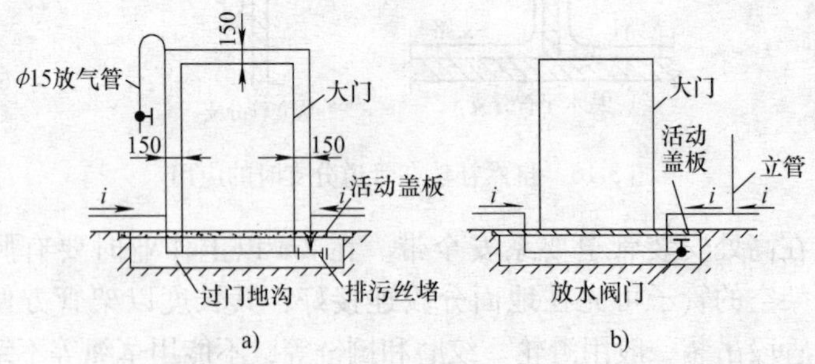

图3-17 室内供暖干管过门的处理方法

a）蒸汽回水管 b）热水干管

6）干管不得穿过烟囱、厕所蹲台等，必须穿过时要在全长上设套管。室内管道引入口不要设在厕所、盥洗室等地下上下水管道较多处，以免地下管道多使布管麻烦，以及地面水、上下水管可能漏的水渗积于引入口小室内，加速钢管锈蚀及开关阀门困难。

7）干管布置在室内半通行地沟内时，地沟净高一般为1m，宽度不应小于0.8m，干管保温层外壁与地沟壁净距不小于100mm，并在适当地方设检修人孔。

3. 立管的安装

干管安装就位后安装立管。立管安装前应对预留孔洞的位置和尺寸检查、维修，直至符合要求，然后在建筑结构上标出立管的中心线，按照立管中心线在干管上开孔焊制三通管。立管安装就位后再安装支管。与干管安装不同，立管安装时常常是先将管道连接好以后再固定立管卡子。

立管的安装要求如下：

1）立管与干管的连接，应采用正确的连接方式，主要决定于干管的连接方式。

①干管为焊接，立管与干管的连接采用焊接，在干管相应位置用氧乙炔焰开割管孔，孔口边缘应整齐，其大小不得小于立管内径。立管管头割成马鞍形。注意立管不得插入干管内焊接，干管与立管接头间隙不应大于2mm。

②干管为螺纹连接时，立管与干管的连接采用螺纹连接。干管接立管处安装有螺纹三通供立管连接用。一般情况下，立管的管径不大（小于32mm），大多数用螺纹连接。

③对于高温水和高压蒸汽供暖系统，为了减少热胀冷缩引起的渗漏，提高供暖的安全可靠性，干管、立管的连接尽量采用焊接（小于32mm也可用螺纹连接），只是在需要拆卸处使用法兰盘，不得使用长丝或活接头。法兰垫料用耐热石棉或橡胶。

2）干管离墙距离远、立管离墙距离近，两者连接点常用图3-18所示方法解决干管和立管离墙距离不同的问题。

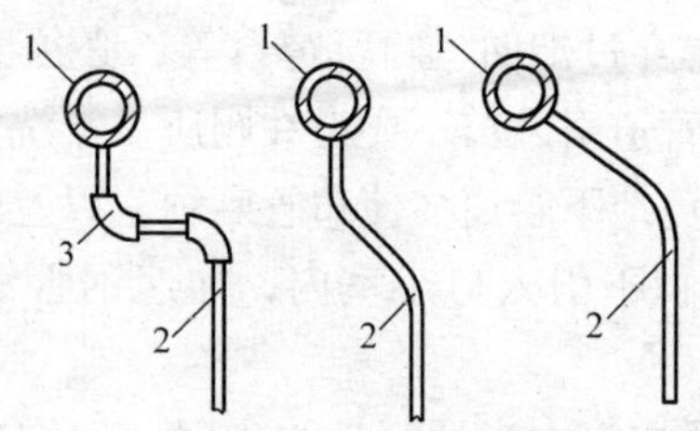

图3-18　干管与立管离墙距离不同的连接方法
1—干管　2—立管　3—螺纹弯头

3）立管上下端应设阀门，便于调节和检修。

4）安装管径小于或等于32mm不保温的供暖双立管管道，两管中心距为80mm，允许偏差为5mm，供水或供汽管应置于面向的右侧。

5）立管安装时要注意垂直，每米高度允许偏差2mm，5m以上高度全高允许偏差8mm。

6）立管管卡安装，主要为保证立管垂直度，防止倾斜。

建筑物层高小于或等于5m时，每层安装一个，管卡距地面1.5~1.8m；大于5m时，每层不得少于两个，应均匀安装。同一房间管卡应安装在同一高度。

7）双管系统的抱弯设在立管上，抱弯弯曲部分外侧向室内。抱弯设在立管上是为了便于先安装立管再安装支管，且有利于排除系统内的空气。

4. 散热器支管的安装

散热器支管一般很短，根据设计上的不同要求，散热器支管可由三段管或两段管组成，由于管子配件多、管道接口多，工作时受力变形较大，所以散热器支管安装较复杂，难度较大。为保证准确性，施工时可取管子配件或阀门实物，逐段比量下料、安装。支管中心距墙一般与立管相同。如果立管中心距墙与散热器接口中心距墙不同，支管上可采用乙字弯。散热器支管的安装要求如下：

1）支管应有坡度，利于散热器排气和放水，否则散热器中充不满水，影响散热。支管的坡向如图3-19所示。坡度大小按下面原则确定：支管全长小于或等于500mm时，坡度值为5mm；支管全长大于500mm时，坡度值为10mm；当一根立管双侧连接散热器时，坡度值按支管长度大的来确定。

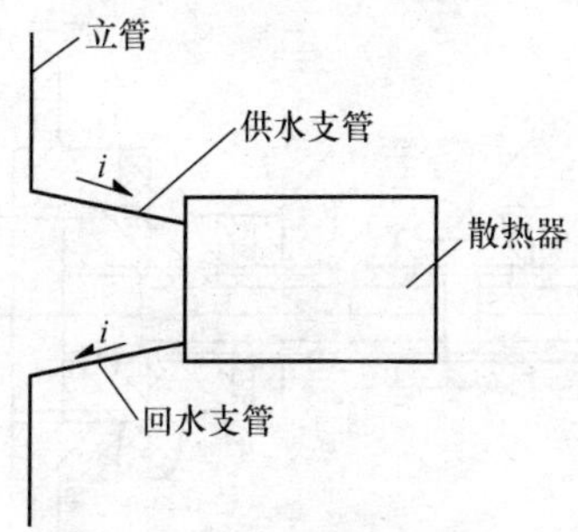

图3-19 散热器支管的坡向

2）散热器支管长度超过1.5m时，中间应设管卡或托钩。散热器支管管径一般较小，若管道自重和管内介质之和超出了钢材所允许的刚度负荷，在散热器支管中间没有支撑件，就会造成弯曲使接口漏水、漏汽。

3）水平式系统水平支管较长，散热器位置固定，常因热胀冷缩使接口漏水，为此水平式系统散热器两侧一定要设乙字弯，隔几组散热器设一方形补偿器。

4）支管与散热器的连接应用可拆卸的活接头或长丝连接。

支管上的阀门和可拆卸管件都应靠近散热器，其中阀门放在靠立管的一侧，可拆卸管件放在非散热器的一侧，以便在关闭阀门的情况下拆装散热器。活接头由母口和子口两部分组成，子口一头安装在来水方向，母口在去水方向，不能装反，如图3-20所示。长丝和根母配合使用，长丝一头为短的锥形螺纹，另一头为长的圆柱形螺纹，可全部拧入散热器的内外丝孔内，当管长合适时将根母压紧填料圈即将长丝紧固且不泄漏，如图3-21所示。

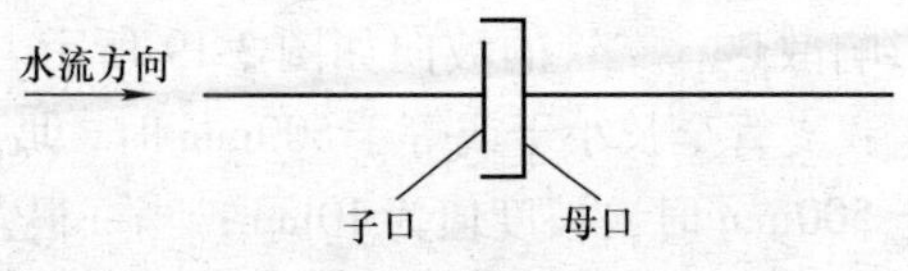

图 3-20　活接头的安装

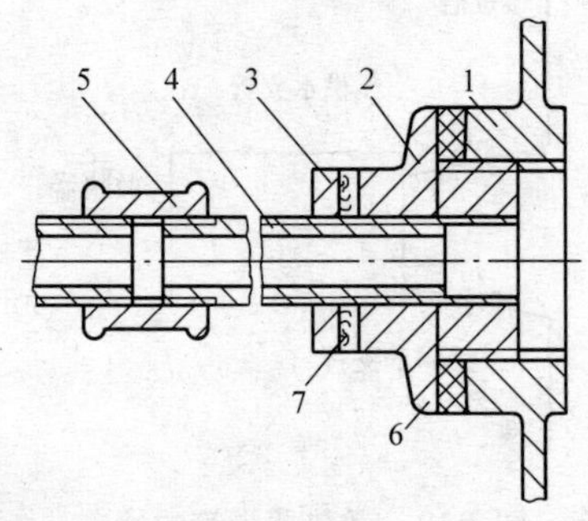

图 3-21　散热器支管上用长丝连接

1—散热器对丝孔　2—散热器内外丝　3—根母

4—长丝　5—管箍　6—散热器垫圈　7—填料

5）半暗装散热器支管采用直管段连接，明装或暗装散热器用煨弯管或弯头配制的弯管连接。弯管中心距散热器边缘尺寸不得超过 150mm。

3. 2. 2　室内供暖设备的安装

1. 散热器的安装

散热器的种类较多，常用的散热器按材质分为铸铁散热器、钢制散热器、铝合金散热器；按其形状不同又分为翼式散热器、柱式散热器、串片式散热器、板式散热器、扁管式散热器、排管式散热器及对流辐射式散热器。不同的散热器其安装方法也不同。

（1）安装散热器前的检查

1）散热器应无裂纹、可见砂眼、外部损伤。

2）60 型散热器顶部掉翼数只允许 1 个，其长度不得超过

50mm；侧面掉翼数不得超过2个，其累计长度不得超过200mm。掉翼面应朝墙安装。圆翼式散热器掉翼数不得超过2个，累计长度不得大于翼片周长的1/2，安装时掉翼面应向下或朝墙安装。

3）散热器的加工面要平整、光滑，螺纹要完好，检查方法是用连接对丝在内螺纹接口上拧试，如果能较顺利地用手拧入，则内螺纹完好。

4）散热器上下接口要在同一平面内，检查的方法是用拉线检查，如上下接口端面各点都与拉线紧贴，则接口端面平整。

（2）散热器组对

1）散热器组对前，按设计型号、规格进行检查验收、质量鉴定，然后将要组对的散热器片内铁渣、污物清理干净，清除对口处浮锈并上机油，备好组对工作台或支架。

2）组对时，按设计的片数和组数，选用合格对丝、丝堵、补芯进行组对。散热器进水（汽）端的补芯为正扣，回水端的补芯为反扣，图3-22所示为丝堵与对丝的正、反扣。

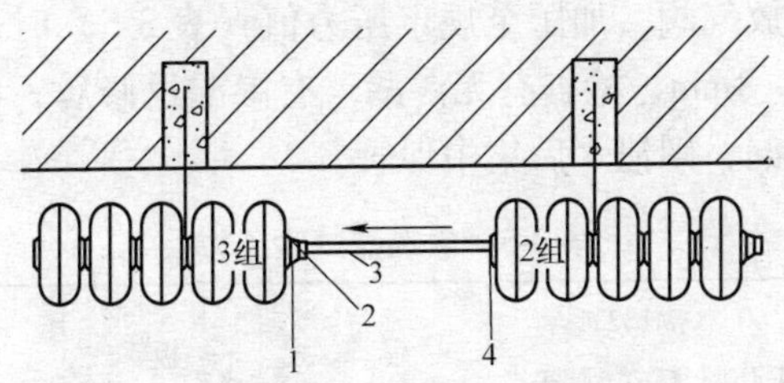

图3-22 丝堵与对丝的正、反扣

1—正扣补芯 2—根母 3—连接管 4—反扣补芯

3）两人一组，在操作台上，使相邻两片散热器间正、反丝口相对，中间放对丝。将对丝拧1~2扣到第一片正丝口内，套上垫片，将第二片反丝口瞄准对丝，找正后，对面两人各自一手扶住散热器，一手将钥匙插入第二片正丝口里，将钥匙稍稍反拧，听到“咔嚓”声，对丝入扣。对丝及钥匙如图3-23所示。缓缓地交替拧紧上下对丝。挤紧垫片，垫片不得露出颈外。如此逐片组对，直至达到设计片数。

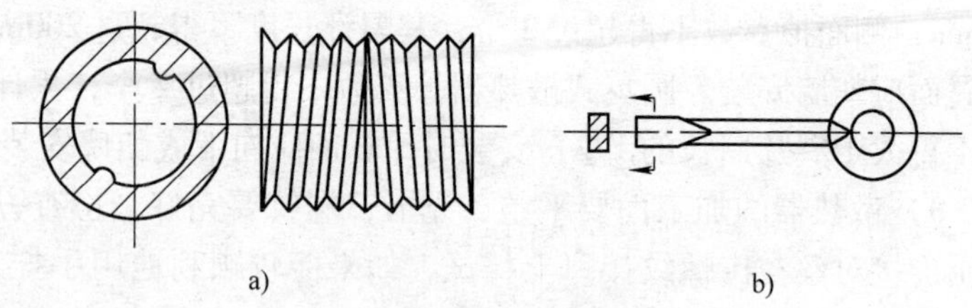

图 3-23　对丝及钥匙
a）汽包对丝　b）钥匙

4）柱式散热器组对，14 片以内，两片带腿。15 ~ 24 片为三片带腿。组对后，每组散热器的连接长度不宜超过 1.6m。细柱散热器不宜超过 25 片；粗柱散热器不宜超过 20 片；长翼散热器不宜超过 6 片。

5）组对后的散热器应轻轻搬运，集中存放后，进行水压实验。水压实验时，上好临时丝堵和补芯，安上放气阀，连好试压泵。打开进水阀向散热器内充水，同时打开放气阀排放空气，水满后，关闭放气阀，加压至规定压力值（表 3-5）时，关闭进水阀，稳压 2 ~ 3min，检查有无渗漏。有渗漏返修后，再进行水压实验；无渗漏，则泄水后集中保管。

表 3-5　散热器试验压力

散热器型号	60 型、M132 型、M150 型、柱式、圆翼式		扁管式		板式	串片式	
工作压力/MPa	≤0.25	>0.25	≤0.25	>0.25	—	≤0.25	>0.25
试验压力/MPa	0.4	0.6	0.6	0.8	0.75	0.4	1.4
要求	试验时间为 2 ~ 3min，不渗不漏为合格						

（3）散热器安装　散热器一般多暗装于外墙的窗下，并使散热器组的中心线与外窗中心线重合。散热器的安装形式有明装、暗装和半明半暗三种。明装为散热器全部裸露于墙的内表面

安装；半暗装为散热器的一半嵌入墙槽内的安装，如图3-24所示；暗装为散热器全部嵌入墙槽内的安装。

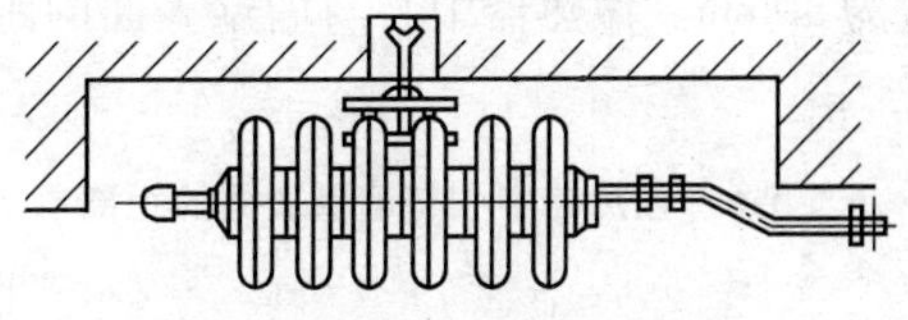

图3-24 散热器半暗装

散热器的安装应着重强调其稳固、端正、美观，按其安装的支撑方式分，有直立安装和托架安装两种形式。其中直立安装又有两种情况：一是对柱式散热器靠其足片直立于地面上安装，并在距散热器底部2/3处设一卡件，以控制其不会倾倒，如图3-25a所示；二是散热器安装所依托的建筑物为轻型结构，不足以支撑散热器组自重时，采用底部用支座，中上两部用卡件的安装方式，如图3-25b所示。托架安装时，可用托钩支撑散热器组重量，也可在散热器底部设托钩，中上部设卡件以固定散热器组，如图3-25c所示。散热器安装要求如下：

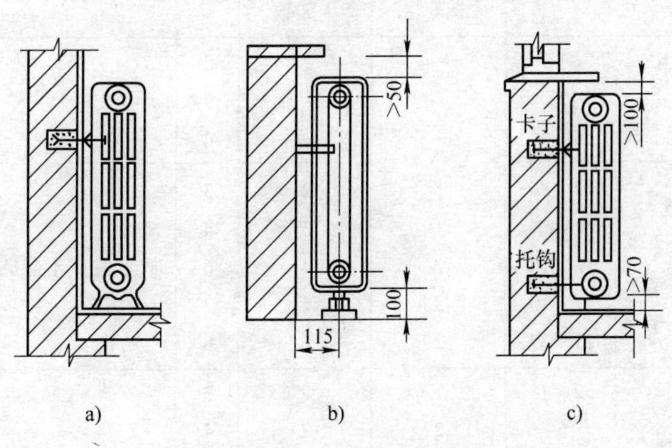

图3-25 散热器安装

a）直立安装 b）支座、卡件固定散热器 c）托架安装

1）将符合要求的散热器运至各个房间，根据安装规范，确

定散热器安装位置，标出托钩和卡子安装位置。散热器背面与装饰后的墙内表面安装距离应符合设计或产品说明书要求，如设计未注明，一般为30mm。散热器中心与墙壁表面的距离可参照表3-6的规定。

表 3-6 散热器中心与墙壁表面的距离

（单位：mm）

散热器型号	60 型	M132 型	四标式	圆翼式	扁管式、板式（外沿）	串片式	
						平放	竖放
中心至墙表面距离	115	115	130	115	80	95	60

2）用电动工具打孔，应使孔洞里大外小。托钩埋深应大于或等于120mm，固定卡埋深应大于80mm。栽钩子（固定卡）时，应先检查其规格尺寸，符合要求后，安装在墙上，其数量见表3-7。

表 3-7 散热器支、托架数量

散热器型号	每组片数	上部托钩或卡架数	下部托钩或卡架数	总计	备 注
圆翼式	1	—	—	2	
	2	—	—	3	
	3~4	—	—	4	
柱式	3~8	1	2	3	柱式不带足
	9~12	1	3	4	
M132 型 M150 型	13~16	2	4	6	
	17~20	2	5	7	
	21~25	2	6	8	
60 型	2~4	1	2	3	
	5	2	2	4	
	6	2	3	5	
	7	2	4	6	
扁管式、板式	1	2	2	4	

（续）

散热器型号	每组片数	上部托钩或卡架数	下部托钩或卡架数	总计	备　注
串片式	每根长度小于1.4m 长度为1.6～2.4m			2 3	多根串联的托钩间距不大于1m

注：1. 轻质墙结构，散热器之间可用特制金属托架支撑。

2. 安装带足的柱式散热器，每组所需带足片数为：14片以下为2片；15～24片为3片。

3. M132型及柱式散热器下部为托钩；上部为卡架；长翼式散热器上下均为托钩。

3）将丝堵和补芯加散热器胶垫拧紧到散热器上，待埋钩子（固定卡）的砂浆达到强度后，即可安装散热器。

4）翼式散热器安装时，掉翼面应朝墙安装；挂式散热器安装，需将散热器抬起，将补芯正扣的一侧朝向立管方向，慢慢落在托钩上，挂稳、找正；带腿或底架的散热器就位后，找正、平直后，上紧固定卡螺母；带足散热器安装时若不平，可用锉刀磨平找正，必要时用垫铁找平，严禁用木块、砖石垫高。

5）串片式散热器安装时，应保持肋片完好。松动片数不允许超过总片数的2%。受损肋片应朝向下或墙安装。

6）同一楼层，散热器安装高度应一致，特别是同一房间。散热器底部有管道通过时其底与地面净距不得小于250mm，一般情况下，散热器底距地面净距不得小于150mm。

7）散热器一般垂直安装，圆翼式散热器应水平安装。串片式散热器尽可能平放，减少竖放。

8）散热器安装的允许偏差及检验方法见表3-8。安装完，用弯头、三通、活接头、管箍、阀门等管件连接到供暖系统中。

2. 膨胀水箱的安装

热水供暖系统中膨胀水箱有三个作用：调节水量、稳定压力、排除空气。膨胀水箱一般用普通钢板焊接而成。形状有方形

表 3-8　散热器安装的允许偏差及检验方法

（单位：mm）

<table>
<tr><th colspan="5">项　　目</th><th>允许偏差</th><th>检 验 方 案</th></tr>
<tr><td rowspan="17">散热器</td><td rowspan="2">坐标</td><td colspan="3">背面墙面距离</td><td>3</td><td rowspan="3">用水准仪（水平尺）、直尺、拉线和尺量检查</td></tr>
<tr><td colspan="3">与窗口中心线</td><td>20</td></tr>
<tr><td>标高</td><td colspan="3">底部距地面</td><td>±15</td></tr>
<tr><td colspan="4">中心线垂直度</td><td>3</td><td rowspan="2">吊线和尺量检查</td></tr>
<tr><td colspan="4">侧面倾斜度</td><td>3</td></tr>
<tr><td rowspan="12">全长内的弯曲</td><td rowspan="6">灰铸铁</td><td rowspan="2">长翼式</td><td>2~4 片</td><td>4</td><td rowspan="12">用水准仪（水平尺）、直尺、拉线和尺量检查</td></tr>
<tr><td>5~7 片</td><td>6</td></tr>
<tr><td rowspan="2">圆翼式</td><td>2m 以内</td><td>3</td></tr>
<tr><td>3~4m</td><td>4</td></tr>
<tr><td rowspan="2">M132 型柱式</td><td>3~14 片</td><td>4</td></tr>
<tr><td>15~24 片</td><td>6</td></tr>
<tr><td rowspan="6">钢制</td><td rowspan="2">串片式</td><td>2 节以内</td><td>3</td></tr>
<tr><td>3~4 节</td><td>4</td></tr>
<tr><td rowspan="2">扁管式（板式）</td><td>$L<1$m</td><td>3(4)</td></tr>
<tr><td>$L>1$m</td><td>5(6)</td></tr>
<tr><td rowspan="2">柱式</td><td>3~12 片</td><td>4</td></tr>
<tr><td>13~20 片</td><td>6</td></tr>
</table>

和圆形（图 3-26）。圆形比方形节省钢材，容易制作，材料受力分布均匀。水箱顶部的人孔盖应用螺栓紧固，水箱下方垫枕木或角钢架。水箱内外刷防锈漆，并要进行满水试漏，箱底至少比室内供暖系统最高点高出 0.3m。有时与给水箱一同安装在层顶的水箱间内。如安装在非供暖房间里要保温。

膨胀水箱上有 5 根管，即膨胀管、循环管、溢流管、信号管和排水管。膨胀管一般应连接到循环水泵前的回水总管上，不宜连接到某一支路回水总管上。循环管使水箱内的水不冻结，当水箱所处环境温度在 0℃以上时可不设循环管。有循环管时其安装方法如图 3-27 所示。溢流管供系统内的水充满后溢流之用，其末端接到楼房或锅炉房排水设备上，为了便于观察，不允许直接与下水道相接。为了保证系统安全运行，膨胀管、循环管、溢流管上部不允许设置阀门。信号管又称检查管，供管理人员检查系统内水是否充满用。信号管末端接到锅炉房内排水设备上方，末端装有阀门。

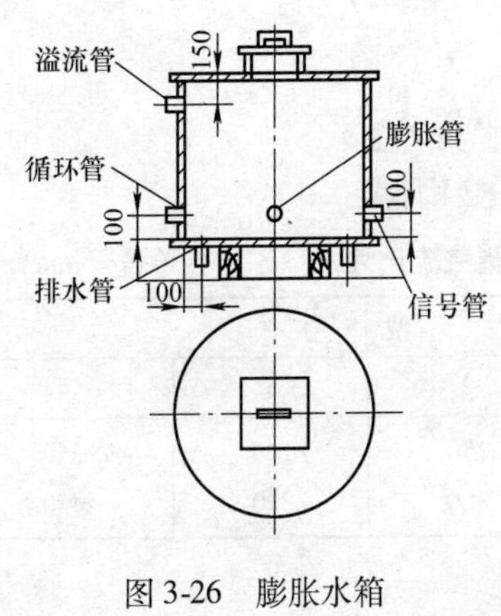

图 3-26　膨胀水箱

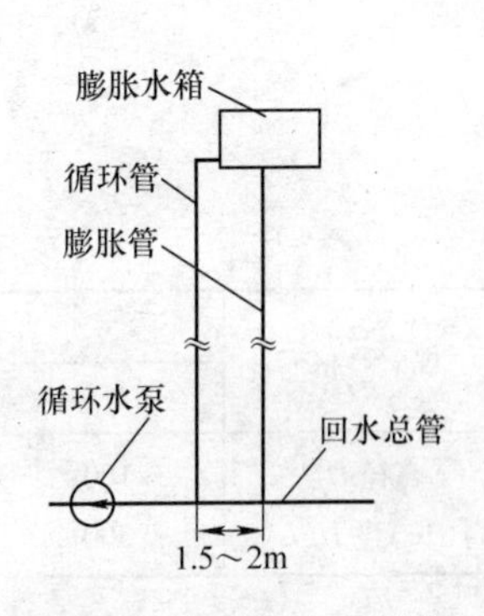

图3-27　膨胀水箱膨胀管与循环管的安装

3. 集气罐的安装

集气罐一般用厚 4 ~ 5mm 的钢板卷成或用 ϕ100 ~ ϕ250 的钢管焊成。集气罐安装在供暖系统的最高点，作用是收集和排除供暖系统中的空气，集气罐有两种：手动集气罐（即靠人工开启阀门放气）和自动集气罐（即自动放气）。根据安装形式不同，集气罐可分为立式和卧式两种，如图 3-28 所示。

手动集气罐可根据下列要求进行选用：顺流式集气罐有效容积应为膨胀水箱容积的 1%，其直径应大于或等于干管直径的 1.5 ~ 2 倍，使水在其中的流速不超过 0.05m/s。立式及卧式集气罐尺寸见表 3-9。

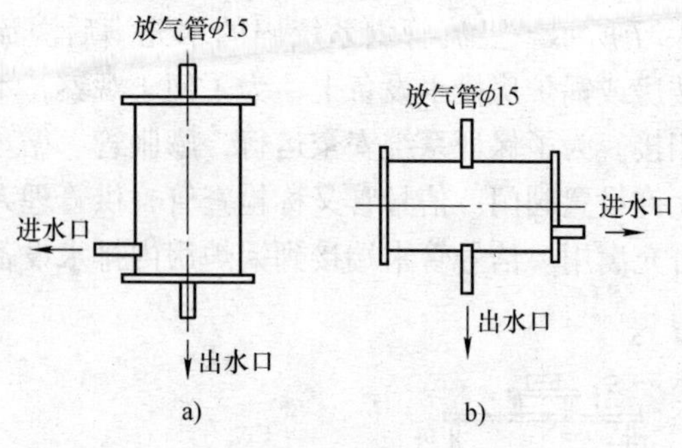

图 3-28 集气罐

a）立式 b）卧式

表 3-9 集气罐尺寸 （单位：mm）

规 格	型 号			
	1	2	3	4
直径 D	100	150	200	250
高(长)度 $H(L)$	300	300	320	430

集气罐安装要求如下：

1）上供式系统中，集气罐放在供水干管末端或连在倒数第一、二根立管接干管处；下供式系统往往与空气管相接。

2）集气罐的安装位置应尽量远离三通、弯头等局部配件，以免由于局部阻力引起的涡流影响气泡排除，其后散热器不热。

3）为了增大储气量，集气罐进、出水管宜接近箱底，罐上部要设放气管，放气管末端要设排气阀，并通到有排水设施处。

4）自动集气罐前应设置截止阀，以便检修或更换自动排气阀。

4. 除污器的安装

除污器的作用是过滤和清除供暖系统中的污物，防止管道和设备堵塞。一般安装在锅炉房循环水泵的吸入口或热交换器前，集中供暖系统用户引入口的供水总管上，特别是调压板前，也应装设除污器。

立式除污器为圆柱形筒体，出水管伸入筒体内的部分，上面有许多小孔，上盖上设有排气阀，底部有排污丝堵，如图 3-29 所示。系统运行时，热水从进水管进入筒体内，由于断面突然扩大，水流速度突然降低，于是水中污物便沉到筒体底部。除污后的净水通过有大量小孔的出水接管进入系统的管道中。

除污器一般按照与之连接的干管直径选定，除污器接管直径应与干管直径相同，安装时，先安装支架，将除污器在支架或砖支座上就位并且与管道连接，除污器一般用法兰与管道连接，前后应安装阀门和设旁通管。

1）安装时注意方向，即热介质应从管板孔的网格外进入，如将出水口作为进水口，会使大量沉积物积聚在出水管内而堵塞，正确的安装方法如图 3-29 所示。

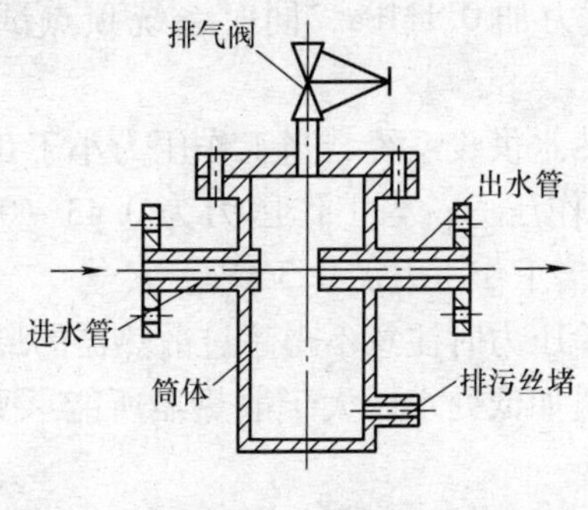

图 3-29 除污器

2）除污器应有单独设置的支架，支架位置要避开排污口，以免妨碍正常操作。

3）单台设置的除污器应设置旁通管，以保证除污器出现故障或清除污物时热水能从旁通管通过而连续供暖。

4）除污器要定期清理内部污物，以防止其影响热水循环。

5）除污器前后应安装压力表，便于观察截留污物情况，及时冲洗滤网。

3.2.3 室内供暖系统的试压与试运行

1. 供暖设备的试压和清洗

室内供暖系统安装完毕后，正式运行前必须进行试压。试压的目的是检查管道的机械强度与严密性。为了便于找出泄漏处，一般采用水压试验，在室外气温过低时，可采用气压试验。室内供暖系统试压可以分段，也可整个系统进行。

试验压力按设计要求确定，如设计无明确要求则遵循下列原则：

1）对低压蒸汽供暖系统，试验压力为系统顶点1倍工作压力，同时系统底部压力不得小于0.25MPa。

2）对低温热水供暖系统和高压蒸汽供暖系统，试验压力为系统顶点工作压力加0.1MPa，同时系统顶点试验压力不得小于0.3MPa。

3）对高温热水供暖系统，当工作压力小于0.43MPa时，试验压力为2倍工作压力；当工作压力为0.43～0.71MPa时，试验压力等于1.3倍工作压力加0.3MPa。

4）确定试验压力时注意不得超过散热器的最大承压能力。

5）高层建筑如低处水压大于散热器所能承受的最大试验压力时要分层试压。

试压在管道刷漆、保温之前进行，以便进行外观检查和修补。试压用手压泵或电泵进行。关闭入口总阀门和所有排水阀，打开管道上其他阀门（包括排气阀）。一般从回水干管注入自来水，反复充水、排气，检查无泄漏处之后，关闭排气阀及注自来水的阀门，再使压力逐渐上升。在5min内压力降不大于0.02MPa者为合格。如有漏水处应标好记号，修理好后重新加压，直到合格为止。管道试压时要注意安全，加压要缓慢，事后必须将系统内的水排净。

管道使用前应进行清洗，以去除杂物。管道清洗可在试压合格后进行。清洗前应将管道上的流量孔板、滤网、温度计、止回阀等部件拆下，清洗后再装上。热水供暖系统用清水冲洗，反复数次，直到排水处水色透明为止。如系统较大，管道较长，可分段冲洗。蒸汽供暖系统可用蒸汽吹洗，从总汽阀开始分段进行，一般设一个排汽口，排汽管接到室外安全处。吹洗过程中要打开疏水器前的冲洗管或旁通路阀门，不得使含污的凝结水通过疏水器排出。

2. 供暖系统试运行

室内供暖系统的试运行在试压合格并经过清洗后进行，目的是在系统热状态下，检验系统的安装质量和工作情况。此项工作可分为系统充水、系统通热和初调节三个步骤进行。

系统的充水工作由锅炉房开始，一般用补水泵充水。向室内供暖系统充水时，应先将系统的各集气罐排气阀打开，水以缓慢速度充入系统，以利于水中空气逸出，当集气罐排气阀流出水时，关闭排气阀门，补水泵停止工作。经过一段时间后，再将集气罐排气阀打开，启动补水泵，当系统中残留的空气排除后，将排气阀关闭，补水泵停止工作，此时系统已充满水。

接着，锅炉点火加热水温升至50℃时，循环泵启动，向室内送热水。这时，工作人员应注意系统压力的变化，室内供暖系统入口供水管上的压力不能超过散热器的工作压力。还要注意检查管道、散热器和阀门有无渗漏和破坏的情况，如有故障，应及时排除。

上述情况正常，可进行系统的初调节工作。热水供暖系统的初调节方法是：通过调整用户入口的调压板或阀门，使供水管压力表上的读数与入口要求的压力保持一致，再通过改变各立管上阀门的开度来调节通过各立管散热器的流量，一般距入口最远的立管阀门开度最大，越靠近入口的立管阀门开度越小。蒸汽供暖系统的初调节方法是：首先通过调整用户入口的减压阀，使进入室内的蒸汽压力符合要求，再改变各立管上阀门的开度来调整通过各立管散热器的蒸汽流量，来达到均衡供暖的目的。

3.3 室外供暖管道与设备的安装

3.3.1 室外供暖管道的安装

热媒由热电站或中心锅炉房到用户，要靠室外供暖管道和设备运送，往往要经过几公里或几十公里的长距离。与室内供暖管道相比较，室外供暖管道拐弯和分支少，但管径大，管线长，热媒压力较大，温度也较高。所以室外热力管道的施工安装、质量要求等都较严格，任务也较艰巨。

室外供暖管网主要由供暖管道、支座、补偿器、阀门等组成。室外供暖管道的管材应按设计要求选用。当设计未注明时，应符合如下规定：管径小于或等于 40mm 时，应使用焊接钢管；管径为 50 ~ 200mm 时，应使用焊接钢管或无缝钢管；管径大于 200mm 时，应使用螺旋焊接钢管。

室外供暖管道均采用焊接连接。

室外供暖管道的敷设形式可分为地上架空敷设与地下敷设两类。地上架空敷设的支架有低支架、中支架、高支架、架墙架、悬吊支架、拱形支架等。地下敷设可分为地沟敷设和无地沟直埋敷设两种。地沟形式有可通行地沟、半通行地沟和不可通行地沟三种。供暖管道采用地沟敷设较多，燃气及给水排水管道一般是直接埋地的，这两种方法都有大量的土方工程，并花费较高的土方工程费。

1. 室外架空管道安装

架空敷设广泛应用于工厂区和城市郊区。它是将供暖管道敷设在地面上的独立支架或带纵梁的格架、悬吊支架上，也可以敷设在墙体的墙架上。

架空敷设管道的优点是管道不受地下水的侵蚀和土壤腐蚀，因而管道的使用寿命长；由于空间开阔，有条件采用工作可靠、构造简单的方形补偿器；施工土方量少，施工维修方便，造价低，并易于发现管道事故及时检修。其缺点是占地面积和所占空间较多，管道热损失大，而且不够美观，另外管道的起重吊装和高处作业也带来不少麻烦。

对于厂区和城市郊区的供暖管道，在下述任何一种情况下，应首先考虑采用管道架空敷设：

在地形复杂如遇有河流、丘陵、高山峡谷等的地区或铁路密集区。

在地质为湿陷性黄土层和腐蚀性大的土壤区或永久性冻土区；在地下水位距地面小于1.5m的地区；在地下管道纵横交错、稠密复杂、难以再在地下敷设热力管道的地区。

在地面上有煤气管道及各种工艺管道时，可考虑供暖管道与其他管道共架敷设时。

虽然没有上述情况，但在厂区和城市郊区对美观要求不高时，也应选用地上架空敷设。在寒冷地区，因采用架空敷设而造成供暖管道热损失过大使热媒参数无法满足用户要求时，或因供暖管道间歇运行而采用保温防冻措施造成架空敷设在经济上不合理时，则不适于采用架空敷设。

（1）管道架空敷设形式　架空敷设的热力管道所用支架按其结构材料分为砖砌、毛石砌、钢筋混凝土预制或现场浇筑，以及钢结构、木结构等形式。其中砖砌、毛石砌支架造价低，但承受纵向推力小，只适用于低支架。木结构支架不耐用，只适用于临时性工程。钢结构支架虽耗钢量大，但强度大，可用于供暖管道跨越铁路、公路及其他建筑物时的敷设。钢筋混凝土支架坚固耐用，可承受较大纵向推力，节约钢材，是目前应用最广泛的支架。

架空敷设的形式按其支架高度可分为低支架敷设、中支架敷设和高支架敷设三种，如图3-30所示。

1）低支架敷设。常用于工厂沿围墙或平行于公路、铁路的管道敷设。为了避免地面雨雪水对管道的侵蚀，低支架敷设的管道保温层外表面至地面的净距一般应保持0.5～1m。

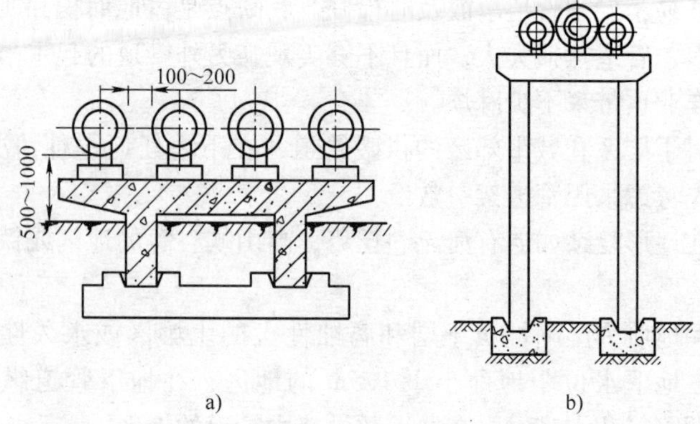

图 3-30 管道支架敷设
a）低支架 b）中、高支架

2）中支架敷设。在行人交通频繁地段，需要通行火车的地方宜采用中支架敷设。中支架的净空高度为 2.5 ~4.0m。

3）高支架敷设。高支架敷设因其支架高、截面尺寸大、耗材料多，故主要用于过铁路、公路等处。支架上管道保温层外表面至地面的净距一般为 4 ~6m。

（2）架空敷设管道安装 在安装架空管道之前要先把支架安装好，管道尽可能在地面上制作接口，将其预制成一定长度的管段，然后用吊装的方法安放到管道支架上，以减少在空中制作管道的接口。支架的加工制作及吊装就位工作，一般都由土建部门来完成。架空敷设管道安装时，首先应对支架的稳固性、中心线和标高进行严格检查，应用经纬仪测定各支架的位置及标高，检验是否符合设计图样的要求。各支架的中心线应为一直线，不许出现“之”字形曲线。一般管道是有坡度的，故应检查各支架的标高，不允许由于支架标高的错误而造成管道的反向坡度。

管道就位应采用吊装的方法，一般都是采用起重机械，如汽车式起重机、履带式起重机等，将其安装在支架上调整好位置，然后制作管道的最后接口。

架空敷设管道的安装要求如下。

1）管道焊缝应离开支架一定距离，不应设在支架上，最好设在距支架为两支架间距离五分之一的位置上，此处弯矩接近于零。

2）架空敷设管道的安装高度因安装位置要求而不同：人行地区不应低于2.5m；通行车辆地区不应低于4.5m；跨越铁路距轨顶不应小于6m。

3）架空敷设管道位置允许偏差为20mm，标高允许偏差为10mm。

2. 地下管道安装

地下敷设适用于城市规划地区，当不允许架空敷设时，应用地下敷设，如厂区或街区交通特别频繁以致管道架空敷设有困难或影响美观时；在蒸汽供暖系统中，凝结水是靠高差自流回水时。

（1）地下敷设管道形式

1）可通行地沟。在下列情况下，可考虑采用可通行地沟敷设：当热力管道通过的路面不允许挖开时；管道类型较多，管道数量较多（超过6根以上），或管径较大，管子垂直排列高度大于或等于1.5m时。通常应用于热电厂出口、厂区主要干线或城市主要街区。

可通行地沟如图3-31所示，是用砖或块石砌筑的地沟，上面覆盖以钢筋混凝土预制板，或整体浇筑的沟盖。在地沟内除管道所占的地方外，还有足够的空间可供检修人员通行，并且每隔一定距离就设置供人出入的人孔和照明灯；地沟应有通风措施，以便在需要下地沟检修时，开动风机进行换气。地沟的沟底还应设有坡度和排水设施。

2）半通行地沟。用于管道数目不多，同时又不能挖开路面进行热力管道的检查或维修的情况下。半通行地沟可用砖或钢筋混凝土预制块砌成，管子沿沟底或沟壁铺设。断面尺寸应满足维护检修人员进入沟内进行维修和弯腰行走的需要，一般高度为

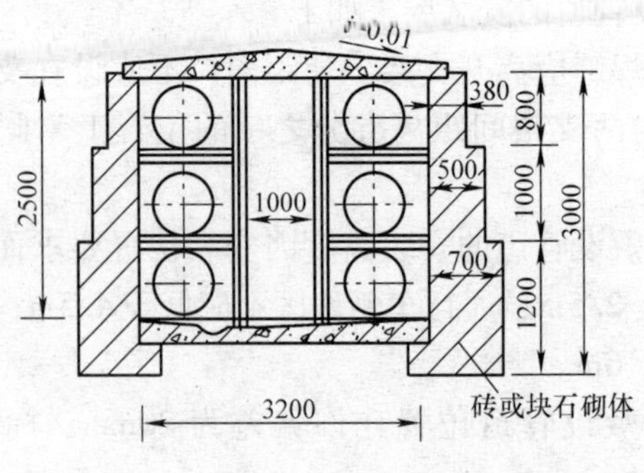

图 3-31　可通行地沟

1. 3 ~ 1. 5m，通道净宽为 600 ~ 700mm，如图 3-32 所示。当管道直线长度超过 60m 时，应设置一个检修出入口（人孔或小室）。由于工作人员不是经常出入管沟，因此沟内不需要设置专门的通风和照明设备，只在进行检修时设置临时的通风和照明装置。

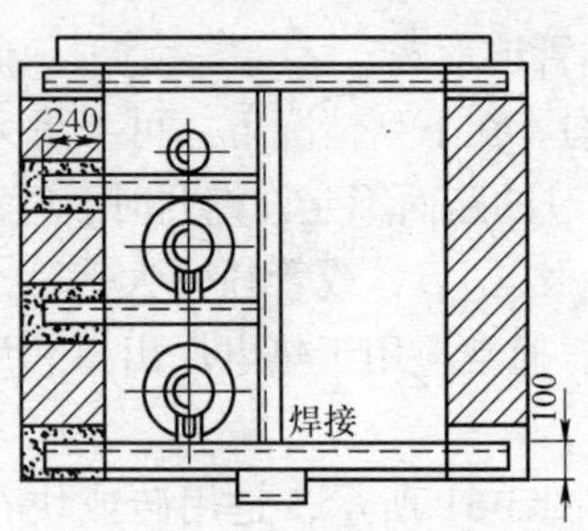

图 3-32　半通行地沟

3）不可通行地沟。用于土壤干燥、地下水位低、管道根数不多且管径小、管道维修工作量不大的情况。不可通行地沟如图 3-33 所示，地沟断面尺寸较小，占地面积小，并能保证管道在沟内自由变形。地沟土方量及材料消耗少，省投资。不可通行管沟敷设的最大缺点是难以发现管道中的缺陷和事故，维护检修不方便。地沟的断面尺寸根据管道根数、管径大小及管道在沟内布置情况、支座形式而定。

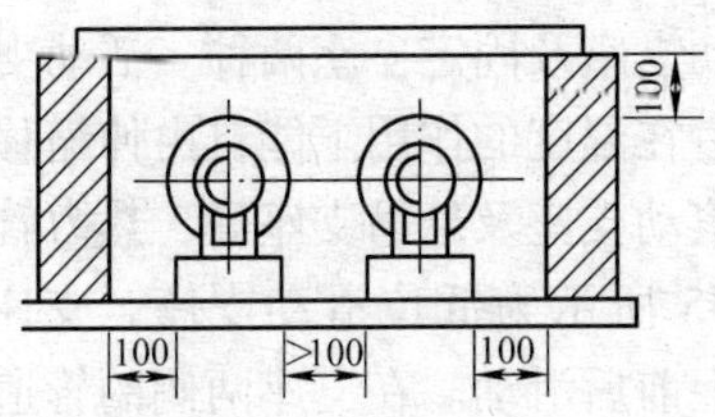

图 3-33　不可通行地沟

4）无地沟敷设。用于下列情况：土质密实而又不会沉陷的地区，如砂质黏土；地震的基本烈度不大于 8 度、土壤电阻率不小于 20Ω/m、地下水位较低、土壤具有良好渗水性以及不受工厂腐蚀性溶液侵入的地区；公称直径小于 500mm 的热力网管道。无地沟敷设如图 3-34 所示，是将管道直接埋于地下，而不需建造任何形式的专用建筑物，有泡沫混凝土浇筑式及装配与浇筑结合等保温形式，投资要比不可通行地沟节省 20% ~50%。

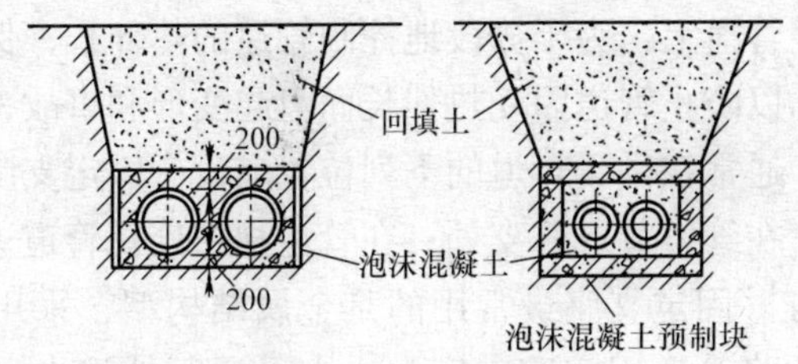

图 3-34　无地沟敷设

（2）地下敷设管道安装　地沟内敷设的供暖管道安装，应在地沟土建结构施工结束后进行。供暖管道施工前要对地沟结构进行验收，按设计要求检查地沟的坐标、沟底标高、沟底坡度、地沟截面尺寸和地沟防水等内容，如符合要求，做好验收记录。如为无地沟敷设，可直接进行管道的安装。

地沟检查合格后，就可进行下管安装。在安装管道前要先用经纬仪测定管道的安装中心线及标高，根据管道的标高先安装好管道的支座，然后安装管道。

支座的作用是支撑管道并限制管道的变形和位移。供暖管道常用的支座有活动支座及固定支座两种。活动支座直接承受管道的重量，并使管道在温度的作用下能自由伸缩移动。活动支座可分为滑动支座、滚动支座及悬吊支座等，热力管道上最常用的是滑动支座。图 3-35 所示为低位滑动支座，支座焊在管道下面，可在混凝土底座上前后滑动。在支座两侧的管道保温不能影响支座自由滑动。

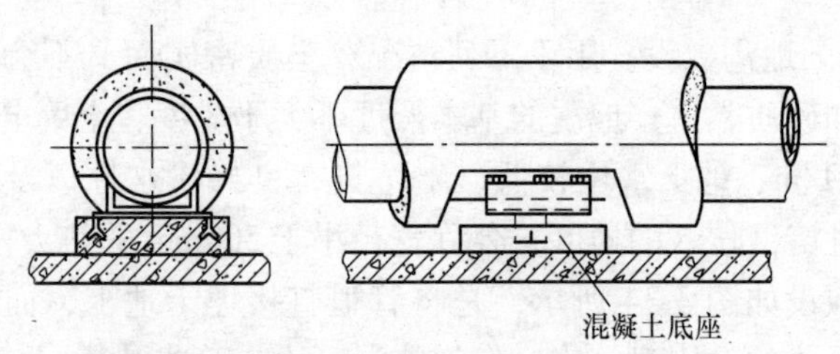

图 3-35 低位滑动支座

在供暖管道上，为了分段地控制管道的热伸长，保障补偿器均匀工作，以防止管道因受热伸长而引起变形和事故，需要设置固定支座。通常在供暖管道的下列位置应设有固定支座：在补偿器的两端；在管道节点分支处；在管道拐弯处及管道进入热力入口前的地方。固定支座最常用的是金属结构型，采用焊接或螺栓连接方法将管道固定在支座上。在可通行地沟中，常用型钢支架把管道固定住（图 3-36a）。不可通行地沟及无沟敷设管道常用混凝土结构的固定支座（图 3-36b）或钢结构的固定支座（图 3-36c）。

管道运入现场后，可沿地沟边铺放，把管子架在预先找平的枕木上。如为不可通行的矩形地沟，可直接把枕木横架在地沟墙上，把管子架在枕木上进行锉口、除锈、对口和焊接，然后下管安装。管道在对口时，要求两管的中心线在一轴线上，两端接头齐整，间隙一致，两管的口径应相吻合。如两管对接口有不吻合的地方，其差值应小于 3mm。

焊接前，管内的砂土杂物应清除干净，管外壁应除净铁锈并

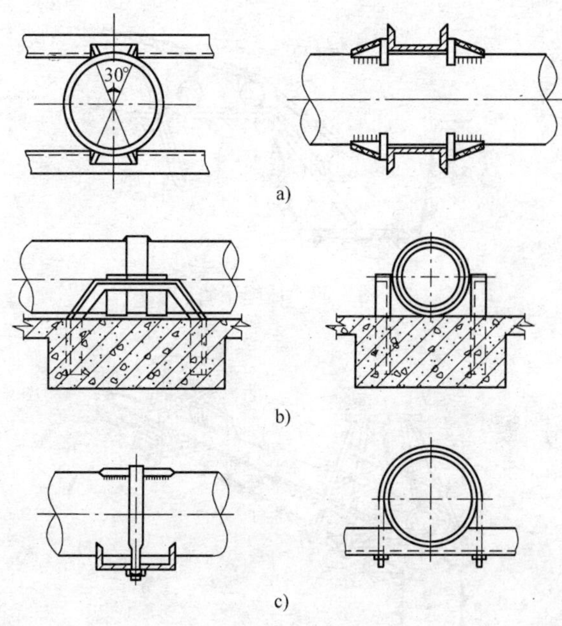

图 3-36 固定支座

刷防锈漆，每根管子两端留 100mm 长暂不刷防锈漆，待焊接和试压后再补刷。根据施工条件将管道在地面上连接成一定长度的管段，然后整体下管。将管段放入沟槽或地沟中，简称为下管。常用下管方法有：压绳下管（图 3-37），将管段两端各绕一根粗麻绳，将管道滚到沟边，两端统一慢慢放松麻绳，将管段放入沟中；用三脚架或四脚架下管（图 3-38），在地沟顶上横放枕木，将要下沟的管段先放置在枕木上，然后支撑起挂有滑轮或捯链的三脚架或四脚架，将管子微微吊起，抽去枕木，将管子慢慢放入沟内；起重机下管（图 3-39），将起重机沿沟槽附近开动，逐一将管子起吊放入沟内。起重机的位置应与沟边保持一定距离，以免沟壁土壤受压塌方。下管时，把管段安装在地沟支架上，然后在沟里进行对口焊接。管道接口制作完后，按规范要求检查、调整管道的安装位置，最后将管子固定在支座上。

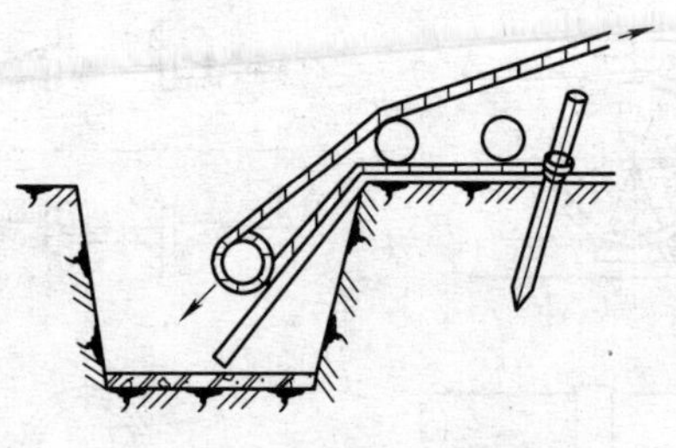

图 3-37 压绳下管

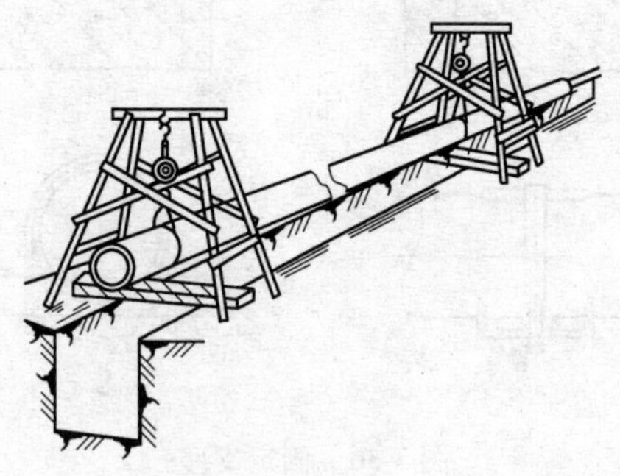

图 3-38 四脚架下管

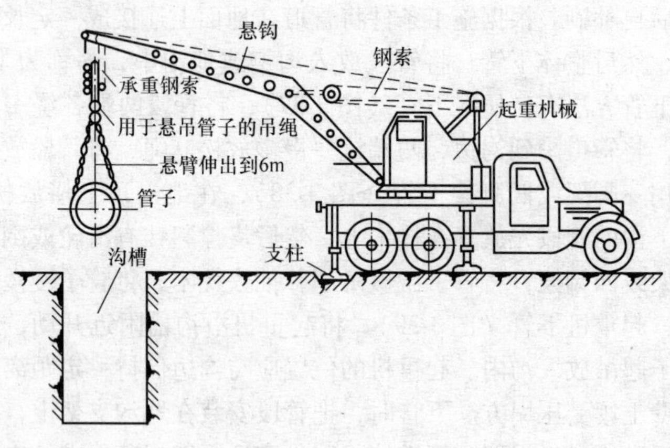

图 3-39 起重机下管

地下敷设管道的安装要求如下：

1）管道（包括保温层）安装位置，其净距应符合下列规定：管外表面与地沟壁间距为100～150mm；管外表面与地沟底间距为100～200mm；管外表面地沟顶间距为不通行地沟50～100mm，半通行地沟200～300mm。

2）管道对焊时，若接口缝隙过大，不允许采取强力推拉使管头密合，以免管道中受应力作用，应另加一短管，短管长度应不小于管径，最短不得小于100mm。

3）每段蒸汽管道的最低位置应安装疏水器。

4）每段热水管道在最高点应安装排气装置，最低点应安装放水装置。

5）为了对管道附件进行维护和检修，在安装套筒补偿器、阀门、放水和除污装置等设备附件处，都应设检查室。

6）管沟内管道之间的净空距离，应根据管径大小、管道安装和维修需要确定，两相邻保温管道保温层表面之间净距应大于或等于150mm，两相邻不保温管道保温层表面之间净距应大于或等于120mm。

3.3.2　室外供暖管网设备和附属器具安装

室外供暖管网担负着向许多热用户供暖的任务，为了均衡、安全、可靠地供暖，室外供暖管网中要设置一些必要的设备和附属器具。各种设备、器具的结构、性能不同，施工时一定要注意它们的安装方法和安装要求，以保证它们工作可靠、维修工作方便。

1. 热交换站的安装

集中供暖系统的热交换站是供暖管网向热用户供暖的连接场所，担负着把热源一个热媒参数变换为多种用户所需的不同参数，并把热量供给用户的任务。热交换站中设备较多，还有调节、计量等装置，必须按有关施工及验收规范进行施工。

（1）热交换器安装　热交换器是热交换站中的主要设备，

通过它的转换来满足用户对热媒种类和参数的要求。热交换器的种类很多，图 3-40 和图 3-41 所示分别为常用的板式换热器和管壳式换热器。热交换器安装前应开箱检查，需检查的项目有：箱号和箱数以及包装情况；设备名称、型号和规格；设备有无缺件，表面有无损坏和锈蚀；设备和易损备件、安装和维修专用工具以及设备所带的资料应齐全。

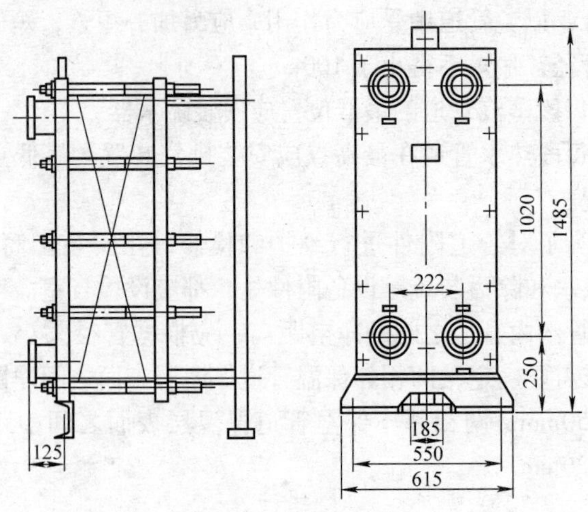

图 3-40　板式换热器

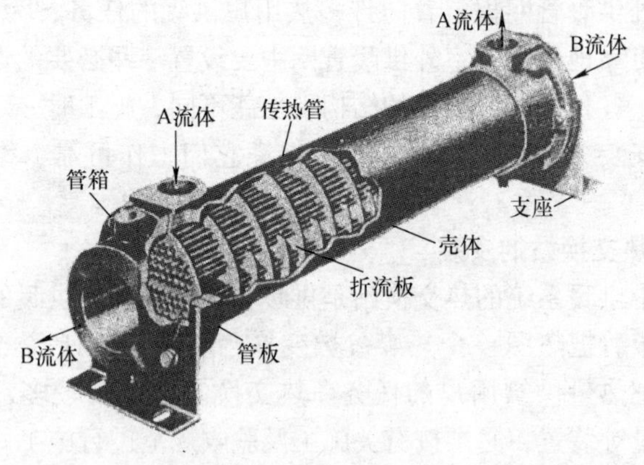

图 3-41　管壳式换热器

然后清除热交换器内部污垢和杂物，安装热交换器支架，将热交换器就位，并同管道连接。热交换器的安装要求如下：

1）热交换器支架安装应平直牢固，位置正确。支架安装的允许偏差应符合表3-10的规定。

2）管壳式热交换器前封头与墙壁的距离，设计无规定时，不得小于蛇形管的长度。

3）热交换器安装的允许偏差应符合表3-11的规定。

表3-10　支架安装的允许偏差

序号	项目		允许偏差/mm
1	支架立柱	位置	5
		垂直度	≤1/1000H（H为高度）
2	支架横梁	上表面标高	±5
		水平弯曲	≤1/1000L（L为长度）

表3-11　热交换器安装的允许偏差

序号	项目	允许偏差/mm
1	标高	±10
2	水平度或垂直度	<5L/1000或5H/1000（H为高度；L为长度）
3	中心线位移	±20

（2）水泵安装　供暖系统常用的水泵是离心式水泵，图3-42所示为单级离心泵。

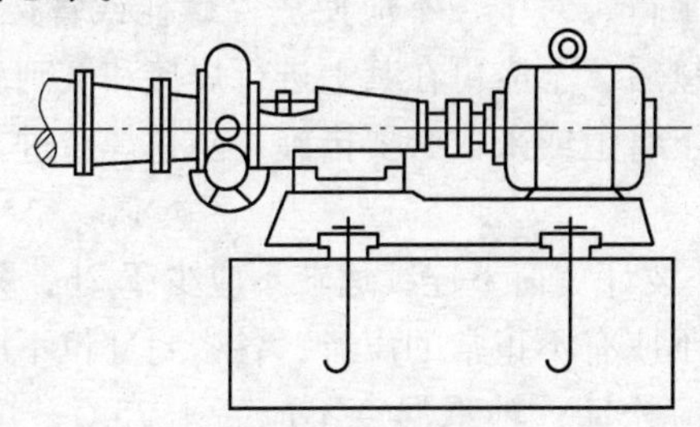

图3-42　单级离心泵

单级离心泵安装前，应首先对土建施工的水泵基础进行检查验收，水泵基础的尺寸、位置、标高、地脚螺栓孔的尺寸、位置应符合设计要求。然后对水泵进行检查，水泵不应有损坏和锈蚀等情况，手动盘车应灵活，无阻滞卡塞现象，无异常声音。

单级离心泵安装时，先将楔形垫铁放在地脚螺栓孔两侧，把地脚螺栓穿入水泵底座的螺孔中，带上螺母，将水泵抬起，使底座上的地脚螺栓对准基础上的螺孔，轻放到水泵基础上。然后对水泵的安装位置进行检查和调整，将水泵找平、找正后，用水泥砂浆灌入地脚螺栓孔中，待水泥砂浆达到规定强度后，拧紧地脚螺栓将水泵固定在基础上，再安装水泵的吸入管段和压出管段。最后，进行水泵的试运转。

单级离心泵的安装及试运转要求如下。

1）水泵的找平应满足其纵、横向水平度误差不应超过0.1/1000，测量时，应以加工面为基准。

2）水泵的找正应满足以下要求：主动轴与传动轴以联轴器连接时，两轴的同轴度、两半联轴器端面间的间隙应符合设备技术文件或规范的规定；主动轴与传动轴找正、连接后，应盘车检查是否灵活；水泵与管道连接后，应复核找正情况，如由于与管道连接而不正常时，应调整管道。

3）管道安装应符合以下要求：管子内部和管端应清洗干净，清除杂物，密封面和螺纹不应损坏；相互连接的法兰端面或螺纹轴心线应平行、对中，不应使法兰螺栓或管接头强行连接；管道与水泵连接后，不应再在其上进行焊接和气割，如需焊接或气割时，应拆下管道或采取必要措施，防止焊渣进入泵内而损坏泵的零件。

4）水泵在设计负荷下连续运转不应少于2h，并应符合以下要求：运转中不应有不正常的声音；各密封部位不应泄漏；各紧固连接部位不应松动；轴承温度不应高于75℃；填料的温升应正常，在无特殊要求的情况下，普通软填料仅有微量的渗漏

（每分钟不超过10～20滴）；水泵的安全保护装置应灵敏、可靠；管路系统运转正常，压力、流量、温度等参数应符合设备技术文件的规定。

2. 附属器具的安装

（1）减压器安装　减压器的作用是对蒸汽进行节流，以达到减压的目的，来满足不同用户对蒸汽参数的要求。减压器的种类很多，但它们都不是单独设置，而是为了不同需要与其他一些部件在一起组装。一般应有高压表、低压表、高压安全阀、低压安全阀、过滤器、旁通阀以及减压器检修时的控制阀门等，如图3-43所示。减压器与管道之间采用法兰连接或螺纹连接。

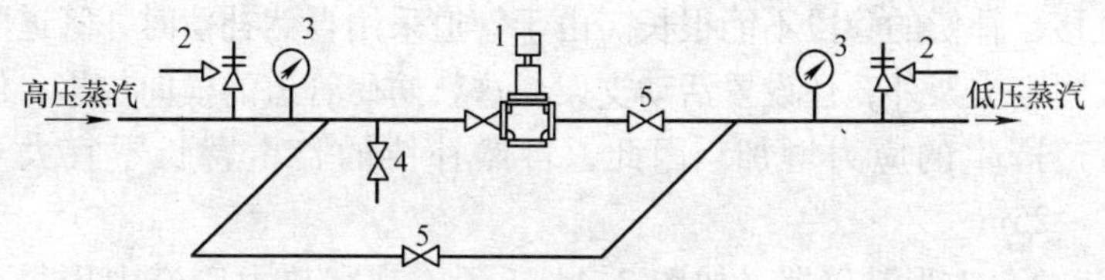

图3-43　减压器安装

1—减压器　2—安装阀　3—压力表　4—放水管　5—截止阀

减压器的安装要求如下：

1）减压器应安装在便于观察和检修的托架（或支座）上，安装应平整牢固。

2）减压器应垂直安装，并注意到减压阀的方向性，应使阀体箭头与介质流动方向一致。

3）为减小减压器后面的阻力，减压器后面的管道直径应比减压器出口公称直径大1～2号。

4）减压器一般沿墙安装在适当高度上，中心距墙表面不应小于200mm。

5）减压器安装完后，应根据使用压力调试并标出调试标志。

（2）补偿器安装　补偿器是用来补偿管子因温度的变化而伸长或缩短的构件，用以减小管子的温度应力。供暖管网中常用的补偿器种类很多，其中最常用的有利用管道的弯曲而形成的自然补偿及方形补偿器、套筒补偿器等。

1）自然补偿。利用管道敷设线路上的自然弯曲来吸收管道的热伸长变形，这种补偿方法称为自然补偿。自然补偿不必特设补偿器。因此，布置热力管道时，应尽量利用所有的管道原有弯曲的自然补偿。当自然补偿不能满足要求时，才考虑装置其他类型的补偿器。当管道转弯角度大于150°时不能自然补偿。对于室内供暖管道，由于立管段长度较短，在管道布置得当时，可以只靠自然补偿而不需设其他形式的补偿器。自然补偿的优点是装置简单、可靠、不另占地和空间。其缺点是管道变形时产生横向位移，补偿的管段不能很长。由于管道采用自然补偿时，管道除装固定支架外，还设置活动支架，这就妨碍管道的横向位移，使管道产生的应力增加。因此，自然补偿的自由臂长不宜大于20~25m。

2）方形补偿器。如图3-44所示，其在热力管道中用得很多，尤其在不可通行地沟中大都采用这种补偿器，因它工作可靠，不必检修，可不设检查井，作用于固定支座上的荷重也较小。方形补偿器的尺寸较大，占地面积大，需设较大的地沟穴安装它，因此不宜用在可通行地沟。另外，方形补偿器水阻力也较大。

方形补偿器用无缝钢管煨弯而成。当管径较大时，采用焊接管弯制而成。若补偿器较大，需有焊接缝时，根据弯矩图，其焊接点应在受力最小的长臂中间，如图3-45所示的 a、b 点为焊接点，而不能在受力最大的弯头处焊接。为了减少热状态下方形补偿器的补偿弯曲应力，增加补偿器的补偿能力，安装前应对方形补偿器进行预拉伸（冷紧）。预拉伸量一般为补偿管段热伸长的50%（当热介质温度低于250℃时）和70%（当热介质温度为250~400℃时）。方形补偿器应与相连接的管道有同一水平坡度。

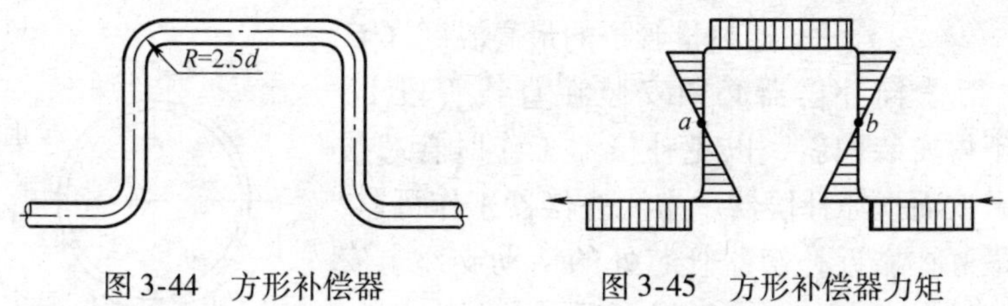

图3-44　方形补偿器　　　　图3-45　方形补偿器力矩

3）套筒补偿器。如图3-46所示，有铸铁制及钢制两种。铸铁补偿器与管道之间采用法兰连接，一般用在工作压力不大的小口径管子上；钢制补偿器与管道之间采用焊接，用在介质工作压力较高、管径较大的管子上。

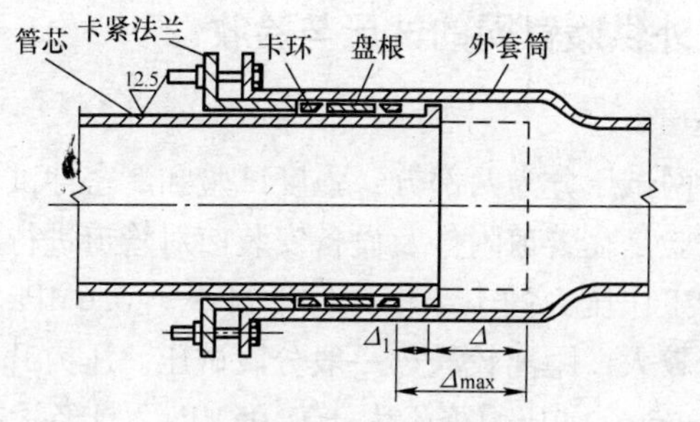

图3-46　套筒补偿器

套筒补偿器安装时前应检查填料情况，石棉绳应在煤焦油中浸过，接头处要有斜度并加润滑油，以增加耐腐蚀能力，保证严密性。安装补偿器时，为了防止安装后在低温时管子收缩而使管芯脱落或盘根损坏，应先把管芯插入套管一段长度，其插入量按下式计算：

$$\Delta = \Delta_{max}\frac{t_n - t_a}{t_T - t_a}$$

式中　Δ——管芯插入量（mm）；

Δ_{max}——管段最大伸长量（mm）；

t_n——安装时管子的温度（℃）；

t_a——室外空气最低温度（℃）；

t_T——通热量管子的最高温度（℃）。

套筒补偿器必须安装在直线管段上，不得安装偏斜，以免补偿器工作时管芯被卡住而损坏补偿器。为使补偿器工作可靠，最好在靠近补偿器管芯处的活动支座上安装导向支座，如图 3-47 所示。

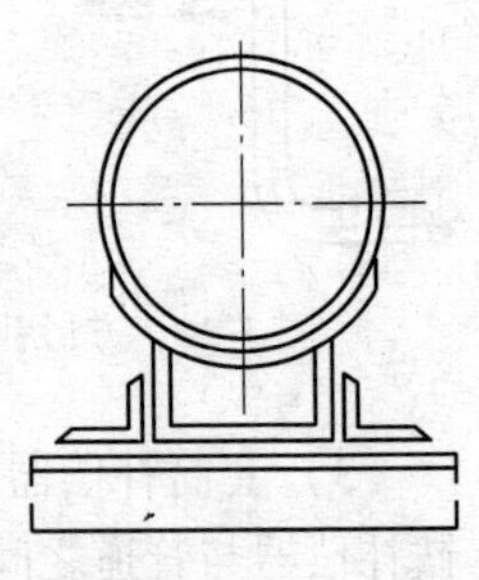

图 3-47　导向支座

套筒补偿器较常用在可通行地沟里，因其占地面积小，但它需经常检修。在不可通行地沟内也可使用，但必须设检查井，以便定期检查。

3.3.3　室外供暖管网的试压与验收

1. 试压

供暖管网试压分为两部分：强度试验和严密性试验。

强度试验是在管道附件及设备安装前对管道进行的试验，其试验压力为工作压力的 1.5 倍，但不得小于 0.6MPa。由于热力管道的直径较大，距离较长，一般分段试压。压力升至试验压力后，观测 10min，如压力降不大于 0.05MPa，且经检查无漏水处则为合格。管网上用的预制三通、弯头等零件，在加工厂用 2 倍的工作压力试验，闸阀在安装前用 1.5 倍工作压力试验。热交换站内管道与设备的试验压力应符合规范要求，30min 内压力降不超过 0.5MPa。

严密性试验一般伴随强度试验进行，强度试验合格后将水压降至工作压力，检查各节点或检查井各接口焊缝是否严密，如不漏水则认为合格。

2. 验收

验收由施工单位会同建设单位共同进行，施工单位应提交下列技术文件：材料、管件的产品合格证，材料质量证书和分析检验报告，设备的产品合格证，设备带的专用工具和备件的移交证明，施工组织设计、竣工图、施工记录、隐蔽工程验收记录、水压试验记录、工程质量自检记录和其他规范规定的由施工单位进行的各种检查检验记录及工程质量管理部门的评定结论。

建设单位应按规范的要求对工程的质量等进行全面检查，包括管网在工作状态下是否严密、管道支架和热补偿装置是否正常、管网防腐工程施工质量是否良好、工程档案材料是否符合要求等。

3.4 低温热水地板辐射供暖系统安装

目前在许多建筑地面供暖系统中采用低温热水地板辐射供暖系统。低温热水地板辐射供暖系统具有如下优点：高效节能，热稳定性好；室内地表温度高于室内上部温度，室温自下而上逐渐递减，不易造成室内污浊空气对流；运行费用低，使用寿命长，连续使用可达 50 年以上；节省空间，并可分户供暖计量收费。

低温热水地板辐射供暖系统采用耐久的塑料管材做加热管，将其埋压在细石混凝土垫层内，在管道内送入 40 ~ 50℃ 的低温热水，将地板表面加热，使室温达到 20℃ 左右，通过辐射方式和部分对流方式进行室内散热。低温热水地板辐射供暖系统一般包括热源、分/集水器、加热管道、保温材料、防潮材料及自动控制元件等。

低温热水地板辐射供暖系统的加热管布管方式主要有如图 3-48 所示的三种方式，其中以回字形和 S 形居多。

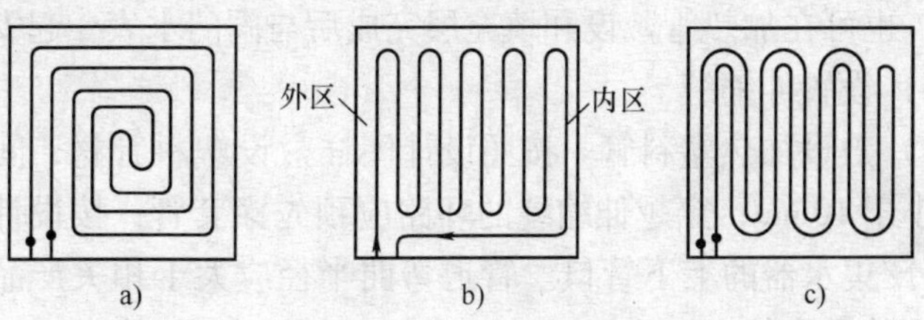

图 3-48 低温热水地板辐射供暖系统的布管方式

a）旋转型 b）直列型 c）往复型

低温热水地板辐射供暖系统的施工工艺流程为：楼面标高找平放线→清理楼面基层、找平→铺设保温板、保护层→铺设加热盘管→调整间距、固定管材→安装分/集水器→与分/集水器系统闭合→边角保温→打压试验→浇细石混凝土垫层→再次试压检查→试验合格后做地面面层。该施工工艺流程详细叙述如下：

1）清理现场并确认铺设地板辐射供暖系统区域内的隐蔽工程全部完成并验收；平整地面，不能满足高低差小于或等于8mm时，应设找平层。找平层做法见《建筑地面工程施工质量验收规范》（GB 50209—2010）。

2）与土壤或空气接触的地板处应设置防潮层，防潮层的做法见《建筑地面工程施工质量验收规范》（GB 50209—2010）。

3）在供暖房间所有墙、柱与楼（地）板相交的位置敷设边角保温带。边角保温带应高于精装修地面标高（待精装修地面施工完成后，切除高于地板面以上的边界保温带）。

4）铺设绝热层，绝热层应错缝、严密拼接。当设置保护层时，保护层搭接处至少应重叠80mm，并宜用胶带粘牢。

5）安装分/集水器，按照施工图核对分/集水器位置。当水平安装时，一般将分水器安装在上，集水器在下，中心间距200mm，集水器中心距地面不小于300mm。当立管系统未清洗时，暂不与其连接。设置房间温度控制器的系统，还应检查温度控制器的位置、分水器处的电源接口及温度控制器信号线套管（预埋）、金属箱体的接地保护等。集配装置可在加热管敷设前安装，也可在加热管敷设和填充层完成后与阀门水表一起安装。

6）设置伸缩缝。

7）敷设加热塑料管。按照设计图样敷设塑料管材，间距误差应小于10mm；穿越伸缩缝的环路应预先穿套管；按设计环路连接分/集水器的上下管口。管道弯曲半径应大于相关产品标准中规定的最小值。

8）固定加热塑料管。管道系统应扣紧以使其水平和竖直位置保持不变，铺设现浇层前后，管道垂直位移不应大于5mm。

塑料管固定点的间距，取决于管材、管道尺寸和系统形式。设计图样没有要求时，管卡间距不宜大于500mm，大于900mm的弯曲管段的两端和中点均应固定。

9）安装过程中，防止涂料、沥青或其他化学溶剂污染塑料类管道；应及时封堵管道系统安装间断或敞口处。

10）检查环路外观：每个并联环路中不应有接头；弯管处的管道截面不应变形。

11）试压。关闭分/集水器前端的阀门，从注水排气阀（或适当位置）注入清水进行水压试验。试验压力为工作压力的1.5~2倍，但不小于0.6MPa（升压时间不宜少于15min）；稳压1h内压力降低不大于0.05MPa，且不渗漏为合格。

12）验收签字。试压合格后，应由监理工程师或建设单位项目专业负责人组织施工单位、业主在分项工程质量验收表上签字。分项工程质量验收表见《建筑给水排水及采暖工程施工质量验收规范》（GB 50242—2008）。

13）填充层施工。土建施工人员完成混凝土的搅拌，填充混凝土时，不应迫使管子移动；避免砂浆进入绝热层及边界保温带的接缝处；手工铺平、压实混凝土，现浇层施工和养护期间，塑料管中应保持试验压力。当铺设现浇层时，砂浆和室内温度不应低于5℃，且保持在不低于5℃至少3天。

14）立（干）管清洗。应在连接分/集水器前对立（干）管进行清洗，直至进出水浊度、色度一致为止。

15）系统试压。立（干）管与分/集水器连接后，应进行系统试压。试验压力为系统顶点工作压力加0.2MPa，且不小于0.6MPa。10min内压力降不大于0.02MPa，降至工作压力后，不渗漏为合格。

16）系统试热。现浇层施工21天后进行试热。初始供水温度应为20~25℃，保持3天，然后以最高设计温度保持4天。同时应完成系统（平衡）调试。试热和调试合格后也应由监理工程师组织施工单位等在分项工程质量验收表上签字。

第 4 章　室内外燃气管道及设备安装

4.1　燃气施工图的识读

4.1.1　燃气施工图的表示方法

燃气是可以燃烧气体的总称，分为天然气、液化石油气、人工燃气和沼气，以煤气为制气原料的称为煤制气，以油为制气原料的称为油制气。城市燃气系统是一个综合设施，主要由燃气输配管网、储配站、计量调压站、运行操作和控制设施等组成。

1）按输气压力，城镇燃气管道分类见表 4-1。

表 4-1　城镇燃气管道分类

管道压力分类	输配压力/MPa	
高压燃气管道	A	$2.5 < p \leqslant 4.0$
	B	$1.6 < p \leqslant 2.5$
次高压燃气管道	A	$0.8 < p \leqslant 1.6$
	B	$0.4 < p \leqslant 0.8$
中压燃气管道	A	$0.2 < p \leqslant 0.4$
	B	$0.01 < p \leqslant 0.2$
低压燃气管道		$p \leqslant 0.01$

2）按压力级制，城市燃气管网系统可分为如下几级系统：

①一级系统：仅由低压或中压一种压力级别的管网分配和供给燃气的系统。

②二级系统：由中－低压或高－低压两种压力级别的管网组成的系统。

③三级系统：由低压、中压（或次高压）和高压三种压力级别的管网组成的系统。

④多级系统：由低压、中压、次高压和高压等多级管网组成的系统。

3）按用途，城镇燃气管道包括以下部分。

①分配管道，作用是将燃气分配给各个用户，包括街区和庭院的管道。

②用户引入管，将燃气从分配管引入到用户室内的连接管。

③室内燃气管道，室内至各种燃烧器具的连接管道。

燃气施工图包括目录、设计说明、设备及主要材料表、燃气工程平面图、纵断面图、轴测图（系统图）、大样图、剖面图或详图等。目录是对图样的编号，并注有图样名称。设计说明表明有关设计参数、设计范围以及施工安装要求。平面图表示设备和管道的平面位置。纵断面图表明管道走势的地下纵断面状况。轴测图表示设备和管道的空间位置，常用斜等测图画法表示。详图表明设备的制造、管件的加工和某些局部安装的特殊要求和做法。

1. 管道的单、双线图表示法

管道双线图是一种将管壁画成一条线的表示方法。由于管道长度与管径相比相差极大，可以把管道看成一条线，用单根线条表示管道画出的图，称为单线图。

（1）管子的单、双线图　图 4-1a 所示为管子垂直放在空间（立管）的双线图表示方法，平面图和立面图上的管子均应画上中心线。图 4-1b 所示为立管单线图的两种表示法，立面图用铅垂线表示，平面图用圆圈或圆圈加点表示。

（2）弯管的单、双线图　图 4-2 所示为弯管双线图。

图 4-3a 所示为 90°弯管单线图。在平面图上先看到立管断口，后看到横管，画图时同管子单线图表示方法相同，对于立管

断口的投影画成有圆心的小圆圈，也可以画成一个小圆圈。在侧面图（左视图）上，先看到立管，横管的断口在背面看不到，这种看到弯管背部的，用直线画入小圆圈中心的方法表示。图 4-3b 所示为 45°弯管单线图。45°弯管的画法与 90°弯管的画法很相似，但弯管背部的投影用直线加半圆圈表示。两个弯管在同一平面上的组合，一般称为来回弯。

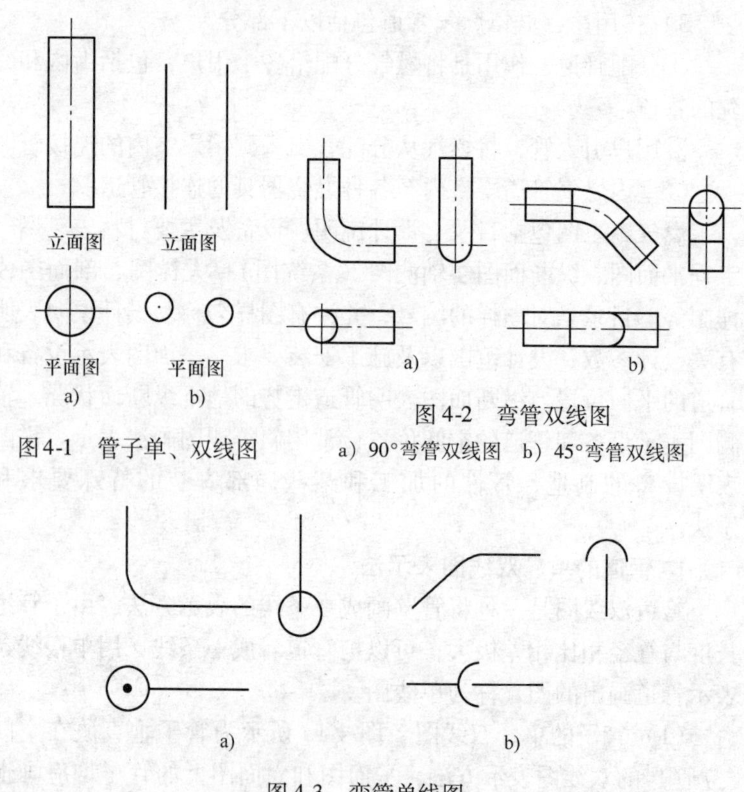

图 4-1　管子单、双线图

图 4-2　弯管双线图
a）90°弯管双线图　b）45°弯管双线图

图 4-3　弯管单线图
a）90°弯管单线图　b）45°弯管单线图

图 4-4 所示为来回弯的三面投影图，立面图显示了来回弯的实形，它由弯管 1 和弯管 2 组成；平面图里，弯管 1 投影时先看到立管断口而画成了带点的小圆圈，弯管 2 投影时看到弯管背

部，用水平线进入小圆圈中心来表示；侧面图是由两条铅垂线和一个小圆圈组成，弯管 1 投影时看到背部，用直线进入小圆圈中心表示，弯管 2 被弯管 1 遮住，用直线画至小圆圈边表示。

两个弯管互成 90°的组合，一般称为摇头弯。图 4-5 所示为摇头弯单线图，平面图里，弯管 1 投影看到背部，画成水平线进入小圆圈中，弯管 2 被弯管 1 遮住，用铅垂线画到小圆圈边表示；侧面图里，弯管 1 投影到管子断口，用小圆圈加点和铅垂线表示，弯管 2 显示了侧面实形。

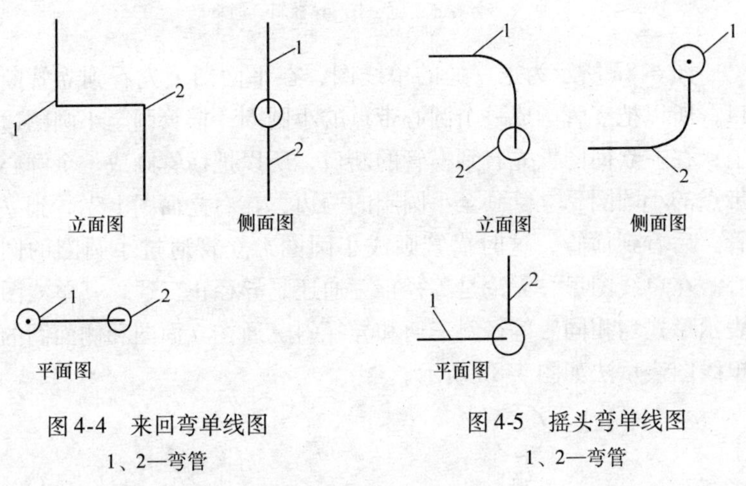

图 4-4　来回弯单线图
1、2—弯管

图 4-5　摇头弯单线图
1、2—弯管

（3）三通的单、双线图　图 4-6 所示为等径三通双线图。等径三通两管的交线均为直线。

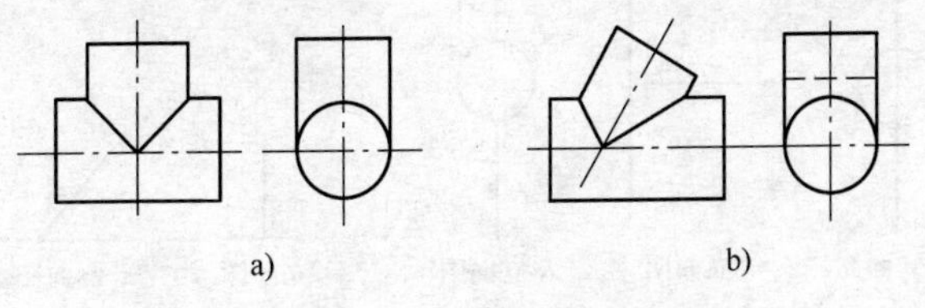

图 4-6　等径三通双线图
a）等径正三通　b）等径斜三通

图 4-7a 所示为异径正三通双线图，图 4-7b 所示为异径斜三通双线图，异径三通两管交线为圆弧形。

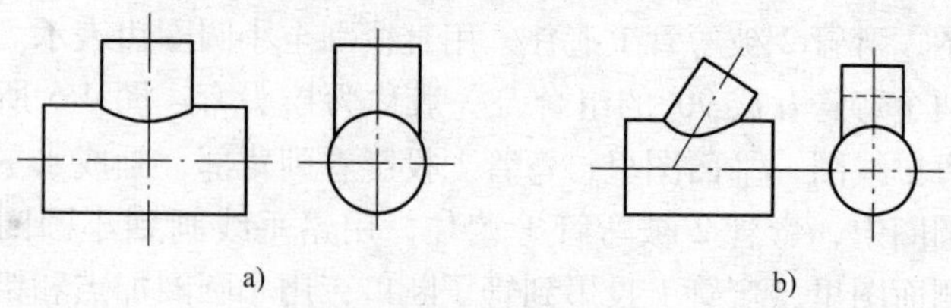

图 4-7　异径三通双线图

a）异径正三通　b）异径斜三通

图 4-8a 所示为正三通的单线图，在平面图上先看到立管断口，所以把立管画成一个圆心带点的小圆圈，横管画至小圆圈边上；在左立面图上先看到横管的断口，所以把横管画成一个圆心带点的小圆圈，立管画至小圆圈的两边，在右立面图上先看到立管，后看到横管，这时横管画成小圆圈，立管通过小圆圈的圆心。在单线图里，无论是等径正三通还是异径正三通，其单线图表示形式均相同。等径斜三通和异径斜三通在立面图和侧面图的单线图表示法如图 4-8b 所示。

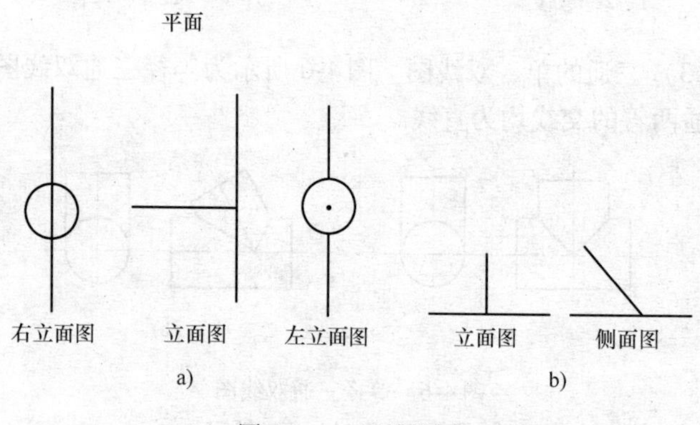

图 4-8　三通单线图

a）正三通　b）斜三通

2. 管道交叉与重叠表示法

(1) 管道交叉表示法　空间敷设的管道经常出现交叉情况，在管道工程图里必须表示清楚管道的前后或高低。在管道图中，后投影到的管道应断开，在双线图里用虚线表示。交叉表示方法的基本原则是：先投影到的管道全部完整显示。

图4-9所示为管道交叉表示方法。在立面图里，凡是在前面的管道均全部显示，在后面的管道于相交处或断开或画虚线。

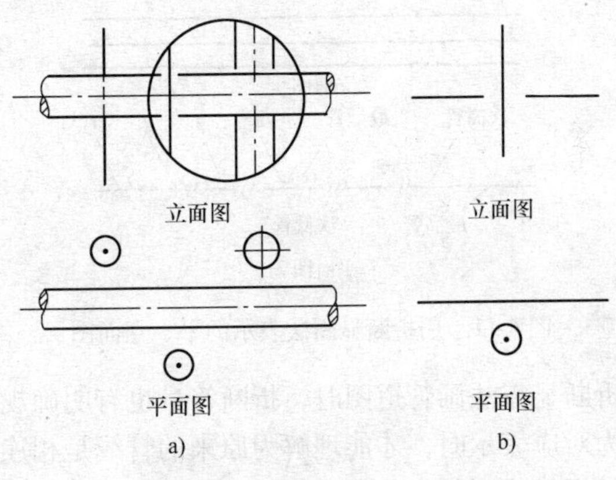

图4-9　管道交叉表示方法

(2) 管道重叠表示法　管道重叠可以用管线编号标注的方法表示。在平、立面图里只要编号相同，即表示为同一根管线。图4-10所示的立面图里有三根管线，其编号分别为1、2、3，平面图上只有一根管线，其编号为1、2、3，这说明平面图里这根管线是1、2、3号管线的重合投影。平、立面图对照起来看，就

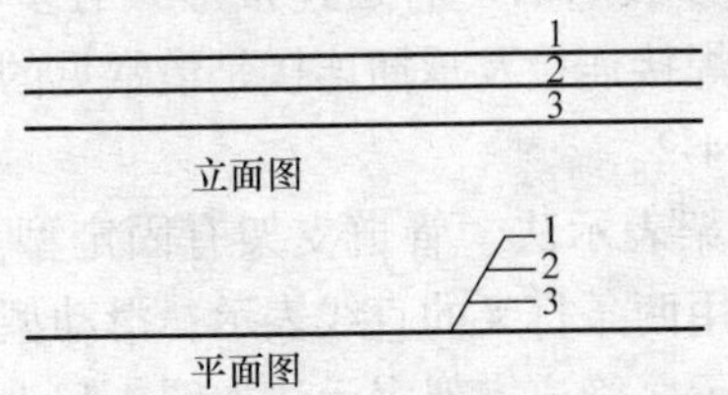

图4-10　三根成排管线的平、立面图

可以断定1号管线在上，3号管线在下，三根管线处于同一铅垂面上。

管道重叠还可以用折断显露法表示。折断显露法就是几根管线处于重叠状态时，假想自前向后逐根将管子截去一段，同时显露出后面几根管子的表示方法。图4-11所示为四根重叠管线用折断显露法表示的平、立面图。

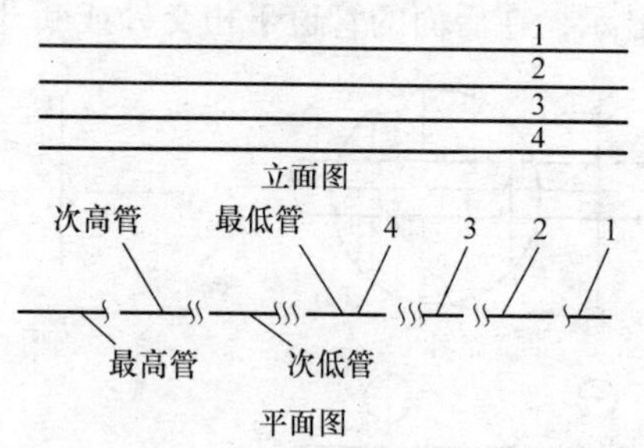

图4-11　用折断显露法表示的平、立面图

运用折断显露法画管道图时，折断符号也有明确规定，只有折断符号为对应表示时，才能理解为原来的管线是相连通的，一般折断符号用呈S形的一曲、二曲或三曲表示。如图4-11中，1号管线用一曲符号表示，2号管线用二曲符号表示，3号管线用三曲符号表示。

弯管和直管线重叠时，先看到直管线，采用折断显露法表示如图4-12a所示；先看到弯管，则在弯管和直管之间空开3～4mm，直管段可不画折断符号，如图4-12b所示。

（3）管道连接表示法　管道连接形式有多种，其中法兰连接、螺纹连接、焊接连接及承插连接是最常见的，管道连接形式及规定符号见表4-2。

（4）管道支架表示法　管道支架有固定型支架和滑动型支架，固定型支架用两条打叉的直线表示；滑动型支架用两条与管线平行的短线表示。管道支架表示法如图4-13所示。

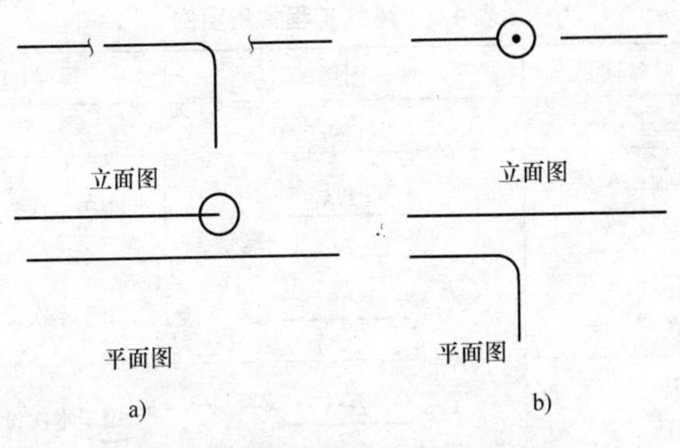

图4-12　弯管和直管线重叠表示法

表4-2　管道连接形式及规定符号

管道连接形式	规定符号	管道连接形式	规定符号
法兰连接		螺纹连接	
承插连接		焊接连接	

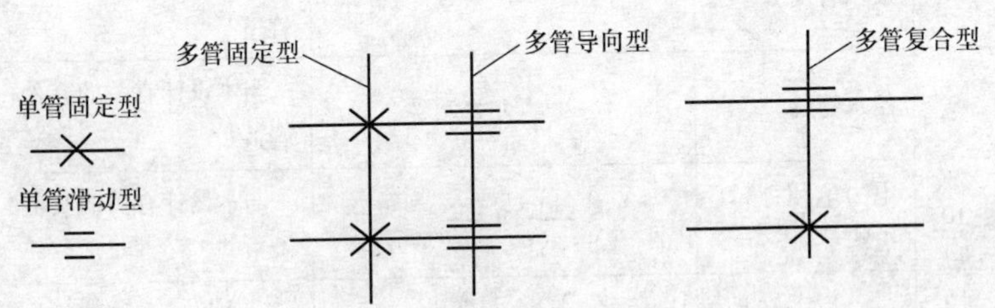

图4-13　管道支架表示法

4.1.2　燃气施工图的常用图例

燃气工程常用图例见表4-3。

表 4-3 燃气工程常用图例

序号	名称	图例	附注
一、管道部分			
1	次高压 A 燃气管道	CGA	用于本次设计①②
2	次高压 B 燃气管道	CGB	用于本次设计①②
3	中压 A 燃气管道	ZHA	用于本次设计①②
4	中压 B 燃气管道	ZHB	用于本次设计①②
5	低压燃气管道	RD	用于本次设计①②
6	雨水管线	—— Y ——	与本设计有关的其他管道①
7	污水管线	—— W ——	与本设计有关的其他管道①
8	废水管线	—— F ——	与本设计有关的其他管道①
9	给水管线	—— J ——	与本设计有关的其他管道①
10	电力电缆、路灯电缆	—— DL——	与本设计有关的其他管道①
11	通信管线	——DX——	与本设计有关的其他管道①
12	热水管线	—— R ——	与本设计有关的其他管道①
13	有线电视管线	——TV——	与本设计有关的其他管道①

（续）

序号	名称		图例	附注
14	管道坡向及坡度		i=0.003 → 或 i=0.003	① ②
15	引入管（室外与楼前管相连接部分）		管道材质代号及规格 所带户数	用于庭院管道位置可能不确定时①
16	高立管		一次登高管管中心标高 埋地引入管管顶标高 二次登高管管中心标高	用于庭院管道设架空楼前管①
17	矮立管		一次登高管管中心标高 埋地引入管管顶标高	用于庭院管道①
			二、一般管件部分	
1	90°弯头或弯管			①
2	45°弯头或弯管			①
3	异径接头	同心		①②
		同底偏心		①
4	钢制管法兰			①②
5	钢制管法兰及法兰盖			①②
6	管帽			用于 PE 管管端①
7	螺塞			用于螺纹连接①②
8	活接头			用于螺纹连接②
9	Y 形过滤器			①②
10	管端、管间盲板			①②

（续）

<table>
<tr><th>序号</th><th colspan="2">名称</th><th>图例</th><th>附注</th></tr>
<tr><td rowspan="2">11</td><td rowspan="2">金属软管</td><td>螺纹连接</td><td></td><td>软管可绘制成圆弧状①②</td></tr>
<tr><td>法兰连接</td><td></td><td>软管可绘制成圆弧状①②</td></tr>
<tr><td>12</td><td colspan="2">波纹补偿器</td><td></td><td>①②</td></tr>
<tr><td>13</td><td colspan="2">Ⅱ形补偿器</td><td></td><td>①②</td></tr>
<tr><td>14</td><td colspan="2">绝缘法兰</td><td></td><td>①②</td></tr>
<tr><td>15</td><td colspan="2">钢塑接头或绝缘短管</td><td></td><td>①②</td></tr>
<tr><td>16</td><td colspan="2">凝液缸（凝水器）</td><td>或</td><td>①</td></tr>
<tr><td>17</td><td colspan="2">阀门及阀门井</td><td></td><td>①</td></tr>
</table>

① 适用于平面图。

② 适用于立面图。

注：本表适用于燃气工程施工图设计的单线图。

4.1.3 燃气施工图的识读方法

与前文所讲的建筑给水排水工程、建筑供暖工程施工图一样，建筑燃气工程施工图由文字和图示部分组成。文字部分包括图样目录、设计施工说明、图例和主要设备材料表，图示包括平面图、系统图和详图。

燃气管道施工图的识读方法：按燃气的流向先找系统的入口，按总管及入口装置、干管、立管、支管、用户软管、燃气用具的进气顺序识读。

（1）查看图样目录、设计说明、图例符号，它们一般放在施工图的首页　从图样目录查对全套图样是否缺页，选用什么通用图集的相关图样；详细阅读设计说明，掌握设计要领、技术要求和需参阅哪些技术规范；图例符号有些施工图不列在首页，而是分别表示在平面图和系统图上，只有弄懂图例符号的意义，才能知道图样所代表的内容。有些首页中有综合材料清单，翻阅时先进行一般了解，看有无特殊材料和附件。

（2）阅读平面图和工艺流程图　一般工业与民用管道图可先看平面图。平面图表示管道、设备相互位置，管道敷设方法，是架空、埋地还是地沟敷设，是沿墙还是沿柱子敷设，应在平面图中标明。工艺流程图反映了设备与管道的连接，各种设备的相互关系，工艺生产的全过程，以及工艺过程中所需要的各种相配合管道的关系。

（3）阅读系统图或剖面图、纵断面图　系统图是按轴测图原理绘制的，立体感强，可以反映管道的标高、走向和各管道之间的上下左右位置，图样上必须标明管径、变径、标高、坡度、坡向和附件安装位置。剖面图一般用于安装图中，表示设备、管道的空间位置，还可以标明管道距建筑物的有关尺寸。纵断面图为室外埋地管道必备的施工图，它反映了埋地管道与地下各种管道、建筑之间的立体交叉关系。

（4）阅读大样图、节点详图和标准图　管道安装图在进入室内一般有入口图，绘制成双线管道图，并标明尺寸，确定仪表安装位置和附件设备安装位置。大样图是一些管道连接的通用图样，具体安装中，在某些细节上由于现场条件变化，有时也需进行一些修改。管道支架、吊架一般绘有通用图集，供安装时选用。

（5）在读懂全套管道安装图后，也可以再进一步核对材料

先查规格品种是否齐全后，再计算材料的需要数量。管道施工图的阅读顺序，并不一定是孤立、单独进行的，往往是互相对照起来看，一边看平面图，一边翻阅相关部位的系统图，以便全面正确地进行安装。

4.1.4 燃气施工图的识读举例

1. 平面图的识读

图 4-14 所示为某住宅底层燃气管道平面图，从图上看，有燃气热水器、燃气表、燃气灶的布置位置，管道的走向等标志。

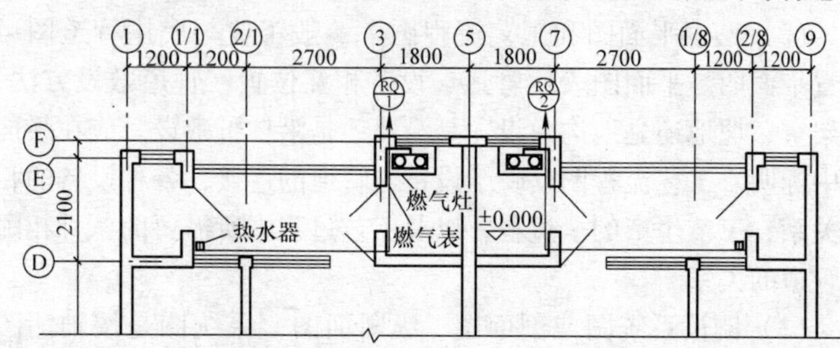

图 4-14 某住宅底层燃气管道平面图

管道是由两根立管引上来的，室外管道引入室内的位置及室内两根立管的位置清楚地表达出来了，结合系统图可找到管道上下位置。

燃气管道从建筑物后（这里的方位按投影图确定）穿墙而入，在墙角处设有立管，在此平面图上看到，管道从立管引出接燃气表，经燃气表向前接三通，其中一根管接燃气灶，另一根管向前到厨房左前墙角，向左穿墙进入餐厅，直到餐厅左前墙角，接热水器。上部中，(RQ/1)、(RQ/2)，RQ 表示燃气两个汉语拼音的缩写，1、2 表示管道编号。

2. 系统图的识读

图 4-15 所示为某住宅燃气管道系统图，此图是按照一定比例画出的正面斜轴测图，从图中可以看出每根引入管各成一个独立系统，故此燃气管道由两个系统组成。

从系统图上看，只能看到底层和顶层横支管全部，在图样上可以标出其他楼层同顶层或同一层，不用详细画出。下面以(RQ/1)为例读图。室外引入管，从室外开始主管直径为 40mm，标高为

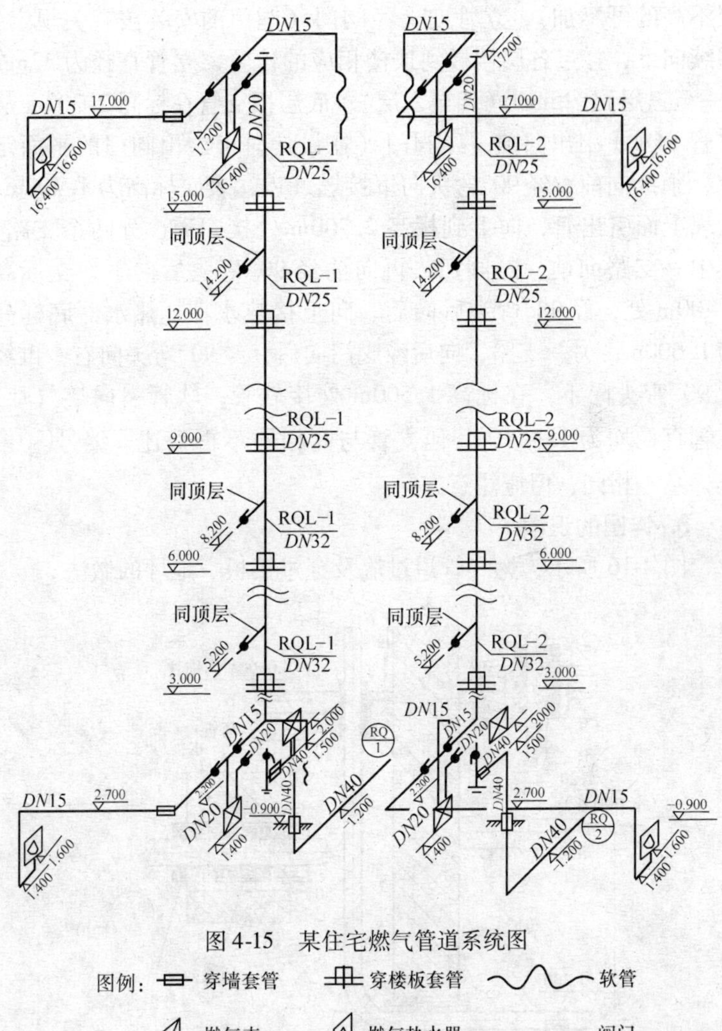

图 4-15　某住宅燃气管道系统图

-1.200m，向前经 90°弯头，向上穿过室外地坪（加套管），继续向上在标高 2.000m 接总燃气表，燃气表引出管向下，在标高 1.500m 处经过 90°弯头向前接入立管 RQL-1，立管可在下方（即平面图上表示的厨房左后墙角的位置）做支撑加补偿器（楼层不高的可不加），立管向上经阀门（阀门的安装按有关规定）继续向上，穿过各层楼板到顶楼相应的位置，立管直径为 32mm（一至三层）、25mm（四至六层）；底层横支管在标高 2.200m 从立管 RQL-1 引出向前，经阀门（在设计时可绘出阀门的平面定位）继续向前，经 90°弯头向下接燃气表，表底标高为 1.400m，从表上面引出管，向上到标高 2.700m 处接三通，分两个支路，其中一支路向前，经阀门，再向前经 90°弯头后向下，在标高 1.400m 处，经 90°弯头后向后、向上接热水器，热水器底标高为 1.600m；另一支路，向后经阀门向后，经 90°弯头向右，再经过 90°弯头向下，在标高 1.500m 处接软管，软管引向燃气灶，支管直径均为 15mm。其他支管与此相同不再赘述。编号 $\frac{RQ}{2}$ 系统，基本相同，但应注意方向。

3. 详图的识读

图 4-16 所示为燃气管道过墙及穿过楼板、地坪的做法。

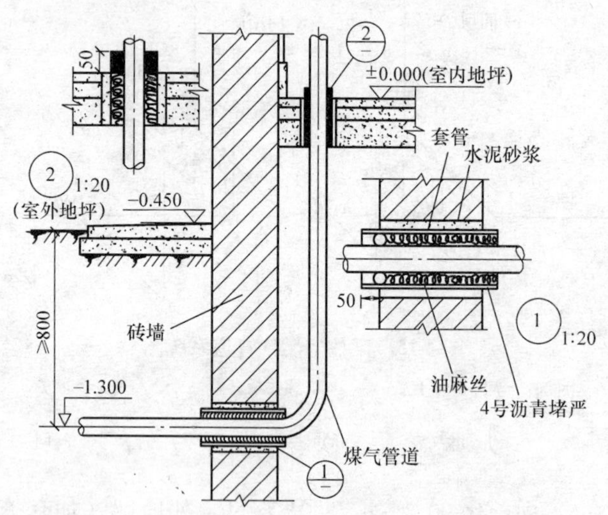

图 4-16　燃气管道过墙及穿过楼板、地坪的做法

前面所叙述的系统是在地坪上穿墙入户的，在北方地区由于冬季寒冷，管道温度很低，再者从美观角度着想，多采用从地坪

下（冻层以下）穿墙入户。图4-16介绍的就是后者。从图中可知，引入管在标高-1.300m处向右穿墙（加套管）进入户内，经90°弯头向上穿过室内地坪，进入室内。

4.2　室外燃气管道及设备的安装

4.2.1　常用的室外燃气管材

燃气管道主要使用钢管、铸铁管和塑料管等。燃气高压、中压管道通常采用钢管，中压和低压管道采用钢管或铸铁管。塑料管多用于工作压力不高于0.4MPa的室外地下管道。

1. 钢管

燃气管道要承受很大压力并输送大量的有毒的易燃、易爆的气体，任何程度的泄漏和管道断裂将会导致爆炸、火灾、人身伤亡和环境污染，造成重大的经济损失。所以，要求燃气钢管有足够的机械强度（抗拉强度、屈服强度、伸长率、冲击韧度），焊接性好，而且要有不透气性。选用钢管时，首先按照燃气的性质和参数（压力、温度）选择符合工作条件要求的几种管材，再进行技术经济比较，最后确定所选用钢管的品种规格。

燃气管道所用的钢管直径与壁厚，必须按设计要求订货，并认真抽检。管子直径与壁厚的偏差过大，可能导致工程质量低劣；如壁厚局部过薄，螺纹连接时，套螺纹更薄，受外力后会断裂漏气造成事故。钢管由于制造或运输碰撞等原因，管口不圆，经整圆后管端（长度不小于200mm）外径允许偏差可参见表4-4。

表4-4　钢管外径允许偏差　（单位：mm）

管子外径	最大偏差	管子外径	最大偏差
219~426	±1.25	1020~1220	±3.50
426~720	±1.50	>1220	±5.00
720~1020	±2.00		

管子的圆度和端面平整度影响管道组装和焊接质量。管子的圆度以最大和最小直径差表示，其偏差限度可参见表4-5。管子端面平整度包括管子端面垂直度和管端切口两项要求。管子端面应垂直于管子中心线，垂直度偏差不应大于管子外径的1%，且不大于3mm。

表4-5 管子端部圆度偏差限度 （单位：mm）

管子直径	端部圆度偏差	管子直径	端部圆度偏差
200~300	3	720	8
300~400	4	820	9
426	5	1020	11
529	6	1220	13
630	7	1420	16

管子弯曲影响管道组装，燃气管道的弯度每米长度不超过1.5mm（即不大于0.15%）。燃气管道用的钢管应具备出厂质量证明书，各种技术指标应符合现行有关标准的规定。此外，还要进行外观检查。焊缝钢管的焊缝质量必须保证。在施工中，有时会发现管道环焊缝的X射线照片中管端管子本身焊缝未焊透。在进行强度试验时，管材本身焊缝开裂偶有发生。为保证管子本身焊缝质量，有时可委托钢管厂制造并驻厂检验。

2. 铸铁管

燃气用的铸铁管用灰铸铁铸成，塑性好，切断、钻孔方便，耐腐蚀性好，使用寿命长。与钢管相比金属消耗多，质量大，质脆，易断裂。在燃气发展初期，地下燃气管道多采用铸铁管，近来燃气管道多用钢管。铸铁管连接常用承插口打口连接、承插口连接，承插口连接分为刚性和柔性两种接头，如图4-17所示。

3. 聚乙烯塑料管

适用于燃气管道的塑料管主要是聚乙烯管，其性能稳定，脆化温度低（-80℃），具有质轻、耐腐蚀及良好的抗冲击性能，材质伸长率大，可弯曲使用，内壁光滑，管子长、接口少，运输施工方便、劳动强度低。目前国内聚乙烯燃气管分为SDR11和

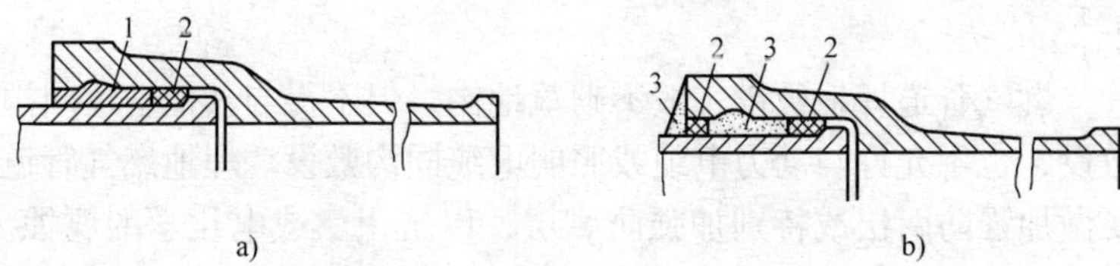

图 4-17　铸铁管承插口连接

a）柔性接头　b）刚性接头

1—铅　2—浸油线（麻）　3—水泥

SDR17.6 两个系列。SDR11 系列适用于输送人工煤气、天然气、液化石油气（气态）；SDR17.6 系列适用于输送天然气。

4.2.2　室外燃气管道安装

室外燃气管网包括街区管网和庭院管网两部分，街区管网一般用环状，庭院管网常用枝状。为了安全运行，城镇燃气管道常采用埋地敷设，不允许架空敷设；当建筑物间距过小或地下管线和构筑物密集，管道埋地困难时才允许架空敷设。工厂区内的燃气管道常用架空敷设，以便于管理和维修，并减少燃气泄漏的危害性。

1. 室外燃气管网敷设原则

高、中压燃气干管应靠近大型用户，尽量避免沿车辆来往频繁或闹市区的主要干线敷设，否则会造成施工和管理困难。

燃气管道应尽量避免穿越铁路、河流、主要公路和其他大型建筑物，也不得穿过其他管沟，特殊情况必须穿越时，燃气管应注意加套管和实行其他防护措施。燃气管道不得在堆积易燃、易爆材料和具有腐蚀性液体的场地下面穿越。

低压燃气管道应按道路规划布线，应与道路轴线或建筑物的前沿相平行，可以沿街道的一侧敷设，也可以双侧敷设。大型公共建筑从城市中压管网直接引气时，需设置专用调压室，调压室应为地上独立的建筑物，其净高不小于 3m，屋顶应有泄压措施，与一般房屋水平净距不小于 6m，与重要的公共建筑物距离不小于25m。

燃气管道埋地敷设一般不砌筑地沟，但不得与其他管道同沟敷设，也不允许与动力电缆或照明电缆同沟敷设。埋地燃气管道要做加强防腐层或特别加强防腐层，以抗土壤或电化学的腐蚀。沿建筑物外墙的燃气管道距住宅或公共建筑门、窗洞口的净距，中压管道不应小于0.5m，低压管道不应小于0.3m。燃气管道距生产厂房建筑物门、窗洞口的净距不限。架空燃气管道与铁路、道路及其他管线交叉时的垂直净距不小于表4-6的规定。

表4-6 架空燃气管道及铁路、道路及其他管线交叉时的垂直净距

（单位：m）

建筑物和管线名称		最小垂直净距	
		燃气管道下	燃气管道上
铁路轨顶		6.0	—
城市道路路面		5.5	—
厂区道路路面		5.0	—
人行道路路面		2.2	—
架空电力线	3kV以下	—	1.5
	3~10kV	—	3.0
	35~66kV	—	4.0
其他管道	$DN \leqslant 300$mm	同管道直径，但不小于0.10	
	$DN > 300$mm	0.30	

对于厂区内部的架空燃气管道，在保证安全的前提下，管底至道路路面的垂直净距可降至4.5m；管底至铁路轨顶的垂直净距可降至5.5m；架空电力线与燃气管道的交叉垂直净距应考虑导线的最大垂度。

燃气管道应有不小于0.003的坡度，坡向凝水器，以便排除凝结水。凝水器一般设在庭院燃气管道入口处。两相邻凝水器之间的间距一般不大于500m。庭院管道应设在冰冻线以下0.1~0.2m深的土层中，管顶埋土厚度不得小于0.6~0.8m，埋设在庭院内时不得小于0.3m。埋地燃气管道距建筑物不小于2m；与其他管道水平净距离不小于1m。具体参见表4-7。

表4-7 埋地燃气管道与建筑物或其他管线的最小净距

（单位：m）

序号	项目		地下燃气管道					
			最小水平净距离					垂直净距离
			低压	中压A	中压B	次高压A	次高压B	
1	建筑物	基础	0.7	1.0	1.5			
		外墙面(出地面处)				5.0	13.5	
2	给水管		0.5	0.5	0.5	1.0	1.5	0.15（沟底或顶）
3	污水、雨水排水管		1.0	1.2	1.2	1.5	2.0	0.15（沟底或顶）
4	电力电缆	直埋	0.5	0.5	0.5	1.0	1.5	0.50
		在套管内	1.0	1.0	1.0	1.0	1.5	0.15
5	通信电缆	直埋	0.5	0.5	0.5	1.0	1.5	0.50
		在管沟内	1.0	1.0	1.0	1.0	1.5	0.15
6	其他燃气管道	$DN \leqslant 300$mm	0.4	0.4	0.4	0.4	0.4	0.15
		$DN > 300$mm	0.5	0.5	0.5	0.5	0.5	0.15
7	热力管道	直埋	1.0	1.0	1.0	1.5	2.0	0.15（沟底或顶）
		在管沟内	1.0	1.5	1.5	2.0	4.0	0.15（沟底或顶）
8	铁路路堤坡脚		5.0	5.0	5.0	5.0	5.0	轨底1.2
9	有轨电车钢轨		2.0	2.0	2.0	2.0	2.0	轨底1.0
10	电杆（塔架）基础	≤35kV	1.0	1.0	1.0	1.0	1.0	
		>35kV	2.0	2.0	2.0	5.0	5.0	
11	通信、照明电杆（至杆中心）		1.0	1.0	1.0	1.0	1.0	
12	街树（至树中心）		0.75	0.75	0.75	1.2	1.2	

2. 安装程序

燃气管道安装分为埋地燃气管道安装和架空燃气管道安装，一般采用埋地安装。从安装程序来讲，架空管道不需要开挖沟槽和回填土，减少了土方工程量，但加工钢支架或钢筋混凝土支架的工程量增大，支架安装工程量也相应增大，架空管道要搭、拆脚手架。埋地管道防腐一般用沥青漆涂层，架空管道则刷红丹防锈漆，除了这几点有所不同，其他流程与埋地管道相同，埋地燃气管道安装流程如图 4-18 所示，架空燃气管道安装流程如图 4-19所示。这些工序在安排上有些需要顺序进行，有些工序可同时进行，也有些工序要反复或交叉进行。

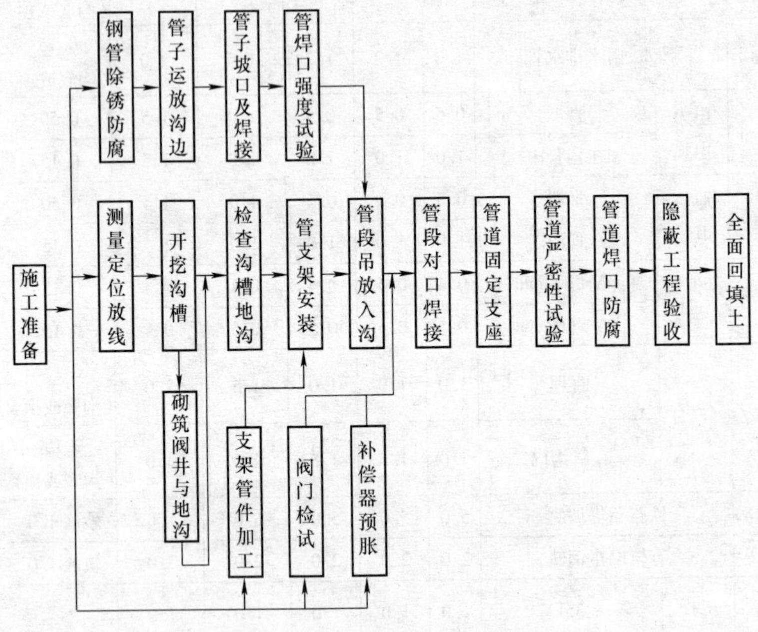

图 4-18 埋地燃气管道安装流程

3. 各类管道的安装工艺

室外燃气管道安装中，管道的直径比较大，使用的管材种类繁多，接口的形式也各不相同。因此，安装施工的工序复杂，安

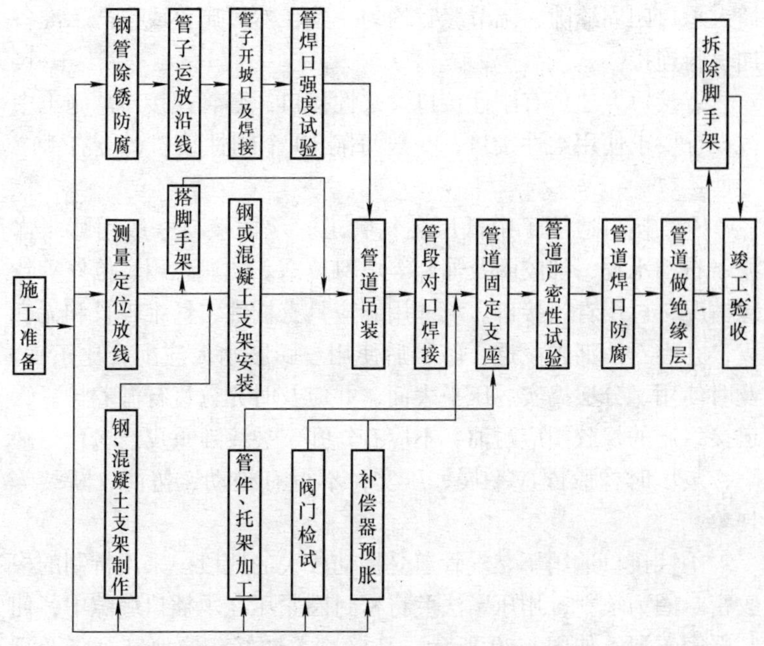

图 4-19　架空燃气管道安装流程

装尺寸要求准确，特别是支、干管室内外的碰头连接。

1）钢管易被腐蚀，所以常采用环氧煤沥青防腐绝缘层、煤焦油磁漆外覆盖层与石油沥青防腐绝缘层进行表面处理，也可采用电化学保护方式。钢管安装工艺见有关章节。

2）铸铁管材质脆、塑性差，埋地管道不能在沟槽外预先连接成较长的管段然后下沟，需要先下管子，在沟槽内做接口。

①管子排放与下管。沿沟槽边排放铸铁管时，应按其有效长度排放，即每根管子让出承插口的搭接长度。承口朝向应一致，朝向来气方向。大工程或管径较大时，尽量采用机械下管，道路狭窄，树木、电线杆较多时，可用人工下管。

②撞口。将插口插入承口中。撞口前，将橡胶圈套在插口一端，用石笔在插口端划出应插入承口的深度，然后微微抬起管子，将应插长度撞入承口中并留出一定的对口间隙，再用楔形铁

插入承口四周缝隙，调节缝宽均匀一致，然后遮盖或包严，准备加填料连接。

③接口方法。有刚性接口、柔性接口、套管式接口。施工中按设计要求使用柔性接口，一般每隔 10 个刚性接口，应有 1 个柔性接口。

刚性接口适用于中低压燃气管道。承插接口一般用膨胀水泥、石棉水泥、橡胶圈及油麻等填料填塞。如遇急用、抢修等特殊情况，可用青铅接口。填塞用麻应具有韧性、纤维较长和无麻皮，并经石油沥青浸透，晾干后使用。膨胀水泥应配合比正确，及时使用、分层捣实、压平表面，并应及时充分进行湿养护。管道接口用的橡胶圈应耐油，不应有气孔、裂纹、重皮或老化等缺陷，装填时橡胶圈应平展、压实，不得有松动、扭曲、断裂等现象。

柔性接口适用于燃气管道受振动较大的地段。采用特制的橡胶密封圈为填料，用压紧法兰将密封圈紧压在承插口缝隙中，使其严密不漏，如图 4-20 所示。其接口柔性好，抗地基沉降及抗振性能好，对于多地震地区推荐采用柔性接口。柔性机械接口铸铁管施工方便，使用良好，但管材需专门订货。

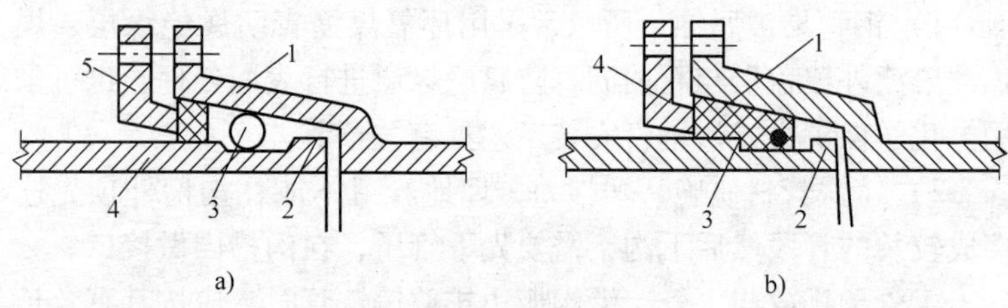

图 4-20　柔性接口

a）SMJ 型接口　1—承口　2—插口　3—锁环　4—密封胶圈　5—压紧法兰

b）N 型接口　1—承口　2—插口　3—密封胶圈　4—压紧法兰

套管式接口是把两根直径相同的铸铁管，用套管、橡胶圈及压紧法兰连接起来，用这种接口铸铁管铸造生产时不需要承插口，直管即可，简化了铸铁管的生产工艺。其安装工艺与柔性机械接口相同，有锥套式管接口、滑套式管接口、柔性套管接口三种结构形式。锥套式管接口，套管的密封面为锥形，用压紧法兰和双头螺栓把密封圈和隔离圈紧压在套管与管子间隙中，如图 4-21 所示。

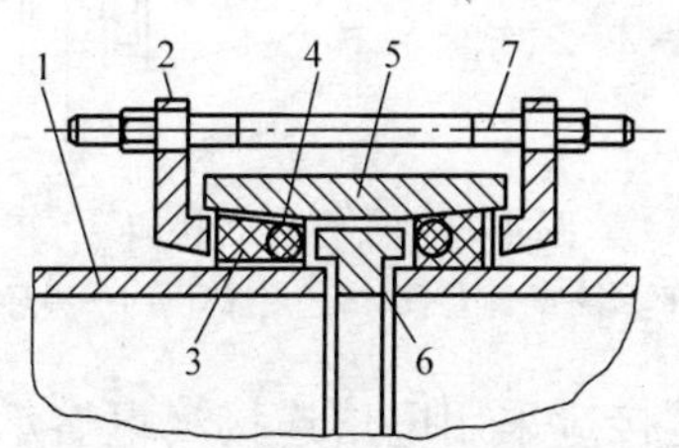

图 4-21　锥套式管接口

1—铸铁直管　2—压紧法兰　3—密封圈（合成橡胶）
4—隔离圈（合成橡胶）　5—套管　6—隔环　7—双头螺栓

滑套式管接口，连接套管的密封面为凹槽形，密封圈先套在管端，将铸铁直管插进套管时，密封圈随之推入凹槽中，如图 4-22 所示。

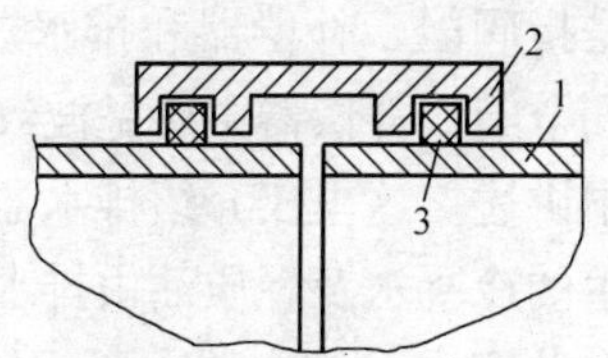

图 4-22　滑套式管接口

1—铸铁直管　2—连接套管　3—密封橡胶圈

柔性套管接口，用特制的橡胶套和两个夹环把两根铸铁管直接连接起来，如图 4-23 所示。

这种接口可转角度加大，增加了管线的挠度，抗基础不均匀沉降的能力加强，适用于地基松软及多地震地区使用。缺点是安装要求高，套管必须位于两管间隙中间，如有偏移，容易出现脱管，造成漏气。

3）聚乙烯管一般只在设计要求埋地时使用，在燃气工程

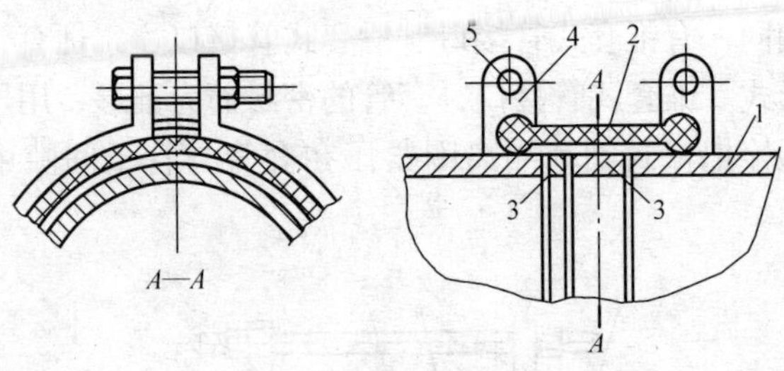

图 4-23　柔性套管接口

1—铸铁直管　2—柔性套管　3—支撑环　4—夹环　5—螺栓

中，聚乙烯管道连接应采用电熔连接（电熔承插连接、电熔鞍形连接）或热熔连接（热熔承插连接、热熔对接连接、热熔鞍形连接），不得采用螺纹连接和粘接。聚乙烯管与金属管连接，采用钢塑过渡接头连接。

4.2.3 燃气管道附件与设备安装

1. 管道附件安装

燃气管道附件是指阀门、补偿器和排水器等。阀门有闸阀、截止阀、止回阀及安全阀，补偿器主要是波纹管补偿器，它们的安装已在有关章节中讲述。这里仅介绍排水器的制作及安装。

燃气管道中产生的冷凝水及轻质油由排水器排出，埋地管道排水器的排水阀设在井室中。排水器由凝水罐及排水装置组成，凝水罐从材质上分为铸铁及钢制两种；从形式上分为立式及卧式两种；从压力方面分为低压、中压及高压三种。

高压及中压燃气管道中冷凝水量比低压管道中大，所以高、中压凝水罐的容积较大，而且冬季有冰冻期的地区，高、中压凝水罐的顶部有两个排水管接头，低压凝水罐顶部只有一个排水管接头。钢制凝水罐如图 4-24 所示。

铸铁凝水罐与管道连接采用承插连接，安装工艺与铸铁管道承插式相同；钢制凝水罐与管道连接采用焊接或法兰连接，按钢管安装工艺操作。用钢管或钢板卷焊的凝水器，应进行强度及严

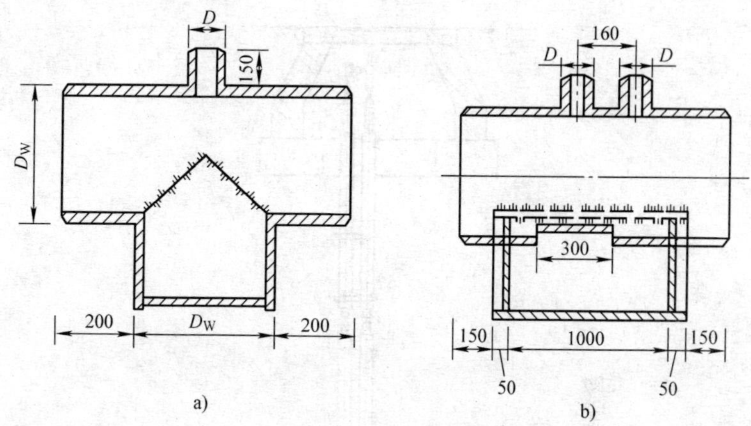

图 4-24　钢制凝水罐
a）低压立式　b）高压卧式

密性试验。

凝水罐安装在管道坡向的最低处，罐底应设支架或支墩承重。凝水罐安装时罐体必须保持水平，保证排水管的垂直度。当低压燃气管道内的燃气压力低于排水管的水柱高度压力时，必须用水泵排除凝水罐中的积水。高、中压燃气管道凝水罐打开排水管的阀门可自动排水，为防止排水管中水结冰，可增设一条循环管，开启循环管上的旋塞阀，燃气从循环管进入排水管，将存留的水压回凝水罐（图 4-25），带循环管的排水器称为双管排水器。

排水装置由排水管、循环管、管件和阀门组成。排水管及循环管管径较小，管壁较薄，易弯曲，应加套管保护，套管应除锈进行防腐处理。排水管吸水口应锯成 30°～45°的斜口，离凝水罐底面有 40～50mm 的距离，以防污物吸入排水管造成堵塞。排水管顶端的阀门和螺塞，需经常启闭以便拆装维修，必须砌筑井室加以保护，如图 4-26 所示。

2. 调压站设备安装

调压站是调节和稳定燃气管网压力的设施，它包括调压室、

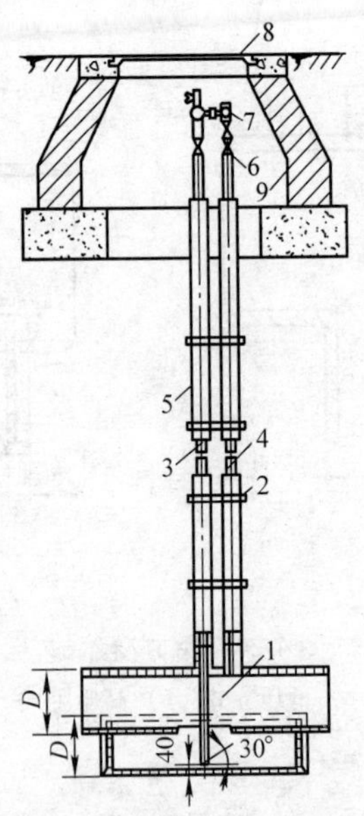

图 4-25　双管排水器的安装

（用于冬季具有冰冻期的高、中压排水器）

1—卧式凝水器　2—管卡　3—排水管　4—循环管　5—套管

6—旋塞阀　7—螺塞　8—铸铁井盖　9—井墙

进出站的管道与阀门。进出站的燃气管道一般是埋地敷设，进出站阀门在调压室外的阀井内，距外墙 6 ~ 100mm，阀门的一侧或两侧设有放散管。

调压室一般由调压器、阀门过滤器、补偿器、安全阀和测量仪表等组成。调压器的型号一般表示如下：

$$\mathrm{RT}\genfrac{}{}{0pt}{}{\mathrm{Z}}{\mathrm{J}}-2\quad 1\quad 8\genfrac{}{}{0pt}{}{\mathrm{L}}{\mathrm{F}}$$

前两个字母“RT”表示燃气调压器；第三个字母表示作用方式，“Z”为直接作用式，“J”为间接作用式。横线后第一位数字表示调压器进口压力级别，第二位数字表示出口压力级别（压力级别见相关规定），第三位数字表示公称直径的 1/25，第四位字母表示连接方式，“L”为螺纹连接，“F”为法兰连接，

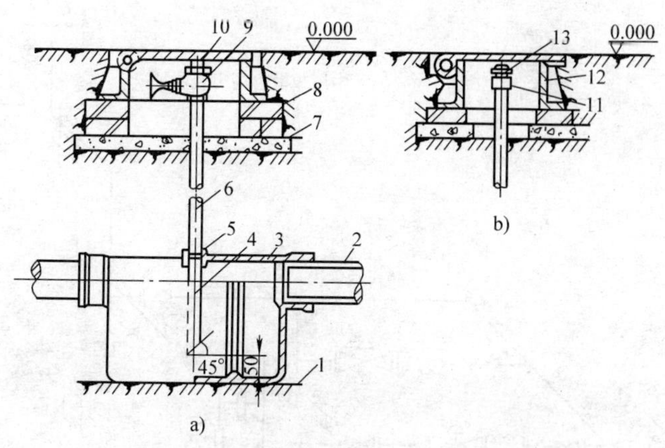

图 4-26　铸铁排水器单管排水装置

a）中压排水器　b）低压排水器

1—素土夯实　2—铸造铁管　3—凝水罐　4、6—排水管

5—内外螺纹接头　7—混凝土垫层　8—红砖垫层　9—排水阀

10、13—螺塞　11—管箍　12—铸铁防护罩

若第四位字母不写出，则表示小于或等于 *DN*50 为螺纹连接，大于 *DN*50 则为法兰连接。例如，RTJ-218，表示进口压力为中压、出口压力为低压，*DN*200 的间接作用式法兰连接调压器。

调压室根据调压器的类别分为活塞式调压室、T 形调压室、雷诺式调压室和自力式调压室。活塞式及 T 形调压室适用于各类燃气及不同压力的管网调压；雷诺式仅用于人工燃气中低压管网调压；自力式较多用于天然气的门站或储配站。

（1）活塞式调压器室安装　图 4-27 所示为 RTJ-218 型调压站系统图，安装的原则是照图施工，先依据图样核对设备材料，检查所配备的管材、管件、设备及仪表是否齐全和完好无损，然后放线定位，再按照“先地下、后地上，先设备、后仪表”的顺序进行安装。

调压室内管道小于或等于 *DN*50 的地上管子用螺纹连接，大于 *DN*50 的用焊接或法兰连接。调压室的安全放散管应接出室外，高出屋面 1.5m。调压室内所有设备安装前均应检查清洗，

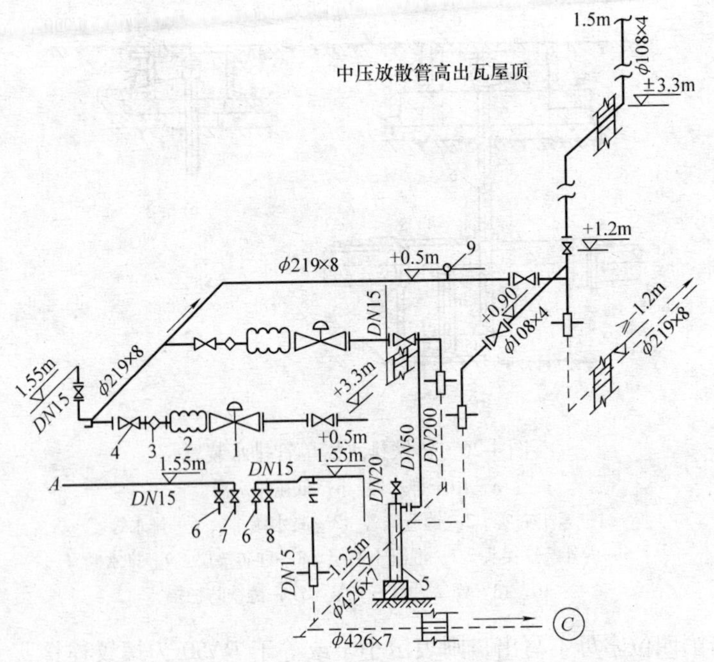

图 4-27 RTJ-218 型调压站系统图

1—RTJ-218 型高压器 2—波纹管 3—过滤器 4—闸阀
5—水封 6—接自动记录仪 7—接 U 形水银压力计
8—接 U 形水柱压力计 9—弹簧压力表

阀门、调压器应检查阀盖的法兰垫片和压盖下面的填料，如有损坏应更换。阀门还应进行空气压力试验或渗煤油试验。安装后的阀门手轮应按不同操作压力涂刷不同颜色，如次高压刷红色、中压刷黄色、低压刷绿色。

调压器应按阀体箭头指向的进出口方向水平安装，主调压器的阀杆应垂直地面，不得倾斜和倒装，每台主调压器前应设置过滤器，滤网应清洗干净。调压室的低压出口管道上必须安装安全阀或水封式安全装置。

（2）雷诺式调压室安装　雷诺式调压室由主调压器、中压辅助调压器、低压辅助调压器和压力平衡器等组成，如图 4-28

所示。调压器的主管和旁通管具有固定的形状与尺寸，可以用钢管制作，也可以采用定型铸铁管。导压管用螺纹连接，为安装和维修方便，每段导压管应安装一个活塞头。

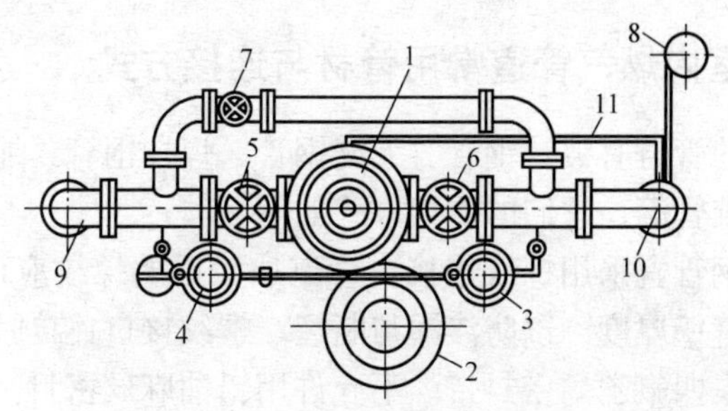

图 4-28　雷诺式调压室平面安装图

1—主调压器　2—中间压力调压器　3—低压辅助调压器
4—中压辅助调压器　5—进口阀门　6—出口阀门　7—旁通阀
8—水封　9—进口管　10—出口管　11—低压连接管

（3）自力式调压室安装　自力式调压器室的工艺系统与活塞式基本相同，主要区别在于指挥器和针形阀属于调压器的附件，如图 4-29 所示。

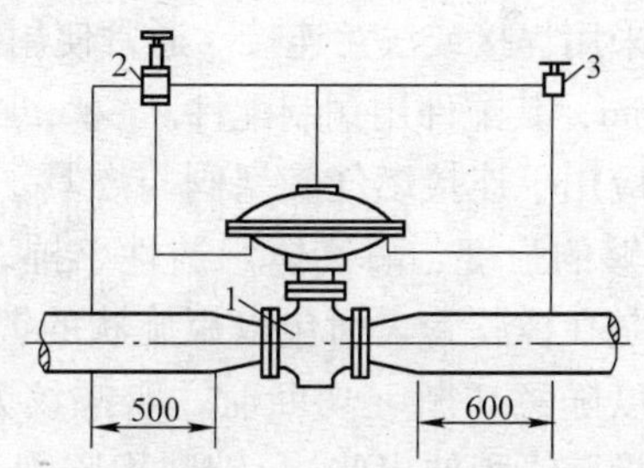

图 4-29　自力式调压室

1—自动调压器　2—指挥器　3—针形阀

（4）调压站压力试验　调压站的管道、设备、仪表安装工作完成后，进行强度和气密性试验，采用压缩空气试验，试压时用肥皂水检查所有接口，压力达到标准应稳压 6h，然后观测 12h，压力降不超过初压的 1% 为合格。

4.3 室内燃气系统的施工安装

4.3.1 室内燃气管道常用管材与连接方式

常用的管材有镀锌钢管、无缝钢管、焊接钢管、纯铜管、黄铜管与橡胶管等，它们的连接方式如下。

镀锌钢管宜采用螺纹连接，管道加工后的螺纹应认真检查，同时检查管壁厚度，以防渗漏与断裂。螺纹接口连接时，应在管螺纹上缠聚四氟乙烯密封带。不允许用铅油麻丝密封，防止铅油麻丝在使用中干裂而导致漏气。长螺纹活接头连接时，其旋紧处不少于内螺纹总长的1/3，并在内螺纹口缠聚四氟乙烯密封带后涂抹润滑脂，再旋紧螺母。在裸露螺纹部分涂润滑脂防腐。由于镀锌钢管具有比黑铁管使用年限长，管内腐蚀性铁锈少，管道不易堵塞，经常的维修工作量少等优点，故室内燃气管道一般采用镀锌焊接钢管，25层以上的高层建筑应使用厚壁钢管。低压管道一般采用螺纹连接，管径大于*DN*50时宜采用焊接或法兰连接；中压管道应采用焊接或法兰连接。通常使用纯铜管或黄铜管的管径为6~10mm，其配件用铜制配件。

橡胶管广泛应用于连接燃气旋塞阀与燃具。为了安全供气，橡胶管必须有足够的强度、耐气体渗透性、抗老化和准确的内径。铠装橡胶管是在橡胶管表面包以螺旋状的镀锌钢板而成的，可以根据所需长度随意切断（切断时，顺螺纹方向略微后让些再弯折切断，使橡胶管稍伸出些）。铠装橡胶管是用中间橡胶管与燃气旋塞阀连接的，因此在螺旋管的切口处还需安装专用金属套。铠装橡胶管有ϕ10mm和ϕ13mm两种规格。带内棱橡胶管在其内壁增设了三条纵向凸起，即使误折或误踩了橡胶管，燃气仍能从孔隙中通过，燃具不致熄火。可是，管内多了三条凸起，会增加燃气的压力损失。使用时，若直接与燃气旋塞阀连接，燃气会从凸起的缝隙中漏出，故应另加设胶制套筒。这类橡胶管都按标准规格加工，两端预先用胶粘剂固定胶制套筒。

在正常情况下，橡胶管使用三年是没有问题的，但接近燃具一端温度较高，有时可达 60℃左右，使用时间长了会失去弹性，易于拔脱，有时还会出现裂纹导致漏气。遇到这种情况，可剪去用久了的橡胶管头继续使用。不过，橡胶管弯折后已出现裂纹时，必须更换新管。

4. 3. 2　室内燃气管道安装

1. 燃气管道的布置原则

1）室内燃气管道一般应明装，不得穿过卧室、浴室、厕所、烟道、配电间、密闭地下室及易燃易爆物品仓库。

2）引入管一般直接接入厨房，或引入管经楼梯间进入厨房。引入管应有 0. 003 的坡度，坡向室外管道。

3）水平干管如布置在楼道内，其高度应大于 2m；布置在厨房内高度应大于 1. 8m，距楼顶板应大于 150mm，应有 0. 002 的坡度，坡向总立管。

4）立管一般设在厨房内，立管顶端（最高层）应设 *DN*15 的放气螺塞。

5）室内管道与墙的间距，当管径小于或等于 *DN*25 时，为 30mm；当管径大于 *DN*25 时，为 50mm。

6）管道穿过承重墙基础、楼梯平台、楼板、墙体时，应装在钢制套管内。穿过楼板、地板和楼梯平台时，套管应高出地面 50mm（防止房间地面水渗漏到下层房间），下端与楼板平。管道与套管之间环形间隙用油麻填实，再用沥青堵严。套管与墙基础、楼板、地板、墙体间的空隙，用水泥砂浆堵严。

7）燃气管道自然补偿不能满足要求时，应设补偿器，但不宜采用填料式补偿器。

8）地下室、半地下室、设备层内不得敷设液化石油气管道，敷设人工燃气、天然气管道时必须符合以下要求：净高不应小于 2. 2m；地下室或地下设备层内应设机械通风和事故排风设施；应有固定的防爆照明设备；与其他管道一同敷设时，应敷设在其他管道外侧；燃气管道连接需用焊接或法兰连接；地下室内燃气管道末端应设放散管，并引出地面以上，出口位置应保证吹扫放散时的安全和卫生要求。

2. 阀门安装

室内燃气管道应在下列位置设置阀门：燃气表前；用气设备和燃烧器前；点火器和测压点前；放散管前；燃气引入管上。

1）进入室内引入管总阀门设在总立管上，距地面1.5~1.7m，也可安装在水平管段上。

2）燃气表控制阀，燃气流量$Q_n \leqslant 3m^3/h$的燃气表，表前应安装旋塞阀；流量为$3m^3/h < Q_n \leqslant 25m^3/h$的燃气表，表前安装闸阀；$Q_n \geqslant 40m^3/h$的燃气表，若用户不能中断用气时，燃气表前后均应安装闸阀，并设旁路及阀门。

3）灶具控制阀，每台灶具前应安装控制阀。

4）燃具控制阀，一台灶具上往往设多个燃烧器，每个燃烧器均应安装控制阀，控制阀应设在炉门旁的燃烧器支管末端。

5）点火控制阀，每个燃烧器应安装点火控制阀，采用单头煤气旋塞，装在灶具连接管上。为便于安装和维修，一般控制阀门后边应设置活接头。小于或等于*DN*50的立管每隔一层楼设置一个活接头；水平干管较长时，也应在适当位置装活接头。

3. 引入管安装

（1）引入管形式　引入管是室外管网与室内系统的连接管，根据建筑的不同结构形式采用不同的连接形式。

1）地下引入式。室外燃气管道在地下直接穿过外墙基础，进墙后沿墙垂直立起，伸出地面高度大于150mm，如图4-30所示。

这种形式适用于墙内侧无散热器沟或密闭地下室的建筑物，穿墙应预留孔洞，考虑建筑沉降，管子上面外壁离孔边缘应有一定间距，并用沥青油麻填满，洞口封上钢丝网，用水泥砂浆抹

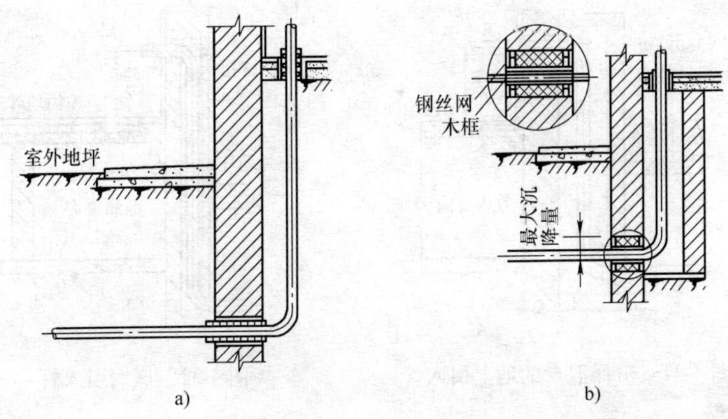

图4-30　地下引入管

面。这种方式构造简单，运行管理安全可靠，但因凿穿基础墙洞的操作较困难，对室内地面的破坏较大。

2）地上引入式。地下燃气管道在墙外垂直伸出地面，从高于室内地面0.5m处进入室内，对室外垂直管段要保温和采取保护措施，如图4-31所示。

这种形式适用于墙内侧有散热器沟或密闭地下室的建筑物。这种形式构造较为复杂，运行管理困难，对建筑物外观具有破坏作用，但凿墙洞容易，对室内地面无破坏。

3）嵌墙引入式。在外墙上做一条管槽，将燃气垂直管嵌入槽内垂直伸出地面，从距室内地坪0.5m的高度穿过外墙进入室内，如图4-32所示。

这样做可避免地上引入管安装影响建筑物美观，但管槽应设在外墙非承重部位。

4）补偿引入式。为防止高层建筑物的沉降对引入管的破坏，在引入管上安装“乙”字形弯管、波纹管或金属软管作为补偿引入管，图4-33中采用铅管作为补偿管。补偿引入管管段处应设井室以便保护和检修。

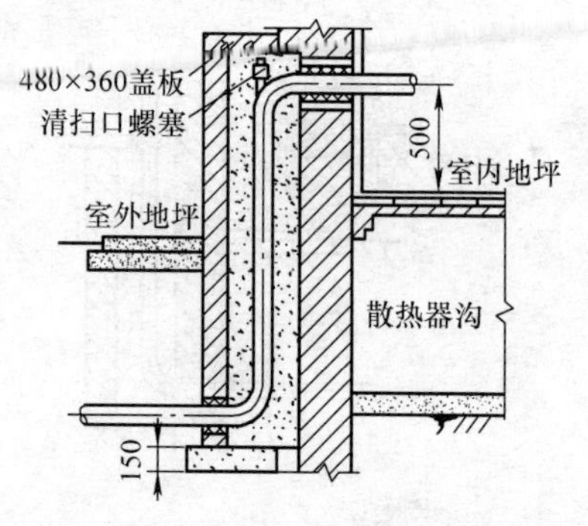

图 4-31　带保温台的地上引入管

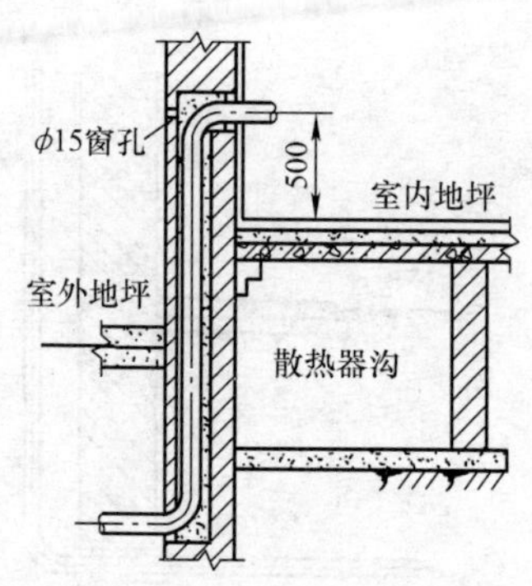

图 4-32　嵌墙引入管

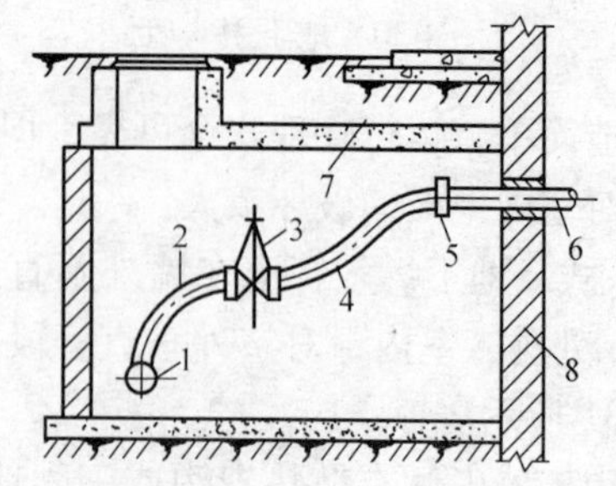

图 4-33　铅管补偿引入管

1—楼前燃气管　2—钢管　3—阀门　4—铅管
5—法兰接头　6—燃气管　7—阀井　8—楼房外墙

（2）引入管安装要求

1）引入管的深度、坡度、防腐层以及压力试验标准等与室外燃气管道相同，并随同室外管道试压。

2）引入管在距外墙 1m 的范围内不允许有接头，其弯曲管段只能用煨弯管，不允许用焊制弯头。引入管上应设置 *DN*25 的清扫口螺塞，当地下引入管与室内总立管直接连接时，清扫口应设在与总立管呈 45°距室内地面 0. 5m 高处（图 4-31）；若地下引入管通过水平管段与总立管连接时，清扫口设在立管顶部的三通口上；地上引入管的清扫口设在墙外立管的顶部。

3）引入管的最小公称直径：输送人工燃气和矿井气时，管径不应小于 *DN*25；输送天然气和液化石油气时，管径不应小于 *DN*15。

4）引入管上阀门的设置：阀门宜设在室内，重要用户还应在室外另设阀门，阀门宜选择快速切断式阀门；地上低压燃气引入管的直径小于或等于 *DN*75 时，可在室外设置带螺塞的三通，不另设置阀门。

5）引入管的绝热层可采用缠绕及涂抹法施工，用水泥砂浆砌筑砖台加以保护，砖台上部加盖混凝土盖板，台内空隙填塞岩棉或膨胀珍珠岩，增强绝热效果。

6）当用户引入管进入密闭空间时，密闭室必须改造，设置换气口，且通风换气次数不少于 3 次/h。

4.3.3　燃气表和燃烧器具安装

1. 燃气表安装

在室内燃气管道均已固定，管道系统气密性试验合格后，即可进行室内燃气表的安装，同时安装表后支管。燃气表必须有出厂合格证，距出厂校验日期或重新校验日期不超过半年，且无任何明显损伤方可进行安装。

（1）燃气表的布置原则　每个居民用户安装一个燃气表，其他用户应至少每个计费单位安装一个燃气表；燃气表宜安装在非燃结构且通风良好的室内；燃气表严禁安装在卧室、浴室、危险品和易燃品堆放处；商业和工业用户的燃气表宜设置在单独房间内；膜式表的工作环境温度为人工燃气和天然气应高于 0℃，液化石油气应高于其露点温度；安装位置应满足抄表、检修、保养和安装的要求。

（2）膜式燃气表的规格及连接方式　膜式燃气表的规格按额定流量 Q_g 划分：居民用户安装的燃气表规格一般为 $1.5m^3/h$、$2.0m^3/h$、$3.0m^3/h$ 和 $4.0m^3/h$；公共建筑用户燃气表规格为 $25m^3/h$、$40m^3/h$、$65m^3/h$ 和 $100m^3/h$。燃气表接头有单接头管和双接头管两种。双管膜式燃气表的进出口位置一般为“左进右出”，即面对表盘，左边为进气管，右边为出气管，也有些产品为“右进左出”，安装时应注意区分。单管膜式燃气表的进出口为三通式，进气口位于三通一侧的水平方向，出气口位于三通顶端的垂直方向，但这种燃气表目前已很少采用。

$Q_g \leqslant 25\mathrm{m}^3/\mathrm{h}$ 的燃气表，燃气进出口管用螺纹连接；$Q_g \geqslant 40\mathrm{m}^3/\mathrm{h}$ 的燃气表为法兰连接。燃气表安装时只要铅封完好，外表无损伤，就可直接安装，不准拆卸检查燃气表。膜式表主要适用于燃气用量不大的公共建筑用户，对于用气量较大的工业用户，由于其体积大、占地面积大、价格昂贵等缺点，很少应用。

（3）民用膜式燃气表安装　燃气表应安装在用户支管上（俗称锁表），按其位置高低分为高锁表、平锁表和低锁表。

1）高锁表。将燃气表安装在燃气灶一侧的上方，高度应便于查表人读数，如图 4-34 所示，燃气表与灶具间距应大于 300mm，防止烟气熏烤燃气表，影响计量准确，表背面距墙面应不小于 100mm，表底应设托架。管道压力试验后将表位的连通管拆下，安装燃气表。

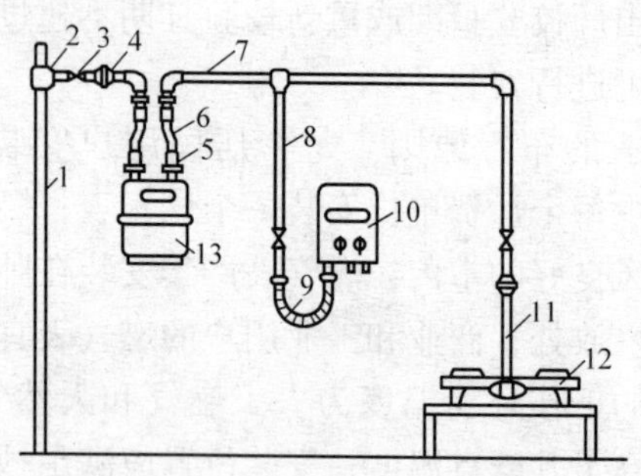

图 4-34　高锁表和高锁灶

1—立管　2—三通　3—旋塞阀　4—活接头
5—锁紧螺母　6—表接头　7—用户支管
8—用具支管　9—可挠性金属软管　10—快速热水器
11—用具连接管　12—双眼灶　13—双管燃气表

2）平锁表。将燃气表安装在燃气灶的一侧，用户支管、灶具支管和灶具连接管均为水平管。

3）低锁表。将燃气表安装在燃气灶的板下方，表的出口与灶的连接均为垂直连接，进口应视具体条件采用水平或垂直连接，图 4-35 所示为低锁表和低锁灶。

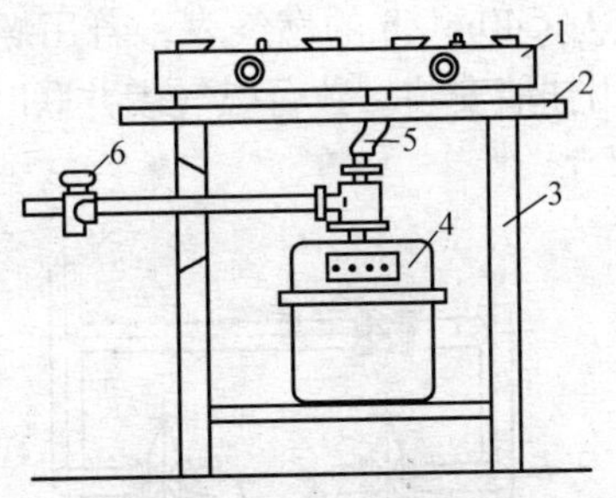

图 4-35　低锁表和低锁灶

1—燃气灶　2—灶台板　3—灶架

4—单管燃气表　5—软管　6—旋塞阀

民用膜式表在安装时还应注意下列问题：燃气表安装于门厅时，必须采用高锁表；在厨房中安装时，高、低位均可，但只要条件允许应尽量采用高位形式；燃气表只能水平放置在托架上，不得倾斜，表的垂直度偏差应不小于 10mm；燃气表的进出口管道应用钢管或铅管，螺纹连接要严密，铅管弯曲后应成弧形，保持铅管的口径不变，不应产生凹瘪；表前水平支管坡向立管，表后水平支管坡向灶具；燃气表进出口连接时，应注意连接方向，防止装错。

燃气表安装完毕，应进行严密性试验。试验介质用压缩空气，试验压力为 300mm[㊀]，5min 内压降不大于 20mmH_2O 为合格。

（4）公用膜式燃气表安装　公用膜式燃气表应安装在单独的房间内，室温不低于 5℃。距烟道、电器、灶具等应有一定的

㊀ 1mmH_2O = 9. 80665Pa。

安全距离。禁止把燃气表安装在蒸汽锅炉房内。引入管安装固定后即可安装公用燃气表，表下应设支架或砌筑平台。流量 $Q_g \geqslant 40m^3/h$ 的燃气表应装旁通管，燃气进出管及旁通管上安装明杆阀门，阀门不允许与表进出口直接连接，应采用连接短管相连，并设支架，防止阀门和进出口短管的重力压在燃气表上，如图 4-36 所示。流量 $Q_g < 40m^3/h$ 的燃气表，若用螺纹接口，可不设旁通管，一般采用挂墙安装。数台燃气表并联时，表壳净间距应大于 1.0m。

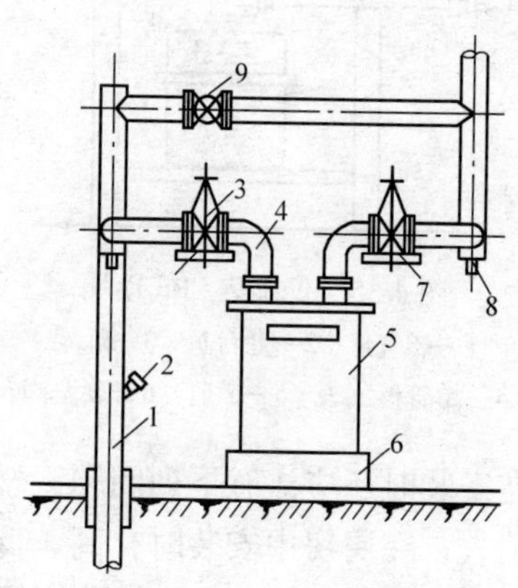

图 4-36　$Q_g \geqslant 40m^3/h$ 燃气表安装

1—引入管　2—清扫口安装　3—闸阀　4—弯管　5—燃气表
6—表座　7—支撑架　8—泄水螺塞　9—旁通闸阀

（5）罗茨式燃气表安装　罗茨式燃气表体积小、流量大、能在较高的压力下计量，主要用于工业及大型公共事业用户的气体计量。一般安装在立管上，按表壳箭头方向进口朝上、出口朝下。罗茨表可以一台单装或数台并联安装，但都必须设旁通管。进出口管及旁通管都应设阀门。为防止燃气中杂质在管壁内结垢沉积，进气管阀门后面应安装过滤器和设清扫口。罗茨表进出口管中心距一般为 1.0～1.2m，数台并联安装时，中心距为 1.2～1.5m。

2. 燃气用具的安装

燃气用具的安装一般独立进行，既可以在室内燃气系统验收合格后立即安装，也可事后单独安装。

（1）民用灶具安装　室内燃气立管、水平管及炉具支管均安装牢固，经压力试验合格后，用灶具连接管将灶具与灶具支管接通。灶具包括单眼灶、双眼灶、烤箱和热水器等。

1）布置原则：

①灶具不允许安装在卧室及通风不良的地下室内，应安装在专用厨房内。

②安装灶具的房间高度不应低于2.2m；安装热水器的房间高度不应低于2.6m；房间自然通风和自然采光应良好。

③灶具应与墙面有一定距离，墙面应为不燃材料。燃气灶边缘或烤箱侧壁距木质家具的净距不应小于0.2m。

④灶台或灶架应为不燃耐热材料，灶台高度一般为0.7m。

⑤同一厨房安装两台以上灶具时，灶具与灶具之间的净距应不小于0.4m。

⑥热水器与燃气表、燃气灶的水平净距不得小于30mm。

2）灶具安装方法。民用灶具安装方法和燃气表安装方法相似，分为高锁灶、平锁灶和低锁灶。根据灶具连接管的材质分为硬连接和软连接。硬连接用钢管，极少采用。软连接用可挠性金属软管或橡胶软管，连接时软管长度不应超过2m，不得有接口，不得穿墙、门、窗等。

灶台应水平稳固，可由不锈钢板或砖台贴瓷片或水磨石板构成。

热水器可采用膨胀螺栓或支架固定在墙上，用金属软管与灶具支管连接气源，用钢管与自来水管连接，热水出口管按需用情况接出。

（2）公用灶具安装　公用灶具由灶体、燃烧器和配管组成。按灶具用途分为蒸锅灶、炒菜灶、饼灶、烤炉、开水炉和西餐灶等；按炉体材料结构分为钢结构灶和砌筑型灶。砌筑型灶根据用途配置燃烧器、连接管和灶前管；钢结构灶则在出厂时已装配齐全，仅需配装灶具连接管。安装时应注意以下几点：

1）公共建筑用气房间高度不宜低于2.8m。

2）蒸锅灶、西餐灶应靠近排烟管道砌筑或安装，室内通风应良好。

3）炒菜灶应安装排烟罩或抽油烟机，厨房通风应良好。

4）开水炉的排烟管应通入烟道或通向室外。

5）蒸锅灶、炒菜灶和开水炉的近旁应有排水装置。

6）蒸锅灶、炒菜灶的燃烧器在炉膛内的高度应使火焰高温部位接触锅底（外焰中部）。

7）每个燃烧器都应在炉门处设控制阀，阀门距炉门边缘不小于100mm，连接管应设管卡固定在炉体上。

8）燃烧器底部应有50mm以上的空隙高度，保持二次空气畅通。

9）燃烧器各部件在安装前应内外清洗干净，并包封好，待试烧时开包。

4.3.4 室内燃气系统试压与验收

室内燃气系统安装结束后，采用压缩空气进行强度和严密性试验。

1. 民用燃气系统试压

（1）燃气管道试压　室内燃气管道试压时，应将燃气表和灶具与管网切断，即燃气表的进、出口以连通管连通，将灶具控制阀关闭，试验范围自进户总阀门开始至用具控制阀。

1）强度试验试验压力为0.1MPa，用肥皂水检查全部连接口，直至全部接口不漏和压力表数值无明显降低。

2）气密性试验试验压力为7kPa，在此压力下观测10min，如压力降不超过0.2kPa则合格。

（2）燃气系统气密性试验　经管道试压后，进行燃气系统气密性试验，拆去燃气表的试压连通管，开启燃气表的进出口阀，开启用具控制阀，进行系统的气密性试验，试验压力为3kPa，观测 5min，压力降不超过 0. 2kPa 为合格。

2. 工业车间和锅炉房燃气系统试压

工业车间和锅炉房燃气系统试压方法、试验范围和程序同民用户，但试验压力不同。

（1）燃气管道试压

1）强度试验。低压管道试验压力为 0. 1MPa，中压管道为 0. 15MPa。

2）气密性试验。低压管道试验压力为 10kPa，观测 1h 后，如压力降不超过 0. 6kPa 为合格；中压管道试验压力为 1. 5 倍工作压力，但不得低于 0. 1MPa，达到试验压力后稳定 3h，然后开始观测，如经 1h 后压力降不超过初压的 1. 5% 为合格。

（2）燃气系统气密性试验　试压后，接通燃气表，充气至燃烧器控制阀。对膜式表，试验压力为 3kPa，5min 内压力降不超过 0. 2kPa 为合格；对于罗茨表或叶轮表，试验压力为燃气工作压力，5min 内压力降不超过初压的 1. 5% 为合格。

3. 室内燃气系统验收

验收主要包括外观检查、气密性试验和资料验收三项内容。外观检查主要检查是否按图施工，如套管制作是否符合要求，管卡安装是否牢固，位置是否正确，阀门是否灵活等；前述气密性试验结果必须填入气密性试验单，作为竣工资料的一部分；资料验收主要检查竣工图样是否准确无误，应交付的资料是否填写正确，设备、附件的出厂合格证、质量检验证书是否齐全等。

第 5 章　供暖锅炉及辅助设备的安装

5.1　锅炉房施工图及施工图的识读

5.1.1　锅炉房施工图

锅炉是广泛使用的热源设备，用于生产热水或蒸汽。锅炉的种类很多，根据锅炉的不同构造，可分为散装锅炉和整体锅炉两种。整体锅炉是指锅炉本体结构整体出厂。这种锅炉在施工现场的安装工程量较小，又称为快装锅炉，在较短的时间内锅炉即可投入使用；散装锅炉（又称现场组装）是指出厂的锅炉都为零散部件或小型组合部件。

锅炉是在一定的温度与压力下运行，属于受压容器且内外部受到各种不同介质的侵蚀，运行条件一般较差。锅炉内部储存大量高温高压的水或蒸汽。因此，锅炉的安全是非常重要的。施工过程中，必须严格遵守受压容器安装的标准，确保锅炉安装质量。安装蒸汽工作压力不大于 0.8MPa 表压，热水温度不超过 150℃的供暖和热水供应的整体锅炉时，应按《建筑给水排水及采暖工程施工质量验收规范》（GB 50242—2008）施工；安装蒸汽工作压力小于 2.5MPa 表压，蒸发量不大于 35t/h 的散装工业锅炉时，应按《机械设备安装工程施工及验收通用规范》（GB 50231—2009）施工。同时，查阅随机所带的锅炉安装说明书等技术文件，以便施工中使用。

锅炉房施工图一般由三部分组成，它们是：

（1）锅炉房平面图。锅炉房平面图应分层绘制，其主要内容有锅炉房建筑的平面尺寸、门窗位置及开启方向、内部房间的名称及用途；锅炉及附属设备的平面位置、编号及定位尺寸；水、汽管道与烟、风管道的平面位置、尺寸、走向及锅炉房内管道的固定方式等。

（2）锅炉房剖面图。主要内容包括锅炉房各部位的建筑标高和楼层标高；设备、设备基础、管道、管沟的标高和尺寸。剖面图可分部位、系统分别按比例绘制。

（3）锅炉房工艺流程图。工艺流程图主要内容包括设备和管道的相对位置关系；设备、管道的规格、编号及介质流向；管道、阀门和设备的连接方式等。流程图和系统图都可以反映管道系统和设备的全貌及连接方式，但两者是有本质区别的。系统图是根据平面图上管道和设备的平面位置按比例用轴测投影原理绘制的，而工艺流程图是没有比例的。由于锅炉房内管线、设备多而复杂，为保证管道和设备的正确连接，防止造成运行事故，避免安装上的错误和疏漏，在识读工艺流程图时，必须仔细搞清管道与设备、管道与管道之间的相互关系。

5.1.2　锅炉房施工图的识读

1. 管道流程图识读

首先查明锅炉房的主要设备及各设备之间的关系，设备之间的关系是通过连接管道来实现的，应先从锅炉本体看起；通过各设备编号和管道代号有助于了解管道系统的流程和作用；流程图所表示的汽、水流程是示意的，可供管道安装时查对管道流程之用，管道具体走向、位置、标高等需查平面图、剖面图或系统轴测图。

2. 管道平面图识读

识读平面图首先要查明锅炉房设备的平面位置与数量、设备的定位尺寸及接管的方向，设备多时应逐一弄清楚；查明分水缸的位置与进出管道位置、走向及阀门、管径、标高等。一般锅炉本体都在锅炉间内，水处理设备、给水箱、水泵等单独布置在水泵间内，并留一定的安装、检修距离和通道。

锅炉房的平面布局分为锅炉间、风机除尘间、水处理间、配电间、水泵间、卫生间、休息室等。从平面图中还可看到各种设备的平面位置、定位尺寸及剖面图的剖切位置等。

3. 剖面图的识读

识图时应主要查明锅炉及辅助设备、设备接口的位置及标高，查明管道的标高、管径、阀门和仪表的设置、型号、相对位置及连接方法等。

4. 系统图的识读

系统图可按系统识读，每个系统按流程逐步进行识读，同时也要和流程图一起对照，查明管道走向、标高、坡度、阀门及仪表情况等。

5.2 锅炉安装用起吊机具

5.2.1 起重索具

由于锅炉的锅筒等部件的结构尺寸和重量都较大，在锅炉安装工作中往往要采用起重吊装的机具，熟悉其性能和使用方法，便于在各项安装工程中正确、安全进行。起重索具的作用是捆绑重物，便于将其安全吊运至安装位置，常用的起重索具有麻绳和钢丝绳。

1. 麻绳

麻绳是由植物纤维经人工捻制而成。它的特点是轻便、柔软，便于系结，价格便宜，但普通麻绳易腐朽。常用的麻绳有浸油麻绳与白棕绳，可用于500kg以内重物的绑扎与吊装，也可作为缆风绳或溜绳。为了保证施工安全，考虑到麻绳容易磨损和起重动力冲击作用等因素的影响，使用时应按麻绳的技术性能和使用拉力正确选用，表5-1列出了浸油麻绳技术性能。

使用麻绳时应注意避免麻绳被割伤，防止受潮和化学介质侵蚀，以保证施工安全。

表5-1 浸油麻绳技术性能

直径/mm	特制		加重		普通	
	每百米重/N	最小拉断力/N	每百米重/N	最小拉断力/N	每百米重/N	最小拉断力/N
9.6	83	5850	83	5050	—	—
11.1	106	7000	104	6250	103	5750
12.7	142	8950	140	7950	138	7350
14.3	175	10900	174	9700	172	8950
15.9	224	14000	209	11500	205	10650
19.1	330	20250	314	17050	293	14900
20.7	384	22600	366	18900	346	16650
23.9	507	30600	499	25020	466	22260
28.7	720	42400	708	35410	675	32230
31.8	891	50300	873	42190	826	37670
36.6	1180	65700	1133	55440	1086	48510
39.8	1392	73800	1345	62700	1296	55250
47.8	1982	106800	1923	90450	1841	70600
55.7	2738	134500	2655	115850	2549	101850
63.7	3564	174250	3457	149500	3304	130900

2. 钢丝绳

钢丝绳是吊装中的主要绳索。它具有强度高，韧性好，耐磨性好等优点；当磨损后外部产生许多毛刺，容易检查，便于预防事故。

钢丝绳是由许多根直径为0.4～4.0mm，强度为1400～2000MPa的高强度钢丝捻成绳股绕制而成。按绳股数及一股中钢丝数，常分为6股7丝、6股19丝、6股37丝、6股61丝等几种。表5-2所列为每股钢丝数为19根、钢丝股数为6股、有机绳芯数为1根的钢丝绳的技术性能。

使用时应根据钢丝绳技术性能和使用拉力正确选用。还应注意避免打结、压扁、刻伤、电弧打伤、滑动摩擦、化学介质腐蚀和长时间被水浸泡等破坏现象，以保证施工安全。

5.2.2 起重机具

1. 滑轮

又称滑车，是由外壳钢夹板、绳轮、轮轴和吊钩四部分组成。滑轮能改变拉力方向，既可单独使用，也可由多个滑轮组成滑轮组使用，滑轮组能减小牵引力。由于滑轮的体积小、重量轻、使用方便，所以在起重吊装工作中应用广泛。

按滑轮的多少，可分为单门（一个滑轮）、双门和多门等几种；按连接件的结构形式不同，可分为吊钩型、链环型、吊环型和吊梁型四种；按滑轮的夹板是否可以打开来分，有开口滑轮和闭口滑轮两种；按使用方式不同，又可分为定滑轮和动滑轮两种。在起吊工作中，应根据滑轮的允许荷载值来选用，不允许滑轮在超过其允许荷载的情况下工作，以保证施工的安全。表5-3所列为常用滑轮的允许荷载。

2. 捯链

捯链是一种结构简单、小型轻便的起重工具，适于小型设备的垂直起吊等多种用途。捯链有手动和电动两种，手动捯链的起重能力一般不超过10t，最大的可达20t，起重高度为3～5m，HS型手动捯链的技术性能见表5-4。我国生产的CD型电动捯链的起重能力为0.5～10t，起重高度为6～30m，其技术性能见表5-5。

表 5-2　钢丝绳的技术性能

直径/mm		钢丝总断面面积/mm²	参考重量/(N/100)	钢丝绳公称抗拉强度/MPa				
钢丝绳	钢丝			1400	1550	1700	1850	2000
				钢丝破断拉力总和/kN(不小于)				
6. 2	0. 4	14. 32	135	20. 0	22. 1	24. 3	26. 4	28. 6
7. 7	0. 5	22. 37	211	31. 3	34. 6	38. 0	41. 3	44. 7
9. 3	0. 6	32. 22	305	45. 1	49. 9	54. 7	59. 6	64. 4
11. 0	0. 7	43. 85	414	61. 3	67. 9	74. 5	81. 1	87. 7
12. 5	0. 8	57. 27	541	80. 1	88. 7	97. 3	105. 5	114. 5
14. 0	0. 9	72. 49	685	101. 0	112. 0	123. 0	134. 0	144. 5
15. 5	1. 0	89. 49	846	125. 0	138. 5	152. 0	165. 5	178. 5
17. 0	1. 1	108. 28	1023	151. 5	167. 5	184. 0	200. 0	216. 5
18. 5	1. 2	128. 87	1218	180. 0	199. 5	219. 0	238. 0	257. 5
20. 0	1. 3	151. 24	1429	211. 5	234. 0	257. 0	279. 5	302. 0
21. 5	1. 4	175. 40	1658	245. 5	271. 5	298. 0	324. 0	350. 5
23. 0	1. 5	201. 35	1903	281. 5	312. 0	342. 0	372. 0	402. 5
24. 5	1. 6	229. 09	2165	320. 5	355. 0	389. 0	423. 5	458. 0
26. 0	1. 7	258. 63	2444	362. 5	400. 5	439. 5	478. 0	517. 0
28. 0	1. 8	289. 95	2740	405. 5	499. 0	492. 5	536. 0	578. 5
31. 0	2. 0	357. 96	3383	501. 0	554. 5	608. 5	662. 0	715. 5
34. 0	2. 2	433. 13	4093	606. 0	671. 0	736. 0	801. 0	—
37. 0	2. 4	515. 46	4871	721. 5	798. 5	876. 0	953. 5	—
40. 0	2. 6	604. 95	5717	846. 6	937. 5	1025. 0	1115. 0	—
43. 0	2. 8	701. 60	6630	982. 0	1085. 0	1190. 0	1295. 0	—
46. 0	3. 0	805. 41	7611	1125. 0	1245. 0	1365. 0	1490. 0	—

表 5-3 常用滑轮的允许荷载

滑轮直径/mm	允许荷载/t								使用钢丝绳直径/mm	
	单轮	双轮	三轮	四轮	五轮	六轮	七轮	八轮	适用	最大
70	0.5	1	—	—	—	—	—	—	5.7	7.7
85	1	2	3	—	—	—	—	—	7.7	11
115	2	3	5	8	—	—	—	—	11	14
135	3	5	8	10	—	—	—	—	12.5	15.5
165	5	8	10	16	20	—	—	—	15.5	18.5
185	—	10	16	20	—	32	—	—	17	20
210	8	—	20	—	32	—	—	—	20	23.5
245	10	16	—	32	—	50	—	—	23.5	25
280	—	20	—	—	50	—	80	—	26.5	28
320	16	—	—	50	—	80	—	100	30.5	32.5
360	20	—	—	—	80	100	—	140	32.5	35

表 5-4　HS 型手动捯链的技术性能

型　号	HS $\frac{1}{2}$	HS1	HS1 $\frac{1}{2}$	HS2	HS2 $\frac{1}{2}$	HS3	HS5	HS7 $\frac{1}{2}$	HS10	HS15	HS20
起重量/t	0.5	1	1.5	2	2.5	3	5	7.5	10	15	20
标准起升高度/m	2.5	2.5	2.5	2.5	2.5	3	3	3	3	3	3
满载链拉力/N	195	310	350	320	390	350	390	395	400	415	400
净重/N	70	100	150	140	250	240	360	480	680	1050	1500

表 5-5 CD 型电动捯链的技术性能

编号	起升重量/kN	起升速度/(m/min)	运行速度/(m/min)	钢丝绳直径/mm	电动机						自重/kN
					主起升		辅起升		运行		
					功率/kW	转速/(r/min)	功率/kW	转速/(r/min)	功率/kW	转速/(r/min)	
CD0.5	5	8	20		0.8	1380	0.2	1380	0.2	1380	1.2～1.63
CD1	10	8	20 30 60	7.6	1.5	1380	0.2	1380	0.4	1380	1.47～2.22
CD2	20	8	20 30 60	11	3	1380	0.4	1380	0.4	1380	2.35～3.95
CD3	30	8	20 30 60	13	4.5	1380	0.4	1380	0.4	1380	2.9～4.4
CD5	50	8	20 30 60	15.5	7.5	1380	0.8	1380	0.8	1380	4.6～6.9
CD10	100	7	20	15.5	13	1400				1380	10.4～13.8

使用捯链时，首先应考虑到捯链的起重能力，绝不能超载使用，还要注意捯链的吊挂必须牢靠。起吊时拉力要均匀，不宜猛拉。转动部分要经常上润滑油，以延长捯链的使用寿命和保证施工安全。

3. 千斤顶

千斤顶是一种单动作的起重机具，具有体积小、自重轻及使用灵活、方便的特点。它可以移动或调整吊装物体高度，也可用于校正钢构件的变形，如校正锅炉各部件的安装偏差和校正锅炉钢架等构件的变形。千斤顶按其结构不同分为齿条式、螺旋式和液压式。

齿条式千斤顶的起重能力一般为 3 ~ 5t，最大可达 15t，起重高度最大可达 400mm，齿条式千斤顶的技术性能见表 5-6。

表 5-6　齿条式千斤顶的技术性能

型　号		01 型	02 型
起重量/t	静负荷	15	15
	动负荷	10	10
最大起重高度/mm		280	330
钩面最低高度/mm		55	55
机座尺寸/mm		166 × 260	166 × 260
外形尺寸/mm		370 × 166 × 525	414 × 166 × 550
自重/N		260	250

螺旋式千斤顶的起重能力为 5 ~ 50t，Q 型固定螺旋式千斤顶的技术性能见表 5-7。

表 5-7　Q 型固定螺旋式千斤顶的技术性能

起重量/t	起重高度/mm	螺杆落下最小高度/mm	底座直径/mm	自重/kN	
				普通式	棘轮式
5	240	410	148	210	210
8	240	410	—	240	280

（续）

起重量/t	起重高度/mm	螺杆落下最小高度/mm	底座直径/mm	自重/kN	
				普通式	棘轮式
10	290	560	180	270	320
12	310	560	—	310	360
15	330	610	226	350	400
18	355	610	—	390	520
20	370	660	—	440	600

液压千斤顶的起重能力一般为1.5～320t，最大的起重能力可达500t，起重高度为90～200mm。YQ型液压千斤顶的技术性能见表5-8。

表5-8　YQ型液压千斤顶的技术性能

型号	起重量/t	起升高度/mm	最低高度/mm	工作压力/MPa	手柄长度/mm	手柄作用力/N	自重/N
$YQ_1 1.5$	1.5	90	164	33	450	270	25
$YQ_1 3$	3	130	200	42.5	550	290	35
$YQ_1 5$	5	160	235	52	620	320	51
$YQ_1 10$	10	160	245	60.2	700	320	86
$YQ_1 20$	20	180	285	70.7	1000	280	180
$YQ_1 32$	32	180	290	72.4	1000	310	260
$YQ_1 50$	50	180	305	78.6	1000	310	400
$YQ_1 100$	100	180	350	65.0	1000	400×2	1230
$YQ_1 200$	200	200	400	70.6	1000	400×2	2430
$YQ_1 320$	320	200	450	70.7	1000	400×2	4160

使用千斤顶时，应使千斤顶的额定承载能力略大于被顶起物体的重量，防止超负荷工作。千斤顶工作时要有坚实的基础或支撑，以免工作时发生倾斜，造成事故。另外，还要注意千斤顶的保养，使其在工作中动作灵活并延长其使用寿命。

4. 绞磨

绞磨是一种手动起重工具，具有结构简单、操作方便的特点，适合在没有电源时用人力起重。绞磨由推杆、磨头、卷筒、磨架、制动器等部件组成，其结构如图5-1所示。

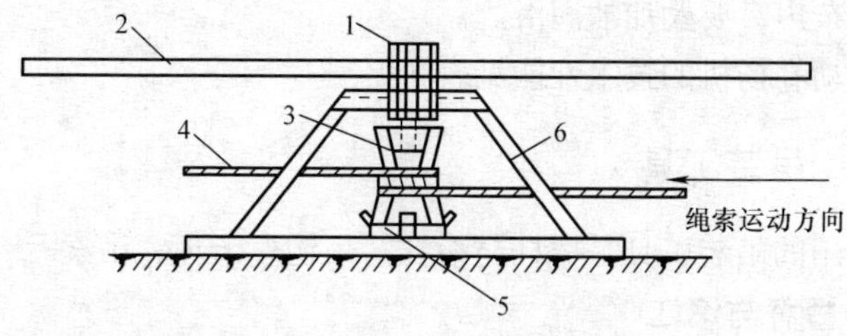

图5-1 绞磨

1—磨头 2—推杆 3—磨腰 4—拉梢绳 5—制动器 6—磨架

使用绞磨时，锚桩必须牢固，缠绕在卷筒上的牵引绳不少于4~6圈，以防止绞磨和牵引绳在工作中产生滑脱。严禁用手在卷筒上调节或放松牵引线，还要注意防止绞磨反转及上转轴被拔出等事故出现。

绞磨推杆上需施加的推力按下式计算：

$$P=\frac{Sr}{R}K$$

式中 P——施加在绞磨推杆上的力（kN）；

S——绳索的拉力（重物的重量）（kN）；

r——卷筒半径（m）；

R——推力作用点至磨腰盘体中心距离（m）；

K——磨腰盘体阻力系数，$K=1.1\sim1.2$。

5. 卷扬机

卷扬机又称绞车，有手摇和电动两种。手摇卷扬机的卷扬能力一般为0.5~3t。电动卷扬机是起重吊装工作中的重要机具，具有起重能力大、速度快、结构紧凑、操作方便和安全可靠等特点。电动卷扬机的起重能力一般为1~20t。电动卷扬机在使用时要注意：卷扬机必须用地锚予以固定，以防工作时产生滑动或倾覆；钢丝绳绕在卷筒上时，要根据钢丝是右捻还是左捻，卷筒是正转还是反转而采用不同的缠绕方式，同时，卷筒上钢丝绳至少要保留4圈；电气设备和线路要勤加检查；传动机构要咬合正确，无杂声，要勤加油润滑。

电动卷扬机的技术性能见表5-9。

5.2.3 吊装工具

常用的吊装工具是撬杆与滚杠、吊钩、卡环、吊索。

1. 撬杆与滚杠

这是移动重物和校正设备最常用的工具。撬杆是用圆钢或六棱形钢（5钢或45钢）锻制而成的。它的一头做成尖锥形，另一头做成鸭嘴形或虎牙形，并弯折40°~45°，对弯折部分及弯折点附近60~70mm的直线部分进行淬火和回火处理。弯折部分的硬度要求为40~45HB。滚杠一般采用钢管制成，它的长短粗细可根据需要与现场条件加工。

2. 吊钩

常用的为单钩。吊钩是由整块钢材锻造的（常用20优质碳素钢），锻成后要进行退火处理，以消除其残余的内应力，增加其韧性，要求硬度达到95~135HB。吊钩表面应光滑，不得有剥裂、刻痕、锐角、裂缝等缺陷存在，并不允许对磨损或有裂缝的吊钩进行补焊修理，因为补焊后吊钩会变脆，致使受力后裂断而发生事故。

3. 吊索

吊索又称千斤，俗称钢丝绳头，是用钢丝绳插制而成的绳扣，主要用来绑扎设备及零部件，以便起吊。吊索按结构不同，分为闭式吊索（图5-2a）和开式吊索（图5-2b）两种。

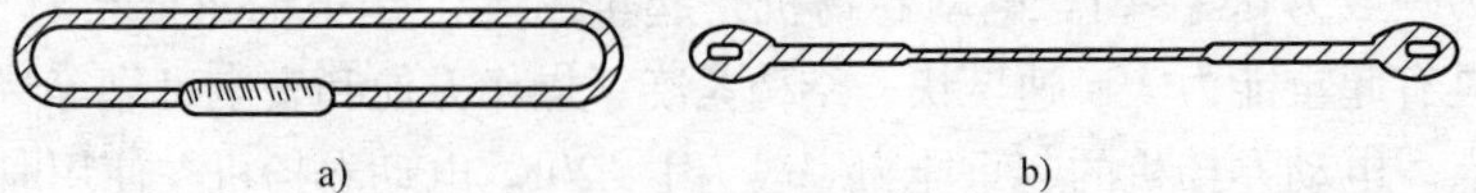

图5-2 吊索

a）闭式吊索 b）开式吊索

表 5-9　电动卷扬机的技术性能

类型	起重能力/t	卷筒直径/mm	卷筒长度/mm	平均绳速/（m/min）	容绳长度/m	钢丝绳直径/mm	外形尺寸（长×宽×高）/mm	电动机功率/kW	总重量/t
单卷筒	1	200	350	36	200	ϕ12.5	1390×1375×800	7	1
	3	340	500	7	110	ϕ12.5	1570×1460×1020	7.5	1.1
	5	400	840	8.7	190	ϕ21	2033×1800×1037	11	1.9
双卷筒	3	350	500	27.5	300	ϕ16	1880×2795×1258	28	4.5
	5	420	600	32	500	ϕ22	2479×3096×1390	40	5.4
单卷筒	7	800	1050	6	600	ϕ31	3190×253×1690	20	6.0
	10	750	1312	6.5	1000	ϕ31	3839×2305×1793	22	9.5
	20	850	1324	10	600	ϕ42	3820×3360×2085	55	—

5.3 锅炉基础验收、划线

5.3.1 锅炉基础验收

土建施工的设备基础包括锅炉本体基础、风机基础、水泵基础和各种容器基础等，当土建设备基础施工结束后，锅炉安装单位应对各种设备基础进行验收。验收时，应对基础的位置、平面尺寸和标高等及基础上地脚螺栓孔的数量、相互间位置和尺寸等进行检查，锅炉基础的质量要求见表5-10。另外，还应对基础的施工质量进行检查，如基础的强度是否达到要求，表面有无蜂窝、裂纹等缺陷，如有不符合要求之处，应进行修整或返工，直至符合要求。

表5-10 锅炉基础的质量要求

序号	项目	允许偏差/mm
1	基础坐标位置(纵、横轴线)	±20
2	基础各不同平面的标高	0 -20
3	基础上平面外形尺寸 凸台上平面外形尺寸	20 -20
4	基础上平面的水平度(包括地坪上需安装设备的部分) 每米 全长	 5 10
5	预留地脚螺栓 中心位置 深度 孔壁的垂直度	 10 -20 10

5.3.2　锅炉基础划线

锅炉安装基础划线，就是要确定锅炉安装基础的纵向、横向和标高三条基准线。基准线是锅炉各部件安装位置调整的依据，所以这三条线准确与否将直接影响锅炉本体结构的安装质量，其中纵向和横向基准线可以确定锅炉的平面位置，标高基准线可以确定锅炉的空间位置。

锅炉安装基础划线前，应将基础上的建筑垃圾等杂物彻底清除干净。测量土建基础纵向中心线，若此中心线距附近建筑结构尺寸符合要求，则可将此线确定为锅炉安装基础的纵向基准线，即图 5-3 中的 $O-O'$线。

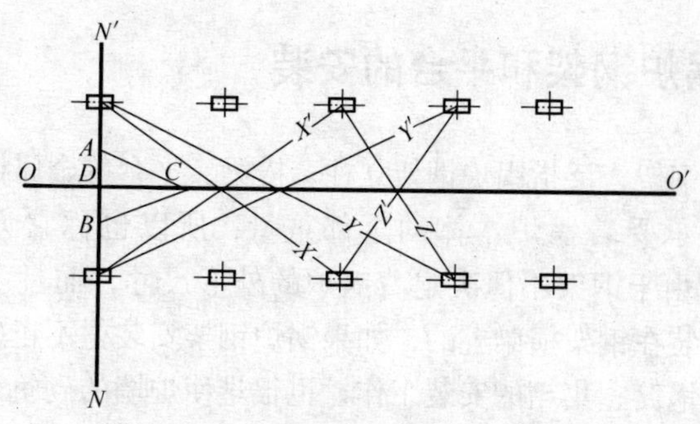

图 5-3　锅炉安装基础划线

然后，将锅炉前柱中心线连线或在锅炉前墙边缘划一条与纵向基准线相垂直的线段 $N-N'$，即得横向基准线。为保证这两条基准线达到所要求的精确度，必须进行检查和调整，具体方法如图 5-3 所示。

在 $N-N'$线上取两点 A、B，使 $AD=BD$，再在 $O-O'$线上任取一点 C，若用钢尺量得 $AC=BC$，则$\triangle ABC$ 为等腰三角形，而 AD、BD 和 AC、BC 分别是$\triangle ADC$ 和$\triangle BDC$ 的对应边且相等，而 CD 又是两个小三角形的公共边，则$\triangle ADC$ 和$\triangle BDC$ 为全等三角形，所以，$\angle ADC$ 和$\angle BDC$ 都是直角，$O-O'$线与 $N-N'$线垂

直。若不符合要求，必须进行调整，直至符合要求为止。最后，用红铅油将这两条线划在基础上。

标高基准线由土建标高基准点引出，一般常以锅炉安装层上的标高或锅炉安装层以上 1.5m 的标高作为标高基准点，用红铅油划在基础四周墙或柱子上，即得标高基准线。

锅炉安装基础的基准线划完后，可以纵向基准线 $O-O'$ 和横向基准线 $N-N'$ 为基准，划出钢架立柱中心线。对钢架立柱中心线的检查可采用拉对角线的方法。如图 5-3 所示若 $X=X'$、$Y=Y'$、$Z=Z'$，则所划钢架立柱中心线准确。若不相等，必须进行调整，直至符合要求为止。然后，用红铅油将钢架立柱中心线划在基础上。

5.4 锅炉钢架和平台的安装

锅炉钢架，泛指锅炉钢架立柱、横梁、平台等金属框架。因为它几乎承受着锅炉本体的全部重量，所以也称它为锅炉的“骨架”。由于钢架不但决定着锅炉的外形尺寸，而且多数锅炉的锅筒是装在钢架横梁上的，如果锅炉钢架安装得不正确，将直接影响到锅筒、集箱的安装工作，也很难使炉墙的砌筑达到规范所规定的质量标准。要保证锅炉钢架的安装质量，首先必须保证钢架结构的几何尺寸正确。所以，钢架及平台等钢构件，在安装前应严格检查几何尺寸，变形不得超过表 5-11 所规定的允许偏差。

表 5-11　锅炉钢架变形允许偏差

序号	项　　目	偏差不应超过值/mm
1	立柱、横梁的长度偏差	±5
2	立柱、横梁的弯曲度 每米 全长	 2 10

（续）

序号	项　　目	偏差不应超过值/mm
3	平台框架的平面度 每米 全长	 2 10
4	护板、护板底的平面度	5
5	螺栓孔的中心距离偏差 两相邻孔间 两任意孔间	 ±2 ±3

经检查如有超出变形允许偏差的钢构件，应进行校正，使其达到规定的要求。校正方法可采用冷态校正、加热校正和假焊三种方法。

安装钢架之前先修整基础。将每个安装钢柱的地方凿平，允许高于设计标高5mm或低于设计标高20mm。钢架安装，可根据钢架的结构形式，结合施工现场的条件，采用预组合或分件安装方法。采用预组合安装方法时，先将钢架构件组焊成若干组合件进行安装，为了保证组合件的精确度，焊接工作可在装配架上进行。装配时，应随时注意校正组合件的尺寸，每调准一件立即点焊，已点焊成形的组合件，经核对尺寸无误时再进行焊接。安装时，先将各组合件全部拼装完毕后，再进行调整，凡已调整合格的组合件，应点焊加固，待全部调整合格并检查无误方可进行焊接工作。最后，对柱基础进行二次浇筑。

采用分件安装方法时，不进行钢架的预组合工作，而是将已校正好的钢构件直接安装。一般是先安装立柱后装横梁，每调整合格一件立即点焊加固，同时将立柱、横梁等件按要求的位置点焊上，经全面复查符合要求时，方可进行焊接工作。

对锅炉骨架的安装质量，可用水平仪和铅垂线检查钢架横梁水平度和钢架立柱的垂直度等，若满足表5-12所列的安装质量标准要求，即认为合格。

表 5-12 锅炉骨架的质量标准

序号	项　　目	偏差不应超过	附注
1	各立柱的位置	±5mm	
2	各立柱间距离 最大	±1/1000 ±10mm	
3	立柱、横梁的标高	±5mm	
4	各立柱相互间标高	3mm	
5	立柱的垂直度 全高	1/1000 10mm	
6	两柱间在垂直面内两对角线的不等长度 最大	1/1000 10mm	在每柱的两端测量
7	各立柱上水平面内或下水面内相应两对角线的不等长度 最大	1.5/1000 15mm	
8	横梁的水平度 全长	1/1000 5mm	
9	支持钢筒的横梁的水平度 全长	1/1000 3mm	

5.5 锅筒、集箱的安装

5.5.1 安装前的质量检查与划线

当钢架立柱底板二次灌注的混凝土强度达到75%以上时，即可进行锅筒与集箱的安装。锅筒与集箱是锅炉重要的受压部件，本身又连接很多根管，其自身的质量和安装质量影响到锅炉的安全运行。所以，在安装前应对锅筒与集箱的质量进行认真检查，检查的项目如下：

1）锅筒、集箱表面和短管焊接处有无裂纹、撞伤、分层等缺陷。

2）锅筒、集箱两端水平和铅垂中心线的标记位置是否准确，必要时应根据管孔中心线重新标定或调整。

3）胀接管孔的直径和偏差应符合表 5-13 的规定。

4）胀接管孔表面不应有凹痕、边缘毛刺和纵向沟纹；环向或螺旋形沟纹的深度不应大于 0.5mm，宽度不应大于 1mm，沟纹至管孔边缘距离不应小于 4mm。

表 5-13 管孔的直径和偏差 （单位：mm）

管子公称外径	管孔直径	直径偏差	椭圆度	圆柱度
			不应超过	
32	32.3	+0.34	0.27	0.27
38	38.3			
42	42.3			
51	51.5	+0.40	0.30	0.30
57	57.5			
60	60.5			
63.5	64.0			
70	70.5			
76	76.5			
83	83.6	+0.46	0.37	0.37
89	89.6			
102	102.7			
108	108.8			

上述检查内容合格后，可按锅炉制造厂家在锅筒封头上打的样冲标记或经校正划定的标记划线（在锅筒封头上有上、下、左、右四处标记）将两端封头相对应位置标记连接，即得锅炉的纵向中心线。锅炉的横向中心线，可按安装图的尺寸以管孔为准划定。

5.5.2 锅筒支座的安装

根据锅炉的结构设计不同，锅筒的支座有两种：一种是永久性支座，即将锅筒用支座或吊环固定；另一种是临时性支座，在锅筒靠管束支撑或吊管的情况下，使用临时性支座，以便安装管束时，使锅筒稳定在安装位置上。锅筒的临时支座可用型钢焊制，待锅筒及管束安装完毕，将其割掉。

根据锅筒支座的作用不同，锅筒支座可分为固定支座和活动支座。活动支座应能在钢架上自由移动或能使锅筒在支座上自由移动。锅筒支座的安装要求如下：

1）支座的位置要准确，以保证锅筒的安装位置符合要求。

2）活动支座内的零件在组装前应检查和清洗，组装时不应遗漏。

3）活动支座的滚柱应与锅筒接触良好、均匀，且滚动灵活。

5.5.3 锅筒就位

锅筒是锅炉设备中最大的承压部件，且安装在一定高度的位置上。因此，要借助于起重装置，将其吊装就位。在做此项工作时，可根据施工现场的条件和锅筒的重量，选择合适的起重装置，若锅炉房已封闭或锅炉房内未设置起重装置，可使用抱杆吊装。吊装锅筒，一定要注意安全，防止碰坏钢架或出现其他安全事故，具体要求如下：

1）锅筒的捆绑要牢固，钢丝绳不得穿入胀管孔。

2）钢丝绳与短管应有一定距离，防止碰坏短管。

3）吊装工作要有专职人员指挥，施工人员动作要协调，当锅筒吊装离地面一定高度时，停止起吊，观察有无不安全因素，经过一段时间无问题，再继续吊装。

4）要有专人控制牵引线，待锅筒升到要求高度时，调整锅筒的方位，使其稳稳落在支座上。

5.5.4 锅筒调整

锅筒上接有很多根弯管，锅筒位置正确与否，直接影响到管束和其他接管的安装质量。所以，锅筒就位后，应按要求进行锅筒安装位置的检查和调整。

1. 锅筒平面位置调整

锅筒平面位置的调整，可通过调整锅筒纵向、横向中心线与锅炉安装基础的纵向、横向基准线的距离来实现。

首先，在锅筒纵向、横向中心线的两端挂上铅垂线，将其四点投影到锅炉安装基础上，分别连接即得锅筒纵向、横向中心线。在锅筒中心线的两端和中间找到三点，分别量取到与其平行的基准线的距离，若三个距离相等或差值在允许范围内，证明锅筒平面位置符合要求。反之，应加以调整直至符合要求。

2. 锅筒端面垂直中心线调整

当锅筒两端面有制造厂打的样冲孔时，可采用挂铅垂线的方法，如图5-4a所示，可转动锅筒直到上、下两个样冲孔中心与铅垂线重合为止。当锅筒端面样冲孔不符合要求，或其他原因不能采用上述方法时，可用平尺穿入锅筒两侧在同一水平面的管孔内，如图5-4b所示。平尺上放一水平尺，若水平尺的水泡居中，证明锅筒端面垂直中心线符合要求。为保证此方法的准确性，应沿锅筒全长至少测三次。

其他需要调整的项目也可采用水平尺、铅垂线等方法。

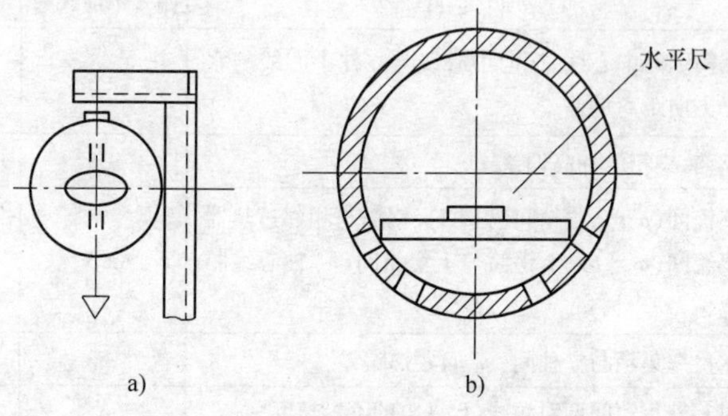

图5-4　锅筒端面垂直中心线调整

a）铅垂线法　b）水平尺法

5.5.5 集箱安装

集箱安装应在锅筒安装就位后进行。集箱的位置应在锅筒的位置调整确定后进行调整，调整的具体内容和要求见表 5-14 和图 5-5。

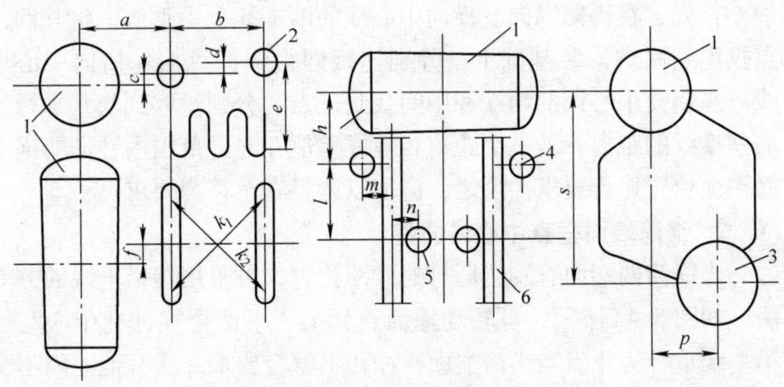

图 5-5 锅筒、集箱间的距离

1—上锅筒 2—过热器集箱 3—下锅筒 4—水冷壁上集箱 5—水冷壁下集箱 6—立柱

表 5-14 锅筒、集箱安装质量标准 （单位：mm）

序号	项　　目	偏差不应超过	附注
1	锅筒纵向中心线、横向中心线与立柱中心线的水平方向距离偏差	±5	
2	锅筒、集箱的标高偏差	±5	
3	锅筒间(p、s)、集箱间(b、d、l)、锅筒与相邻过热器集箱间(a、c、f)、上锅筒与上集箱间(h)轴心线距离偏差	±3	见图 5-5
4	水冷壁集箱与立柱间(m、n)距离偏差	±3	见图 5-5
5	过热器集箱间两对角线(k_1、k_2)的不等长度	3	见图 5-5
6	过热器集箱与蛇形管最底部(e)距离偏差	±5	见图 5-5
7	锅筒、集箱的水平度(全长)	2	

5.6 锅炉受热面的安装

5.6.1 受热面管子的安装

锅炉受热面管子是指水冷壁管和对流管束。这些管子不但处在高温条件下工作，而且都是弯曲形状，相互间距离小，又要保证接口的强度和严密性。所以，受热面管子安装是工程量大且工作难度也很大的一项工作。锅筒和集箱与受热面管子采用胀接。胀接就是利用在受热面管子端部和锅筒壁发生的两种性质不同的变形，使得接口具有一定的强度和严密性，即用胀管器将受热面管子端部直径扩大，当管端直径扩大到与锅筒上管孔壁接触时，将胀管壁的胀力传给了锅筒壁，使锅筒壁也发生了变形，受热面管子端部发生的变形是塑性变形，锅筒壁上发生的变形是弹性变形，当胀管结束取出胀管器时，管端形状保持不变，而锅筒壁产生恢复原来形状的回弹力，使接口具有一定的强度和严密性。

1. 胀管前的准备工作

（1）受热面管子的检查和校正　安装受热面管子前应进行复查，并应符合下列要求。

1）管子外表面不应有重皮、裂纹、压扁和严重锈蚀等缺陷，当管子表面有沟纹、麻点等其他缺陷时，缺陷深度不应使管子壁厚小于公称壁厚的90%。

2）管子胀接端的外径偏差：公称外径为32~42mm的管子，不应超过±0.45mm；公称外径为51~108mm的管子，不能超过公称外径的±1%。

3）直管的弯曲度：每米不超过1mm，全长不应超过3mm；长度偏差不应超过±3mm。

4）弯曲管的外形偏差（图5-6）应符合表5-15的规定。

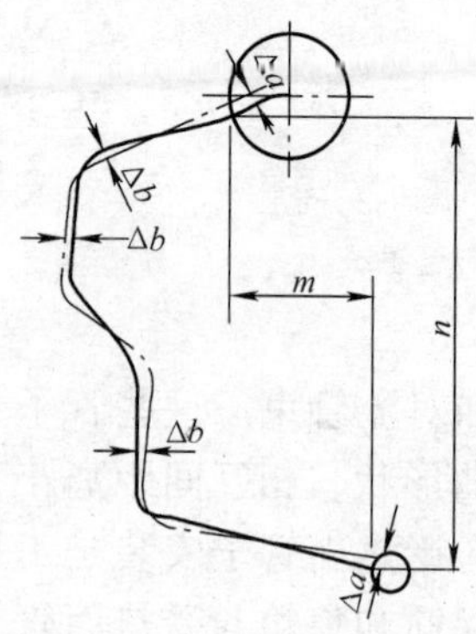

图 5-6　弯曲管的外形偏差　　图 5-7　弯曲管的不平度

表 5-15　弯曲管的外形偏差　　（单位：mm）

序号	项　目	偏差不应超过
1	管口偏移（$\triangle a$）	2
2	管段偏移（$\triangle b$）	5
3	管口间水平方向距离（m）的偏差	±2
4	管口间铅垂方向距离（n）的偏差	+5 −2

5）弯曲管的不平度（图 5-7）应符合表 5-16 的规定。

表 5-16　弯曲管的不平度　　（单位：mm）

长度 L	≤500	>500～1000	>1000～1500	>1500
不平度 a 不应超过	3	4	5	6

6）受热管子应进行通球试验（需校正的管子在校正后），通球直径应符合表 5-17 的规定。

表 5-17　通球直径

弯管半径	$<2.5D_w$	$\geqslant 2.5D_w$ 且 $<3.5D_w$	$\geqslant 3.5D_w$
通球直径不应小于	$0.70D_n$	$0.80D_n$	$0.85D_n$

注：D_w——管子外径；D_n——管子内径。

7）胀接管口的端面倾斜度不应大于管子公称外径的2%，且不大于1mm。

若受热面管子经检查不符合上述要求，应在工作台上用冷态或热态的方法校正，直至符合要求。

（2）管端退火　为了保证管端在胀管时容易产生塑性变形，防止管端产生裂纹，管子的胀接端在胀前应进行退火，但当管端硬度小于管孔壁硬度时，管端可不进行退火。

管端退火可采取加热炉内直接加热法或铅浴法。用铅浴法较好，这种方法加热均匀、温度稳定、不受烟气侵蚀、操作方法简单易掌握。也可用含硫、磷极少的燃料（优质木炭、焦炭等）直接加热。退火长度为150～200mm，加热温度为600～650℃（不得加至700℃），加热时间为10～15min，且要均匀，加热后缓慢冷却（如埋入干燥的砂中等），并严禁在有风、雨、雪的露天下进行。管子的一端加热或冷却时，另一端应用木塞堵住。

（3）管端与管孔的清理　管端胀接面上的氧化层、锈点、斑痕、纵向沟痕等，将会影响胀管的质量，所以需要将已退火的管端打磨干净，直至露出金属光泽，同时不得有纵向沟痕。在管端内壁，从管口起75～100mm长度内的氧化皮和铁锈，必须用钢丝刷刷净，保证管端无锈污和油脂。

锅筒和集箱上的管孔，在胀管以前用棉纱将防锈油料和污垢等擦去，再用纱布沿圆周方向将铁锈打磨干净。遇有纵向沟痕，必须用刮刀沿圆周方向刮去。环形和个别的螺旋形沟纹，深度不超过0.3mm，且不接近管孔边缘者，可允许存在。

2. 试胀管

为了确保管束正式胀管时胀口的质量，在正式胀接之前必须进行试胀。试胀管厚度、管孔直径、管孔间中心距、材质应与锅筒一致。试胀用的管端和钢板由制造厂负责供给。做好准备工作后，便可进行试胀，试胀关系到正式胀接质量的好坏，因此必须予以充分重视。试胀后，检查其胀接质量是否合格。

1）胀口应无欠胀或过胀现象。

2）胀口或翻边处应平滑光亮，管子应无裂纹，无明显的切痕，翻边角度应在15°左右。

3）胀口各部分尺寸及深度应正确。

满足上述要求，则认为试胀合格，标志着可以进行正式胀接。

3. 正式胀接

试胀合格后，便可进行正式胀接。胀管工作一般分为固定（初胀）和翻边（复胀）两个步骤。固定胀管时，使管子与管孔间的间隙消失，并继续扩大0.2～0.3mm，使管子初步固定在锅筒或集箱上，这是用固定胀管器完成的。翻边胀管时，使管子进一步扩大至与管孔紧密结合，而且同时进行翻边，管端翻边可以大大提高胀接接头的强度和减少锅筒内水在管端出入口的能量损失。管子的扩大与翻边是用翻边胀管器同时进行的，不得单独扩大后再翻边。

固定胀管器如图5-8所示，在这种胀管器的外壳上，沿圆周方向相隔120°有三个胀槽，每个槽内设置一个直胀珠，锥度为胀杆锥度一半（胀杆的锥度为1/20～1/25）。在胀接过程中，胀珠与管子内缘接触线总是平行于管子轴线，因此管子与管壁的接触线不会有锥度出现。翻边胀管器如图5-9所示，这种胀管器与固定胀管器不同的是三个直胀珠较短一些，并在此槽内加上三个翻边胀珠，由于翻边胀珠的作用，所以能使管口翻成15°的角。

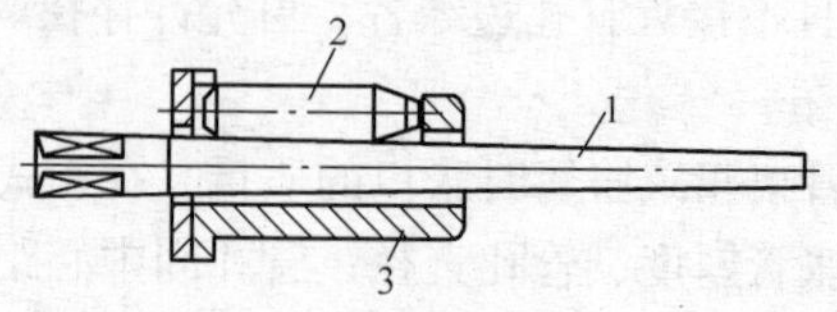

图5-8　固定胀管器

1—胀杆　2—胀珠　3—外壳

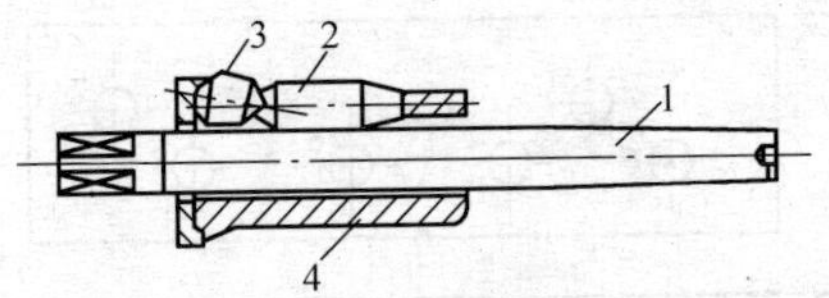

图5-9　翻边胀管器

1—胀杆　2—胀珠　3—翻边胀珠　4—外壳

挂管时，管子胀接端应能轻易自由地伸入管孔内，当发现有卡住或偏斜等现象时，不得用强力插入，应将管子取出经校正后再用。管端伸出管孔的长度应符合规定的范围，将长出部分锯掉，一定要挂一根锯一根，不能以一根为样板将同类管子一次锯完，以免由于工作差错使成批管子报废。管子胀接端装入管孔后应立即进行固定胀管。防止管壁与管孔壁间有污物进入或生锈。固定胀管时应先胀锅筒两端的管排作为基准，然后再自中间分向两边逐排胀接，应注意管子间距和直线性。同一根管子应先胀上锅筒端，后胀下锅筒端。

固定胀管完成后，为避免间隙内生锈，应尽快进行翻边复胀。复胀是保证胀管质量的最关键的一道工序，要求经过复胀以后，管子与管孔之间严密而牢固。管子需要扩大到多大才能达到上述要求是很难测量的，一般是根据试胀确定的胀管器行程来控制的。翻边胀管终止时，管口应呈现30°的夹角。

翻边胀管时，为避免邻近的胀口松弛，应采用反阶式胀管顺序，如图5-10所示。在管排方面，按照Ⅰ、Ⅱ……顺序，在管孔方面，按照1、2、3、4……顺序。

胀管过程中，室内温度不能低于0℃，若在0℃以下进行胀管工作时，胀口端部易出现裂缝。若遇有此情况，应立即停止胀管，待室温达到0℃时，再继续工作。

在胀管过程中，应随时检查胀口的胀接质量，及时发现和消除缺陷，安装单位应根据实际检查和测量结果，做好内容完整的胀接记录。胀管应符合下列要求：

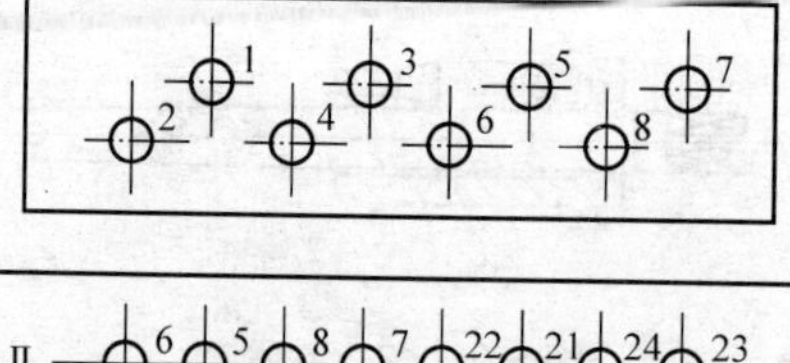

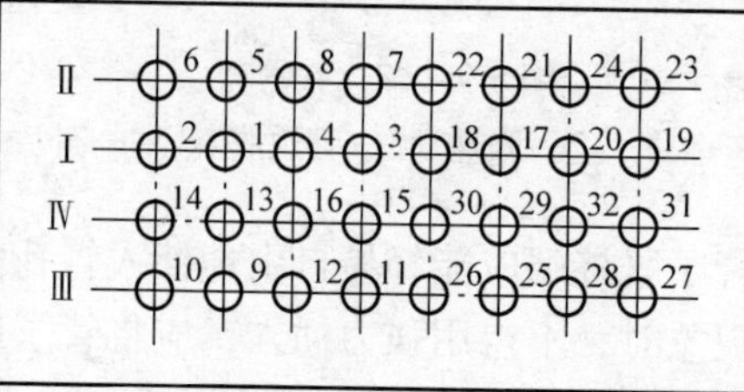

图 5-10　反阶式胀管顺序

1）管端伸出锅筒内壁长度 g（图 5-11）。对于 51mm 的管子正常为 11mm，允许最小为 7mm，最大为 15mm。

2）管口翻边角度为 15°（图 5-12），并在伸入管孔内 1 ~ 2mm 处开始倾斜，即 $b-a=1\sim2\text{mm}$。

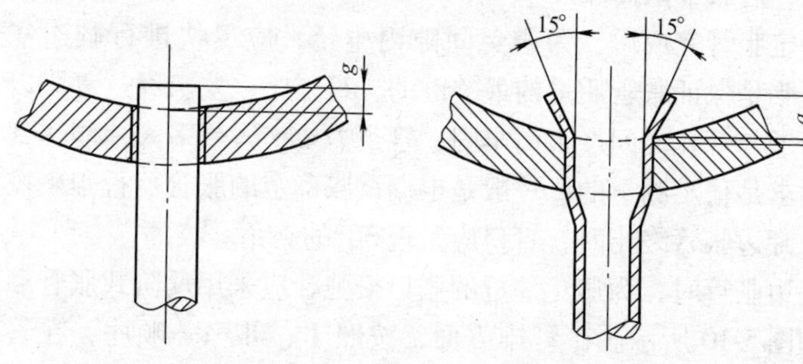

图 5-11　胀管要求（一）

图 5-12　胀管要求（二）

3）管端必须与锅筒壁垂直。

4）胀管率必须在 1% ~ 1.9% 范围内。胀管率应按下式计算：

$$H=\frac{d_2-d_1}{d_3}\times100\%$$

式中　H——胀管率（%）；

d_1——管子初胀至管子与管孔间无间隙时的内径（mm）；

d_2——管子胀完后的最终内径（mm）；

d_3——在胀管前所测得的锅筒管孔实际直径（mm）。

d_2，d_3可直接测得，d_1则是通过计算得到，即

$$d_1 = d_n + \delta$$

式中　d_n——管子在胀前的实测内径（mm）；

δ——管子在胀管前的实测外径（d_w）与胀管前测得的锅筒管径（d_3）之间的间隙，即 $\delta = d_3 - d_w$。

5）管子胀口不得有过胀和偏挤现象，内壁不得有起鳞和折叠现象，翻边部分不得有裂纹，已胀部分过渡到未胀部分，应均匀圆滑。

5.6.2　尾部受热面的安装

1. 省煤器安装

省煤器布置在尾部烟道中，有铸铁式和蛇形钢管式两种，供暖锅炉常用铸铁肋片管式。铸铁省煤器主要由省煤器管、进出口铸铁集箱、省煤器弯头等部件组成，还需设置安全阀等附件。

安装省煤器前，应对支架进行全面检查，支架的标高等安装尺寸应符合表 5-18 的规定。再检查省煤器各部件的质量，省煤器管的肋片质量情况应符合表 5-18 的规定，省煤器管与省煤器弯头的法兰接触面不应有大的凹坑、斑点、沟槽、法兰厚度不匀等缺陷。还要对省煤器管进行逐根水压试验，水压试验通过了才能进行安装。

安装省煤器时，应按要求排列省煤器管，可将上下各排省煤器管的肋片对应排列，也可将上下各排省煤器管交错排列，而且应保证上、下、左、右两肋片管间距离偏差不超过 1mm。将螺栓由里向外预先穿入法兰，为防止拧螺栓时产生打滑的现象，可将两个螺母间用短钢筋焊牢，在省煤器和省煤器弯头的法兰接触

面间加入耐热石棉橡胶垫片，螺栓分几次拧紧。待全部省煤器管与省煤器弯头连接好后，安装省煤器的进出口集箱和附件。省煤器的安装应符合表 5-18 的质量标准要求。

表 5-18　组装省煤器时的质量标准

序号	项　目	允许偏差
1	支架的水平方向位置	± 3mm
2	支架的标高	± 5mm
3	支架的两对角线长度	3mm
4	支架和肋片管中心的水平度(全长)	1mm
5	相邻肋片管的长度	1mm
6	相邻肋片管的中心距离	± 1mm
7	每组肋片管每端各法兰密封面垂直度	5mm
8	每根肋片管上有破损的肋片数	10%
9	整个省煤器中有破损肋片的管数	10%

2. 空气预热器安装

空气预热器有钢管式和回转式两种，供暖锅炉多用前者，电站锅炉多用后者。钢管式空气预热器在运输、装卸的过程中容易被破坏，所以在现场应进行仔细检查，看有无碰弯、压扁处，有无裂纹、松动等缺陷，还要将其清理干净。

空气预热器的支撑框架是钢架的组成部分，空气预热器安装之前应对支撑框架进行检查，然后将空气预热器吊装就位，并保证其底部与支撑框架接触良好。当空气预热器设有膨胀节时，应保证膨胀节与空气预热器本体焊接的严密性。当空气预热器无膨胀节时，应留出适当的膨胀间隙。钢管式空气预热器的安装质量应符合表 5-19 的标准要求。

表 5-19　组装钢管式空气预热器的安装质量标准

（单位：mm）

序号	项　目	允许偏差	附　注
1	支撑框的水平度（全长）	3	
2	支撑框的水平方向位置	±3	以锅炉纵、横向安装基准线为准
3	支撑框的标高	±5	
4	预热器组的水平方向位置	±3	有单独基础时以基础为准，无时以钢架为准
5	预热器组的垂直度 每米 全长	 1 5	

5.7　锅炉燃烧设备的安装

炉排是锅炉的燃烧设备，炉排的安装质量影响到锅炉运行的可靠性和经济性。炉排的种类很多，目前，工业锅炉中用得较多的有链条炉排、抛煤机炉（常配手摇翻转炉排）、往复推动炉排和振动炉排，各种形式的炉排安装工序和要求各不相同，应按锅炉安装使用说明书的要求进行安装。一般来讲，炉排安装顺序如下：

1）安装前要把铸铁炉排片、炉排梁等构件配合处的飞边、毛刺磨掉，以保证各部位的良好配合。

2）安装前要进行炉外冷态空运转，运转时间不应少于 2 ~ 3 天，如发生卡住、跑偏等现象应予以消除，直到运转正常，方可进行安装。

3）炉排安装顺序按炉排形式而定，一般是按由下而上的顺序安装。此时要注意与设计图样校对尺寸，保证安装允许的偏差值和炉排两端的缝隙大小，以防影响炉排的运行。组装链条炉排的允许偏差不得超过表 5-20 的规定。

表 5-20 组装链条炉排的允许偏差

序号	项 目	允许偏差
1	炉排中心线位置	2mm
2	墙板的标高	±5mm
3	墙板的垂直度(全高)	3mm
4	墙板间的距离	+5mm
5	墙板间的两对角线的长度	10mm
6	墙板框的纵向位置	±5mm
7	墙板的纵向水平度 全长	1/1000 5mm

4）安装炉排的变速机构。

5）炉排安装完毕，经认真检查，确认合格后，再进行冷态试运转。冷态试运转的时间，链条炉排不应少于 8h，往复炉排不应少于 4h。

5.8 锅炉安全附件的安装

为了避免锅炉内汽水压力过高而超过金属所能承受的数值，引起锅炉爆炸，目前采取的主要安全措施有两项：一项是加强运行监视与控制，为此，在锅炉上要装设压力表和水位计；另一项是在锅炉上装设超压时能自动开启的安全阀。因此，锅炉安全附件主要指的是压力表、水位计和安全阀。

5.8.1 压力表的安装

锅炉上的压力表是用来指示锅炉内蒸汽压力大小的，一定要保持其灵敏、准确、可靠，以确保锅炉安全运行。除锅炉外，在省煤器、分汽缸、分水器、热交换器和水泵出口等处均需安装压力表。锅炉上常用弹簧式压力表。安装弹簧式压力表时应注意以下几点：

1）新装的压力表必须经过计量部门校验合格。铅封不允许损坏且不允许超过校验使用年限。

2）压力表要装在与锅筒蒸汽空间直接相通的地方，同时要考虑便于观察、冲洗，要有足够的照明，并要避免压力表因振动和高温而损坏。

3）当锅炉工作压力小于 2.5MPa 表压时，压力表精确度不应低于 1.5 级，压力表盘直径不得小于 100mm，表盘刻度极限值应为工作压力的 1.5 ~ 3.0 倍，最好选用 2 倍，刻度盘上应用红线指出工作压力。

4）压力表要独立安装，不应与其他管道相连。在压力表下，要装有存水弯管，以积存冷凝水，避免蒸汽直接接触弹簧弯管，而使弹簧弯管过热。

5）在压力表和存水弯管之间，要装旋塞或三通旋塞，以便吹洗，校验压力表。

6）温度计与压力表在同一管道上安装时，压力表应装在介质流动的下游；如温度计需在压力表上游安装，间距不应小于 300mm。

5.8.2　水位计的安装

水位的高低是直接影响锅炉安全运行的重要问题，因此锅炉必须安装两个彼此独立的水位计，以正确地指示锅炉水位的高低。水位计有多种形式，中、低压工业锅炉常用平板玻璃水位计和低水位计，小型锅炉常用玻璃管式水位计。

水位计指示玻璃板（管）与上锅筒的水空间和汽空间相连接，上锅筒内的最低安全水位至少比水位计玻璃板（管）的最低可见边缘高 25mm，上锅筒内的最高安全水位至少比水位计玻璃板（管）的最高可见边缘低 25mm。水位计上装有三个管道旋塞阀，即蒸汽通路阀、水通路阀和放水冲洗阀。安装水位计时应注意下列几点：

1）水位计安装前，应检查旋塞转动是否灵活，填料是否符合使用要求，水位计玻璃板应干净透明。

2）锅炉的蒸发量大于0.2t/h的锅炉，应装两个彼此独立的水位计，以便相互校核锅炉水位。

3）水位计要装在便于观察、吹洗的地方，并且要有足够的照明。当水位计距离操作地面高6m时，除了锅筒上装设两个互相独立的就地玻璃水位计以外，还应在司炉操作处装有低位水位计。

装设低位水位计应符合下列要求：①表体应垂直。②连通管道的布置应能使该管道中的空气排尽。③整个管道应密封良好，汽连通管不应保温。

4）水连通管和汽连通管尽量水平布置，防止形成假水位，水连通管和汽连通管的内径不得小于18mm。连接管的长度要小于500mm，以保证水位计灵敏准确。

5）水位表上、下接头的中心线，应对准在一条直线上。

6）两端有裂纹的玻璃管不能装用。

7）在放水旋塞下，应装有接地面的放水管，并要引到安全地点。

8）旋塞的内径以及玻璃管的内径都不得小于8mm。

9）水位计与锅筒之间的汽、水连接管上，应避免装设阀门，特别是球形阀。如装有阀门，在运行时应将阀门全开，并予以铅封。

5.8.3 安全阀的安装

安全阀主要安装在锅炉、分汽缸等处，主要作用是保证锅炉等受压容器在预先规定的压力范围内运转。锅炉内部的压力达到安全阀开启压力时，安全阀自动打开，放出锅筒中一部分蒸汽，使压力下降，避免因超压而造成事故。

中、低压锅炉常用的安全阀有弹簧式和杠杆式。安全阀安装前应先进行定压调试，安全阀数量根据锅炉吨位确定。蒸发量大于0.5t/h的锅炉，至少装设两个安全阀（不包括省煤器安全阀)。蒸汽锅炉安全阀开启压力见表5-21。热水锅炉、省煤器安全阀开启压力见表5-22。

表5-21　蒸汽锅炉安全阀开启压力

锅炉工作压力(表压)/MPa	安全阀的开启压力	用　途
<1.3	工作压力+0.02MPa	工作用
	工作压力+0.05MPa	控制用
1.3~3.9	1.04倍工作压力	工作用
	1.06倍工作压力	控制用
>3.9	1.05倍工作压力	工作用
	1.08倍工作压力	控制用

表5-22　热水锅炉、省煤器安全阀开启压力

工作设备	开启压力	用　途
热水锅炉	1.12倍工作压力,但不少于工作压力+0.07MPa	工作用
	1.14倍工作压力,但不少于工作压力+0.10MPa	控制用
省煤器	1.1倍工作压力	

装有两个安全阀时，其中一个按表中较高压力定压，另一个按较低值定压；装一个安全阀时，应按较低值定压。安装安全阀时要注意下列几点：

1）弹簧式安全阀要有提升手把和防止随便拧动调整螺钉的顶盖。

2）杠杆式安全阀要有防止重锤自行移动的定位螺钉和防止杠杆越出的导架。

3）安全阀应垂直安装，并尽可能独立地装在锅炉最高处，阀座要与地面平行，安全阀与锅炉连接之间的短管上不得装有任何蒸汽管或阀门，以免影响排汽压力。

4）安全阀的阀座内径应大于25mm。

5）几个安全阀共同装设在一根与锅筒相连的短管上时，短管通路面积应大于几个安全阀门面积总和的1.25倍。

6）安全阀应装设排气管，为防止烫伤人，排气管应尽量直通室外，若在室内要高于操作人员2m以上。同时，排气管底部应装有接到安全地点的泄水管，在排气管和泄水管上都不允许装置阀门。排气管的截面面积至少为安全阀总截面面积和的1.25倍。

7）为防止安全阀的阀芯和阀座粘住，应定期对安全阀做手动放气或放水试验。

5.9 锅炉整体水压试验

5.9.1 试验前的准备

锅炉安装完毕后，在砌炉墙之前，应先进行整体水压试验（属于“超水压试验”），检验锅炉的安装质量，用以发现因焊接、胀管等工艺质量不佳而造成的渗漏现象，但绝对不允许以水压试验来确定锅炉的最高允许工作压力。锅炉整体水压试验的压力应按表5-23的规定。

表5-23 锅炉整体水压试验的压力

名称	锅筒工作压力 p（表压）/MPa	实验压力（表压）/MPa
锅炉本体	<0.6	$1.5p$，但不小于0.2
锅炉本体	$0.6\sim1.2$	$p+0.3$
锅炉本体	>1.2	$1.25p$
过热器	任何压力	与锅炉试验压力同
可分式省煤器	任何压力	$1.25p+0.5$

1. 水压试验前的准备工作

1）对安装完毕的锅炉内部进行仔细全面地检查，对管束和水冷壁管进行通球试验，确保炉管没有堵塞，封好人孔、手孔。

2）拆下安全阀，用厚度足够的盲板堵死，并在锅炉高处装放气阀，也可利用主汽阀或安全阀放空气。

3）装泵。对于没有自来水的地方，可以用电泵或汽泵向锅炉内灌水，但不能使用电泵或汽泵来升压。因为这类泵不易控制，易于超压。因此，在升压时只能使用手摇泵，并在泵的出口处装一只压力表，以指示水泵出口的压力。

4）每台锅炉安装两只压力表，每只压力表要经校验。

2. 温度要求

用水温度一般应保持在 15~40℃，水温过低易发生“出汗”现象；水温过高，渗漏的水滴就会蒸发。同时，周围空气温度不得低于 5℃，特殊情况，允许在室温低于 5℃下进行试验，此时必须使用热水，水温不宜超过 60℃，并必须采用必要的防冻措施，应在最短时间内完成全部工作。

5.9.2　锅炉整体水压试验

试验开始时，水压应缓慢上升，当压力大约升到工作压力的 10% 时，应暂时停止升压，进行全面检查，若无渗漏现象再继续升压，当水压升至工作压力时，应先暂时停止升压，检查锅炉各部位有无漏水或异常现象，若没有任何缺陷，就可以继续升压，升至试验压力（以锅炉的压力表指示值为准）。对焊接的锅炉，试验压力要保持 15min；对铆接的锅炉，试验压力要保持 20min。5min 内其压力不得下降 0.05MPa。若试验压力能维持到所规定的时间，即可将试验压力降到工作压力，进行全面检查，检查结束后，锅炉压力可缓慢降至零。超水压试验的注意事项如下：

1）锅炉最好在白天进行超水压试验。

2）升压和降压必须缓慢，压力表指针移动应平稳均匀。

3）对于比较复杂的锅炉，检查人员最好将要检查的部位汇编成表，以免漏检。

4）检查时，在试验压力没有降到工作压力前，人不得进入炉膛检查。在检查焊缝或铆缝时，可用检查小锤轻微敲击两侧，但不能在焊缝或铆缝上猛击。

5）不允许带压修理。锅炉经超水压试验后，如符合下列标准，即认为合格。

①受压元件金属和焊缝上没有任何水珠和雾。

②胀口和铆缝在降到工作压力后，无漏水现象。

③超水压试验后，用肉眼观察，没有发现残余变形。

④有水印（是指仅有水迹）或泪水（是指不向下流的水珠）的胀口，可不补胀。

6）试压后的工作。试压后应及时将锅炉内的水排放干净。放水时，必须打开放气阀，防止产生负压造成渗漏，立式过热器内的集水可用压缩空气吹干。另外，注意拆卸临时支承。

5.10 锅炉炉墙施工

5.10.1 炉墙砌筑前的准备工作

组装锅炉的炉墙砌筑特点：分上下两大部分进行，一部分随着锅炉主体上部件的组合，在锅炉制造厂里已按炉墙设计图样砌筑完毕，随锅炉运输到现场；另一部分是锅炉的链条炉排组合后的锅炉下部件，由安装单位在现场备料施工。下部件的炉墙砌筑包括前拱、中墙、后拱，后墙和侧墙的施工。

下部件炉墙的砌筑，必须在锅炉的上下两大件或三大件就位安装后方可进行，并且必须在炉排的齿轮调速电控箱安装完毕且验收合格后才能砌筑。下部炉墙的砌筑与上部砖墙衔接有关联的部位，根据锅炉随机的砌筑设计图样，按实际位置做好结合面的施工处理，要求封闭严密，必须严格施工。

炉墙砌筑前的准备工作包括：

1）检查耐火砖的表面质量、外形尺寸以及损伤情况，并做好记录。

2）将检查合格的耐火砖，按种类、外形尺寸挑选分放。普通黏土耐火砖和防磨耐火砖必须设置不同地点安置，要防止混杂。

3）砖（及墙）上的灰土污物，应用扫帚扫除干净，严禁用水浇或用水浸洗。

4）炉墙砌筑的灰浆必须使用耐火灰浆。

5）砌筑炉墙前，先在炉排的表面铺上1~2层麻袋，防止筑炉过程灰浆及其他物品落入炉排里。

5.10.2　操作工艺及施工技术要求

1）先用水平尺、拉线进行找平、放线，并在立柱上做出砖层的标志，可根据现场砖型的平均厚度加上灰浆厚度。

2）根据砌体类别通过试验确定灰浆的稠度和加水量，并检查灰浆砌筑后的性能是否达到设计要求。

3）选砖。必须对使用的砖进行挑选。

4）砌耐火砖墙。

①炉墙砌筑之前必须先挂线，随时注意松紧适度，根据砌体高度，采用挂吊线坠的方法，以控制炉墙的垂直度偏差，挂线以离开砌体面2~3mm为宜，边砌边勤靠、勤吊、勤检查，保证墙面平直。

②砌筑过程中要保证砖缝饱满。宜采用揉砌法，用木锤或橡胶锤找正。

③砌筑时炉墙的竖缝应错开，在转角的搭接处留出膨胀缝。

5）砌拱碹。

①制作的拱胎架必须符合设计要求，且与实际相吻合，拱脚砖要与洞口尺寸的弧度相适应，拱脚表面应平整、角度正确，不允许用加厚砖缝的方法找平拱脚。

②发碹前先进行干摆排缝、计算好灰浆缝的厚度，可将干缝厚度计算在内，每个干缝按1mm计，特殊情况例外。

③砌拱从两侧的拱脚砖开始，同时向中心对称砌筑，拱碹的放射缝应与半径方向相吻合，纵向缝应砌直。

④将锁砖打入拱的中心位置时，砌入拱顶深度约为砖长的2/3~3/4，打入时必须用木锤并垫上木块推打。

⑤砌锅筒碹（上部组合件已在厂内砌筑完）应从下部中心开始，以锅筒柱面为导面向两侧砌筑。要注意砖型的选择搭配，保证内弧平整。

6）普通红砖墙砌筑、勾缝。

①常温下施工时，必须将水泥红砖浇透。

②砌筑前必须将线挂好，并且边砌筑边检查，挂线的松紧要适当。

③砌筑时应运用一铲灰、一块砖的铺灰挤浆砌法，保证灰浆饱满，墙面大角要勤靠勤吊，保证平直。

④划缝深度以6~8mm为宜，露出砖的棱角成方口，将缝内和墙面打扫干净。

⑤灰缝如有局部不平或暗缝，进行补修勾缝之前先要浇水润墙。

⑥勾缝时，凹入深度为3~4mm，使灰缝均匀一致，光滑平整，立、卧缝均需清扫干净，不得漏勾。

7）硅藻土砖砌筑。

①硅藻土砖采用一铲灰、一块砖满铺挤浆砌法，保证灰浆饱满，灰浆不超过5mm。

②需加工的砖应砍齐，但不允许有孔洞。

8）墙砌筑。

①在砌筑折烟墙之前，先检查管子间距和砖的厚度。

②砌筑时，灰浆应饱满，严防漏烟。

③每层都应用厚度一致的砖砌筑。

9）膨胀缝。

①膨胀缝的砌体应均匀平直，缝隙大小应符合设计规定。凡是填充石棉绳的膨胀缝，需将石棉绳夹紧。

②靠近膨胀缝的硅藻土砖应换成耐火砖砌筑，严防窜火。

③穿墙管的外壁必须用石棉绳满缠。

④砖墙与钢架间用石棉绳填塞压紧或用石棉板填紧。

10）耐火砖砌筑后，使用耐火黏土灰浆贴蛭石混凝土或蛭石后，再进行保温层施工。

11）组装锅炉下组合件炉墙砌筑技术要求如下。

①前拱砌筑时，先用 $\phi6$ 钢筋扎成 150mm×150mm 的上下两层网格，再用钢筋作骨架连接上组合件和下组合件两层，然后用矾土水泥耐火混凝土填充，进行封闭。前拱砌筑中，还需根据炉排前拱的位置，使前拱的拱脚砖紧紧靠在链条炉排前部的斜槽钢上，在拱脚砖与槽钢之间可放置一层厚度不大于 10mm 的硅酸铝纤维。

②中墙砌筑时，拱脚砖与底座之间用耐火混凝土填实，不允许有间隙。炉底墙与后拱接合面之间有 10mm 间隙，先用 5mm 厚石棉带排两层，再用水泥抹平，之后才允许砌筑上部拱圈。砖缝用矾土水泥填满，砖缝 2mm。

③后墙砌筑时，必须先砌筑出渣口两边的侧墙，并且在出渣机就位安装后，才可砌筑后墙、出渣机斗。露出的螺钉需用耐火混凝土加以抹涂，后墙膨胀缝用≯10mm 石棉绳填压严实。

④侧墙砌筑中，侧墙顶部与集箱接触处，必须用耐火混凝土灌注，严禁漏风。

⑤蛭石混凝土施工时，必须填充密实。

⑥各部位的炉墙施工，必须依据锅炉随机的炉墙砌筑图中各部位大样图的尺寸及技术要求进行施工。

5.11 整体式锅炉的安装

5.11.1 快装锅炉安装前的准备

整体式锅炉安装的内容包括锅炉本体、平台扶梯、螺旋除渣机、省煤器以及鼓风机、风管、引风机、液压传动装置、除尘器、管道、阀门及仪表、烟囱等辅机和附属设备的安装。安装完毕可进行水压试验，最后进行烘炉、煮炉、升压、试汽及调整安全阀。

1. 锅炉的检查与验收

1）首先检查设备图样及技术文件是否符合现行国家有关标准规范的要求，锅炉总图上有无锅炉设计审查批准专用章，锅炉是否为锅炉定点厂生产的产品。

2）检查锅炉铭牌上型号、名称、主要技术参数是否与质量证明书相符。

3）按锅炉供货清单和图样，逐件检查锅炉的零部件、仪表附件的规格、型号、数量是否与图样相符，有无损坏现象。对于安全附件、阀门还应检查有无出厂合格证。

4）快装锅炉是在制造厂内制造装配完后出厂的，耐火砖及保温层也都砌筑、充填完毕，因而重量及体积较大。装卸及运输中难免振动，常常出现砖掉拱塌的现象，因此在检查时应特别注意。如果出现这种情况，在试运行前必须认真修复。

5）对于检查结果应做好记录，办理验收手续。如有缺件和损坏现象双方应协商解决方法，并办理核定手续。

2. 整体式锅炉的搬运

整体式锅炉由于重量较大，现场搬运一般采用滚运的方法。因牵引负荷较大常使用卷扬机为动力，牵引力大于卷扬机的额定负载时要加设滑轮组。整体式锅炉具有条形的钢制炉脚，滚运时不必加设排子。用齿条千斤顶顶起，直接塞入滚杠及道木即可进行滚运。由于快装锅炉外排尺寸较大，因此在锅炉房砌墙时应按锅炉外形尺寸留出预留洞口。锅炉基础高于地坪时，应用木板、道木搭设斜面，将锅炉牵引到基础上就位。拖拉设备时应设置人工地锚，不得利用建筑物及电杆，以防损坏。搬运时应注意下列事项：

1）在沥青路面及泥土地上滚运时，滚杠下应铺垫道木式厚木板。

2）放置滚杠时必须将一头放整齐，防止长短不一时滚杠受力不均发生事故。

3）当设备需要拐弯时，滚杠放成扇形面。

4）发现搬运过程中滚杠不正时，只能用大锤锤打纠正。

5）摆置滚杠时应将四个手指放在滚杠筒内以防止压伤手指。

5.11.2　快装锅炉的安装工艺

1. 锅炉本体的安装

（1）放线　锅炉未就位前，应先检查基础尺寸、中心线、标高等是否正确，如有偏差应进行校正后，再按设计图样尺寸在基础上弹出纵向中心线和横向轮廓线（或链条炉排前轴中心线）。

（2）锅炉就位　人工就位时可采用道木、滚杠及千斤顶配合工作，将锅炉平稳地落在锅炉基础上，使锅炉的纵向中心线、横向轮廓线（或链条炉排前轴中心线）对准基础上的基准线。

（3）锅炉找正　检查锅炉炉排前轴中心线与基础前轴中心线偏差不超过 ± 2mm，纵向中心线与基础纵向中心线偏差不超过 ± 10mm。

（4）锅炉找平、找坡　锅炉横向找平、纵向找坡是整体式锅炉安装中的一项重要工作。整体式锅炉横向找平可采用水平尺，纵向找坡的原则是使排污口位于锅筒及集箱的最低点，前后相差 25mm，便于沉积物排出。对出厂时已考虑了排污坡度的锅炉，其基础应是水平的。

锅炉的横向水平应以锅筒为依据来找。当锅筒内最上一排烟管布置在同一水平线时，可打开锅筒上人孔将水平仪放在烟管上部进行测定。另一种方法是打开前烟箱，在平封头上找出原制造的水平中心线，用玻璃管水平测定水平线的两端点，其水平度偏差全长应小于 2mm。

安装找平时，采用垫铁，垫铁每组的间距以 500 ~ 1000mm 为宜，垫铁找平后应用电焊点住。

（5）平台、栏杆安装　随整体式锅炉一起附带的梯子平台部分，应检查是否缺件及变形，安装时应将螺栓拧紧，爬梯下端应焊在锅炉支架上。

2. 省煤器的安装

整体式快装锅炉的省煤器一般是整体组装出厂的。安装前要认真检查外壳箱板是否平整，有无碰撞损坏；省煤器肋片管有无损坏，肋片破损数不允许超过总数的10%；连接弯头的螺栓有无松动；要仔细检查省煤器管法兰四周嵌填的石棉绳是否严密牢固，不严时必须补填严密。

省煤器一般直接安装于基础上，也有安装于支架上的。直接装于基础上的省煤器其位置及标高应符合图样尺寸。当烟管为成品件时，应结合烟管实际尺寸进行找平找正。装于支架上的省煤器应先装支架，通过调整支架的位置和标高使省煤器进口位置与烟气出口位置尺寸相符，然后将地脚螺栓浇混凝土固定。

3. 锅炉辅机及附属设备的安装

（1）炉排变速箱的安装　炉排的变速箱在安装前应打开端盖，检查齿轮、轴承及润滑油脂的情况。发现异常时应及时处理，油脂变质或积落污物时应清洗换油。炉排安装找正后变速箱吊装到基础上，对于链条炉排按照炉排传动轴调整变速箱的位置和标高，以保证炉排轴与变速箱轴同轴。合格后进行预埋螺栓的二次灌浆。混凝土达到设计强度后拧紧螺母并复查标高及水平情况。安装往复炉排的变速箱时应注意使偏心轮平面与拉杆中心线平行，以保证其正常运行。

（2）引风机的安装　锅炉引风机在安装前应核对风机的规格型号及叶轮、机壳和其他部位的主要安装尺寸是否与设计相符。清理内部杂物，检查叶轮旋转方向是否正确；检查叶轮与机壳轴向与径向间隙，用手转动叶轮不得与机壳有摩擦及碰撞；检查轴承是否充满润滑脂；冷却水管道是否畅通，并按要求进行水压试验，如设备技术文件无规定使试验压力不应低于0.39MPa；检查风机入口调节阀转动是否灵活，发现锈死应清洗加油。

将引风机及电动机装于基础上，引风机吸入口接除尘器的出口，而排出口接烟道、烟囱，因此安装时应校正相互之间的尺寸及相对位置、标高及风机水平度，然后进行地脚螺栓的二次灌浆。轴承室应清洗干净并加润滑油，带传动时应调整好其松紧度。

引风机安装完毕经检查符合要求后，应进行试运行。试运行时，应先关闭出风管上的调节阀，接通电源，待风机启动后稍打开调节阀，电动机及带动的风机均应先暂短启动立即停止转动，以检查风机转向、转子与机壳有无摩擦和不正常声响，正常后继续运转。运行时间不得低于2h，运行时检查风机振动情况，轴承润滑、冷却水情况，同时对螺栓紧固情况及风机各项指标进行考查，并做好记录。结束运行时轴承的温升一般应符合下述标准：滚动轴承不高于80℃；滑动轴承不高于60℃。

（3）鼓风机的安装　鼓风机为锅炉鼓送风设备，为了减少振动，风机的电动部分应用垫铁找平，鼓风机吸入口侧应安装带调节阀及过滤网的短管，调节阀可调整鼓风量，过滤网可防止地面纸屑等物吸入风机壳内。风管或地下风沟要求内壁光滑，接缝严密。

鼓风机安装完毕，接通电源进行试运行，其检查内容及要求基本上同引风机。

在正常的燃烧过程中，应调整鼓引风量，使炉膛及烟道处在合理的负压下进行工作。

4. 除尘器的安装

除尘器安装前应进行内外部检查，发现涂层脱落和损坏的要进行修复。修复过程应按图样技术文件的要求施工，干燥后方可安装。

安装时按设备放线将支架装好，然后吊装除尘器，上好除尘器与支架的连接螺栓。对于锅炉成套供应定型风管的锅炉，同时安装好省煤器至除尘器之间烟管与除尘器连接管，检查连接管与除尘器进口法兰，如不合适可适当调整除尘器支架的位置和标高。连接螺栓上好后将除尘器及支架垂直度调整好，垂直度偏差每米不应大于2mm，全高不大于10mm。合格后将地脚螺栓浇混凝土或与预埋铁焊牢。

锁气器是除尘器的重要部件，因此锁气器的密封面必须平整、严密，舌形板上应有橡胶板，配重要合适。如果采用卡扣关闭舌形板时，舌形板手柄要卡紧，如果与卡扣有间隙时应加铁板垫卡紧。

5. 烟囱的安装

在吊装前将每节烟囱在地面上组装好，法兰连接的烟囱要进行调直，将石棉绳填实密封，螺栓要上全拧紧。要有切实可行的吊装方案，应尽量采用汽车式起重机进行吊装。在混凝土屋面上可采用立木桅杆的方法吊装，但桅杆底部处应铺厚木板以使负荷分散于屋面的承重结构上，桅杆要有足够的长度，吊点应设在烟囱的重心并偏向烟囱顶部一侧 1 ~ 1.5m 处。烟囱就位后应检查垂直度，偏差不超过 1/1000。烟囱应用风绳固定，风绳不得少于 3 根，沿圆圈均匀可靠地铺固。风绳使用 6 ~ 8mm 圆钢或钢丝绳，最好每根风绳上加松紧螺栓，既可检查垂直度又可调节各绳的松紧度一致。烟囱与风绳连接可焊接型钢圈，风绳套于型钢圈的铁环上。烟囱与型钢圈焊接要牢固，断续焊缝长度不得小于 10cm，在型钢两侧施焊，焊缝高度大于 5mm。

烟囱的安装位置不得直接支撑于风机壳体的出口法兰上。因为烟囱重量较大，会引起机壳的变形，造成风机叶轮扫膛以致被卡死；同时对引风机的检修与更换带来不便；更重要的是烟囱内飞灰会沉积于机壳底部无法清理。因此烟囱应安装于金属支架或单独的基础上，烟囱的下部 1.5 ~ 2m 以下适当加粗，底部设一清灰门。引风机的出口烟道要顺着风机旋转方向斜着向上与烟囱相连接。

5.12 锅炉的试运行及竣工验收

5.12.1 试运行前的准备

1. 烘炉

烘炉就是使炉墙的温度逐渐升高，并控制在一定温度范围内，维持一定的时间，使炉墙中的水分缓慢蒸发，以避免锅炉正式运转时，炉温急剧升高，炉墙内的水分剧烈蒸发，因体积膨胀造成炉墙的破坏。烘炉是保证锅炉安全运行的一个重要措施。

(1) 烘炉前的准备工作

1）在锅炉进行点火烘炉之前，必须先详细检查锅炉各部件是否具备烘炉条件。检查项目如下：检查砖墙各处伸缩缝是否有碎砖、杂物等，若有应及时清除掉；锅炉各处伸缩要自如，检查水冷壁管是否有阻挡；手孔、人孔是否严密，附属零件装设是否齐全；炉排是否可以正常工作；开关位置是否正确及有否标志；鼓风机、引风机、给水设备试运转是否正常；蒸汽管道、给水管道、排污管道装置是否齐全、可靠。

2）清扫炉膛、烟道和风道内部。

3）选定炉墙的监视（测温）点或取样点，如设备技术文件无规定时，一般可设在：燃烧室侧墙中部炉排上方1.5～2m处；过热器或相应炉膛口两侧墙的中部；省煤器或相应烟道口后墙中部。

4）做好必要的临时措施。

5）备好足够的干燥木柴等燃料。注意用于链条炉排上的燃料，不应有铁钉。

(2) 烘炉的方法　烘炉的方法一般用的是燃料燃烧加热法。通常是将木柴堆在炉排中间（约占炉排1/2）点火。点着后，自然通风，维持小火苗，炉膛负压应保持在5～10Pa，柴火可渐渐增强，燃烧木柴天数一般不超过三昼夜，然后逐渐加煤燃烧。烘炉过程中温升要平稳，并应按过热器烟气温度来控制燃烧过程，第一天温升不超过50℃，以后每天温升不超过20℃，后期烟气温度最高不超过200～220℃。同时，烘炉期间，锅炉一直保持无压力运行。如压力升到0.1MPa以上，应打开安全阀排汽，水位低时应进水。烘炉一开始应保持省煤器内水温低于饱和温度40℃。

烘炉初期开启连接排污，到中期每隔一定时间进行一次定期排污，烘炉期间少开检查门、看火门、人孔等，防止冷空气进入炉膛。严禁将冷水洒在炉墙上。

烘炉时间长短根据锅炉形式、锅炉容量、炉墙结构及施工的季节不同而定。一般小型锅炉时间为 3 ~ 7 天，工业锅炉为 7 ~ 14 天，如炉墙特别潮湿，应适当延长烘炉期限。

烘炉时，应定期转动炉排，防止炉排因过热而烧坏。烘炉满足下列条件之一时即为合格：用炉墙灰浆试样法时，灰浆试样水分要降至 2.5% 以下，或者挖出一些炉墙外层砖缝的灰浆，用手指捻成粉末后不能重新捏在一起；用测温法时，当燃烧室侧墙中部炉排上的测温处温度达 50℃，并继续维持 48h 之后，烘炉才算完毕。

2. 煮炉

（1）煮炉的目的及原理　煮炉的目的是清除锅筒内表面的铁锈及油质等。其原理是在锅炉中加入碱水，使碱溶液与锅内油垢起皂化作用生成沉渣，然后在沸腾的炉水作用下，离开锅炉金属壁，沉积在锅筒最下部，最后经排污阀排出。

（2）煮炉的方法

1）配药。煮炉所需的化学药品应符合国家有关规定，计算出需要的加药量，预先做一个水箱，将药品在水箱中调成溶液，不得直接将固体药品直接加入锅炉内。

2）加药。通过另外装设的加药泵及管道注入锅筒，保持锅炉最高水位。并防止药液进入过热器。

3）煮炉。加热升温，使锅炉内产生蒸汽（蒸汽从空气阀或安全阀出口排出），维持 10 ~ 12h。然后减弱燃烧，打开定期排污阀进行排污，并补充给水或加入未加完的药液保持水位再加强燃烧运行 12 ~ 24h，然后停炉冷却，排出锅炉中水，待锅炉冷却后，开启人孔、手孔盖，用温水换水冲洗数次，并进行检查，应符合下列要求：锅炉和集箱内部无锈蚀痕迹，无油垢和附着焊渣；擦去附着物后能露出金属本色，并无锈蚀。

如发现不符合要求时，应按上述方法再次进行煮炉，直至锅炉内无油污为止。

通常，新装或迁装锅炉的烘炉、煮炉与升火一并进行，以缩短时间。

5.12.2　锅炉系统的试运转

完成上述各项工作后，应进行系统的试运行。试运行的目的是确定其交付使用前的准备工作是否已稳妥。试运行时，应对锅炉、辅助设备、各种阀门、安全附件及仪表的工作状态进行检查、调整。

锅炉系统的试运行，通常是在各种设备分部试运行合格验收基础上进行的。所以首先要进行泵、风机及炉排等设备的分部试运行。

1. 各种设备的分部试运行

(1) 泵与风机的检查及其分部试运行　首先核对风机、电动机等型号规格是否与设计相符。

其次检查泵与风机的联轴器、润滑油与冷却水管道等连接是否牢固及挡板、闸门是否齐全可靠。同时润滑油应清洁，油位在指示线上；冷却水应畅通无阻，将水门打开，观察水流入漏斗的情况应正常；挡板或闸门用手转动应灵活。电动机、水泵与风机用手盘车时应无卡碰现象。电动机接地的连接应可靠。

上述检查无误后，开始进行分部试运行。试运行前应将风机入口风门或水泵出口闸门关严。然后合上电闸，电流表应立即指示最大位置。如果电流表在 1s 内不动，说明未投入，应立即拉掉电闸，然后再重新投一次，如仍未投入，则应查明原因，予以消除。开关合上，电流表指到最大位置后，应在规定的时间内逐渐回到正常指示值。

空载试运行时间为 15 ~ 20min。在这段时间内情况正常，试运行即结束。

试运行期间应注意：回转方向要正确，应无摩擦、碰撞、无异味；电流表指示在正常值，应测量振动值、窜轴量和轴承温度，其允许范围见表5-24。

表5-24 振动值、窜轴量及轴承温度的允许范围

项目	范围	
振动值/mm	允许	0.05~0.07
	最大	1000~1500r/min 0.09 <1000 r/min 0.1
窜轴量/mm	一般不大于2~4 有推力轴承者其间隙为0.15~0.2	
轴承温度/℃	试运行期间一般不超过60~65	

（2）炉排的检查及其分部试运行 虽然炉排在安装前已进行过炉外空运转试验，但为了检查安装质量，仍要进行安装后的空载运行。在空载试运行过程中应对炉排各部分进行检查，要求炉排运转正常，然后装煤进行冷态试运行，要求下煤均匀，不跑偏，不堆积，煤斗及炉排两侧不应漏煤，否则应重新调整。链条炉排、往复推动炉排还应用各挡速度试运行，电流表读数值应符合规程规定。抛煤机也要试运行，如果改变了轮叶形状，还应试抛煤，检查落煤是否均匀。

（3）其他装置的检查及其分部试运行 运煤系统、除渣系统、上水系统也应进行分部试运行，按规定内容和要求进行检查和验收。

2. 锅炉系统的整体试运行

（1）试运行前的检查

1）锅炉内部和外部的检查。要求炉墙、拱旋、水冷壁、集箱、锅筒及看火孔、人孔、吹灰孔等均完好无缺陷。管内是否有焊瘤或堵塞，可用通球试验检查。

锅筒内、炉内、烟道内检查完毕，确实无人、无杂物后，应将锅筒人孔、集箱手孔封闭，炉门关闭，至此，炉内、外检查完毕。

2）汽、水管道各阀门应处于升火前位置。

3）上水。启动给水泵，打开给水阀，将已处理好的水送入

锅内，进水温度不高于40℃，使炉内水位升至最低水位处，或水位表的1/3处，因为点火后，水温升高，体积膨胀，水位会上升。关闭给水阀，待锅内水位稳定后，要注意观察水位的变化，不应上升或下降。水位升高说明给水阀泄漏，应设法修好。水位下降说明锅炉有泄漏，应查明原因并进行妥善处理。

（2）点火　准备工作结束后可以点火。锅炉必须在小风、微火、汽门关闭、安全阀或放气阀打开的条件下点火，炉火逐渐加大，炉膛温度均匀上升，炉墙与金属受热面缓慢受热，均匀地膨胀。

（3）升压和升压过程中的检查及定压工作　暖炉一定时间后，锅炉就开始升压。为了保证锅炉各部分受力均匀，升压不可太快。在升压过程中必须进行全面检查和调试。锅炉升压过程一般进行如下的检查及定压工作。

1）当锅炉内汽压上升，打开的放气阀或安全阀冒出蒸汽时，应立即关闭放气阀或安全阀。

2）当锅炉内压力到0.1MPa表压时，冲洗压力表和水位表，并用标准长度的扳手重新拧紧各部分的螺栓。

3）气压升至0.2～0.3MPa表压时，检查人孔、手孔是否渗漏，并上水、放水，这对均匀锅炉各部分温度有很大好处。同时，也可检查排污阀是否堵塞。

4）气压升至0.5MPa表压时，再次在高压情况下吹洗水位表和压力表，并打开蒸汽阀，启动蒸汽给水泵，观察是否正常运转。

5）气压升至0.7～0.8MPa表压时，再次上水、放水，检查辅助设备运转情况。

6）气压升至工作压力，再次运行全面检查并对安全阀定压。

整体式锅炉试运行时间为4～24h，散装式锅炉试运行时间为48h。

（4）安全阀的调整　锅炉在运行中，安全阀的开启压力应稍高于锅炉正常工作压力，且应有一定的幅度。若锅炉正常工作压力与安全阀的开启压力近似平衡，则易使安全阀反复频繁跳动，容易造成泄漏，使阀芯接触面腐蚀或产生凹槽。这样，既浪费了蒸汽，又不易在紧急情况下起到应有的安全作用。

1）锅筒和过热器上的安全阀应按规定的开启压力进行调整和校验。

2）安全阀应无漏汽和冲击现象。

3）调整时应先调整开启压力最高的，然后依次调整压力较低的安全阀。

弹簧式安全阀应通过弹簧调节螺母来调整开启压力，即当锅筒压力表指针快接近开启压力时，拧动弹簧调节螺母使安全阀排汽，待压力值下降后，弹簧式安全阀应能自动关闭。如再将压力升高至安全阀开启压力，安全阀能自动排汽，则开启压力调整完毕。杠杆式安全阀可通过调整重锤在杠杆上的位置来调整安全阀开启压力。有过热器的锅炉，应用蒸汽吹洗过热器。吹洗时，锅炉压力应保持在工作压力的75%左右，同时保持适当的流量，吹洗时间不应少于15min。另外，对炉墙也要进行漏风检查。

5.12.3 竣工验收

安全阀调试工作结束，锅炉在额定负荷下连续运行72h，在此期间如果没有发现不正常现象，并能保证在正常参数下工作，即可认为安装质量合格。安装单位与使用单位便可同时进行总体验收，办理锅炉的移交手续。

锅炉试运行时，使用单位和安装单位应报告当地劳动部门，劳动部门的锅炉压力容器安全监察机构派人员参加验收，并检查以下几个方面工作：

1）检查安装单位提供的各阶段安装记录、验收技术文件及有关试验记录资料。

2）检查锅炉房布置是否与设计相符，热力设备及管道的保温状况是否良好。

3）检查安全附件安装是否合理、灵敏可靠，自动控制信号系统及仪表调试是否合格。

4）检查各伸缩部位的安装质量。

5）检查锅炉各部位的运行情况及炉墙砌筑保温质量。

6）检查燃烧系统和其他附属设备的运行工况，并了解消烟除尘的措施及效果。

7）检查水处理措施，查看给水、锅炉水质指标是否符合国家标准。

8）检查水压试验、烘炉、煮炉记录及安全阀调试记录；了解锅炉试运行的各项热工数据、热工仪表运转情况和锅炉参数是否达到设计要求。

9）检查分汽缸结构制造质量及证明文件。

10）检查其他与安全有关的问题，如锅炉的平台、扶梯、照明、出口通道等。

总体验收合格后，由安装单位整理《锅炉安装质量证明技术文件》，交使用单位永久保管并作为使用单位向当地锅炉检验部门办理登记申请《锅炉使用登记证》的证明文件之一。

第6章　空调用制冷设备及管道的安装

6.1　冷热源机房施工图的识读

6.1.1　系统原理识读

制冷系统是与大气隔绝的密闭式系统，它的内部充满制冷剂，其压力有时比大气压力高数倍，有时又低于大气压力呈真空状态。因此，如何保证制冷系统内部的严密性，防止制冷剂从系统内泄漏及防止空气渗入系统内，是保证制冷系统正常运转的关键之一。另外，制冷装置运转时，制冷剂在系统内不停地循环，此时如果系统内部不清洁，或系统内存在水分（对氟利昂系统而言），将会造成系统的堵塞，也影响制冷装置的正常运转，还影响制冷压缩机的使用寿命。因此，安装制冷系统时，必须注意施工的各个环节，严格按照有关规范及产品说明书中的技术要求施工，确保工程质量。

对于一个工程，首先要明白其工作原理，看其方案是否正确。原理图表达系统的工艺流程，识图时必须先看原理图。

1）首先阅读设计说明，了解工程概况再结合设备表，弄清流程中各设备的名称和用途，在冷热源机房中一般有冷水机组、锅炉、换热器、泵、水处理设备、水箱等。

2）根据介质的种类以及系统编号，将系统进行分类。例如，首先将系统分为供冷系统、供暖系统、热水供应系统，再对各个系统进行细分。例如，供冷系统又可分为冷冻水系统、冷却水系统（风冷则无此项内容）、补水系统、燃料供应系统。

3）以冷热水主机为中心，查看各系统的流程。例如，以制冷机组为中心，查看冷冻水系统的流程，一般为：用户回水→集水缸→除污器→冷冻水泵→冷水机组→分水缸→去用户。对于冷却水系统，从冷却塔来，经冷却水泵、制冷机的冷凝器，再去冷却塔。补水系统流程一般为：原水箱→水处理系统（软化与除氧）→补水箱→补水泵，然后接到需补水的系统。

4）明白系统中所有介质的流程后，可以结合各管段的管径，了解各阀门的作用及运行操作情况。

6.1.2 设备及管道布置识读

查看设备的平面图和剖面图，主要是了解设备的定位布置情况。阅读时，结合设备表，了解各设备的名称、分布位置，必要时查看剖面图看设备的标高。要了解管道的布置，需要查看管道平面图、剖面图及管道系统轴测图。如果有管道系统轴测图，首先应阅读它。阅读管道系统轴测图的方法与阅读原理图的方法相似，首先将其分为几个系统，然后弄清各个系统的来龙去脉，并注意管道在空间的布局和走向。之后，结合平面图和剖面图，了解管道的具体定位尺寸和标高。有了管道系统轴测图，图样阅读的难度一般不大。

如果没有管道系统轴测图，只能结合平面图和剖面图进行阅读，应以平面图为主，剖面图为辅，并结合原理图和设备表。根据管道的表达规则，尤其是弯头转向和管道分支的表达方法，这时要充分注意管道代号的作用，必要时根据管段的管径和标高，将平面图、剖面图上的各管段对应起来。阅读时，要首先弄清主要管道的走向，如制冷系统中的冷冻水的大致流程，一些设备就近的配管（如泄水管、放气管）可先不要理会。由于在管道平面图中设备的配管难以表达清楚，待主要管道的走向弄清之后，可以根据管道表达规则对这些设备配管仔细阅读。

对于较复杂的管道系统，建议绘制管道系统轴测图，以减少阅读的难度。同时，可省去许多剖面图。当管道系统十分复杂时，有时要借助于物理模型或计算机三维模型才能弄清楚。

6.2 制冷机组安装

6.2.1 安装的一般规定

1. 机组的布置

在制冷机房中，设备的布置应力求做到流程合理、排列整齐及操作和维修方便，同时尽量缩短各种管道的长度，并注意节约占地面积。施工中，冷水机组的布置按施工图实施，其一般原则如下：

1）布置冷水机组时，应使机组的操作面朝向光线良好、操作和观测方便的方向。

2）数台机组同室安装时，应设法尽量排列成行（单行或双行均可），每行机组的操作面应保持在同一方向。

3）同类型的机组应尽量布置在一起。

4）压缩机曲轴及换热排管拔出端，应留有足够空间，以便于检修时拔出。

5）将开关柜、控制柜等设在临近机组的地方，如采用自控时可集中布置。

6）为安全起见，机房应在不同的方向设两个通向室外的门，且门窗均应向外开启，尤其是以 R717 为工质的机组。

2. 冷水机组的安装间距

1）机房内主要操作通道的宽度为 1.5 ~ 2.0m，非主要通道的宽度不小于 0.8m。

2）机组不应紧贴墙壁布置，机组和墙的距离一般不小于 1.0 ~ 1.5m。

3）设备的外廓与开关柜或其他电气装置的距离为 1.5m。

4）多台机组相邻安装时，两台机器间的距离应保持1.0 ~ 1.5m。

5）冷水机组的基础高度一般应高出地面0.1m以上。

6）机房高度：五台机组以上的大型冷冻机房，地面至梁底的高度应在4.5m以上；四台机组及以下的中、小型冷水机房，地面至梁底的高度为3.5～4.5m；对于安装小型冷水机组的机房，高度则为3～3.5m。

3. 放样划线

按平面设计图进行放样划线。首先确定冷水机组与墙中心线或柱中心线的关系尺寸，在地面上确定设备安装的纵、横基准线和设备的基础位置。完成后还需认真校验。

一般冷水机组中心与墙、柱中心间距的允许偏差为20mm，设备间距的允许偏差为10mm。

4. 设备基础的施工

1）设备基础施工前，应对所要安装的机组先进行开箱检查，核对设备基础图与设备实物尺寸是否相符。

2）设备基础必须做在实土上，其地耐力需能承受设备重量及运行的动负荷。施工前应对基础下的土层挖深后分层夯实，然后施工。

3）设备基础一般可采用C20混凝土，且应一次捣筑完成。按设备基础图预留地脚螺栓孔洞、预埋电缆套管和上、下水管道。

4）对于大型冷水机组，为吸收设备运行产生的振动，使其不对邻近机组和建筑物造成不良影响，防震缝是必不可少的。具体做法是：在离基础50～100mm的四周砌一道240mm厚的砖墙，缝内填满干砂并用麻刀沥青封口，以防水流进防震缝。

5）基础尺寸的允许偏差范围：长度允许偏差不大于20mm；凹凸程度允许偏差不大于10mm；地脚螺栓孔中心距允许偏差不大于5mm；机组主要轴线间尺寸允许偏差不大于1mm。

6）基础浇筑10天以后，强度达70%以上时，才可安装设备。

5. 安装前的准备工作

1）开箱检验。中、小型箱体包装机组首先查看箱体有无损伤，并核对箱号及箱数有无差错，然后再开箱检验，依据设备清单，清点设备、备件、随机文件及图样是否齐全；检验所有的机件，要求无损伤、锈蚀或其他缺陷；检验各主要机件的主要尺寸，应与图样相符；安装前不得打开阀门，以免干燥氮气泄漏和湿空气进入机内。

2）确认搬运通道、起吊重量和高度。

3）检查及平整基础工程。地脚板对应的基础平面应平整光滑，尤其是地脚螺栓孔两侧放垫铁的部件，一定要平整并清除地脚螺栓孔内的杂物。各基础支撑面之间的最大高差应小于3mm。基础四周应设置排水沟。

4）机组起吊就位。起吊机组时，钢丝绳应挂在机组底部规定的起吊处，使负荷均匀分布，并尽量水平起吊（最大允许倾斜20°）。

5）套穿地脚螺栓。若基础预留地脚螺栓孔与最后确定的安装位置不符，或不够大、不够深，均应剔大剔深。一般螺栓顶端要高出螺母2～3扣。

6）机组调平。机组的水平度对安装质量有至关重要的作用。一般冷水机组的各机件已组装在公共底盘上，安装时只需在每个地脚螺栓孔附近放置斜垫铁，调整垫铁使底盘水平。然后用手锤逐个敲击垫铁，检查是否均已压紧。机组水平度允许偏差范围：纵、横向及其他各方位均不大于0.1mm/m。

7）浇筑地脚。机组找平后，应及时在地脚螺栓孔、底盘与基础空隙之间浇筑混凝土。浇筑前，必须彻底清除基础面上和地脚孔内的杂物、尘土、油垢及积水。为便于施工，可在地脚螺栓孔靠近基础边缘的位置凿一斜口，浇筑需一次完成，且浇筑密实，做好养护。当强度达到75%以上时，拧紧地脚螺栓。机组底盘外面的灌浆层应在砂浆稍硬后压光抹平，并向四周抹坡度，以防运行中油水流向底盘。

8）重新校正机组水平。如水平度偏差大于1.0mm/m时，需再调整垫铁，然后将每组垫铁用焊机固定成整体。

9）按施工图进行冷媒水及冷却水接管施工，注意不要将管道负荷作用到蒸发器和冷凝器上。

10）管道上测温管的安装。应使水银球或酒精球处于管道中心线上。

6.2.2　活塞式冷水机组安装与试运行

活塞式冷水机组根据其使用特点不同，产品结构也有所不同，可划分为以下三类。

1）整体式制冷机组的制冷量比较小，它将制冷压缩机、冷凝器、蒸发器及各种辅助设备组装在同一个底座上或同一个箱体内，成为整体式设备，如空调器、冷藏箱、冷风机、电冰箱等均采用整体式机组。

2）组装式制冷机组一般是将压缩机、冷凝器、油分离器、贮液器、过滤器等分为一组，称为压缩—冷凝设备；而将蒸发器、膨胀阀等分为另一组，称为制冷设备。将两组设备用管子连接起来就构成一个制冷系统。

3）散装式制冷机组的压缩机、冷凝器、蒸发器及各种辅助设备均为散装供货，成单体安装，各设备之间均需用管子连接。

以上三种类型的制冷机组，从安装角度来看，散装式制冷机组安装复杂，组装式和整体式制冷机组的安装都比较简单。在安装方面它们有许多共同规律，安装方法也基本相同。因此，本章重点放在散装活塞式制冷机组安装上，并着重讲述制冷系统的安装，对于机组本身以外的冷却水系统，冷冻水系统及通风、电气系统的安装不重复介绍，可参考有关章节的内容。

1. 主体设备安装

压缩过程中，由于机器的往复惯性力和旋转惯性力的作用，使压缩机产生振动及噪声，消耗能量，加剧工作零件的磨损，并能使机器产生位移，故活塞式制冷压缩机一般都安装在足够大的混凝土基础上，凭借土壤的弹性以及必要的承压面积，以限制机器的振幅在国家和有关部门规定的允许范围内。对于安装在离空调房间较近的压缩机，为防止振动和噪声通过基础和建筑结构传入室内而影响周围环境，应设置减振基础来消除设备产生的振动。图 6-1 所示为常见的两种减振基础。

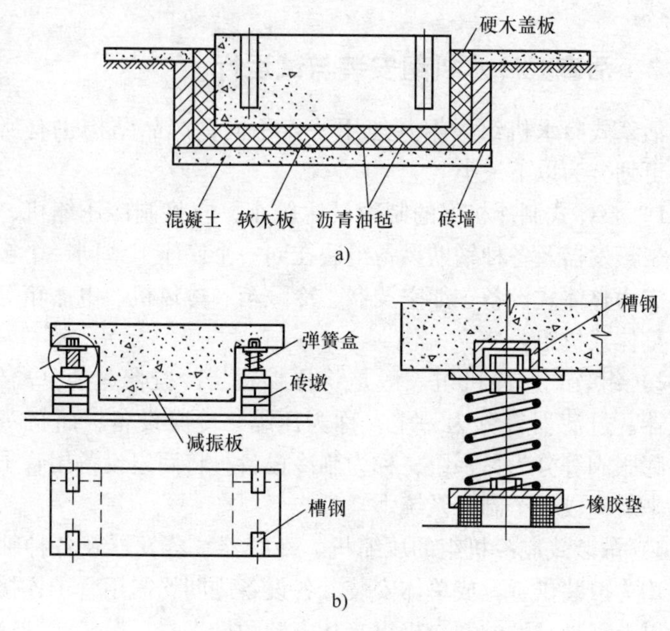

图 6-1　减振基础
a）软木减振基础　b）弹簧减振基础

活塞式制冷压缩机的安装步骤如下。

（1）准备工作　先对压缩机进行开箱检查和验收，并检查和验收混凝土基础，然后将基础表面清理干净，按平面坐标位置，以厂房轴线为准在基础上放出纵、横中心线及地脚螺孔中心线与设备底座边缘线等，如图 6-2 所示，并将二次灌浆层的基础表面凿成麻面，将放垫铁处的基础表面铲平并放上垫铁。

（2）吊装就位　将压缩机搬运到基础旁，准备好设备就位的起吊工具。选择好绳索结扎位置，绳索与设备表面接触处应垫以软木或旧布等加以保护，以免擦伤表面油漆。然后将压缩机起

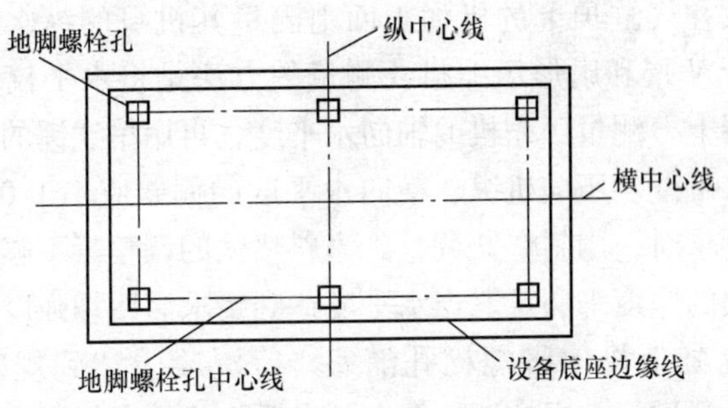

图 6-2　基础放线

吊到基础上方一定的高度上，穿上地脚螺栓，使压缩机对准基础上事先确定的纵、横中心线，徐徐下落到基础上。此时将地脚螺栓置于基础地脚螺栓孔内。

压缩机就位后，它的中心线应与基础中心线重合。若出现纵、横偏差，可用撬棍伸入压缩机底座和基础之间空隙处适当位置，前后左右地拨动设备底座，直至拨正为止，如图 6-3 所示。

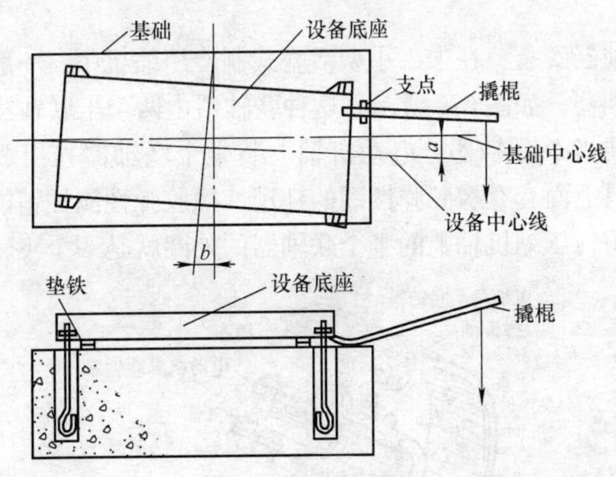

图 6-3　设备拨正

（3）校核水平度　用水平仪测量压缩机的纵、横向水平度。对于立式和 W 形压缩机，测量的方法是将顶部气缸盖拆下，将水平仪放在气缸顶上的机加工面上测量其机身的纵、横向水平度；对于V形和扇形压缩机，测量的方法是将水平仪轴向放置在联轴器上，测量压缩机的轴向水平度，再用吊线锤的方法测量其横向水平度。压缩机纵、横向水平度的偏差应小于0.1/1000，不符合要求时，用斜垫铁调整。当斜垫铁的调整量不够时，应调整平垫铁的厚度来满足。当水平度达到要求后，用强度高于基础一级的混凝土将地脚螺栓孔灌实，待混凝土达到规定强度的75%后，再进行一次校核，符合要求后将垫铁点焊固定，然后拧紧地脚螺栓，最后进行二次灌浆。

（4）传动装置安装　如果压缩机与电动机不在一个公共底座上，还需进行传动装置的安装。常用的传动装置有联轴器和带轮两种形式。在小型活塞式制冷压缩机中，一般都不单独设置飞轮。因此，联轴器和带轮既是传动能量的装置，又起蓄放能量的飞轮作用，以达到使压缩机和电动机运转均匀平稳和电流波动小的目的。所以，它安装的好坏也直接影响压缩机的正常运行。

联轴器安装：在中、小型活塞式制冷压缩机中，一般都采用弹性联轴器，如图6-4所示。这种联轴器由两个半联轴器（压缩机轴上装半个联轴器，电动机轴上装半个联轴器）组成，中间插入几只上面套有橡胶弹性圈的柱销，橡胶弹性圈柱销能起缓冲减振作用，压缩机轴上的半个联轴器的外圈就是一个飞轮。

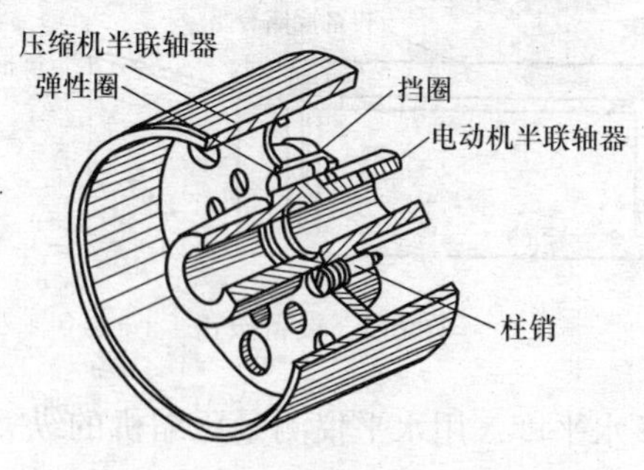

图6-4　弹性联轴器

联轴器的安装关键是要保证压缩机和电动机的两轴同心，否则弹性橡胶容易损坏，并引起压缩机振动。在安装调整时，先固定压缩机，然后再调整电动机位置。检查时，将千分表的支架固定在电动机半联轴器的柱销上，千分表的测头触在飞轮的内倒角上，旋转一周，如果两轴不同心，在转动过程中，由于橡胶的弹性，千分表指针必然出现摆动，就可以根据指针摆动的大小和方向来判定两轴同轴度的偏差大小和偏差方向。不断调整电动机的位置来使两轴同心，如图 6-5 所示。

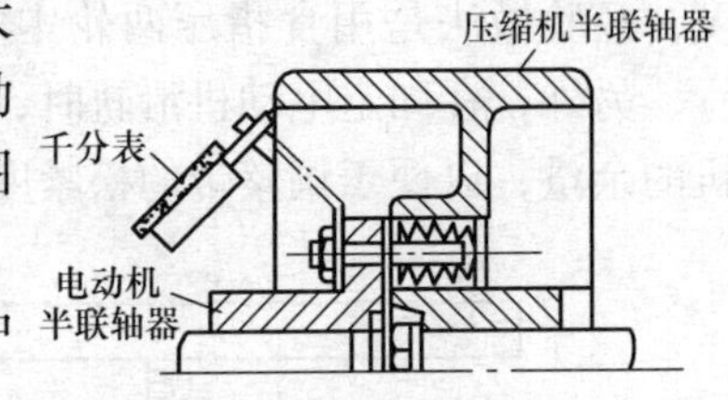

图 6-5　测两轴同轴度

从理论上讲，转动过程中千分表的指针无摆动是最好的，但实际上办不到，一方面使两轴绝对同心不易办到，另一方面由于它是弹性连接而不是刚性连接，即使两轴绝对同心，转动时千分表的指针也会出现轻微摆动。所以，在实际工作中，千分表的摆动在 ±0.3mm 的范围内时，即可认为符合要求。为了提高校正精度，也可用两只千分表同时进行校正。将一只千分表的测头触在联轴器端面的垂直方向，另一只千分表的测头触在水平方向。这种校正方法比单表校正麻烦，但比较精确。

带轮安装：中、小型活塞式制冷压缩机一般都采用 V 带传动。V 带有 O、A、B、C、D、E、F 七种型号。从 O 型至 F 型，传递功率依次递增。各型号 V 带适用的功率范围及推荐的 V 带型号见表 6-1。

表 6-1　推荐 V 带型号

传递功率/kW	0.4 ~ 0.75	0.75 ~ 2.2	2.2 ~ 3.7	3.7 ~ 7.5	7.5 ~ 20	20 ~ 40	40 ~ 75	75 ~ 150	150 以上
推荐 V 带型号	O	O、A	O、A、B	A、B	B、C	C、D	D、E	E、F	F

安装带轮时应注意电动机带轮与压缩机带轮之间的相对位置

和带的拉紧程度。两轮之间的相对位置偏差过大，会造成带自行滑脱，并加速带的磨损；带拉得过紧，会造成压缩机轴或电动机轴发生弯曲，加速主轴承过早地发生偏磨，且带处于大的张力下会缩短寿命，张得过松又会因打滑影响功率的传递。检查两轮之间相互位置偏差可用直尺或拉线的方法进行，如图6-6所示，用调整电动机位置的方法使两轮位于同一直线上。检查带的拉紧程度，经验做法是用食指压两轮中间的一条带，能压下20mm为宜。另外，在固定电动机滑轨时，应留出带使用伸延后调整电动机的余量，以便于调整带的松紧度。

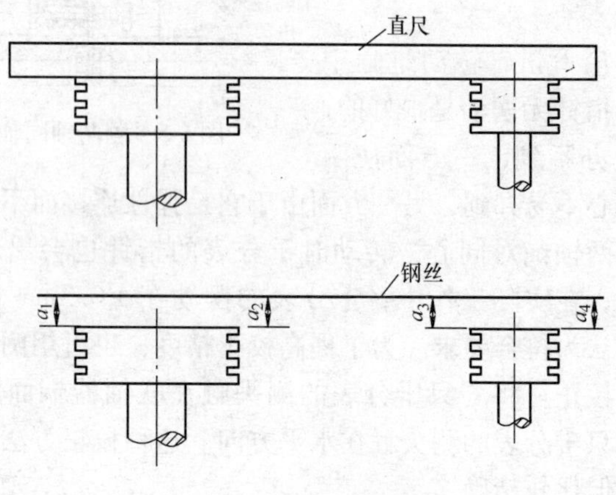

图6-6 带轮偏差的检查

（5）压缩机清洗 新安装的活塞式制冷压缩机，由于运输、存放等原因，不可避免地会进入并存积一部分灰尘、污物在压缩机内。为保证压缩机的正常工作，安装后的压缩机应进行清洗和检查。考虑到拆卸清洗后的装配精度，对于在技术文件规定的期限内安装，且外观无损伤和锈蚀现象的压缩机，可不必进行大拆大卸，可仅打开缸盖，拆卸吸排气阀、缸套、活塞及连杆等，放入油槽内用油刷、织布等进行仔细清洗，以及打开曲轴箱盖，清理油路系统，更换曲轴箱内的润滑油等即可。如在规定的期限外安装，或有损伤、锈蚀等现象，则必须全面检查拆洗。

(6) 压缩机试运转　压缩机试运转的目的是检查各运动部件装配有无问题，供油情况是否良好，温度、声响、油耗量是否正常。同时，通过试运转可以提高各摩擦部件配合的密切性和摩擦面的光洁度。

压缩机的试运转包括空负荷试运转和空气负荷试运转。在系统安装完毕，供电系统和冷却水系统试验和试运转合格后进行。试运转前应将机房清扫干净，准备好试车所用的工具、材料、记录表格等。检查压缩机电动机的地脚螺栓是否上紧，安全保护装置是否灵敏可靠，曲轴箱内的冷冻油是否达到规定的油面高度。然后拆下气缸盖和吸排气阀，向活塞顶部加入1～2mm厚的润滑油，用手盘动曲轴数转，使活塞与气缸摩擦面上润滑油分布均匀，形成一层油膜，同时检查各运动部件是否正常，有无碰撞现象，确认一切正常后，即可进行试运转。

1）空负荷试运转。首先启动电动机，瞬时运转数次（即点动），观察压缩机运转情况及惯性时间长短，确认各部件一切正常后，开启压缩机的冷却水阀门（当压缩机有冷却水系统时），进行第一次试运转，时间5min。停车检查若无异常现象，进行第二次试运转，时间10min。停车检查各摩擦部件的温升，如温升不超过15～20℃，气缸无拉毛现象，各部件一切正常，进行第三次试运转，时间不少于2h。如油压、电压、电流表指示数值稳定；气缸体、主轴承外部、轴封等部位温度不超过室内温度25～30℃；曲轴箱油温不超过55℃；油压高于吸气压力0.15～0.3MPa；油路系统不漏油（允许有每小时不超过10滴的渗漏单个油滴）；各运动部件无异常响声等，空负荷试运转即为合格。合格后再将吸、排气阀和气缸盖装上。

2）空气负荷试运转。首先在装好吸、排气阀及气缸盖的压缩机上松开吸气过滤器法兰盖，垫上适当的垫铁，然后紧固松开的法兰盖，用浸过油的白布将过滤器法兰空隙处包好，以防止灰尘进入吸气腔。打开高压端的放气阀，启动压缩机，连续运转2h，如吸、排气阀片和卸载装置等工作正常，即可用调节放气阀的开度来调节排气压力。氨压缩机排气压力为0.4MPa，氟利昂压缩机的为0.3MPa，压缩机在该压力下连续运转4h，如吸、排气阀片起落跳动声响正常；各连接部件无漏油、漏气、漏水现象；氨压缩机、R22压缩机排气温度不超过150℃，R12压缩机排气温度不超过130℃；调节卸载装置准确可靠；运转中一切正常，则空气负荷试运转合格。

2. 辅助设备安装

制冷机辅助设备包括冷凝器、贮液器、蒸发器、油分离器、空气分离器等。辅助设备安装前应进行吹扫，可用0.8MPa的无油压缩空气进行，次数不应少于3次，直至无污物排出为止。

（1）强度试验和严密性试验　对冷凝器、贮液器、蒸发器、油分离器等受压容器，还应进行强度试验和严密性试验。只有下列三个条件同时具备时，可不进行强度试验，仅进行严密性试验：在制造厂已进行强度试验，并且有合格证；无损伤和锈蚀现象；在技术文件规定的期限内安装。

如果在运输途中有损伤或有意外情况不符合上述三个条件时，则仍需进行强度试验。强度试验应以水为介质。试验压力应按技术文件规定的压力值进行。若无规定时，可按表6-2所列的压力值进行。

表6-2　强度试验压力值　　（单位：MPa）

工作压力 p	试验压力 p_s
$p<0.6$	$p_s=1.5p$
$p=0.6\sim1.2$	$p_s=p+0.3$
$p>1.2$	$p_s=1.25p$

水压试验装置如图6-7所示，试验时先打开阀门5、6、7、8，由自来水管11向水槽和设备内充水，当水槽内的水足够试压用时，关闭阀门5，当设备内水位至阀门8处见水后再将阀门6、8关闭，然后开启阀门4，启动试压泵1对设备加压。在加压过程中，压力应缓慢均匀地上升，一般每分钟不超过0.15MPa。当

压力升至0.3~0.4MPa时，应进行一次检查。如果漏水量很大，应泄压后进行修理，如果漏水量不多，为彻底暴露出全部缺陷，可继续缓慢加压，以后一起修理。当压力达到试验压力时，停止试压泵，关闭阀门4，使设备在试验压力下维持5min，此时可不进行详细检查，然后稍启开阀门4、3，使压力降至工作压力下进行检查。检查时用小锤沿焊缝两旁150mm处轻轻敲击，如果没有渗漏和变形，同时压力表上的压力值也无下降，则水压试验合格。

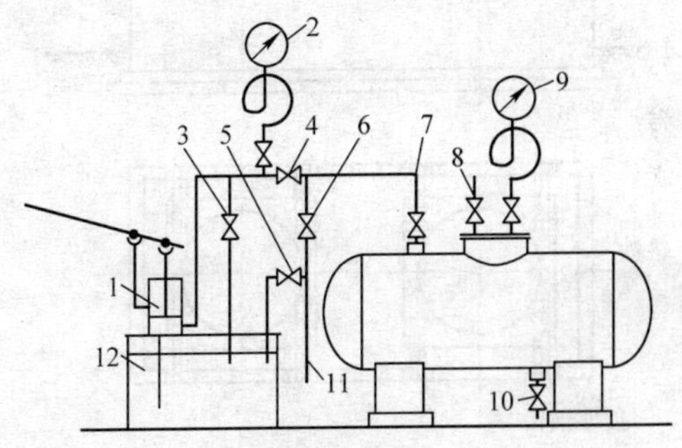

图6-7 水压试验装置

1—试压泵 2、9—压力表 3、4、5、6—阀门 7—进水阀门 8—出气阀门 10—排水阀门 11—自来水管 12—水槽

严密性试验的介质为干燥空气或氮气，其方法可参照系统的严密性试验进行。对于卧式壳管式冷凝器，进行严密性试验时，应将筒体两端的封盖拆下以便检漏。为防止系统停运后，卧式蒸发器及卧式冷凝器水侧的冷冻水或冷却水渗漏到制冷剂系统内，严密性试验合格后，最好用0.5MPa的自来水对水侧进行水压试验，稳压15min后，压力无下降为合格，方法与强度试验同。

（2）冷凝器与贮液器的安装　冷凝器安装分为立式冷凝器安装和卧式冷凝器安装。

1）立式冷凝器安装。立式冷凝器一般安装在室外冷却水池上的槽钢上或不完全封顶的钢筋混凝土水池盖上。

在槽钢上安装冷凝器如图6-8所示。先在混凝土水池口上预埋长300mm、厚10mm、宽度与池壁厚度相同的钢板预埋件，然后将槽钢按冷凝器底板地脚螺栓孔尺寸及位置钻上孔，将槽钢放在预埋钢板上，再将冷凝器吊装到槽钢上，并用螺栓固定，然后对冷凝器找垂直，不符合要求时用垫铁调整，达到要求后将槽钢、垫铁及预埋钢板用电焊固定。

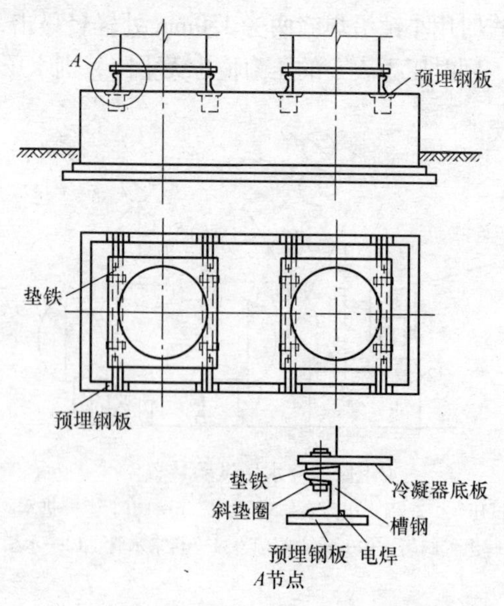

图6-8　在槽钢上安装冷凝器

在钢筋混凝土水池盖上安装冷凝器时，应先在混凝土水池盖上按冷凝器地脚螺栓位置预埋地脚螺栓，待牢固后将冷凝器吊装就位，用事先放在四角地脚螺栓旁的垫铁调整冷凝器的垂直度，找垂直后，拧紧地脚螺栓即将冷凝器固定，垫铁留出的空间应用混凝土填塞。

立式冷凝器安装后应使其垂直，允许偏差不得大于1/1000，并且不允许有偏斜和扭转。测量偏差的方法是在冷凝器顶部吊一线锤，测量筒体上、中、下三点距锤线的距离，X、Y方向各测一次，如图6-9所示，a_1、a_2、a_3的差值不大于1/1000为合格。

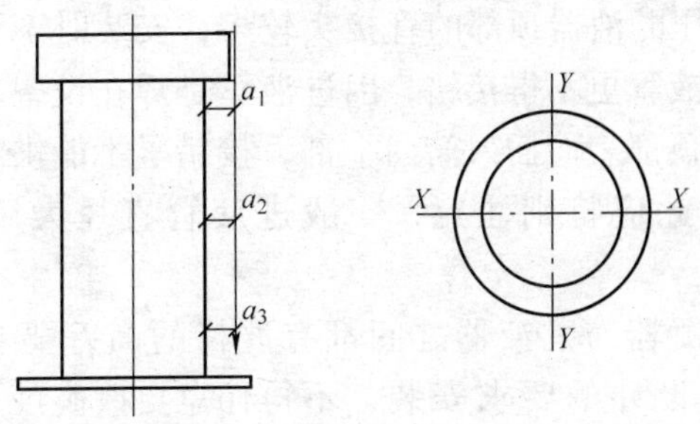

图 6-9　立式冷凝器找垂直

2）卧式冷凝器与贮液器安装。卧式冷凝器与贮液器一般安装于室内。为满足两者的高差要求，卧式冷凝器可用型钢支架安装于混凝土基础上，也可直接安装于高位的混凝土基础上。为充分节省机房面积，通常的方法是将卧式冷凝器与贮液器一起安装于钢架上，如图 6-10 所示。此时钢架必须垂直，应用吊垂线的方法进行测量。设备的水平度主要取决于钢架的水平度，焊接钢架的横向型钢时，要求用水平仪进行测量。因型钢不是机加工面，仅测一处误差较大，应多选几处进行测量，取其平均值作为水平度。一般情况下，当集油罐在设备中部或无集油罐时，卧式冷凝器与贮液器应水平安装，允许偏差不大于 1/1000；当集油罐在一端时，设备应设 1/1000 的坡度，坡向集油罐。

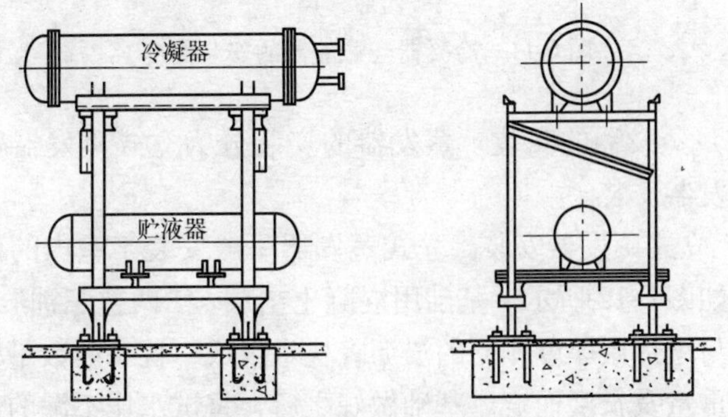

图 6-10　卧式冷凝器与贮液器安装

卧式高压贮液器顶部的管接头较多，安装时不要接错，特别是进、出液管更不得接错，因进液管是焊在设备表面的，而出液管多由顶部表面插入筒内下部，接错了不能供液，还会发生事故，因此应特别注意，一般进液管直径大于出液管的直径。

所有冷凝器与贮液器之间都有严格的高差要求，安装时应严格按照设计的要求安装，不得任意更改高度，一般情况下，对于氨制冷系统，卧式冷凝器至贮液器的液体管道内液体流速不大于0.5m/s时，冷凝器的出液口应比贮液器的进液口至少高300mm，如图6-11所示。立式冷凝器出液管与贮液器进液阀间的最小高差为300mm，液体管道应有不小于0.02的坡度，坡向贮液器。

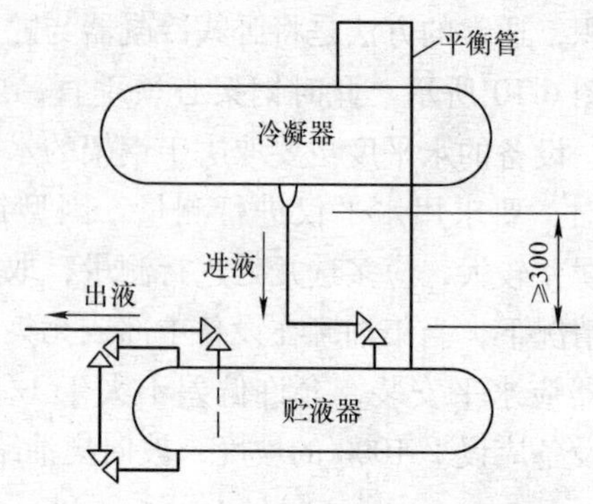

图6-11 冷凝器与贮液器的安装高度

（3）蒸发器的安装 蒸发器的安装分为立式蒸发器安装和卧式蒸发器安装。

1）立式蒸发器安装。立式蒸发器一般安装于室内的保温基础上，如图6-12所示。基础用混凝土垫层、“两毡三油”、绝热材料及与绝热层厚度相同的浸沥青枕木组成，枕木的数量根据蒸发器的重量及长度而定。基础做好之后，将试水压不漏的蒸发器箱体安放在基础上，再吊装蒸发器管束并予以固定。

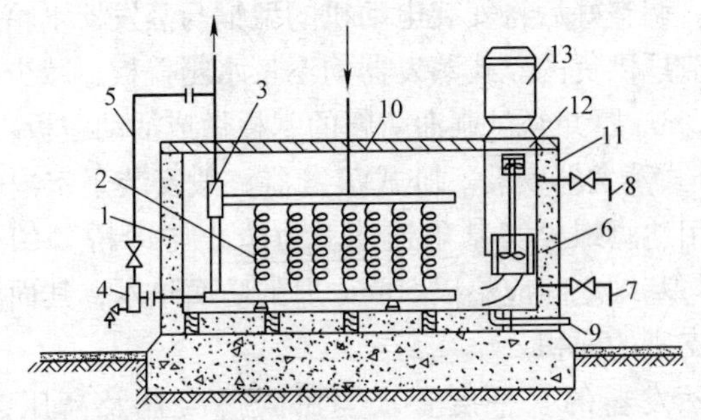

图6-12　立式蒸发器安装

1—蒸发水箱　2—蒸发管组　3—气液分离器　4—集油罐　5—平衡管　6—搅拌器叶轮　7—出水口　8—溢水口　9—泄水口　10—盖板　11—保温层　12—刚性联轴器　13—电动机

蒸发器水箱基础在设计无规定时可按下述方法施工：先将基础表面清理平整，尘土清除干净，然后在基础上刷一道沥青底漆，用热沥青将油毡铺在基础上，在油毡上每隔800～1200mm处放一根与保温层厚度相同的防腐枕木，并以1/1000的坡度坡向泄水口，枕木之间用保温材料填满，最后用油毡热沥青封面。

基础保温施工完后，即可安装水箱。水箱就位前应进行渗漏试验，具体做法是将水箱各管接头堵死，然后盛满水保持8～12h不渗漏为合格。吊装水箱时，为防止水箱变形，可在水箱内支撑木方或其他支撑物。水箱就位后，将各排蒸发管组吊入水箱内，并用集气管和供液管连成一个大组垫实固定。要求每排管组间距相等，并以1/1000的坡度坡向集油罐，以利于排油。

安装立式搅拌器时，应先将刚性联轴器分开，取下电动机轴上的平键，用油砂布、汽油或煤油将其内孔和轴仔细进行除锈和清洗，清除干净后再用刚性联轴器将搅拌器和电动机连接起来，用手转动电动机轴以检查两轴的同轴度，转动时搅拌器不应有明显摆动，然后调整电动机的位置，使搅拌器叶轮外圆和导流筒的间隙一致。调整好后将安装电动机的型钢与蒸发器水箱用电焊固定。由制造厂供货的立式蒸发器均不带水箱盖板，减少冷损失的方法是用5mm厚并经过刷油防腐的木板做成活动盖板。

2）卧式蒸发器安装。卧式蒸发器一般安装于室内的混凝土基础上，用地脚螺栓与基础连接。为防止“冷桥”的产生，蒸发器支座与基础之间应垫以50mm厚的防腐垫木，其面积不得小于蒸发器支座的面积。

卧式蒸发器的水平度要求与卧式冷凝器及高压贮液器相同。可用水平仪在筒体上直接测量，一般在筒体的两端和中部共测三点（图6-13），取三点的平均值作为设备的实际水平度。不符合要求时用平垫铁调整，平垫铁应尽量与垫木木纹的方向垂直。

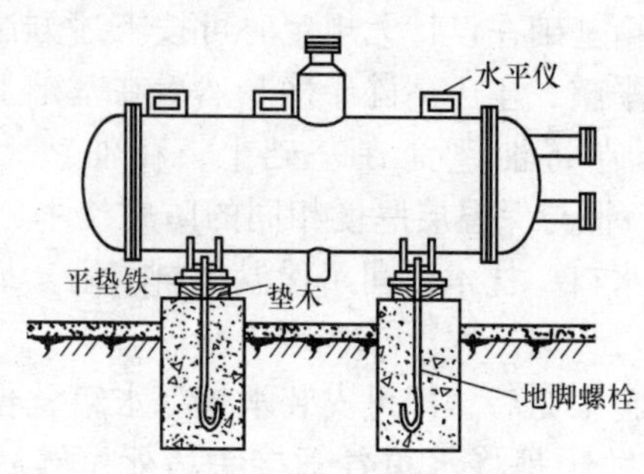

图6-13 卧式蒸发器安装

（4）油分离器的安装 油分离器多安装于室内或室外的混凝土基础上。用地脚螺栓固定，垫铁调整，如图6-14所示。

安装油分离器时，应弄清油分离器的形式（洗涤式、离心式或填料式），进、出口接管位置，以免将管口接错。对于洗涤式油分离器，安装时应特别注意与冷凝器的相对高度，一般情况下，洗涤式油分离器的进液口应比冷凝器的出液口低200～250mm，如图6-15所示。油分离器应垂直安装，允许偏差不得大于1.5/1000，可用吊垂线的方法进行测量，也可直接将水平

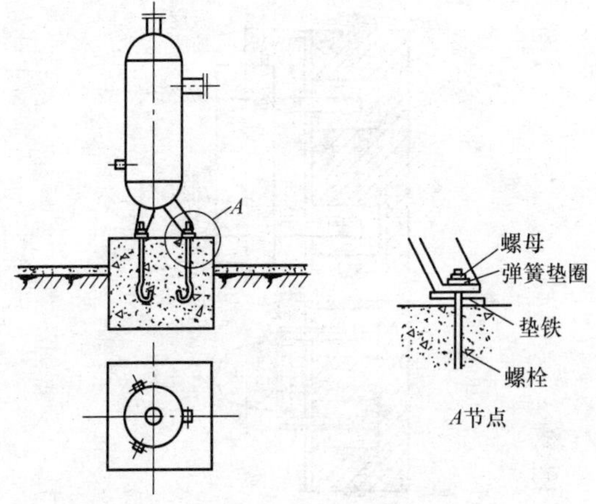

图 6-14　油分离器安装

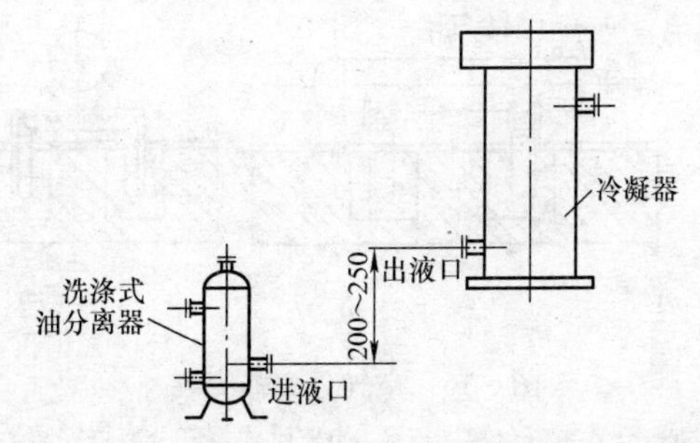

图 6-15　洗涤式油分离器及冷凝器的安装高度

仪放置在油分离器顶部接管的法兰盘上测量，符合要求后拧紧地脚螺栓将油分离器固定在基础上，然后将垫铁点焊固定，最后用混凝土将垫铁留出的空间填实（即二次灌浆）。

（5）空气分离器的安装　目前常用的空气分离器有立式和卧式两种形式，一般安装在距地面 1. 2m 左右的墙壁上，用螺栓与支架固定，如图 6-16 所示。

安装的方法是：先做支架，然后在安装位置放好线，打出埋设支架的孔洞，将支架安装在墙壁上，待埋设支架的混凝土达到

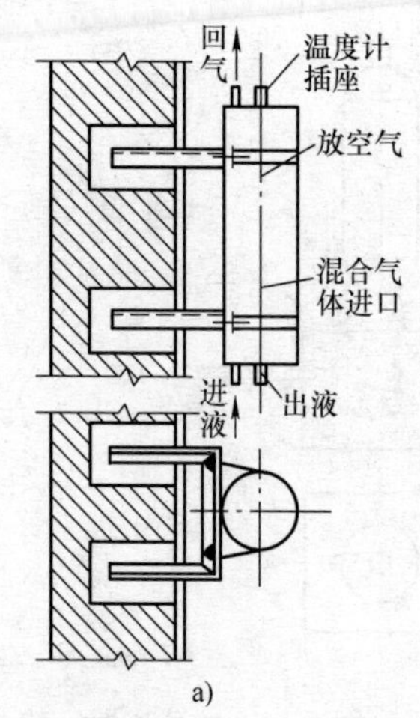

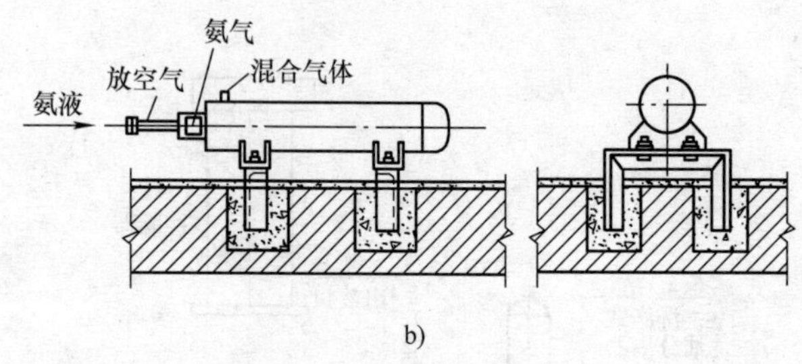

图 6-16 空气分离器安装

a）立式空气分离器安装 b）卧式空气分离器安装

强度后将空气分离器用螺栓固定在支架上。

（6）集油器及紧急泄氨器的安装 集油器一般安装于地面的混凝土基础上，其高度应低于系统各设备，以便收集各设备中的润滑油。其安装方法与油分离器相同。紧急泄氨器一般垂直地安装于机房门口便于操作的外墙壁上，用螺栓、支架与墙壁连接，其安装方法与立式空气分离器相同。紧急泄氨器的阀门高度一般不要超过 1.4m。进氨管、进水管、排出管均不得小于设备的接管直径。排出管必须直接通入下水管中。

（7）各种阀门安装 各种阀门（有铅封的安全阀除外）安

装前均需拆卸进行清洗，以除去油污和铁锈。阀门清洗后用煤油进行密封性试验，注油前先将清洗后的阀门启闭 4 ~ 5 次，然后注入煤油，经 2h 无渗漏为合格。如果密封性试验不合格，对于有阀线的阀门（如止回阀、电磁阀、电动阀等），应研磨密封线。对于用填料密封的阀门，应更换其填料，然后重新试验，直到合格为止。

安装阀门时应注意制冷剂的流向，不得将阀门装反。判断阀门反顺的原则是：制冷剂对着阀芯而进为顺；反之为反。另外，阀门安装的高度应便于操作和维修。阀门的手柄应尽可能朝上，禁止朝下。成排安装的阀门阀杆应尽可能在同一个平面上。

安装浮球阀时，应注意其安装高度，不得任意安装。如设计无规定时，对于卧式蒸发器，其高度 h（图 6-17）可根据管板间长度 L 与筒体直径 D 的比值确定，见表 6-3；对于立式蒸发器，其浮球阀安装高度 h（图 6-18）可按与蒸发排管上总管管底相平来确定。

表 6-3　卧式蒸发器浮球阀的安装高度

L/D	h	L/D	h
<5.5	$0.8D$	<7.0	$0.7D$
<6.0	$0.75D$	>7.0	$0.65D$

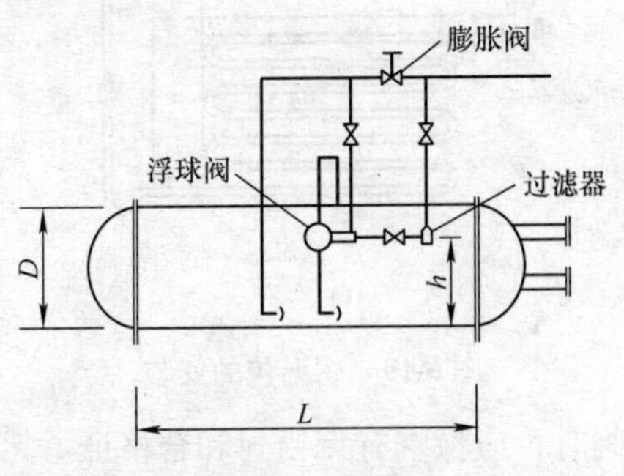

图 6-17　卧式蒸发器浮球阀安装示意

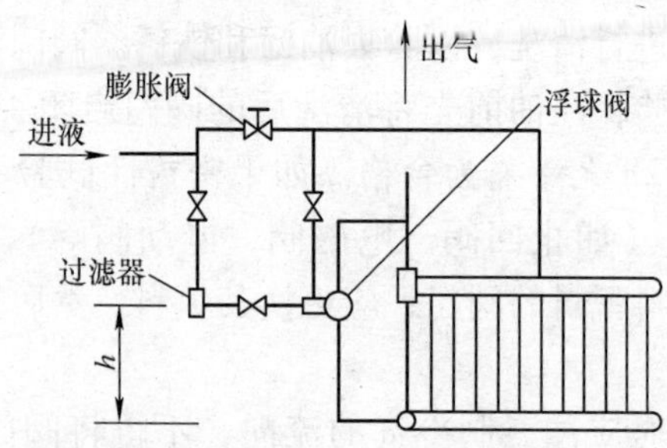

图 6-18 立式蒸发器浮球阀安装示意

安装热力膨胀阀时，应特别注意感温包的安装位置。感温包必须安装在吸气管道上无积液的地方。因此，当吸气管外径小于或等于 22mm 时，感温包安装在吸气管的顶部（图 6-19a）。当吸气管外径大于 22mm，感温包应安装在吸气管的侧下部（图 6-19b）。如果吸气管需要向上弯曲时，弯头处应设存液弯（图 6-19c）。

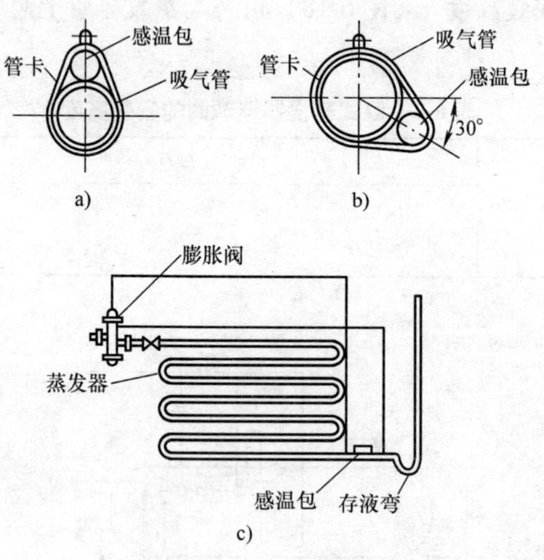

图 6-19 感温包的安装

安装安全阀时，应检查有无铅封和合格证。无铅封和合格证时必须进行校验后方可安装。校验后氨系统中安全阀的压力通常高压段调至1.85MPa，低压段调至1.25MPa；R22系统安全阀压力同氨系统；R12系统的安全阀压力高压段为1.6MPa，低压段为1.0MPa。安全阀应垂直安装在便于检修的位置，其排气管的出口应朝向安全地带，排液管应装在泄水管上。

3. 制冷管道安装

（1）制冷管材的选择及要求

1）氟利昂制冷系统管道。管径小于或等于25mm时，采用紫铜管，其规格见表6-4；管径大于25mm时，为节省有色金属，则应采用无缝钢管，其规格见表6-5。冷却水和盐水管道，常采用焊接钢管、镀锌钢管和无缝钢管，法兰采用公称压力小于1.6MPa的平焊法兰。

2）氨制冷系统管道一般氨制冷系统管道选用优质碳钢无缝钢管；工作温度低于-40℃，使用经处理的无缝钢管或低温用合金钢管。氨管道的弯头一般采用冷弯或热弯的弯头，弯曲半径不应小于$4D$，不得使用焊接弯头或褶皱弯头。氨管道的三通宜采用顺流三通。氨管道法兰应采用公称压力为2.5MPa的凹凸面平焊方形或腰形法兰。垫片采用耐油石棉橡胶板，安装前用冷冻油浸湿并加涂石墨粉。

（2）管道连接。制冷系统中管道连接，主要有三种方法：焊接、法兰连接和螺纹连接。除配合阀门、设备安装采用法兰连接和螺纹连接外，其余均采用焊接。

1）焊接。是制冷系统管道的主要连接方法，因其强度大、严密性好而被广泛采用。对于钢管，当壁厚小于或等于4mm时采用气焊焊接；大于4mm时采用电焊焊接。对于铜管，其焊接方法主要是钎焊。为保证铜管焊接的强度和严密性，多采用承插式焊接（图6-20）。承插式焊接的扩口深度不应低于管外径（一般等于管外径），且扩口方向应迎向制冷剂的流动方向。

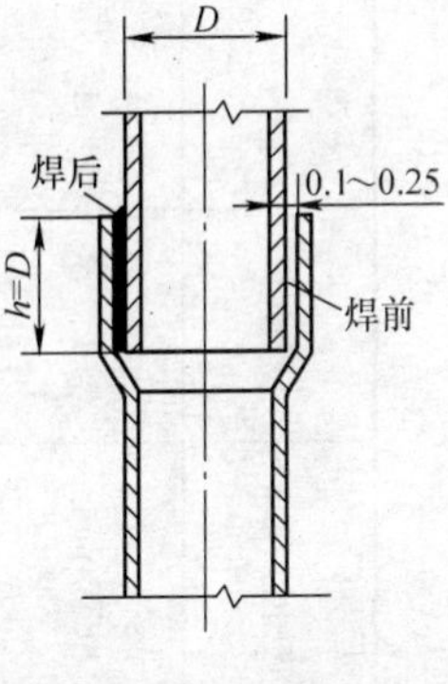

图6-20　承插式焊接

表 6-4　制冷系统常用紫铜管规格

管外径/mm	3. 2	4	6	10	12	16	19	22	25
壁厚/mm	0. 8	1	1	1	1	1	1. 5	1. 5	1. 5
质量/mm (kg/m)	0. 054	0. 084	0. 14	0. 252	0. 307	0. 608	0. 734	0. 859	0. 985

表 6-5　制冷系统常用无缝钢管规格

管外径/mm	14	18	25	32	38	45	57	76	89	108	133	159	194	219
壁厚/mm	3	3	3	3. 5	3. 5	3. 5	3. 5	4	4	4	4	4. 5	6	6
质量/ (kg/m)	0. 814	1. 11	1. 63	2. 46	2. 98	3. 58	4. 62	7. 1	8. 38	10. 26	12. 72	17. 15	27. 82	31. 52

2）法兰连接。用于管道与设备、附件或带有法兰的阀门连接。法兰之间的垫圈采用2～3mm厚的高、中压耐油石棉橡胶板、石棉纸板或青铅。氟利昂系统也可采用0.5～1mm厚的紫铜片或铝片。

3）螺纹连接。主要用于氟利昂系统的紫铜管在检修时需经常拆卸部位的连接。其连接形式有全接头连接和半接头连接两种，如图6-21所示。一般半接头连接用得较多。这两种形式的螺纹连接，均可通过旋紧接扣而不用任何填料使接头严密不漏。

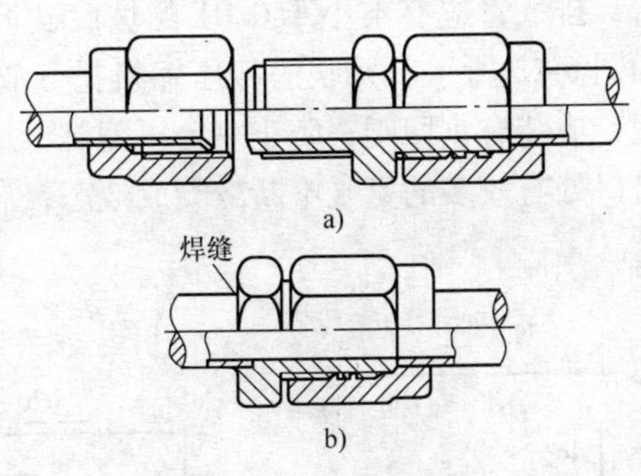

图6-21　螺纹连接
a）全接头连接　b）半接头连接

当无缝钢管与设备、附件及阀门的内螺纹连接时，如果无缝钢管不能直接套螺纹，则必须用一段加厚黑铁管套螺纹后才能与之连接。黑铁管与无缝钢管则采用焊接。这种连接形式需要在螺纹上涂一层一氧化铅和甘油相混合搅拌而成的糊状密封剂或缠以聚四氟乙烯胶带才能保证接头的严密性。

(3）管道的配置　制冷装置是由设备、管道、阀门等组成的封闭系统，制冷剂在系统内循环，为防止铁锈、污物等进入系统内，造成压缩机的活塞、气缸、阀片及油泵等损坏，或系统阀门、滤网被堵塞，使压缩机无法正常工作，甚至造成严重事故，管子在安装前必须进行除锈、清洗、干燥、封存等工作。对钢管可用与管内径相同的圆钢丝刷在管内往复拉擦，将污物、铁锈彻底清除，再用抹布将管壁擦干净。对氨管道，用干净抹布蘸煤油擦净；对氟利昂管道可用干净抹布蘸汽油擦净。擦洗之后，再用干燥的压缩空气吹净管子内部，防潮封存。纯铜管退火后，将纯铜管放入98%的硝酸（30%）和水（70%）的混合液中浸泡数分钟，取出后用碱中和，再用清水冲洗烘干，可以清除管壁氧化皮。

1）压缩机的排气管

①为了防止润滑油和可能冷凝下来的液态制冷剂流回制冷压缩机造成液击，排气管应有不小于 0.01 的坡度，坡向油分离器和冷凝器，如图 6-22 所示。并联的氨压缩机排气管上或在油分离器的出口处，应装有止回阀，防止一台压缩机工作时，在未工作的压缩机出口处有较多的氨气不断冷凝成液态，启动时造成液体冲缸事故。

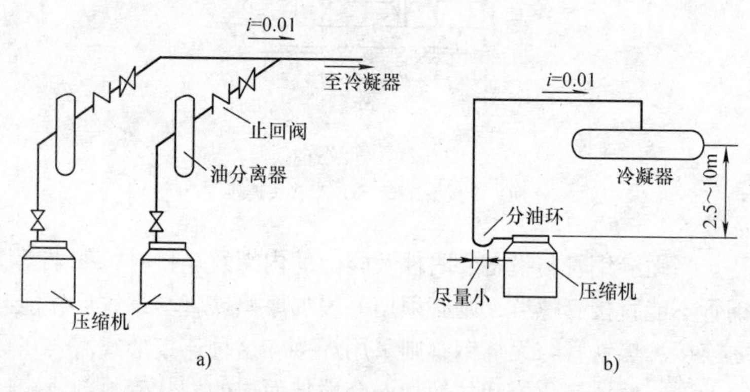

图 6-22 压缩机的排气管

a）氨压缩机的排气管 b）氟利昂压缩机的排气管

②对于不设油分离器的氟利昂压缩机，当冷凝器高于压缩机 2. 5m 以上时，在压缩机的排气管上应做一个分油环（图6-22b），以防止压缩机突然停止运转时，较多的润滑油经排气管返回压缩机，致使再启动时造成油液冲缸事故。

2）压缩机的吸气管

①氨压缩机的吸气管应有不小于 0.005 的坡度坡向蒸发器，以防止液滴进入气缸，如图 6-23a 所示。对于氟利昂制冷系统，考虑润滑油应能从蒸发器不断流回压缩机，氟利昂制冷压缩机的吸气管应有不小于 0.01 的坡度坡向压缩机，如图 6-23b 所示。

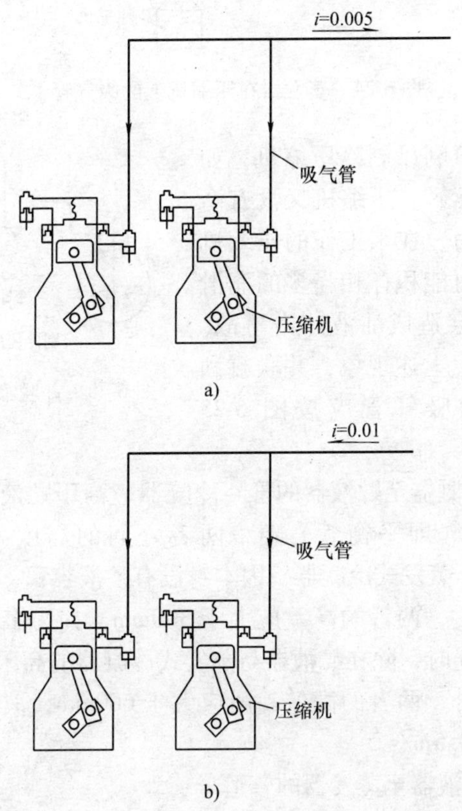

图 6-23　压缩机的吸气管

a）氨压缩机的吸气管　b）氟利昂压缩机的吸气管

②当蒸发器高于制冷压缩机时，为了防止停机时液态制冷剂从蒸发器流入压缩机，蒸发器的出气管应首先向上弯曲至蒸发器的最高点，再向下通至压缩机，如图 6-24 所示。

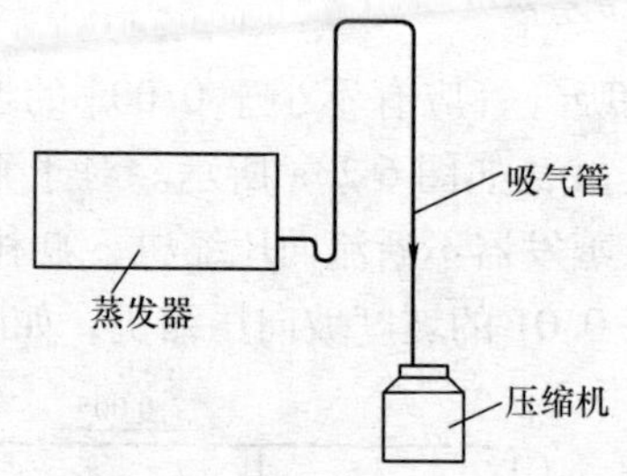

图 6-24　蒸发器在压缩机上的吸气管

③并联氟利昂制冷压缩机，如果只有一台运转，压缩机又没有高效油分离器时，在未工作的压缩机的吸气口处可能积存相当多的润滑油，启动时会造成油液冲击事故。为了防止发生上述现象，并联氟利昂压缩机的吸气管应按图 6-25 安装。

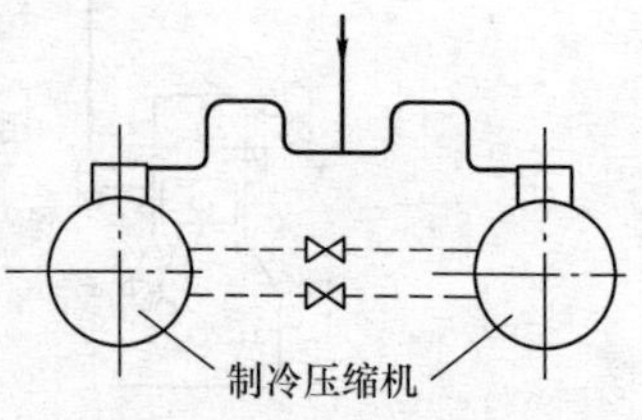

图 6-25　并联氟利昂压缩机

3）从冷凝器至贮液器的管。冷凝器应高于贮液器，两者之间无均压管（即平衡管）时，两者之间的高度差应不少于 300mm。对于蒸发式冷凝器，因本身没有贮液容积，单独一台与贮液器相连时，两者的高差应大于 300mm。如为多台并联后再与贮液器相连时，除在贮液器与蒸发式冷凝器的高压气管之间设有均压管以外，两者的高差一般应大于 600mm，液管内的液体流速应小于 0.5m/s。

4）从贮液器至蒸发器的管道

①对于氨制冷系统的给液管，为了防止积油而影响供液，在给液管道的低点和分配器的低点应设有放油阀，如图 6-26 所示。

②当冷凝器高于蒸发器时，为了防止停机后液体进入蒸发器，给液管至少应抬高 2m，以后再通至蒸发器，如图 6-27 所示。膨胀阀前设有电磁阀时，可不必如此连接。

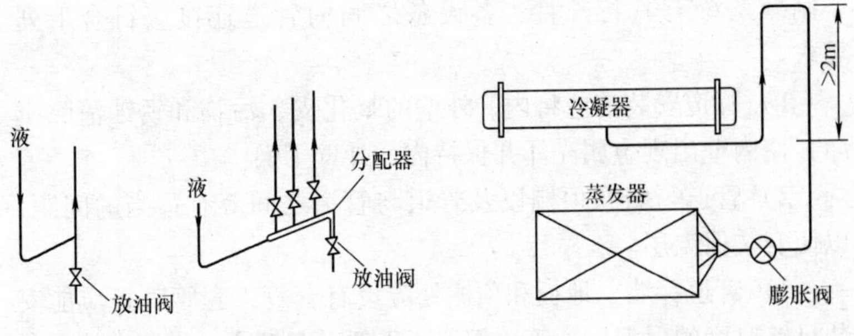

图 6-26　氨给液管的放油　　图 6-27　冷凝器高于蒸发器

③当蒸发器上下分层布置时，由于向上给液，管内压力降低，并伴随有部分液体汽化，形成闪发蒸气，为了防止闪发形成的蒸气集中进入最上层的蒸发器，给液管应如图 6-28 配置。当数个高差较大的蒸发器由一根给液立管供液时，为了使闪发蒸气得到均匀分配，应按图 6-29 方式进行配管。

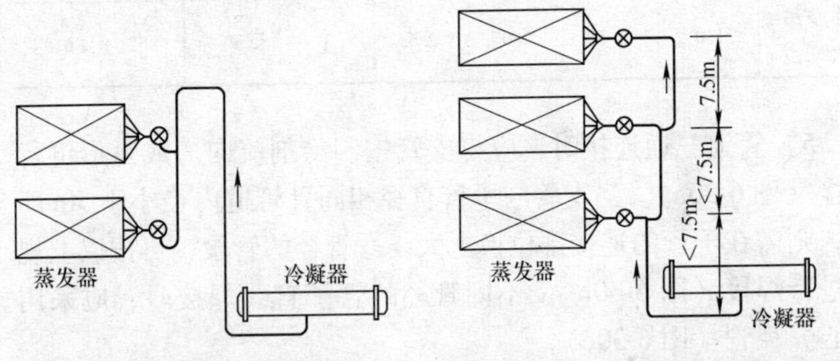

图 6-28　闪发蒸气的均匀分配　　图 6-29　高差较大的蒸发器的给液

④贮液器到蒸发器的给液管，坡度不应小于 0.002，坡向蒸发器。

（4）制冷管道的安装要求　制冷系统的管道通常沿墙或顶棚敷设，其安装的基本内容和基本操作方法与室内供暖系统管道安装基本相同。管道的布置应不妨碍对压缩机及其他设备的正常观察和管理，不妨碍设备的检修和交通通道以及门窗的开关。由于制冷系统有其特殊性，各设备之间的管道连接应符合下列要求。

1）管道安装前应将内、外壁的氧化皮、污物和锈蚀清除干净，使内壁出现金属光泽并保持内、外壁干燥。

2）管道与墙和顶棚以及管道与管道之间应有适当的间距，以便安装保温层。

3）管道穿墙、地板和顶棚处应设有套管，套管直径应能安装足够厚度的保温层。管道焊缝不得置于套管内。钢制套管应与墙面或楼板底面平齐，但应比地面高出20mm。

4）按照设计规定预制加工支吊管架。需保温的管道、支架与管子接触处应用经防腐处理的木制衬瓦隔热，以防止产生“冷桥”。木衬厚度应与保温层厚度相同。支吊架间距见表6-6。

表6-6　制冷管道支吊架间距

管径/mm	$<\phi38\times2.5$	$\phi45\times2.5$	$\phi57\times3.5$	$\phi76\times3.5$	$\phi108\times4$	$\phi159\times4.5$	$\phi219\times6$	$\phi377\times7$
管道、支吊架最大间距/m	1.0	1.5	2.0	2.5	3	4	5	6.5

5）管道三通连接时，应将支管按制冷剂流向弯成弧形再行焊接（图6-30a）。当支管与干管直径相同且管道内径小于50mm时，则需在干管的连接部位换上大一号管径的管段，再按以上规定进行焊接（图6-30b）。不同管径的管子直线焊接时，应采用同心异径管（图6-30c）。

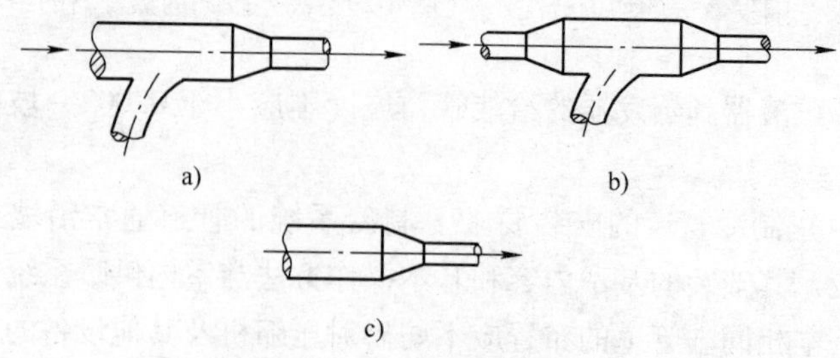

图6-30　管道三通连接时的焊接

6）紫铜管切口表面应平齐，不得有毛刺、凹凸等缺陷。切口平面允许倾斜偏差为管子直径的 1%。

7）紫铜管煨弯可用热弯或冷弯，椭圆率不应大于 8%。

8）吸、排气管道设置在同一支吊架上时，为减少排气管高温影响，要求上下安装的管间净距离不应小于 200mm，且吸气管必须在排气管之下（图 6-31a），水平敷设时距离不应小于 250mm（图 6-31b）。

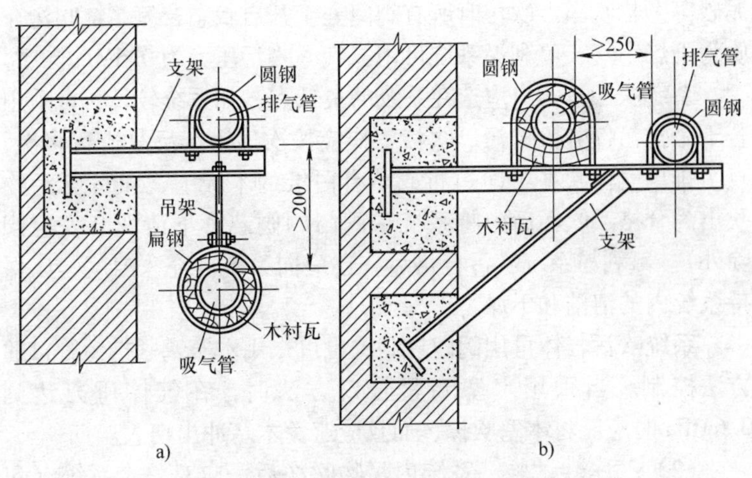

图 6-31　吸、排气管同支吊架安装

a）吸排气管上下敷设　b）吸排气管水平敷设

9）制冷系统的液体管安装不应有局部向上凸起的弯曲现象（图 6-32a），以免形成气囊。气体管不应有局部向下凹的弯曲现象（图 6-32b），以免形成液囊。

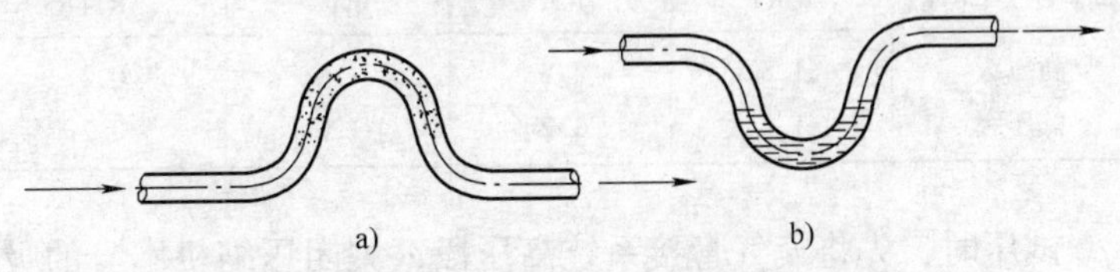

图 6-32　管道内气囊和液囊

a）气囊　b）液囊

10）从液体干管引出支管，应从干管底部或侧面接出；从气体干管引出支管，应从干管上部或侧面接出。

4. 制冷系统试运行

制冷系统的试运行分为系统吹污、气密性试验、抽真空试验、管道防腐、充制冷剂、检验几个阶段进行。

（1）系统吹污　压缩式制冷系统在系统设备、管道安装完毕后，应进行系统吹污，以便将残存在系统内部的铁屑、焊渣、泥砂等杂物吹净。吹污时所有阀门处于开启状态，氨系统吹污介质为干燥空气，氟利昂系统可用氮气，吹污压力为0.6MPa。

系统吹污排污口应选在系统的最低点，如系统较长，可采用若干个排污口分段排污。吹污工作应按次序连续反复进行多次，直至排出气体吹在干净白布或贴有白纸的木板上，5min无污物吹出为合格。吹污后应将系统中阀门的阀芯拆下清洗（安全阀除外）。氟利昂系统吹污合格后，还应向系统内充入氮气，以保持系统内的清洁和干燥。

系统吹污气体可用阀门控制，也可采用木塞塞紧排污管口的方法控制。当采用木塞塞紧管口方法时，在气体压力达到0.6MPa时应能将木塞吹掉，而且应避免木塞冲出伤人。

（2）气密性试验　系统内污物吹净后，应对整个系统（包括设备、阀件）进行气密性试验。氨系统可用干燥的压缩空气、二氧化碳气或氮气作介质；氟利昂系统应用二氧化碳气或氮气作介质。试验压力见表6-7。

表6-7　气密性试验压力

试验压力/MPa	R717	R22	R12	R11
高压级	1.8	1.8	1.6	0.2
低压级	1.2	1.2	1.0	0.2

试压时，先将充气管接系统高压段，关闭压缩机本身的吸、排气阀和系统与大气相通的所有阀门以及液位计阀门，然后向系统充气。当充气压力达到低压段的要求时，即停止充气。用肥皂

水检查系统的焊口、法兰、螺纹、阀门等处有无漏气（气泡）。如无漏气现象，关断膨胀阀使高、低压段分开，继续向高压段加压到试验压力后，再用肥皂水检漏。无漏气后，全系统在试验压力下静置 24h。前 6h 内因管道及设备散热引起气温降低，允许有 0.02～0.03MPa 的压力降（氮气试验时除外），在后 18h 内压力应无变化方为合格。注意事项如下：

1）冬季进行气密性试验，当环境温度低于 0℃时，为防止肥皂水凝固，影响试漏效果，可在肥皂水中加入一定量的酒精或白酒以降低凝固温度，保证试漏效果。

2）在试漏过程中，如发现有泄漏时，不得带压进行修补，可用粉笔在泄漏处画一圆圈作记号，待全系统检漏完毕，卸压后一并修补。

3）焊口补焊次数不得超过两次，超过两次者，应将焊口锯掉或换管重焊，发现微漏也应补焊，而不得采用冲子敲打挤严的方法使其不漏。

（3）抽真空试验　气密性试验合格后，在加注氟利昂前还必须将系统内的气体和水分抽空，否则制冷系统将无法正常运行。另外，抽真空试验可检查系统在真空状态下的气密性。如果系统内的气体一直抽不完，或抽空后压力回升很快，就说明系统还有渗漏点存在，应进一步进行气密性试验。

系统抽真空应用真空泵进行。对真空度的要求视制冷剂而定。对于氨系统，其剩余压力不应高于 8kPa；对于氟利昂系统，其剩余压力不应高于 5.3kPa。当整个系统抽到规定的真空度后，视系统的大小，使真空泵继续运行一至数小时，以彻底消除系统中的残存水分，然后静置 24h，除去因环境温度引起的压力变化之外，氨系统压力以不发生变化为合格，氟利昂系统压力以回升值不大于 0.5kPa 为合格。如达不到要求，应重新进行正压试验，找出泄漏处修补后，再进行抽真空试验，直至合格为止。

当因条件所限，无法获得真空泵进行抽真空试验时，可在系统中选定一台压缩机抽真空，其方法可按如下步骤进行：将冷凝器、蒸发器等存水设备中的存水排净；关闭压缩机吸、排气阀，打开排气管上放空气阀或卸下排气截止阀上的多用孔道堵头；启动压缩机，逐步缓慢地开启吸气阀对系统抽真空，真空度达到规定值时，关闭放空气阀或堵上排气截止阀上多用孔道堵头，关闭压缩机吸气阀，停止压缩机运转，静置24h进行检查，检查方法与前相同。在抽真空过程中，应多次启动压缩机间断地进行抽空操作，以便将系统内的气体和水抽尽。对于有高、低压继电器或油压压差继电器的设备，为防止触头动作切断电源，应将继电器的触点暂时保持断开状态，同时应注意油压的变化，油压至少要比曲轴箱内压力高26.66kPa，以防止油压失压烧毁轴承等摩擦部件。

（4）充制冷剂　真空试验合格后系统可充制冷剂，首先应知道系统制冷剂的充注量。充注量的多少可根据制冷设备和液体管道实际容积与对应的充注量占容积的比值（表6-8），两者乘积的总和即为充注量（m^3）。为便于计量，一般换算成质量表示，其关系式为

$$G=\rho Vb\ (\mathrm{kg})$$

式中　G——制冷剂充注量（kg）；

ρ——制冷剂在设计工况下的密度（kg/m^3）；

V——系统充注段容积（m^3）；

b——充注量占容积的比值（%），见表6-8。

表6-8　系统管道和设备充注量

设备名称	充注量占容积的比值 b(%)	设备名称	充注量占容积的比值 b(%)
冷却水或盐水用的蒸发器		冷凝器	
卧式	80	卧式	15
立式	80	立式	15
盘管式	50	淋水式	15
直接蒸发管组	50	蒸发式	15
过冷器	100	氨液分离器	30
洗涤式油分离器	15	液体管道	100
贮液器	50～70		

1）系统充氨

①准备工作。为了工作方便和安全，以及避免机房中空气被氨污染，充氨管最好接至室外。充氨前，必须准备好橡胶手套、毛巾、口罩、清水、防护眼镜、防毒面具等安全保护用品和工具，禁止任何火种进入操作现场。系统阀门保持真空试验时的状态。将氨瓶与水平成 30°固定在台秤上的固定架上，称出氨瓶的重量并做好记录，然后将氨瓶用钢管与系统的贮液器充氨阀门连接起来（图 6-33）。

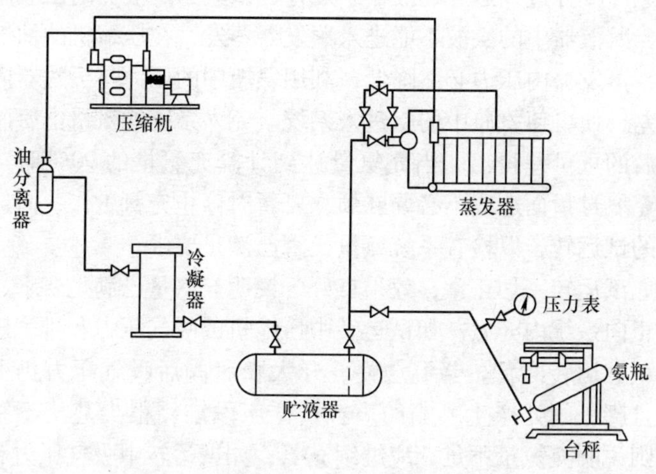

图 6-33　系统充氨

②充氨。操作人员应戴上口罩和防护眼镜，站在氨瓶出口的侧面，然后慢慢打开氨瓶阀向系统充氨。在正常情况下，管道表面将凝结一层薄霜，管内发出制冷剂流动的响声。当瓶内的氨接近充完时，在氨瓶底部将出现结霜。当结霜有溶化现象时，说明瓶内氨已充完，即可更换新瓶继续向系统充注。当系统中氨气压力达到 0. 2MPa 时，应停止充氨，用试纸对系统的焊口、法兰、螺纹等处进行检查，如试纸发红即表示有氨涌出。如果发现泄漏处，必须将泄漏处做好标记，然后将有关管道局部抽空，用空气

吹扫干净，经检查无氨后才允许更换附件或补焊。

待这项工作完成后，再进行第二次充氨。充氨时，氨是靠氨瓶内的压力与系统内的压力之差进入系统的，随着系统内氨量的增加，压力也不断升高，充氨过程会比较困难。为了使系统继续充氨，必须将系统内的压力降低。一般情况下，当系统内的压力升到了 0.3～0.4MPa 时，应关闭贮液器上的出液阀，使高、低压系统分开，然后打开冷凝器及压缩机冷水套的冷却水和蒸发器的冷冻水，开启压缩机，使氨瓶内的氨液进入系统后经过蒸发、压缩、冷凝等过程送至贮液器中贮存起来。因贮液器的出液阀被关闭，贮液器中的氨液不能进入蒸发器蒸发，在压缩机的抽气作用下，蒸发器内压力必然降低，利用氨瓶中的压力与蒸发器内的压力差，便可使氨瓶中的氨进入系统。充入系统的氨量由氨瓶充注前后的重量差得出。当充氨量达到计算充氨量的 90% 时，为避免充氨过量而造成不必要麻烦，可暂时停止充氨工作，而进行系统的试运转，以检查系统氨量是否已满足要求。

如试运转一切正常，效果良好，说明充氨量已满足要求，便应停止向系统内充氨；如试运转中压缩机的吸气压力和排气压力都比正常运转时低，降温缓慢，开大膨胀阀后吸气压力仍上不去，且膨胀阀处产生嘶嘶的声音，低压段结霜很少甚至不结霜等，则说明充氨量不足，应继续充氨；如试运转中吸气压力和排气压力都比正常运转时高，电动机负荷大，启动困难，压缩机吸气缸出现凝结水且发出湿压缩声音，则说明充氨过量，充氨过量必须将多余的氨取出，当需要从系统内取氨时，可直接将空氨瓶与高压贮液器供液管相接，靠高压贮液器与空氨瓶之间的压力差将多余的氨取出。

③安全注意事项。充氨场地应有足够的通道，非工作人员禁止进入充氨场地，充氨场地及氨瓶附近严禁吸烟和从事电焊等作业。

在充氨过程中，不允许用在氨瓶上浇热水或喷灯加热的方法来提高瓶内的压力，增加充氨速度。只有在气温较低，氨瓶下侧结霜，低压表压力值较低不易充注时，可用浸过温水的棉纱等覆盖在氨瓶上，水温必须低于50℃。

当系统采用卧式壳管式蒸发器时，由于充注过程中蒸发器内的压力很低，其相应的温度也很低，所以不可为了加快充氨速度而向蒸发器内送水，以免管内结冰使管子破裂。

2）系统充氟利昂。大型氟利昂制冷系统中，在贮液器与膨胀阀之间的液体管道上设有专供向系统充氟用的充剂阀，其操作方法与氨系统的充注相同。对于中、小型的氟利昂制冷系统，一般不设专用充剂阀，制冷剂从压缩机排气截止阀或吸气截止阀上的多用孔道充入系统（图6-34、图6-35）。从排气截止阀多用孔道充制冷剂称为高压段充注；从吸气截止阀多用孔道充制冷剂称为低压段充注。

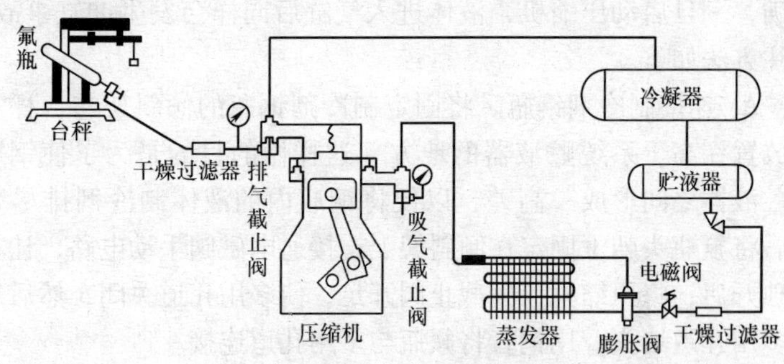

图6-34 高压段充氟

①高压段充注。从高压段充入系统的制冷剂为液体，故也称为液体充注法。它的优点是充注速度快，适用于第一次充注。但这种充注法如果排气阀片关闭不严密，液体制冷剂在排气阀片上下之间较高压差作用下进入气缸后，将造成严重的冲缸事故。为减少充注过程中排气阀片上下之间的压力差，应将液体管上的电磁阀暂时通电，让其开启，以防止充注过程中低压部分始终处于真空状态，形成排气阀片上下之间的较高压力差。另外，在充注过程中，切不可开启压缩机，因此时排气腔内已被液体制冷剂所

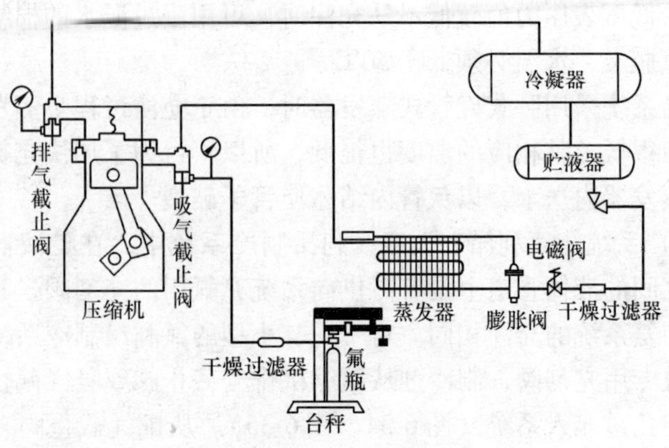

图 6-35 低压段充氟

充满，一旦启动压缩机，液体进入气缸后同样会发生冲缸事故。充注方法如下。

A. 连接制冷剂钢瓶。将固定制冷剂钢瓶的倾斜架与台秤一起放置在高于系统贮液器的地方（这样做的目的是为了使钢瓶与贮液器之间形成一高差，以便将钢瓶内的液体制冷剂排尽），然后将氟瓶头朝下固定在倾斜架上；接通电磁阀手动电路，让其单独开启；将压缩机排气截止阀开足，使多用孔道关闭，然后卸下多用孔道堵头，用铜管将氟瓶与多用孔道连接。

B. 排除加注管内空气。稍开氟瓶阀并随即关闭，此时充氟管内已充满氟利昂气体，再将多用孔道端的管接头松一下，利用氟利昂气体的压力将充氟管内的空气赶出去。当听到有气流声时，立即将接头旋紧。

C. 标定制冷剂加注数量。从台秤上读出重量，再将砝码减去所要加注的制冷剂数量，并做好记录。

D. 加注制冷剂。打开钢瓶阀，顺时针方向旋转排气截止阀阀杆，使多用孔道打开，制冷剂便在压差作用下进入系统，当系统压力达到 0.2 ~ 0.3MPa 时停止充注，用卤素喷灯或卤素检漏仪、肥皂水等对系统进行全面检漏，如卤素喷灯的火焰呈绿色或绿紫色，卤素检漏仪的指针发生摆动，涂肥皂水处出现气泡，则说明有泄漏，发现泄漏处先做好标记，待系统检漏完毕后将系统泄漏处制冷剂抽空后再行补焊堵漏，堵漏后便可继续充注，充足为止。

E. 关闭钢瓶阀，加热充氟管使管内液体汽化进入系统，然后反时针旋转排气截止阀阀杆使多用孔道关闭。

F. 卸下充氟管，用堵头将多用孔道堵死，拆除电磁阀手动电路，充氟工作完毕。

②低压段充注。与高压段充注相比，有其自身的特点。从图 6-34、图 6-35 看，氟利昂从高压段充入系统时，除微量氟利昂因排气阀片关闭不严渗入气缸外，绝大多数氟利昂均由排气管进入系统而不经过气缸，它虽是以液体状态充入系统而不发生液击冲缸事故，故充注速度较快。低压段不允许以液态氟充注，钢瓶内的氟利昂在压差作用下从吸气截止阀多用孔道进入系统吸气管、吸气腔、蒸发器等低压部分后，开始时由于贮液器到蒸发器之间的液体管道上装有热力膨胀阀和电磁阀，因而低压部分的制冷剂不能进入贮液器、冷凝器等高压部分，但是随着制冷剂的不断充入，低压部分的压力越来越高。当压力超过吸气阀片的弹簧力时，制冷剂便由吸气阀孔进入气缸，当气缸内压力超过排气阀片弹簧力时，制冷剂又由排气阀孔进入排气腔，然后充满高压部分，这样，如果充入系统的是氟利昂液体，则气缸内将被液体制冷剂所充满，一旦启动压缩机，将造成重大事故。因此，从低压段充入系统的制冷剂只允许是气体而不能为液体，这就是高、低压段充注制冷剂的区别所在。为保证从低压段充入系统的为制冷剂气体，充注时钢瓶阀不能开启过大且钢瓶应竖放。

由于这种方法充注制冷剂是以气态充入系统的，所以充注速度较慢，多用于系统需补充制冷剂的情况。充注方法如下：

A. 装接头。关闭吸气截止阀旁通孔，旋下旁通孔螺塞并装上接头。

B. 准备制冷剂。将制冷剂钢瓶竖放在台秤上。从台秤上读出重量，并做好记录。

C. 接管。将压缩机吸气截止阀开足，使多用孔道关闭，然后卸下多用孔道堵头，用铜管将氟瓶与多用孔道相连。

D. 排除管内空气。稍开氟瓶阀并随即关闭，再松一下多用孔道端管接头使空气排出，听到气流声时立即旋紧。

E. 开机加注。将吸气截止阀阀杆顺时针方向旋转1~2圈，使多用孔道打开与系统相通，再检查排气截止阀是否打开，然后打开钢瓶阀，制冷剂便在压差作用下进入系统。当系统压力升到0.2~0.3MPa时，停止充注，用检漏仪或肥皂水检漏，无漏则继续充注。当钢瓶内压力与系统内压力达到平衡，而充注量还没有达到要求时，关闭贮液器出液阀（无贮液器者关闭冷凝器出液阀），打开冷却水或风冷式冷凝器风机，逆时针方向旋转吸气截止阀阀杆使多用孔道关小，开启压缩机将钢瓶的制冷剂抽入系统。关小多用孔道的目的是为了防止压缩机产生液击。压缩机启动后可根据情况缓慢地开大一些多用孔道，但必须注意不要发生液击，如有液击，应立即停机。

F. 加注完毕。充注量达到要求后，关闭钢瓶阀，开足吸气截止阀，使多用孔道关闭，拆下充氟管，堵上多用孔道，打开贮液器或冷凝器出液阀，则充氟工作完毕。

5. 制冷机组负荷试运转

制冷机组负荷试运转是对设计、施工、机组及设备性能好坏的全面检查，也是施工单位交工前必须进行的一项工作。由于制冷机组类型较多，设备及自动化程度不同，因此操作程序也不完全相同。各种机组必须根据具体情况及产品说明书编制适合本机组的运行操作规程。下面仅就空调用一般制冷机组的试运转进行简介。

（1）启动前的检查和准备工作

1）准备好试车所用的各种工具、记录用品及安全保护用品等。

2）检查压缩机上所有螺母、油管接头等是否拧紧；各设备地脚螺栓是否牢固；传动带松紧度是否合适及防护装置是否牢固等。

3）检查压缩机曲轴箱内润滑油油面高度是否在观察镜的油面线上，最低不得低于观察镜的1/3。

4）检查制冷系统各部位的阀门开关位置是否正确。高压部分：压缩机排气阀、各设备放油阀、放空气阀、空气分离器上各阀、集油器上各阀、紧急泄氨器上各阀应关闭，上述处于关闭的阀门在启动后根据需要再进行开启，而冷凝器进出口阀、油分离器进出口阀、高压贮液器进出口阀、安全阀的关断阀、各仪表的关断阀均应开启。低压部分：压缩机吸气阀及各设备放油阀应关闭，待启动运转后根据需要进行开启，蒸发器供液阀、回气阀、各仪表关断阀应开启。

5）用手盘动压缩机飞轮或联轴器数转以检查运动部件是否正常，有无障碍。一切正常后即可进行试运转。

（2）制冷机组的启动和运行

1）启动冷却水系统的给水泵、回水泵、冷却塔风机使冷却水系统畅通。

2）启动冷冻水系统的回水泵、给水泵、蒸发器上搅拌器等使冷冻水系统畅通。

3）对于新系列压缩机，先将排气阀打开，然后将能量调节手柄拨至“0”位，再启动电动机。对于老系列产品，则应先开压缩机启动阀，然后启动电动机，待运转正常后再开压缩机排气阀，并同时关闭启动阀。压缩机全速运转后，应注意曲轴箱内的压力不要低于0MPa。应缓慢开启吸气阀。对于有能量调节装置的新系列压缩机，需将调节手柄从“0”位拨至“1”位。吸气阀开启后应特别注意压缩机是否发生液击，如有液击声或气缸结霜现象应立即关闭吸气阀。待上述现象消除后再重新缓慢开启吸气阀，直到开足为止。对于氟利昂压缩机，在排气阀和吸气阀开足后应往回倒1~2圈，以便使压力表或继电器与吸气腔或排气腔相通。

4）制冷装置启动正常后，根据蒸发器的负荷逐步缓慢地加大膨胀阀开度，直到设计工况为止。稳定后连续运转时间不得少于24h。在运转过程中，应认真检查油压、油温、吸气和排气压力、温度、冷冻水及冷却水进口与出口温度变化等，将运转情况详细地做好记录，如达不到要求，应会同有关单位共同研究分析原因，确定处理意见。

5）停止运转时，应先停压缩机，再停冷却塔风机、冷却水及冷冻水系统水泵，最后关闭冷却水及冷冻水系统。

6. 制冷系统工况调试

制冷系统工况调试就是调整蒸发器的工作温度，实际上就是调节膨胀阀的开度，以控制进入蒸发器内制冷剂的数量和压力。可按下列步骤操作：

1）根据技术要求确定蒸发温度（空调设备蒸发温度一般可取5~7℃），根据蒸发温度确定相对应的蒸发压力。

2）按程序启动压缩机运转，观察吸气压力变化趋势。系统运转之初，吸气压力一般较高，随着运转时间增加，吸气压力会逐渐下降，这说明系统工作正常。

3）如果吸气压力还没有达到所要求压力就停止不再下降了，说明膨胀阀开度过大。此时应顺时针旋动膨胀阀调节杆，增加弹簧预紧力，加大阀弹簧对阀针的压力。

4）经过调整后，吸气压力又会逐步降低。如果压力又停止不降，而又未达到预定压力，就继续实施上述操作，增加弹簧预紧力，吸气压力又会逐渐下降。如此反复调整直至调整到稳定的要求压力。至此，工况调试完毕。

6.2.3 其他制冷机组安装

1. 离心式制冷机组安装

离心式制冷机组属高速回转机械，对安装有较高要求。在安装过程中，即使很小的误差，也会造成机器运转不稳定和剧烈的振动。因此，安装时必须精益求精，确保机器的正常运转。离心式制冷机组多安装在室内的混凝土基础或软木、玻璃纤维砖等减振基础上，用地脚螺栓与基础固定，用垫铁调整机组的水平度，基础的结构形式和机组的安装方法与活塞式制冷机组基本相同。离心式制冷机组也可用隔振器进行减振。

在机组底座的四角处放置四个橡胶弹性支座，每个支座用四颗支撑螺钉将机组的重量支撑在基础四角处预埋的四块厚20mm、大小与支座相同的钢板上，并用支撑螺钉调整机组的水平度。也可将机组直接安装在地坪上，但要求地坪能承受运行时的重量，并在6mm 范围内找水平，用氯丁橡胶隔振器或弹簧减振器进行减振，将机组安装在橡胶垫上（图 6-36）或安装在弹簧型水平可调减振器上。

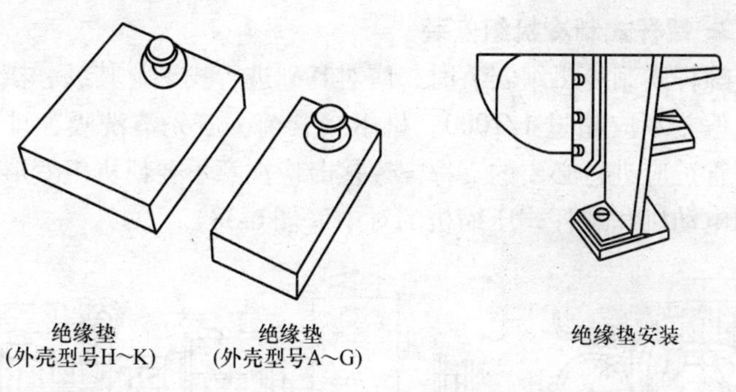

图 6-36　橡胶减振

离心式制冷机组的重量一般都在 5 ~ 20t，必须选择合适的搬运和起重吊装方法。吊装机组的钢丝绳应系在机组的底座或蒸发冷凝器筒体支座的外侧，并注意钢丝绳不要使仪表盘、油管、气管、液管、各仪表引压管受力，钢丝绳与设备接触处应垫以软木或其他软质材料，以防止钢丝绳擦伤设备表面油漆（图 6-37）。

机组的找水平应在油位等处的机加工面上测量，纵、横向允许偏差不得大于 0. 1/1000，特别是纵向水平度更应保证，以防止推力轴承窜动和承受外轴向力。水平度不符合要求时，可用垫铁或支撑螺钉调整。

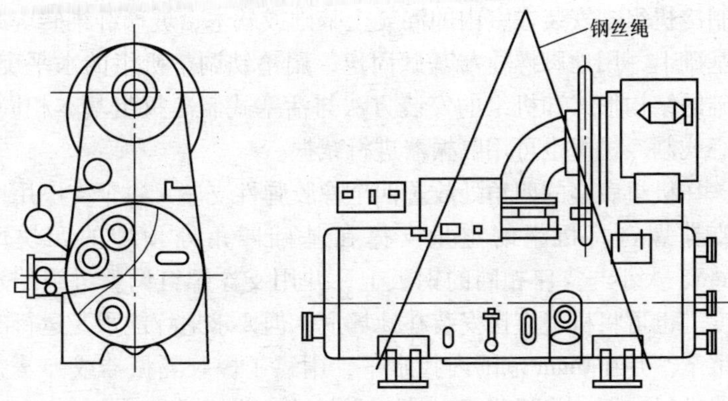

图 6-37 离心式制冷机组吊装示意图

2. 螺杆式制冷机组安装

螺杆式制冷机组安装时，应对基础进行找平，其纵、横向水平度偏差不应超过 1/1000。机组接管前，应先清洗吸、排气管道；管道应进行必要的支撑。连接时应注意不要使机组变形，而影响电动机和螺杆式压缩机的对中（图 6-38）。

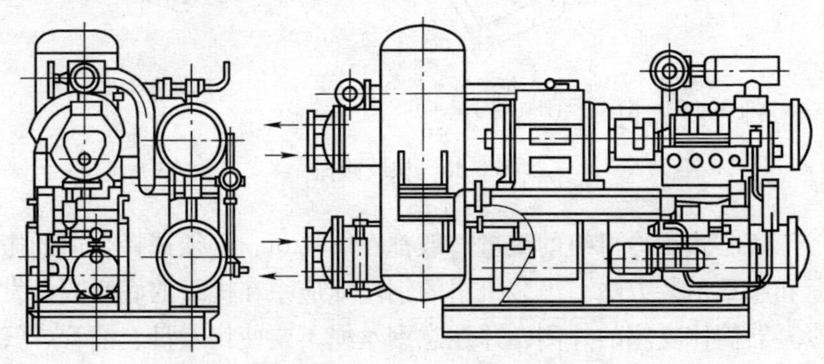

图 6-38 螺杆式制冷机组

3. 溴化锂吸收式制冷机组安装

机组安装前，设备的内压应符合设备技术文件规定的出厂压力。设备就位后，应按设备技术文件规定的基准面（如管板上的测量标记孔或其他加工面）找正水平，其纵、横向水平度偏差均不应超过 0.5/1000；双效吸收式制冷机组应分别找正上、下筒的水平；另外，对真空泵、屏蔽泵均应找正水平（图 6-39、图 6-40）。

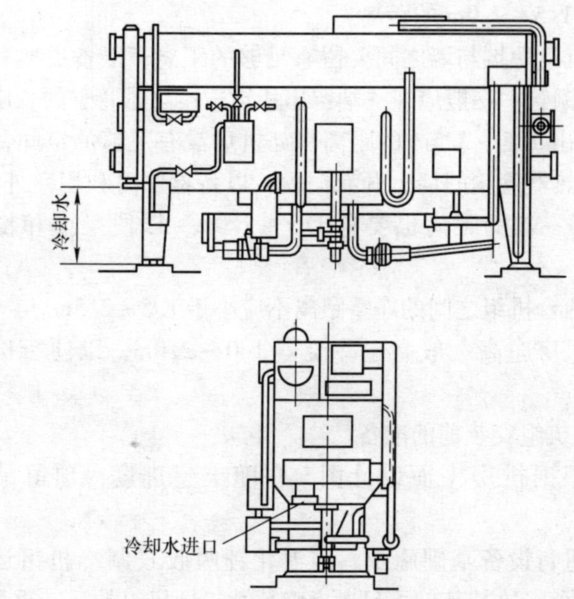

图 6-39　溴化锂吸收式制冷机组外形及配管

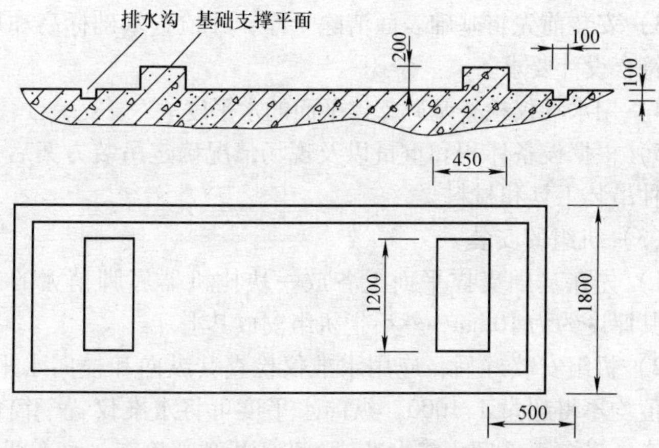

图 6-40　双效溴化锂吸收式制冷机组的基础尺寸

(1) 机组的布置

1) 机组布置要考虑适当的操作位置，一般机组两侧与墙之间要留出1.5~2.0m的距离。

2) 机组两端与墙之间要留有足够的距离，以备更换和清洗各换热器铜管。一般应在一端留出相当于换热器管子的长度，而另一端留出1.5~2.5m的距离。如机房没有足够的空间，可以在对准换热器管簇的墙上开有门窗，以备检修时利用室外空间，开有门窗一端的距离也要有1.5~2.0m，以便操作和检修的进行。

3) 两台机组之间的净空距离不应小于1.5~2.5m。

4) 机房净高一般高于冷凝器1.0~2.0m，以便于机组的吊装。

(2) 机组安装前的准备

1) 根据机房平面设计图，并随土建进度，预留吊钩和管孔。

2) 进行设备基础施工。因溴化锂吸收式制冷机组运转平稳、振动小，故其基础可只考虑静荷载，即机组的运转重量，基础周围应设有排水沟。

3) 安装前先将基础表面清除干净，并检查基础标高和尺寸是否符合设计要求。

4) 用水准仪检查基础支撑平面的水平度。

5) 根据设备体积和重量以及现场情况确定吊装方案后，准备各种吊装工具和材料。

(3) 机组的安装

1) 先在基础支撑平面上各放一块比机器底脚稍大的硬橡胶，其厚度约为10mm，然后把机组安放其上。

2) 机组安放好后，应用水准仪检查其纵向和横向水平度，偏差值均不得超过1/1000。纵向水平度可将水准仪置于筒体顶部检查；横向水平度可将水准仪置于管板顶部检查。水平度通过底脚与基础间的垫铁来调整。

3）安装蒸汽管道。蒸汽管径应不小于机组设计值，应尽量避免突然扩大或缩小，以防阻力过大和噪声，在高压发生器进口1～3m处安装蒸汽调节阀，在蒸汽调节阀两端各装一个蒸汽截止阀，且要安装一个蒸汽旁通截止阀，在蒸汽管道进机组前的最低处应设置残水放泄阀，若蒸汽压力高于设计压力0.3～0.4MPa时，应装设蒸汽减压阀，当工作蒸汽干度低于0.95时，要装汽水分离器，以保证发生器的传热效率。为确保机组的安全运行，建议在蒸汽管道中设置蒸汽电磁阀，一旦发生故障，可及时切断蒸汽。

4）在蒸汽凝水管道上装一截止阀，机器运转时，此阀不得关闭。若凝水要回收，可设一水箱。

5）在设计冷却水管道时，水质不好可引起严重水垢甚至堵塞传热管，要对冷却水进行预处理。如果周围环境有杂物侵入的可能，则在水泵进口设过滤器。

6）按冷水的流速1～2.5m/s来确定管径，冷水的温度较低，应进行隔热保护。冷却塔是在塔内使空气和水进行热质交换而降低冷却水温度的设备。冷却水从塔顶从上向下喷淋成水滴，形成水膜，而空气在塔体内由下向上或一侧进入塔体向上排出，水与空气的热交换越好，水温降低得就越多。

空调用冷却塔常见的有逆流式和横流式两种。逆流式多为单塔和小型塔，横流塔为双塔和大型塔。

6.3 换热器及空调水系统设备的安装

6.3.1 冷却塔安装

1. 冷却塔的安装程序

1）基础的预制：冷却塔的基础可采用钢筋混凝土现场浇筑，也可采用型钢制作。

2）基础的验收：预制基础完毕后，应根据设计要求和有关规范对基础进行检查、检验。

3）冷却塔现场组装。

2. 冷却塔安装时的注意事项

1）要安装在通风良好的地方，不能装在通风条件差和湿气回流处，以免降低效果。

2）安装时，应按中心位置、标高找平、找正；设备安装要平稳、牢固；出水管口和喷嘴方向、位置应符合设计要求，水流分布要均匀。

3）逆流式冷却塔使用转动布水器时，布水器孔眼不能弯曲堵塞；转动部分必须灵活；喷水口向下与水平面呈30°，且方向一致。

4）冷却塔为玻璃钢制作，其内部多为塑料制品，因此，施工中应做好防火工作。

5）基础标高应符合设计规定，允许误差为±20mm。冷却塔地脚螺栓与预埋件的连接或固定应牢固。各连接件应采用热镀锌或不锈钢螺栓，其紧固力应均匀一致。

6）单台设备安装水平和垂直允许偏差均为2/1000。同一系统多台冷却塔安装时，各台冷却塔水面高度应一致，高差不应大于30mm。

7）冷却塔风机叶片端部与塔体四周的径向间隙应均匀。对于可调整角度的叶片，角度应一致。

6.3.2 分水器、集水器安装

在空调水系统中，分水器和集水器是分散和汇集冷热媒水的装置，常用于一次或二次水路上。分水器和集水器属于压力容器，其加工制作和运行应符合压力容器安全监察规程。一般安装单位不可自行制作，加工单位在供货时应提供生产压力容器的资质证明、产品的质量证明书和测试报告。分水器和集水器均为卧式，形状大致相同，但工作压力不同，对形状也有不同的要求：当公称压力为0.07MPa以下时，可采用无折边球形封头；当公称压力为0.25～4.0MPa时，应采用椭圆形封头。

分水器、集水器的接管位置应尽量安排在上下方向。其连接管的规格、间距和排列关系，应依据设计要求和现场实际情况在加工订货时进行具体的技术交底。注意考虑各支管的保温和支管上附件的安装位置，一般按管间保温后净距不小于 100mm 确定。分水器、集水器一般安装在钢支架上。支架形式由安装位置决定。支架的形式有落地式和挂墙悬臂式两种，如图 6-41 所示。

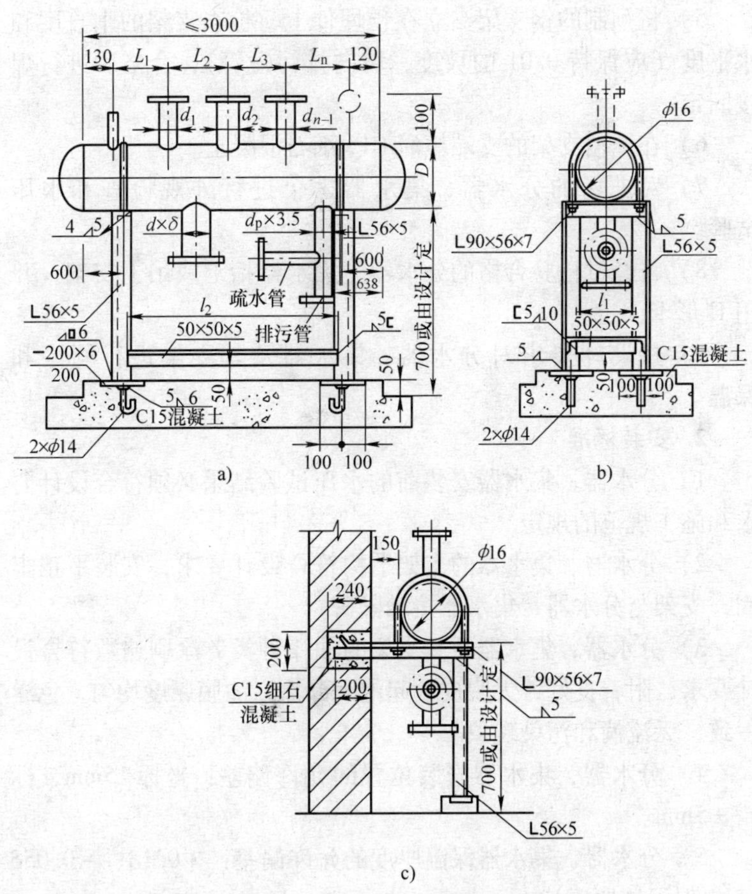

图 6-41　分水器、集水器的安装

a）安装图　b）Ⅰ型落地式支架　c）Ⅱ型挂墙悬臂式支架

1. 安装程序

1）预制预埋件。

2）为分水器、集水器支架预埋件放线定位，制作预埋件，并复查坐标和标高。

3）浇筑 C15 混凝土。

4）预制钢支架，并刷防锈漆。

5）将预制的钢支架支立在预埋件上，检查支架的垂直度和水平度（应保持 0.01 的坡度，坡向排污短管），合格后进行焊接固定。

6）在挂墙支架的支端填灌 C15 细石混凝土。

7）对进场的分水器、集水器逐个进行外观检查和水压试验。

8）将经过检验合格的分水器、集水器抬上或吊上支架，并用 U 形卡固定。

9）按设计要求对分水器、集水器及其支架进行刷漆和保温。

2. 安装标准

1）分水器、集水器安装前的水压试验结果必须符合设计要求和施工规范的规定。

2）分水器、集水器的支架结构符合设计要求，安装平正牢固，支架与分水器、集水器接触紧密。

3）分水器、集水器及其支架的油漆种类、涂刷遍数符合设计要求，附着良好，无脱皮、起泡和漏涂，漆膜厚度均匀，色泽一致，无流淌和污染现象。

4）分水器、集水器安装位置的允许偏差：坐标 15mm，标高 ±5mm。

5）分水器、集水器保温厚度的允许偏差：$+0.1\delta$、-0.05δ（δ 为保温层厚度）。

6）分水器、集水器保温表面平整度允许偏差：卷材 5mm，涂抹 10mm。

第7章 通风空调管道及设备的安装

7.1 通风空调施工图的识读

7.1.1 通风空调系统施工概述

通风是改善室内空气环境的一种重要手段。在通风空调系统安装工作开始进行时，先要进行现场测绘及绘制草图。现场测绘主要是根据设计图样，在安装地点对管道和设备器具的实际位置、距离、尺寸及角度等进行测量和画单线图，弥补设计对建筑施工变化的不足，使安装工作顺利进行。安装草图是以施工图中的平立面、系统图为依据，结合现场具体条件测绘。测绘时应以干管中心为基线，测定下列基本尺寸：干管总长度、各分段长度、支管间距、支管各段构造长度、干管与支管的标高以及它们与墙面或柱面的相对距离等，作为加工及安装的依据。

通风空调系统的施工安装过程，可分为加工和安装两大步骤。加工是指构成整个系统的风管及部、配件的制作过程，也就是从原材料到成品、半成品的成形过程。安装是把组成系统的所有构件（包括风管和部、配件及设备和器具等），按设计要求在建筑物中组合连接成系统的过程。

加工和安装可以在施工现场联合进行，全部由现场的工人小组来承担。这种形式适用于机械化程度不高的地区以及规模较小的工程中，多半是手工操作和使用一些小型轻便的施工机械。在工程规模大、安装要求高的情况下，采用加工和安装分工进行的方式。加工件在专门的加工厂或预制厂集中制作后运到施工地点，然后由现场的安装队来完成安装任务。这种组织形式要求安装企业有严密的技术管理组织和机械化程度比较高的后方基地，如加工厂、预制厂等。有时为了减少加工件、成品和半成品的运输量，避免运到施工现场后在装卸和大批堆放过程中造成的变形、损坏，也可根据条件和需要在施工区域内设临时加工场所。显而易见，合理的组织形式对于提高工程质量，提高劳动生产率，提高企业管理水平和施工技术水平都是有利的。通风空调工程的施工安装质量必须达到下列要求：

1）所使用的主要材料、设备、成品和半成品都应有出厂合格证明书或质量鉴定合格的文件。

2）符合设计图样、设计文件以及施工验收规范所规定的标准。

3）外形整齐美观，系统安装稳固，调节装置灵便。

4）试运转正常，风压、风量测定符合要求。

通风空调施工图一般由两大部分组成：文字部分与图样部分。文字部分包括图样目录、设计施工说明、设备及主要材料表。图样部分包括两大部分：基本图和详图。基本图包括通风空调系统的平面图、剖面图、系统图、原理图等；详图包括系统中某局部或部件的放大图、加工图、施工图等。如果详图中采用了标准图或其他工程图样，那么在图样目录中必须附有说明。

通风空调施工图作为专业图样，有着自身的特点，了解这些特点，有助于对施工图的认识与理解，使施工图的识读变得更容易。通风空调施工图主要有以下几个特点：

1）图例：通风空调施工图上的图形不能反映实物的具体形状与结构，它采用了国家统一规定的图例来表示。阅读前，应首先了解并掌握与图样有关的图例符号所代表的含义。

2）风、水系统的独立性：通风空调施工图中，风管系统与水管系统（包括冷冻水、冷却水系统）按照它们的实际情况出现在同一张平、剖面图中，但是在实际运行中，风系统与水系统具有相对独立性。因此在阅读施工图时，首先将风系统与水系统分开阅读，然后再综合起来。

3）风、水系统的完整性：通风空调系统，无论是风管系统，还是水管系统，一般都以环路形式出现，这就说明风、水管系统总是有一定来源，并按一定方向，通过干管、支管，最后与具体设备相接，多数情况下又将回到它们的来处，形成一个完整的系统。

冷介质管道系统环路：

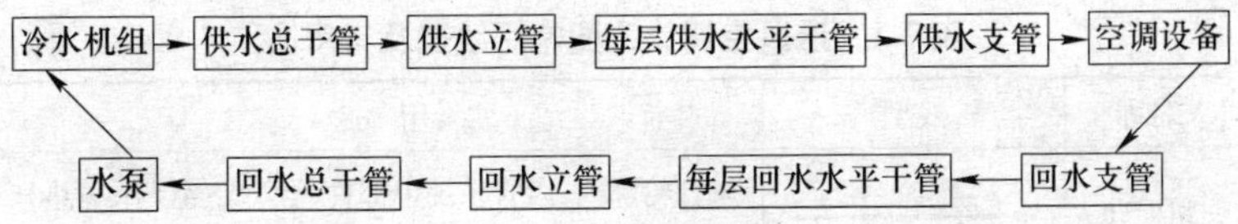

可见，系统形成了一个循环往复的完整的环路。可以从冷水机组开始阅读，也可以从空调设备处开始，直至经过完整的环路又回到起点。

风管系统环路：

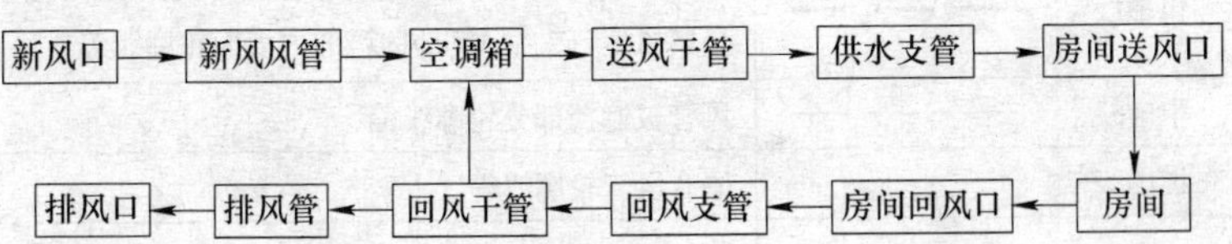

对于风管系统，可以从空调箱处开始阅读，逆风流动方向看到新风口，顺风流动方向看至房间，再至回风干管、空调箱。再看回风干管到排风管、排风口这一支路。也可以从房间处看起，研究风的来源与去向。

4）通风空调系统的复杂性：通风空调系统中的主要设备，如冷水机组、空调箱、冷却塔等，其安装位置由土建决定，这使得风管系统与水管系统在空间的走向往往是纵横交错，为了表达清楚，通风空调系统施工图中除了大量的平面图、立面图外，还包括许多剖面图、系统图、原理图等，读图时要注意结合起来。

5）与土建施工的密切性：通风空调系统中的设备、风管、水管及许多配件的安装都需要土建的建筑结构配合支持，因此在阅读施工图时，应配合土建图样理解，并及时与土建协商或提出要求。

7.1.2 通风空调施工图表示方法

1. 线型及比例

在通风空调施工图中，常用线型及其用途见表 7-1。

表 7-1 通风空调施工图常用线型及其用途

名称	线型	用 途
粗实线	————	风管轮廓线,风管系统中部件轮廓线,空调冷(热)水供水管等
中实线	————	空调通风设备轮廓线,风管法兰盘线等
细实线	————	土建轮廓线,尺寸线,尺寸界线,引出线,材料图例线,标高符号等
粗虚线	— — —	空调冷(热)水回水管,冷凝水管,平(剖)面图中非金属风道(砖、混凝土风道)的内表面轮廓线等
中虚线	- - - - - - - -	风管被遮挡部分轮廓线等
细虚线	- - - - - - - - - -	原有风管轮廓线等
细点画线	—·—·—·—	设备中心线,轴心线,风管及部件中心线,定位轴线等
折断线	——∧——	表示不需要画全的断开界面

在通风空调施工图中，常用比例见表 7-2。

表 7-2 通风空调施工图常用比例

图 名	常用比例
总平面图	1:500、1:1000、1:2000
剖面图	1:50、1:100、1:150、1:200
局部放大图、管沟断面图	1:20、1:50、1:100
索引图、详图	1:1、1:2、1:5、1:10、1:20
工艺流程图和系统图	无比例

2. 风管尺寸及标高

平、剖面图中应注出设备、管道中心线与建筑定位轴线间的间距尺寸。圆形风管的截面定形尺寸应以直径符号“ϕ”后跟以 mm 为单位的数值表示，以板材制作的圆形风管均是指内径。

矩形风管的截面定形尺寸应以“$A \times B$”表示，单位 mm，其中 A 为该视图投影面的边长尺寸，B 为另一边长尺寸。风管管径或断面尺寸宜标注于风管上或风管法兰处延长的细实线上方，一般水平风管宜标注在风管上方，竖直风管宜在左侧，双线风管可视具体情况标注于风管轮廓线内或轮廓线外。

标高未予说明时，圆形风管所注标高表示管中心标高，矩形风管所注标高表示管底标高。单线风管标高其尖端可指向被注风管线上或延长引出线上。当平面图中要求标注风管标高时，标高标注可在风管截面尺寸标注后的括号内，如“ϕ500（+4.00）”“800×400（+4.00）”。

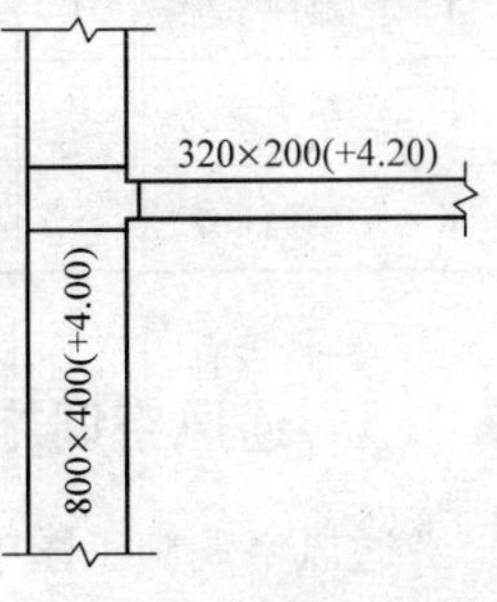

图 7-1　风管尺寸与标高标注

风管尺寸与标高标注如图 7-1 所示。

3. 风管代号及系统代号

风管因用途不同，空调工程图中常用表 7-3 所列代号区分标注。目前，在许多设计单位的代号取自英文名称的首字母。

表 7-3　风管代号

代号	风管名称
K	空调风管
S	送风管
X	新风管
H	回风管
P	排风管
PY	排烟管或排风、排烟共用烟道

对于一个建筑设备工程图中同时有供暖、通风、空调等两个以上的系统时，应对系统编号，不同系统采用表7-4中不同的代号表示。表中未涉及的系统代号可取系统汉语名称拼音的首字母，如与表中已有代号重复，应继续选取第二、三个字母，最多不超过三个字母。

表7-4 系统代号

代号	系统名称	代号	系统名称	代号	系统名称	代号	系统名称
N	供暖系统	T	通风系统	X	新风系统	PY	排烟系统
L	制冷系统	J	净化系统	H	回风系统	RS	人防送风系统
R	热力系统	C	除尘系统	P	排风系统	RP	人防排风系统
K	空调系统	S	送风系统	JS	加压送风系统	P(Y)	排风兼烟系统

7.1.3 通风空调施工图常用图例

通风空调施工图中常用图例见表7-5～表7-9。

表7-5 风管常用图例

序号	名称	图例	说明
1	风管	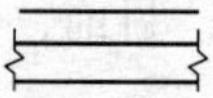	
2	送风管、新(进)风管	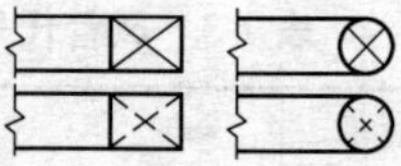	上图为可见剖面 下图为不可见剖面
3	回风管、排风管	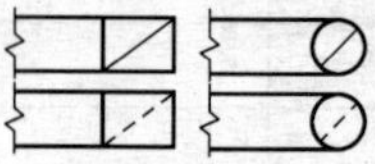	上图为可见剖面 下图为不可见剖面
4	砖、混凝土风道	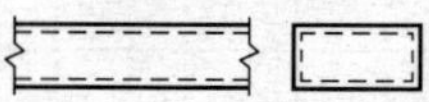	

表7-6　通风管件常用图例

序号	名称	图例	说明
1	异径管	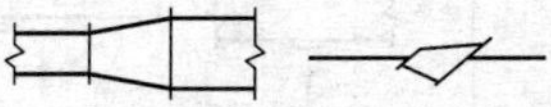	
2	异形管(天圆地方)	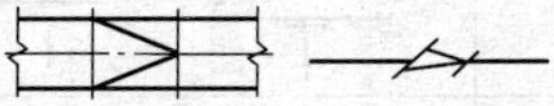	
3	带倒流片弯头		
4	消声弯头	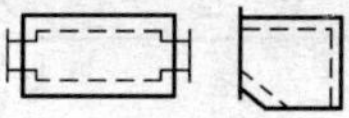	也可表示为 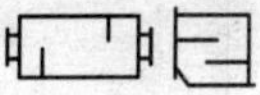
5	风管检查孔	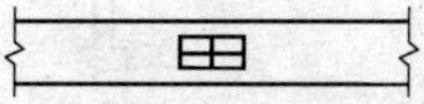	
6	风管测定孔	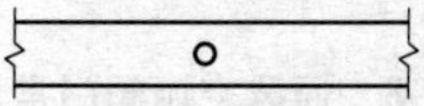	
7	柔性接头	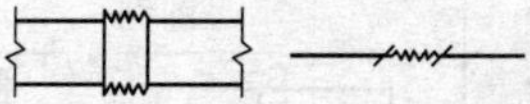	中间部分也适用于软风管
8	弯头		
9	圆形三通	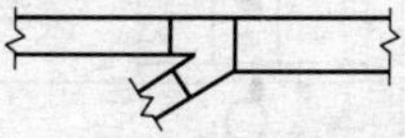	
10	矩形三通	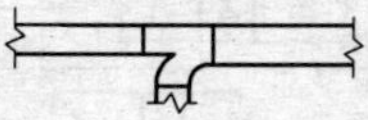	
11	伞形风帽		
12	筒形风帽		
13	锥形风帽		

表 7-7 风口常用图例

序号	名称	图例	说明
1	送风口	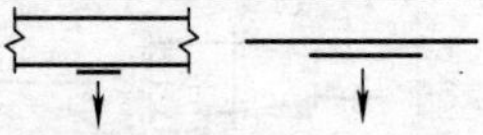	
2	回风口	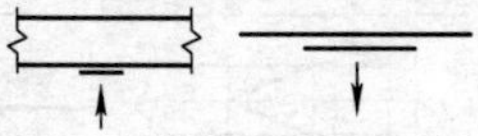	
3	圆形散流器	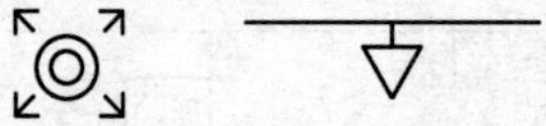	左图为平面 右图为剖面
4	方形散流器	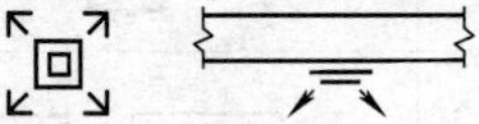	左图为平面 右图为剖面
5	百叶窗	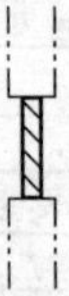	

表 7-8 通风空调阀门常用图例

序号	名称	图例	说明
1	插板阀	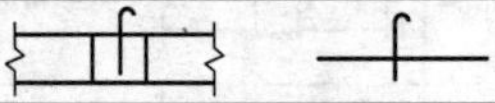	也适用于斜插板
2	蝶阀	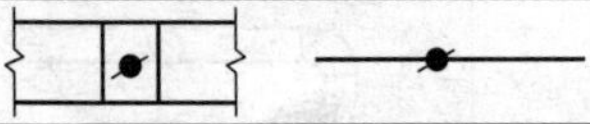	
3	对开式多叶调节阀	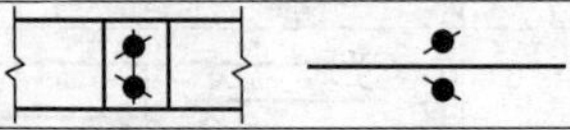	
4	电动对开多叶调节阀	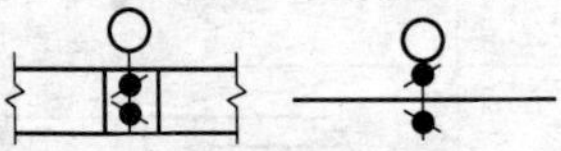	
5	光圈式启动调节阀	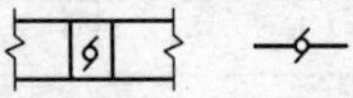	
6	风管止回阀	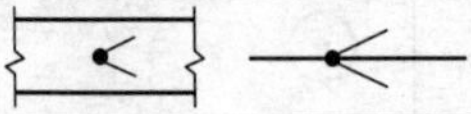	
7	放火阀	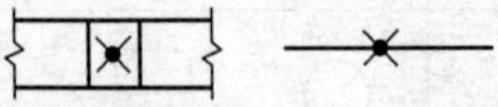	
8	三通调节阀	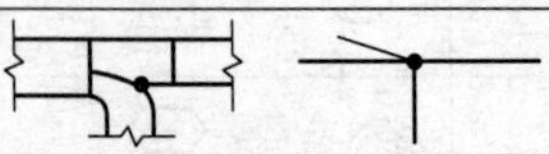	
9	余压阀		

表 7-9　通风空调设备常用图例

序号	名称	图例	说明
1	通风空调设备	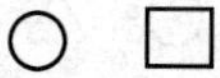	①本图例适用于一张图内只有序号 2～9、11、13、14 中的一种设备 ②左图适用于带转动部分的设备，右图适用于不带转动部分的设备
2	空气过滤器	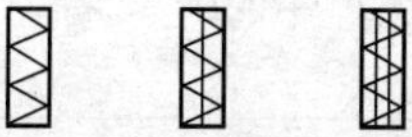	左为粗效，中为中效，右为高效
3	加湿器		
4	电加热器		
5	消声器		
6	空气加热器		
7	空气冷却器		
8	风机盘管		
9	窗式空调器		

（续）

序号	名称	图例	说明
10	压缩机		
11	减振器		左为平面图画法，右为剖面图画法
12	离心式通风机	M M	左一为平面图直连画法，左二为平面图 V 带画法，左三为系统图画法，右一为流程图画法
13	轴流式通风机	M	左一为平面图画法，左二为系统图画法，右一为流程图画法
14	嘴喷及喷雾排管		
15	挡水板		
16	喷雾式滤水器		

7.1.4 通风空调施工图识读方法

（1）阅读图样目录　根据图样目录了解该工程图样的概况，包括图样张数、图幅大小及名称、编号等信息，并根据图样目录查清图样是否齐全。

（2）阅读施工说明　根据施工说明了解该工程概况，包括空调系统的形式、划分及主要设备布置等信息。在此基础上，确定哪些图样是代表该工程特点、是这些图样中的典型或重要部分，图样的阅读就从这些重要图样开始。

(3) 阅读有代表性的图样　在第二步中确定了代表该工程特点的图样，现在就根据图样目录，确定这些图样的编号并找出这些图样进行阅读。在通风空调施工图中，有代表性的图样基本上都是反映空调系统布置、空调机房布置、冷冻机房布置的平面图，因此通风空调施工图的阅读基本上是从平面图开始的。先是总平面图，然后是其他的平面图。

(4) 阅读辅助性图样　对于平面图上没有表达清楚的地方，就要根据平面图上的提示（如剖面位置）和图样目录找出该平面图的辅助图样进行阅读，这包括立面图、侧立面图、剖面图等。对于整个系统可参考系统轴测图。

(5) 阅读其他内容　在读懂整个通风空调系统的前提下，再进一步阅读施工说明与设备及主要材料表，了解通风空调系统的详细安装情况，同时参考加工、安装详图，从而完全掌握图样的全部内容。

对于初次接触空调施工图的读者，识图的难点在于如何区分送风管与回风管、供水管与回水管。送风管与回风管的区别在于：以房间为界，送风管一般将送风口在房间内均匀布置，管道复杂；回风管一般集中布置，管道相对简单些；另外，可从送风口、回风口上区别，送风口一般为双层百叶、方形（圆形）散流器、条缝送风口等，回风口一般为单层百叶、单层格栅，较大。有的图中还标示出送、回风口气流方向，则更便于区分。还有一点，回风管一般与新风管（通过设于外墙或新风井的新风口吸入）相接，然后一起混合被空调箱吸入，经空调箱处理后送至送风管。供水管与回水管的区分在于：一般而言回水管与水泵相连，经过水泵打至冷水机组，经冷水机组冷却后送至供水管，有一点至为重要，即回水管基本上与膨胀水箱的膨胀管相连；另外，空调施工图基本上用粗实线表示供水管，用粗虚线表示回水管，这就更便于读者区别。

7.1.5 通风空调施工图识图举例

1. 某写字楼多功能厅空调施工图

如图 7-2 所示为多功能厅空调平面图。图 7-3 为其剖面图。从图 7-2、图 7-3 中可以看出，空调箱设在机房内。有了这个大致印象，就可以开始识图了。

先识读风管系统。首先，从空调机房开始，空调机房⑥轴外墙上有一带调节阀的风管（630mm×1000mm），这是新风管，空调系统由此新风管从室外吸入新鲜空气。在空调机房②轴内墙上，有一消声器 4，这是回风管，室内大部分空气由此消声器吸入回到空调机房。空调机房内有一空调箱 1，该空调箱从剖面图可看出在其侧面下部有一不接风管的进风口（很短，仅 50～100mm），新风与回风在空调机房内混合后就被空调箱由此进风口吸入，经冷（热）处理。由空调箱顶部的出风口送至送风干管，先送风经过防火阀，然后经过消声器 2，流入送风管（1250mm×500mm），在这里分出第一个分支管（800mm×500mm），再往前流，经过管道（800mm×500mm），又分出第二个分支管（800mm×250mm），继续往前流，即流向第三个分支管（800mm×250mm），在第三个分支管上有 240mm×240mm 方形散流器 3 共六只，送风便通过这些方形散流器送入多功能厅。然后，大部分回风经消声器 2 回到空调机房，与新风混合被吸入空调箱 1 的进风口，完成一次循环。另一小部分室内空气经门窗缝隙渗到室外。

从 *A*—*A* 剖面图可以看出，房间层高为 6m，吊顶离地面高度为 3.5m，风管暗装在吊顶内，送风口直接开在吊顶面上，风管底标高分别为 4.25m 和 4m。气流组织为上送下回。

从 *B*—*B* 剖面图上可以看出，送风管通过软接头直接从空调箱上部接出，沿气流方向高度不断减小，从 500mm 变成了 250mm。从该剖面图上也可以看到三个送风支管在这根总风管上的接口位置，图上用 标出，支管大小分别为 500mm×800mm、

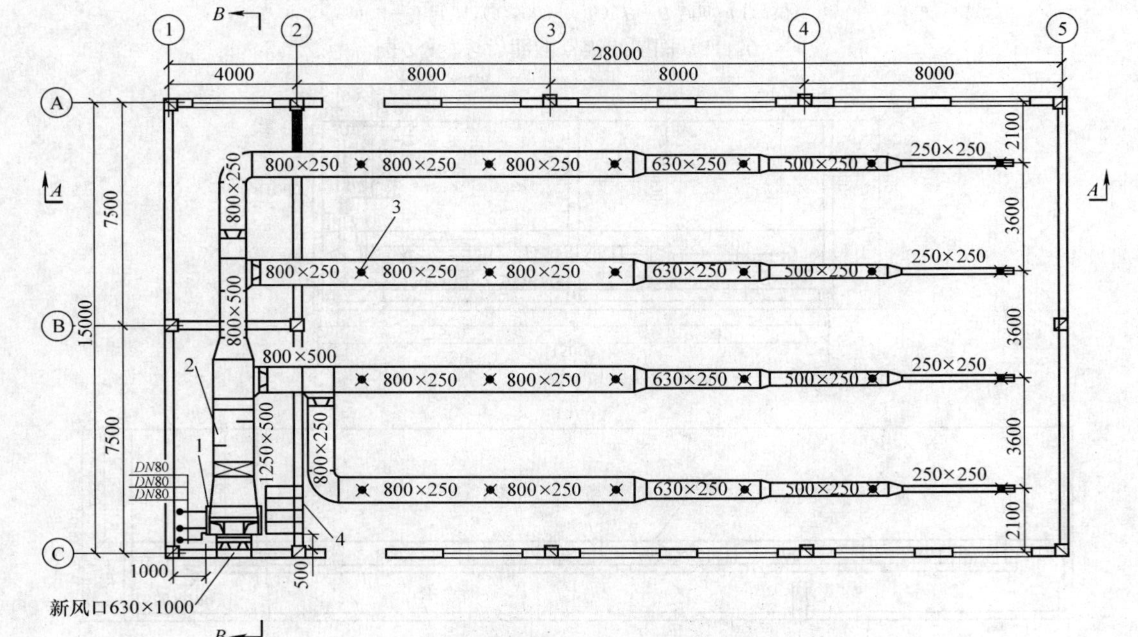

图 7-2 多功能厅空调平面图（1:150）

1—变风量空调箱 BFP×18，风量 18000m^3/h，冷量 150kW，余压 400Pa，电动机功率 4.4kW 2—微穿孔板消声器 1250mm×500mm 3—铝合金方形散流器 240mm×240mm，共 24 只 4—阻抗复合式消声器 1600mm×800mm，回风口

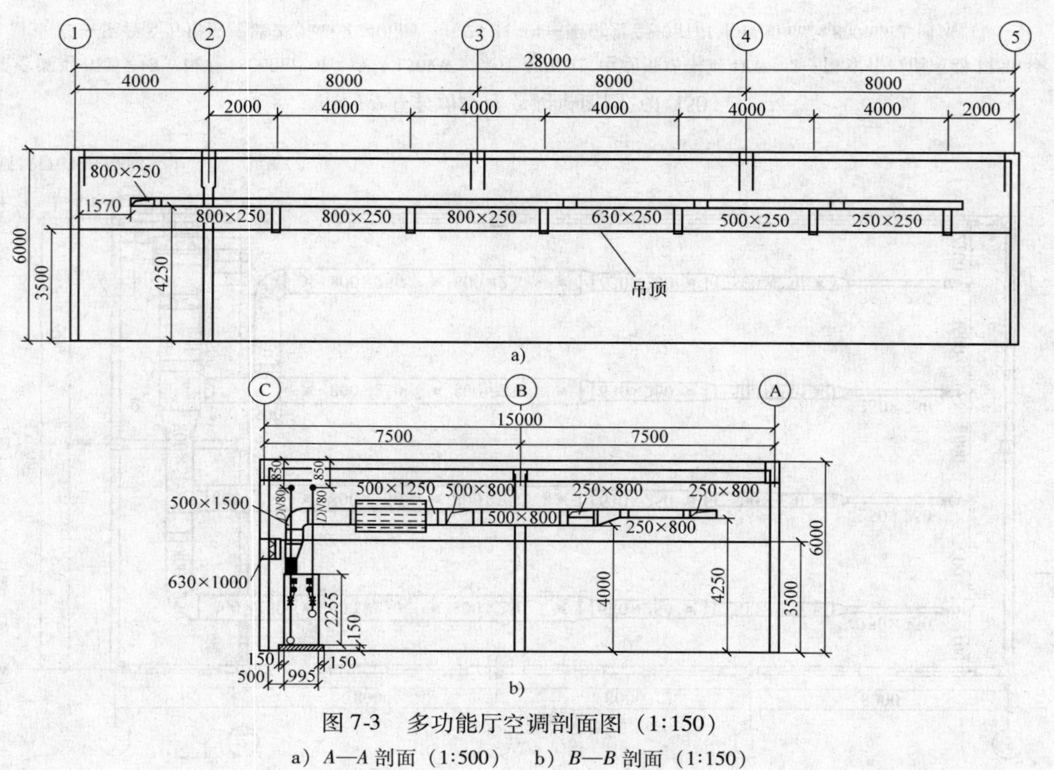

图 7-3 多功能厅空调剖面图（1:150）

a）*A*—*A* 剖面（1:500） b）*B*—*B* 剖面（1:150）

250mm×800mm、250mm×800mm。

将平面图、剖面图对照起来看，就可清楚地了解到这个带有新、回风的空调系统的情况，首先是多功能厅的空气从地面附近通过消声器4被吸入到空调机房，同时新风也从室外被吸入到空调机房，新风与回风混合后从空调箱进风口吸入到空调箱内，经空调箱冷（热）处理后经送风管道送至多功能厅送风方形散流器风口，空气便送入了多功能厅。这显然是一个一次回风的全空气风系统。至此，风系统识图完成。

2. 某商务酒店空气调节管道布置图

一些酒店建筑对客房的空气调节采用风机盘管为末端冷热交换设备，只要用直径较小的水管送入冷水或热水，即可起到降温或升温的作用。另外，在建筑物每层设置（或几层合设）独立的新风管道系统，把采用体积较小的变风量空调箱处理过的空气用小截面管道送入房间作为补充的新风。这样，在建筑内同时就存在用于空气调节的水管和风管两种管道系统。在空调中称为空气——水系统。因此，当一个平面图中不能清晰地表达两种管道系统时，则应分别画成两个平面图。

图7-4所示为某酒店顶层客房采用风机盘管作为末端空调设备的新风系统布置图。

风机盘管只能使室内空气进行热交换循环作用，故需补充一定量的新鲜空气。本系统的新风进口设在顶层一个能使室外空气进入的房间内，是与下层房间的系统共用的。它主要在管道起始处装一个变风量空调器（图7-6）。变风量空调器外形为矩形箱体，进风口处有过滤网，箱内有热交换器和通风机，空气经处理后即送入管道系统。从图7-4可见，本层风管系自建筑右后角的房间接来，风管截面为1000mm×140mm，到达本层中间走廊分为两支截面为500mm×140mm的干管沿走廊并行装设，后面的一支干管转弯后截面变小为500mm×120mm。由干管再分出一些截面为160mm×120mm的支风管把空气送入客房，图7-4房间的风机盘管除前面房间有立式明

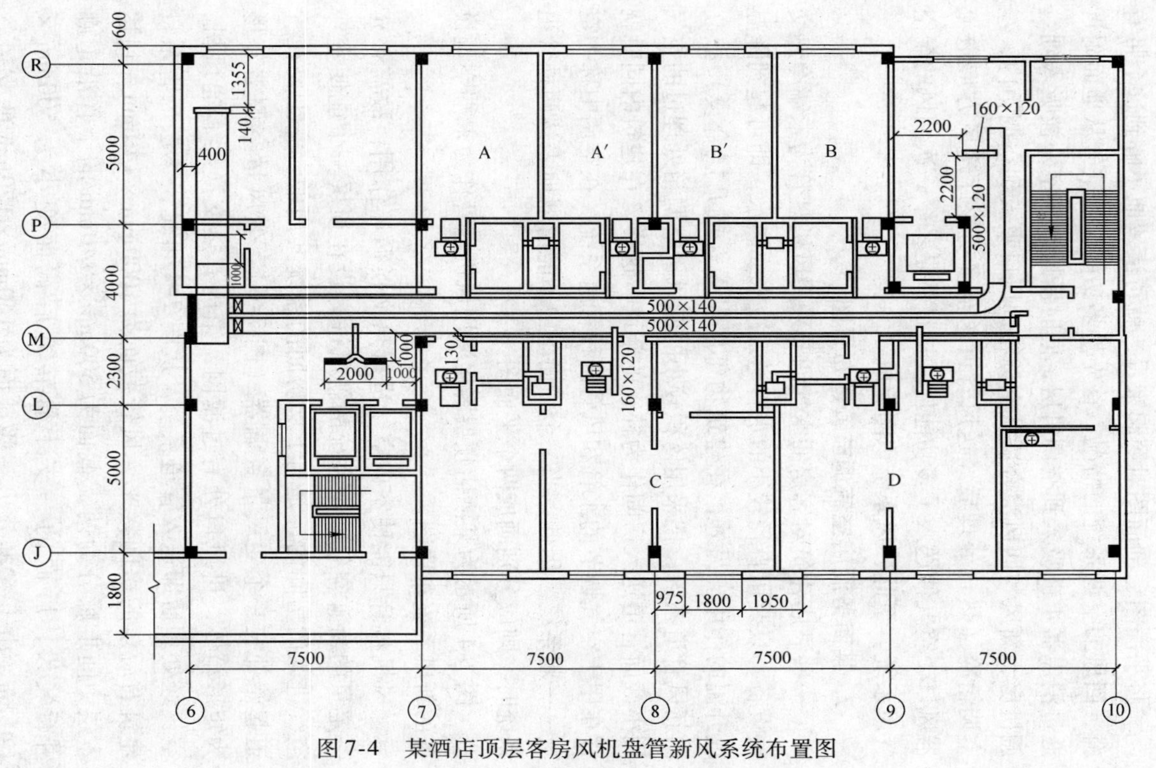

图 7-4 某酒店顶层客房风机盘管新风系统布置图

装外，其余都是卧式暗装，多数装在客房进门走道的顶棚上，并在出口加接一段风管，使空气直接送入房内。有两套较大客房（编号 C 和 D）内各加装了卧式风机盘管一个，加接的风管由干管上部接出。经过一段水平管之后向下弯曲，使出风口朝下，这与其他客房不同。

图 7-5 所示为该客房风机盘管水系统布置图。供水及回水干管都自建筑右后部位楼梯旁专设的垂直管道井中的垂直干管接来，水平供水干管沿走廊装设并分出许多 *DN*15 的支管向风机盘管供水。由盘管出来的回水用 *DN*15 的支管接到水平回水干管，再接到垂直干管回流到制冷机房，经冷（热）处理后再次利用。该层右前面的房间内有一个明装的立式风机盘管，它的供、回水支管的布置较特别，其他各支管与干管的连接情形都是一样的。此外，在 C 号客房中也有一个明装立式风机盘管，它的供、回水是由下一层的水管系统接来的，故图中未画出水管。水平干管的末端装有 PZ－T 型自动排气阀，以便把供、回水管中的气体排出。另外，在盘管的降温过程中，产生由空气中析出的凝结水，先集中到盘管下方的一个水盘内，再由接在水盘的 *DN*15 凝结水管接往附近的下水道。若附近无下水道，则专设垂直管道将凝结水接往建筑底层，汇合后通往下水道。

图 7-6 为图 7-4 所示新风系统的轴测图（部分）。为了表示新风进口的情形，加画出原设在下一层的进风口和一段新风总管。装设在送风静压箱下面的变风量空调器，其型号中的汉语拼音字母 BFP 表示变风量空调器，X5 表示新风量 $5000m^3/h$，L 表示立式（出风口在上方），中间的 Z 表示进、回水管在箱体左面进出，最后的 Z 表示过滤网框可从左面抽出。变风量是由三相调压器改变电压使风机转速改变而达到的。新风管上标注各管道截面，还标出各部位标高，但这些标高是从本层楼面起算的，这样标注较为简单。

图 7-7 为图 7-5 所示水系统的轴测图（部分），图中表达了水系统的概貌。

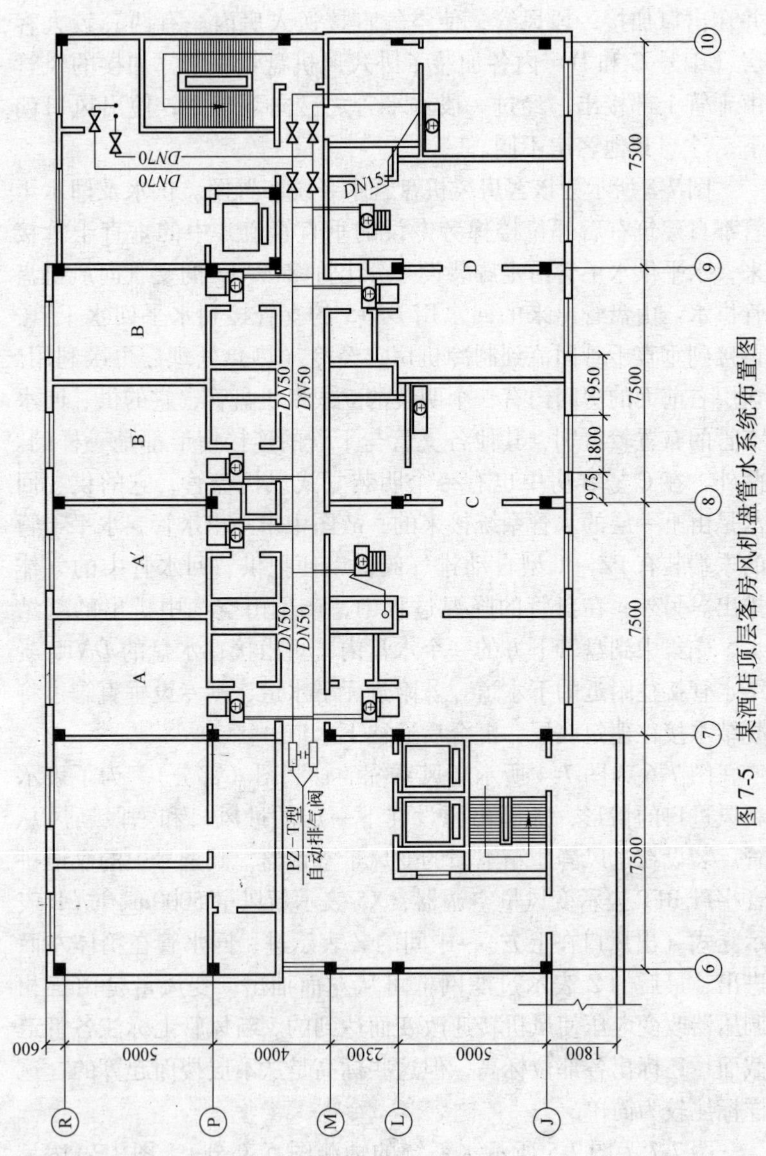

图 7-5 某酒店顶层客房风机盘管水系统布置图

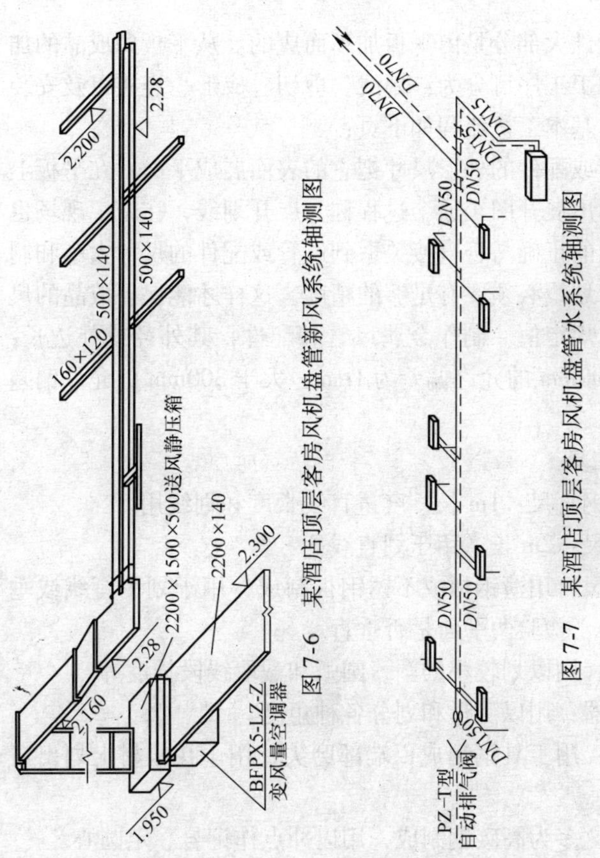

图 7-6　某酒店顶层客房风机盘管新风系统轴测图

图 7-7　某酒店顶层客房风机盘管水系统轴测图

7.2 风管及配件加工制作

7.2.1 划线

风管和配件大部分是由平板加工而成的。从平板到成品的加工，其基本加工工序可分为：划线、剪切、成形、连接以及安装法兰等步骤。基本工艺流程如下页：

按照风管或配件的外形尺寸把它的表面展成平面，在平板上依实际尺寸画出展开图，这个过程称为展开划线，在施工现场也称放样。划线的正确与否直接关系到风管或配件的尺寸大小和制作质量，所以划线必须要有足够的精度，这样才能保证成品的尺寸偏差不超过规定值。制作金属风管和配件，其外径或外边长：小于或等于300mm的允许偏差为1mm；大于300mm的允许偏差为2mm。

1. 划线工具

1）不锈钢直尺：1m长，度量直线长度和划线用。

2）钢直尺：2m长，用于划直线。

3）直角尺：用薄钢板或不锈钢板制成，用于划平行线或垂直线，并可用于检验两平面是否垂直。

4）划规：用以划较小的圆、圆弧和截取线段长度等。

5）量角器：用以测量和划分各种角度。

6）划针：用工具钢制成，端部磨尖，用于在板材上划出清晰的线痕。

7）冲子：多为高碳钢制成，用以冲点作记号、定圆心。

8）曲线板：用带弹性的钢片条制成，用于连接曲面上的各个截取点，划出曲线或弧线，调节弧线的曲率，用以划曲线。

2. 划线方法

风管和配件表面展开图，是以画法几何的原理为基础采用近似法展开绘制的。在施工现场或加工厂往往预先制成各种规格配

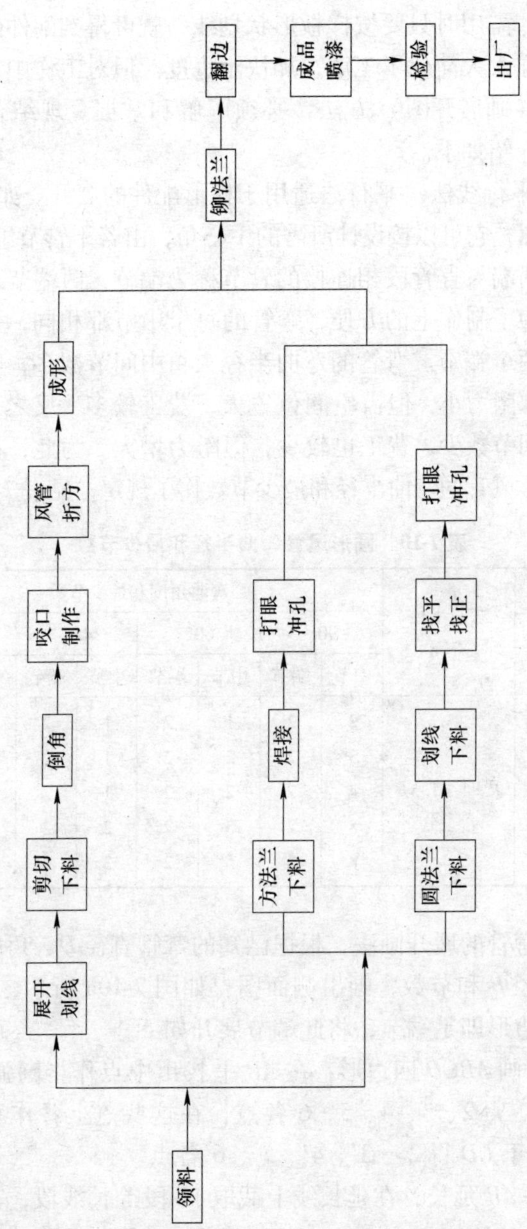
领料
展开划线
剪切下料
倒角
咬口制作
风管折方
成形
方法兰下料
焊接
打眼冲孔
圆法兰下料
划线下料
找平找正
打眼冲孔
铆法兰
翻边
成品喷漆
检验
出厂

件的样板，需用时只要按样板形状划线，就可得到配件的表面展开图，这样大大简化了工序，加快了进度。但对工作中常使用的几种划线（画展开图）方法，必须了解和掌握。现结合几类配件的画法介绍如下。

（1）平行线法　平行法适用于柱形配件的展开。如圆形 90°弯管展开图，它可以按设计所需的中心角，由若干管节组对而成。设在弯管两端与直管段相连接的管节称为端节，两端节之间的称为中节。为了制作上的方便，弯管的每个中节都相同，一个中节正好分成两个端节。弯管的弯曲半径大，中间节数多，则其平滑度好，局部阻力小，但占空间位置大，费工较多。反之，弯曲半径小，中间节数少，费工也较少，但阻力增大。为此，在施工规范中对圆形风管的弯曲半径和最少节数作了规定，见表 7-10。

表 7-10　圆形风管弯曲半径和最少节数

弯管直径/mm	弯曲半径/mm	弯曲角度和最少节数							
		90°		60°		45°		30°	
		中节	端节	中节	端节	中节	端节	中节	端节
80～220	R=1～1.5D	2	2	1	2	1	2		2
240～450		3	2	2	2	1	2		2
480～800		4	2	2	2	1	2	1	2
850～1400		5	2	3	2	2	2	1	2
1500～2000		8	2	5	2	3	2	2	2

圆形弯管的展开画法，根据已知的弯管直径 D、角度及确定的弯曲半径 R 和节数，画出侧面图，如图 7-10a 所示，由 $ABCD$ 构成的四边形即是端节，将此端节展开如下。

1）另画 $ABCD$ 四边形，在 AB 上找出中点作半圆弧 $\overset{\frown}{AB}$，将 $\overset{\frown}{AB}$ 六等分，得 2、3、4、5、6 各点，在这些点上各作垂线垂直 AB 并相交于 CD 得 2′、3′、4′、5′、6′各点。

2）将 AB 延长，在延长线上截取 12 段等长线段，其长度等于 AB 弧上的等分段，如 $A2$ 或 2—3、3—4 等，通过此延长线上的点作垂线。

3）通过 CD 线上所得的各点 D、$2'$、$3'$、$4'$、$5'$、$6'$ 和 C，各作平行于 AB 的线并向右延长相交于相应的点的垂线，参见图7-8b，如图7-8a 中 D 点的平行线相交于 A 点垂线得 D' 等。然后将这些交点以圆滑的曲线相连，两端闭合，即成此端节的展开图。简化的画法，可将 $ABCD$ 四边形中的各垂直线段 AD、2—2′、3—3′、4—4′、5—5′、6—6′及 BC 依次丈量在12等分的垂直线段上，将这些交点连成曲线。在实际操作时，由于弯管的内侧咬口手工操作不易打得紧密，如图7-8c 中的 C 点，使弯管各节组合后达不到90°（略大于90°），所以在划线时要把内侧高 BC 减去 h 距离（一般 $h=2\text{mm}$），用 BC' 线段的长度进行展开。

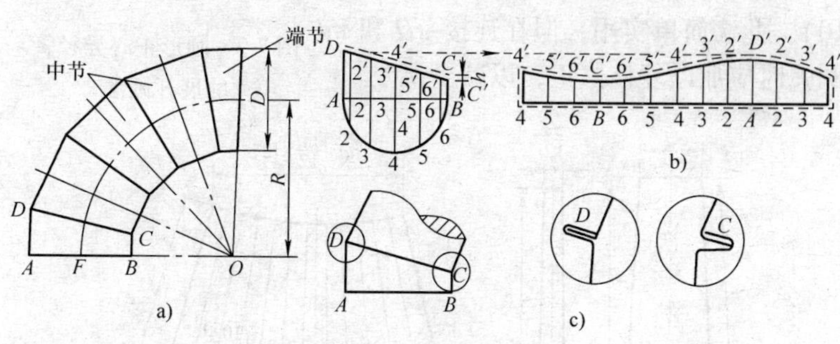

图7-8　平行线法

a）圆形弯管的侧面图　b）弯头端节的展开　c）咬口详图

画好端节展开图，应放出咬口留量，如图7-8b 中的虚线外框，咬口的留量根据各种不同的咬口形式而定，再把端节展开图作样板放出中节的展开图。

（2）放射线法　此法适用于呈圆锥形配件的展开，如圆形异径管和圆形斜三通的展开图。

1）圆形正心异径管的展开画法如图7-9所示。根据已知大口直径 D 和小口直径 d 以及高 h 作出异径管的立面图、平面图，延长立面图上的 AC 和 BD 交于 O 点。以 O 点为圆心，分别以 OC 和 OA 为半径作两圆弧，使 $\widehat{A'A''}=\pi D$，将平面图上的外圆12

等分，把这些等分弧段依次丈量在以 OA 为半径的弧线上。图形 $A''A'C'C''$ 即为此异径管的展开图。需要咬口和翻边，当圆形异径管的大、小口直径相差很少，交点 O 将在很远处，这就应采用近似画法来展开。根据已知大口直径 D、小口直径 d 以及高度 h 画出平、立面图，把平面图上的大、小圆周各作 12 等分，以异径管母线 l 及 $\pi D/12$、$\pi d/12$ 作出分样图，然后用分样图在平板上依次划出 12 块，即成此圆形异径管的展开图（图 7-10）。此法简单实用，但在连接 πD 和 πd 圆弧时应加以复核修正，以减少误差。

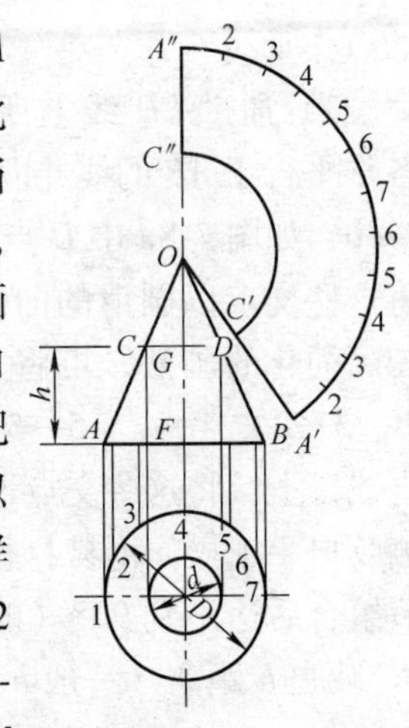

图 7-9 圆形正心异径管的展开画法

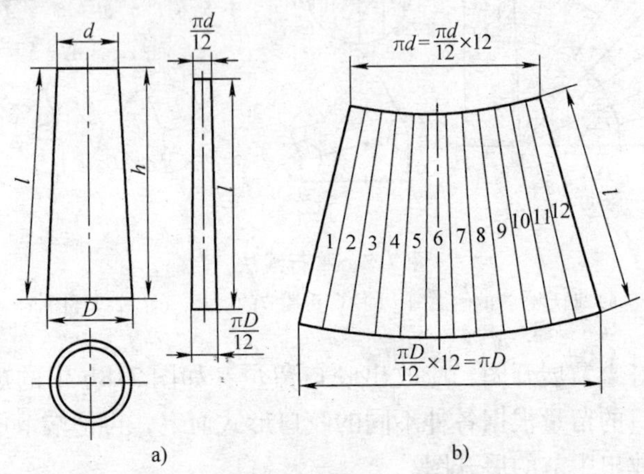

图 7-10 不易得到顶点的正心圆异径管的展开

2）圆形斜三通的展开画法如图 7-11 所示。根据已知大口直径 D、小口直径 D'、支管直径 d、三通高 h 和主管与支管轴线的交角 α 画出三通的立面图。在一般通风系统中 $\alpha = 25° \sim 30°$，除尘系统中 $\alpha = 15° \sim 20°$。主管和支管边缘之间的距离 δ，应能保证安装法兰盘，并应便于上紧螺栓。

在画斜三通的展开图时，把主管和支管分别展开在板材上，然后再连接在一起。主管部分展开图的画法如下：作主管部分的立面图，在上、下口直径上各作辅助半圆并将其 6 等分，按顺序编上相应的序号，并画上相应的外形素线。把主管先视为大、小口直径相差较小的圆形异径管，据此画出扇形展开图，并编上序号。扇形展开图上截取 $7K$，等于立面图上的 $7K$，截取 $6M_1$ 等于立面图上 $6M$ 的实长 $7M_1$，截取 $5N_1$ 等于立面图上 $5N$ 实长 $7N_1$，4 号素线的实长即立面图上的 7-7′，等于扇形展开图上的 4-4′。将扇形展开图上的 KM_1N_14' 连成圆滑的曲线，两侧对称，则得主管部分的展开图。支管部分展开图画法基本与主管部分展开图画法相同，参见图 7-11d，这里不再叙述。

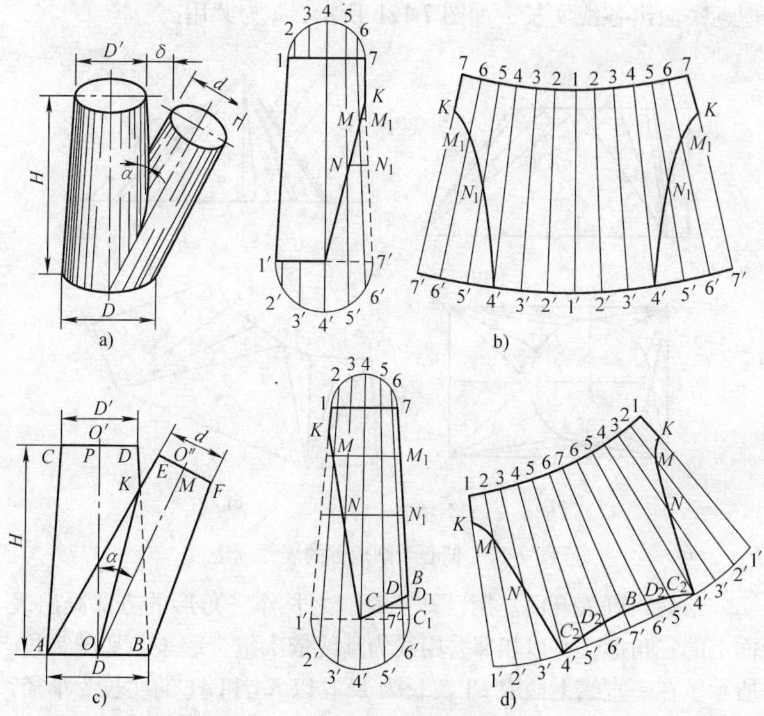

图 7-11　圆形斜三通的展开画法

a）圆形三通示意　b）三通主管的展开　c）三通的立面图　d）三通支管的展开

（3）三角形法 此法是利用三角形作图的原理，把配件表面分成若干三角形，然后依次把它们组合成展开图，凡是不适于平行线法和放射线法的都可用此法。如偏心天圆地方的展开画法，可按如下步骤进行。

首先，根据已知圆口直径、矩形口边长、高度及偏心距画出平、立面图，如图 7-12a 所示。在平面图上将半圆 6 等分，编上序号 1～7，并把各点和矩形底边的 *EABF* 相应连接起来。

然后，利用已知直角三角形两垂直边可求得斜边长的方法来求表面各线的实长。以平面图上 *E*1 的投影为一边，以高 *h* 为另一边，连接两端点的斜线即 *E*1 实长。以平面图上 *A*1 的投影为一边，以高 *h* 为另一边，连接两端点的斜线即求得 *A*1 实长。同理逐一画出各线实长，如图 7-12b 所示，*h* 为共用高。

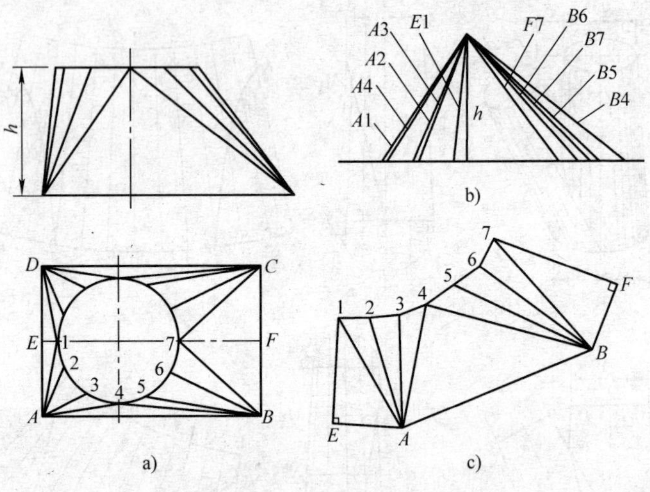

图 7-12 偏心天圆地方的展开画法

最后，画展开图。用已知三直线之长作三角形的方法画出表面上的三角形，并以相邻公用线为基线依次组合起来，如图 7-12c 所示。在一直线上截取 *E*1 实长为 1*E*，以 *EA* 和 *A*1 的实长为半径，分别以 *E* 点和 1 点为圆心，画弧交于 *A* 点，以 *A*2 的实长和 1—2 的弦长为半径，分别以 *A* 点和 1 点为圆心，画弧交于 2 点。连接

1*EA* 和 *A*1—2 得两个三角形。线 *A*1 为相邻公用线。这样，依次画下去，连接各点，就得到偏心天圆地方对称一半的展开图。

（4）特殊三角形展开法　此法用于圆形部件的展开，做法比较简便，易于掌握。这里以圆形弯管（虾米腰）展开图为例说明。

已知弯管直径 D、弯曲半径 R、弯曲角度 α 和弯管节数 n（中节与端节之和），则可按如下步骤展开。

首先，作 $\angle AOB=\alpha/[2(n-1)]$，$OF=D/2$，$OB=R$，$EF\perp OB$，$AB\perp OB$，$EF$ 就是端节的最短素线（或中节最短素线的一半长）。以 EF 的中点为圆心，EF 为半径，作弧交 OB 于 C，连得直角三角形，三条边 1、2、3 便是实长线，如图 7-13a 所示。

然后，作 $MN=\pi D$ 并等分 12 份，过各等分点上下引垂线，将线段 1、2、3 分别依次量在垂线上，再作 $MP=NT=AB$ 并垂直于 MN，连接 MN 垂线上的交点成一圆滑的 S 形曲线，平面 $MNTP$ 即为圆弯管的端节展开图，增加对称的一半即为中节展开图，如图 7-13b 所示。

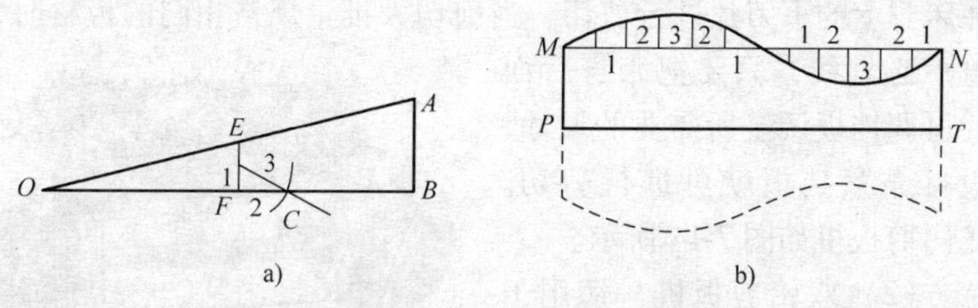

图 7-13　特殊三角形展开

从以上作图可以看出，$\angle AOB$ 取决于 α 和 n，所以无论弯管的 D 和 R 如何变化，只要 α 和 n 相同，就可以在同一图面上求得实线长，依次画出展开图。

7.2.2　剪切下料

金属薄板的剪切就是按划线的形状进行裁剪下料。切剪前必须对所划出的剪切线进行仔细复核，避免下料错误造成材料浪费。板材剪切的要求：必须按划线形状进行裁剪；注意留出接口留量（如咬口、翻边留量）；做到切口整齐，直线平直，曲线圆滑；角度准确。剪切分为手工剪切和机械剪切。

1. 手工剪切

常用工具为手剪。手剪分为直线剪和弯剪两种。直线剪适用于剪直线和圆及弧线的外侧边。弯剪用于剪曲线及弧线的内侧边。手工剪切的钢板厚度不大于1.2mm。手工剪切是常用的剪切方法，但劳动强度大。

2. 机械剪切

用机械剪切金属板材可成倍地提高工作效率，且切口质量较好。使用机械进行板材剪切时，剪切厚度不得超过剪床规定厚度，以免损坏机械。剪床应定期检查保养。常用的剪切机械有如下几种。

（1）龙门剪板机　适用于板材的直线剪切，剪切宽度为2000mm，厚度为4mm。龙门剪板机由电动机通过带轮和齿轮减速，经离合器动作，由偏心连杆带动滑动刀架上的上刀片和固定在床身上的下刀片进行剪切。当剪切大批量规格相同的板材时，可不必划线，只要把床身后面的可调挡板调至所需要的尺寸，板材靠紧挡板就可进行剪切。龙门剪板机如图7-14所示。

图7-14　龙门剪板机

（2）双轮剪板机　适用于剪切厚度在2mm以内的板材，可进行直线和曲线剪切。

（3）振动式曲线剪板机　适于剪切厚度为2mm以内的曲线板材，该机能在板材中间直接剪切内圆（孔），也能剪切直线，但效率较低。

（4）数控剪板机　它是近年来比较流行的新一代剪板机，由数控系统与位置编码器组成闭环控制系统，速度快，精度高，稳定性好，能精确地保证后挡料位移尺寸精度，同时数控系统具有补偿功能及自动检测等多种附加功能，如图 7-15 所示。

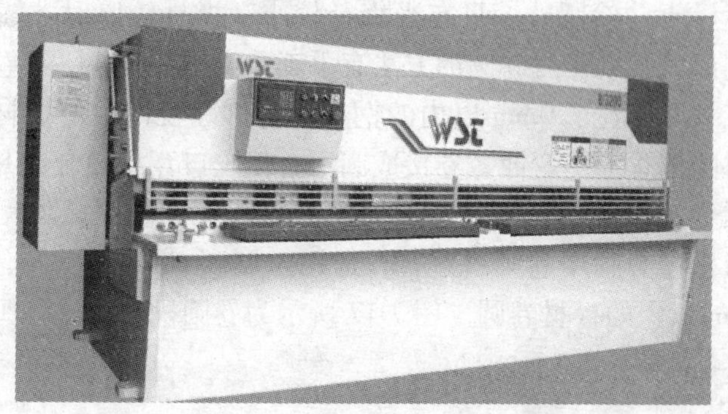

图 7-15　数控剪板机

7.2.3　折方和卷圆

1. 折方

折方用于矩形风管和配件的直角成形。手工折方时，先将厚度小于 1.0mm 的钢板放在方垫铁上（或用槽钢、角钢）打成直角，然后用硬木方尺进行修整，打出棱角，使表面平整；机械折方，则使用扳边机压制折方。图 7-16 所示为手动折方机。

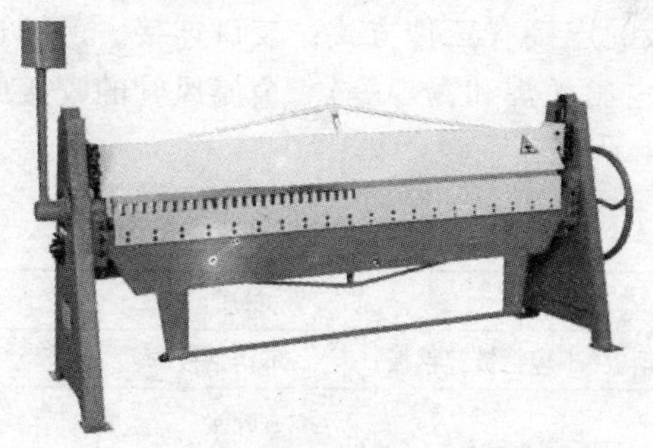

图 7-16　手动折方机

2. 卷圆

当加工的圆管直径较大时，一般不需卷圆，只需将咬口折边互相扗合后用木锤或木方尺打实打紧即可，待铆接法兰时圆管套进法兰后便自然圆整。只有当直径较小、板材较厚时才需要卷圆。圆形风管制作时卷圆的方法有手工和机械两种。手工卷圆一般只能卷厚度在 1.0mm 以内的钢板。将打好咬口边的板材在圆垫铁或圆钢管上压弯曲，卷接成圆形，使咬口互相扣合，并把接缝打紧合实，最后再用硬木尺均匀敲打找正，使圆弧均匀成正圆。机械卷圆利用卷圆机进行，适用于厚度 2.0mm 以内、板宽 2000mm 以内的板材卷圆。图 7-17 所示为卷圆机。

图 7-17　卷圆机

7.2.4　板材连接

通风空调工程中制作风管和各种配件时，必须把板材进行连接。金属薄板的连接有三种方式：咬口连接、铆钉连接、焊接（电焊、气焊、氩弧焊和锡焊等）。金属风管的咬接或焊接选用参见表 7-11。

表 7-11　金属风管的咬接或焊接选用

<table>
<tr><th rowspan="2">板厚/mm</th><th colspan="3">材质</th></tr>
<tr><th>钢板（不包括镀锌钢板）</th><th>不锈钢板</th><th>铝板</th></tr>
<tr><td>δ≤1.0</td><td rowspan="2">咬接</td><td>咬接</td><td rowspan="3">咬接</td></tr>
<tr><td>1.0＜δ≤1.2</td><td rowspan="3">焊接（氩弧焊及电焊）</td></tr>
<tr><td>1.2＜δ≤1.5</td><td rowspan="2">焊接（电焊）</td></tr>
<tr><td>δ＞1.5</td><td>焊接（气焊或氩弧焊）</td></tr>
</table>

1. 咬口连接

板厚小于或等于 1.2mm 时主要采用咬口连接。咬口缝外观要求平整和能够提高风管的刚度。常用咬口形式及适用范围参见表 7-12。

表 7-12　常用咬口形式及适用范围

名称	形式	适用范围
单咬口		用于板材的拼接和圆形风管的闭合咬口
立咬口		用于圆形弯管或直管的管节咬口
联合角咬口	B	用于矩形风管、弯管、三通管及四通管的咬接
转角咬口		较多用于矩形直管的咬缝和有净化要求的空调系统,有时也用于弯管或三通管的转角咬口缝
按扣式咬口		用于矩形风管、弯管、三通与四通的转角缝

咬口方法分为手工咬口和机械咬口两种。

(1) 手工咬口　先把要连接的板边按咬口宽度在板上划线，然后放在有固定槽钢或角钢的工作台上，用木方打板拍打成所需要的折边。当两块板边都曲折成形后使其互相搭接好，用木锤在搭接缝的两端先打紧，然后再沿全长打平打实，最后在咬口缝的反面再打实一遍。图 7-18 所示为单平咬口加工过程，图 7-19 所示为联合角咬口加工过程。

(2) 机械咬口　常用的有直线多轮咬口机、圆形弯头联合咬口机、矩形弯头咬口机、合缝机、按扣式咬口机和咬口压实机等。目前已生产的有适用于各种咬口形式的圆形、矩形直管和矩形弯管、三通的咬口机系列产品。利用咬口机、压实机等机械加工的咬口，成形平整光滑，生产效率高，操作简便，无噪声，大大改善了劳动条件。目前生产的咬口机体积小，搬动方便，既适用于集中预制加工，也适合于施工现场使用。

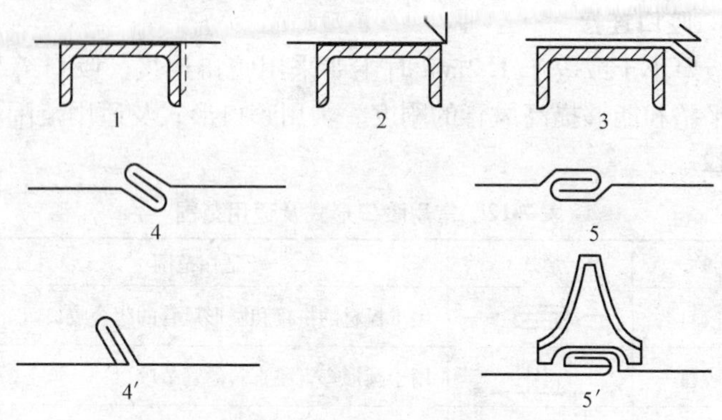

图 7-18　单平咬口加工过程

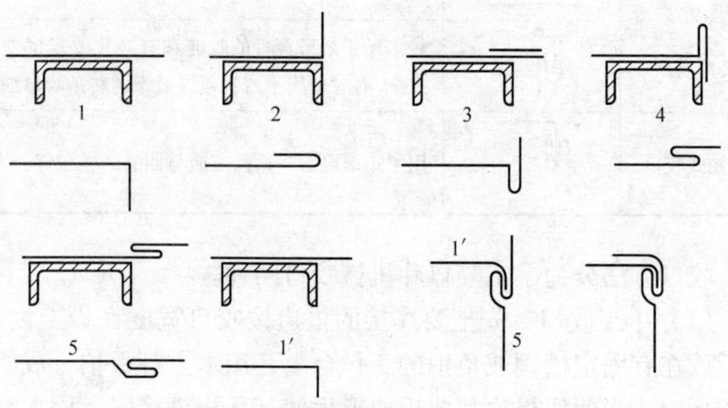

图 7-19　联合角咬口加工过程

2. 铆接

铆接主要用于风管、部件或配件与法兰的连接，是将要连接的板材翻边搭接，用铆钉穿连并铆合在一起的连接，如图 7-20a 所示。铆接在管壁厚度 $\delta \leqslant 1.5$mm 时，常采用翻边铆接。

为避免管外侧受力后产生脱落，铆接部位应在法兰外侧。铆接直径应为板厚的 2 倍，但不得小于 3mm，其净长度 $L = 2\delta + (1.5 \sim 2)d$mm。$d$ 为铆钉直径，δ 为连接钢板的厚度，铆钉与铆钉之间的中心距一般为 40 ~ 100mm，铆钉孔中心到板边的距离应保持（$3 \sim 4)d$，如图 7-20b 所示。

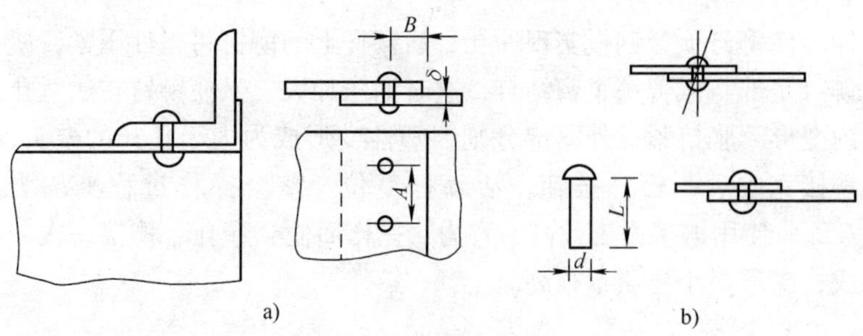

图 7-20　铆钉连接

a）法兰铆钉连接　b）风管铆钉连接

手工铆接时，先把板材与角钢划好线，以确定铆钉位置，再按铆钉直径用手电钻打铆钉孔，把铆钉自内向外穿过，垫好垫铁，用钢制方锤打锤钉尾，再用罩模罩上，把钉尾打成半圆形的钉帽。这种方法工序较多，工效低，锤打噪声大。

手提式电气液压铆钉钳是一种效果良好的铆接机械。它由液压系统、电气系统、铆钉弓钳三部分组成，如图 7-21 所示。

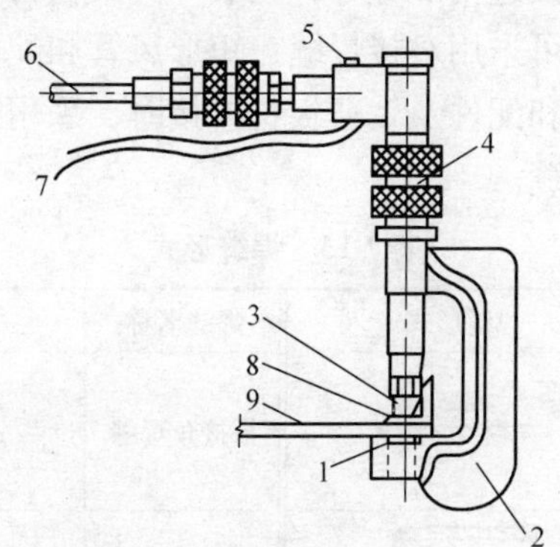

图 7-21　手提式电气液压铆钉钳

1—磁性铆钉座　2—弓钳　3—铆克及冲头　4—油缸　5—按钮开关　6—油管　7—电线　8—角钢法兰　9—风管

手提式电气液压铆钉钳铆接方法及工作原理是：先将铆钉钳导向冲头插入角铁法兰铆钉孔内，再把铆钉放入磁性座中，按动手钳上的电钮，使压力油进入软管注入工作油罐，罐内活塞迅速伸出使铆钉顶穿钢板实现冲孔，活塞杆上的铆钉将工件压紧，使铆钉尾部与风管壁紧密结合，这时油压加大，又使铆钉在法兰孔内变形膨胀挤紧，外露部分则因塑性变形成为大于孔径的鼓头，铆接完成后，松开按钮，活塞杆复位。整个操作过程平均为2.2s。使用铆接钳工效高，省力，操作简便，穿孔、铆接一次完成，噪声很小，质量很高。

3. 焊接

当普通（镀锌）钢板厚度$\delta>1.2$mm（或1mm），不锈钢板厚度$\delta>1.0$mm，铝板厚度$\delta>1.5$mm时，若仍采用咬口连接，则因板材较厚，机械强度高而难于加工，且咬口质量也较差，这时应当采用焊接的方法，以保证连接的严密性。常用的焊接方法有气焊（氧—乙炔焊）、电焊或接触焊，对镀锌钢板则用锡焊加强咬口接缝的严密性。

常见的焊缝形式有对接焊缝、角焊缝、搭接焊缝、搭接角焊缝、扳边焊缝、扳边角焊缝等，见表7-13。板材的拼接缝、横向缝或纵向闭合缝可采用对接焊缝；矩形风管和配件的转角采用角焊缝；矩形风管和配件及较薄板材拼接时，采用搭接焊缝、扳边角焊缝和扳边焊缝。

表7-13 焊缝形式

焊缝名称	焊缝形式	焊缝名称	焊缝形式
对接焊缝		搭接角焊缝	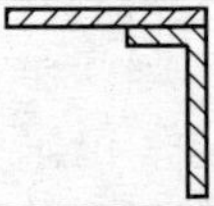
角焊缝	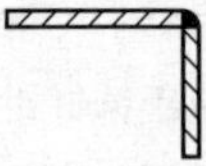	扳边焊缝	
搭接焊缝	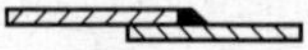	扳边角焊缝	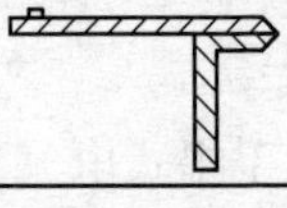

电焊一般用于厚度大于1.2mm的薄钢板焊接。其预热时间短，穿透力强，焊接速度快，焊缝变形较小。矩形风管多用电焊

焊接，焊接时应除去焊缝周围的铁锈、污物，对接缝时应留出0.5~1.0mm的对口间隙；搭接焊时应留出10mm左右的搭接量。

气焊用于厚度0.8~3mm钢板的焊接。其预热时间较长，加热面积大，焊接后板材变形大，影响风管表面的平整。为克服这一缺点，常采用扳边焊缝及扳边角焊缝，先分段点焊好后再进行连续焊接。

风管的拼接缝和闭合缝还可用点焊机或缝焊机进行焊接，特点是工效高，表面平整不变形，焊缝严密牢固。

镀锌钢板的锡焊仅作咬口的配合使用，以加强咬口缝的严密度。锡焊用的烙铁或电烙铁、锡焊膏、盐酸或氯化锌等用具和涂料必须齐备，锡焊必须严格进行接缝处的除锈，方可焊接牢固。

氩弧焊由于有氩气保护了被焊接的板材，故熔焊接头有很高的强度和耐腐蚀性能，且由于加热量集中，热影响区小，板材焊接后不易发生变形，因此更适于不锈钢板及铝板的焊接。

所有焊接的焊缝表面应平整均匀，不应有烧穿、裂缝、结瘤等缺陷，以符合焊接质量要求。

7.2.5 法兰制作

目前，风管与风管之间以及风管与部件、配件之间的连接，主要采用法兰连接。

1. 圆形风管法兰

圆形风管法兰用料规格见表7-14。

表7-14 圆形风管法兰用料规格

圆形风管直径	法兰用料规格	
	扁钢	角钢
≤140	-20×4	
150~280	-25×4	
300~500		∟25×3
530~1250		∟30×4
1320~2000		∟40×4

圆形风管法兰的加工顺序是：下料、卷圆、焊接、找平、加工螺栓孔及铆钉孔。法兰卷圆分为手工煨制和机械卷圆两种方式。手工煨制又分为冷煨和热煨两种。

（1）冷煨法　采用手工煨弯时应先下料后煨圆，其下料长度按下式确定。

$$S=\pi\left(D+\frac{B}{2}\right)$$

式中　S——下料长度（mm）；

D——法兰内径（mm）；

B——扁钢或角钢宽度（mm）。

根据计算长度下料，切断后在铁模上用手锤逐渐把扁（角）钢打弯，直到圆弧均匀无扭曲，再用电焊焊接封口，然后再划线钻螺栓孔。

（2）热煨法　手工热煨时，将切断后的钢材在烘炉上加热到1000～1100℃（呈红黄色），然后放在弧形胎模上，端部用卡箍卡住，用火钳夹住另一端，沿弧形胎模煨圆，同时用手锤及平锤找正、找平，并随时按样板找圆，最后焊接钻孔，如图7-22所示。

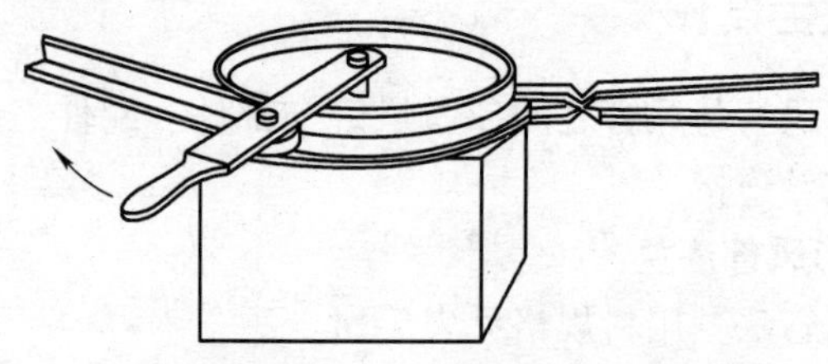

图7-22　手工煨法兰示意图

（3）机械卷圆　采用法兰煨弯机，由电动机通过齿轮带动两个下辊轮旋转，直的钢材插入辊轮内被辊轮带动旋转，直钢材被卷成螺旋圆。应按下列程序操作：先调整弯曲半径，再将型钢的一端放入煨弯机，进行煨制；在煨制到1/4圆周时，应停机检查半径是否符合要求，若合格则继续煨制；煨制到接近一周时，用手轻拉已煨好的一端，使其稍微偏离圆周平面，呈螺旋形进行，防止撞机；当型钢全部送入机内煨完时停机取下，进行切断、整平，然后焊接钻孔。

2. 矩形风管法兰

矩形风管法兰用料规格见表 7-15。

表 7-15　矩形风管法兰用料规格　（单位：mm）

矩形风管大边长	法兰用料规格
≤630	∟25×3
800～1250	∟30×4
1600～2000	∟40×4

矩形风管法兰的加工顺序是：下料、组合成形、找正、焊接及钻孔。

矩形风管法兰一般用四根角钢焊成，长度等于风管边长。加工时注意找正调直，并钻出铆钉孔再进行焊接，然后一副法兰卡紧在一起，钻螺栓孔并编号。矩形风管法兰的四角都应设置螺栓孔。

圆形风管法兰内径或矩形风管法兰的内边尺寸不得小于风管外径或外边尺寸，允许偏差为 ±2mm，平面度允许偏差为 2mm，以保证连接紧密不漏风。法兰上钻孔直径应比连接螺栓直径大 2mm，螺栓及铆钉的间距不应大于 150mm。

风管与扁钢法兰连接时，可采用翻边连接。风管与角钢法兰连接，管壁厚度小于或等于 1.5mm，采用翻边铆接，铆接部位应在法兰外侧。管壁厚度大于 1.5mm，可采用翻边点焊或沿风管的周边将法兰满焊，如图 7-23 所示。

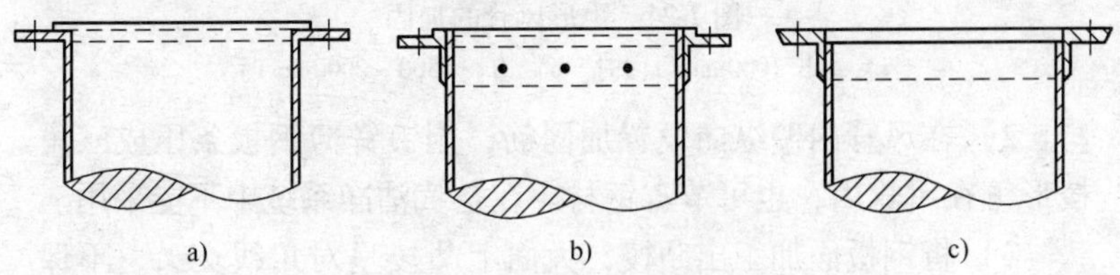

图 7-23　法兰与风管的连接

a）翻边　b）铆接　c）焊接

7.2.6 风管加固

薄钢板大截面的矩形风管刚度较差，为了使其断面不变形，也为了减少由于管壁振动而产生的噪声，应采取加固措施。

圆形风管本身刚度较好，一般不需要加固。当直径大于700mm，两端法兰间距较大时，每隔1.2m左右，加设一道25mm×4mm的扁钢加固圈，用铆钉固定在风管上。

矩形风管当边长大于或等于630mm、管段在1.2m以上时应采取加固措施。几种常见风管加固方法如下：

1）采用角钢制作加固框。这是使用较普遍的加固方法，但钢材用量较多。边长1000mm及1000mm以内的用∟25×4，边长大于1000mm的用∟30×4，铆接在风管钢板外侧。也可以用角钢制作加固筋，铆在风管大面上。加固框用$d=4\sim5$mm铆钉连接，间距150~200mm。角钢加固筋的加固，应排列整齐、均匀对称，其高度应小于或等于风管的法兰宽度。角钢加固筋与风管的铆接应牢固、间隔应均匀，不应大于220mm，两相交处应连接成一体，如图7-24所示。

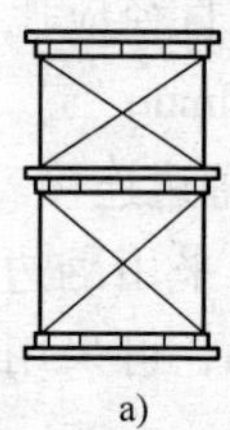

a)

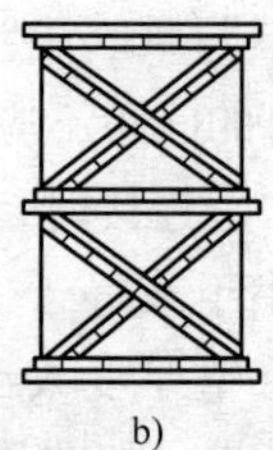

b)

图7-24 矩形风管的加固

a）边长1000mm以内时 b）边长1500~2000mm时

2）在风管内壁纵向设置加固筋，用镀锌薄钢板条压成三角棱形铆在风管内，也可节省钢材。在空气洁净系统中不能采用。

3）将钢板面加工出凸棱，大面上凸棱呈对角线交叉，不保温风管凸向外侧，保温风管凸向内侧。这种方法不需要另用钢材，但适用于矩形边长不太大的风管。在空气洁净系统中不能采用。

7.2.7 配件加工

1. 弯头的加工

对于圆弯头，是把剪切下的端节和中节先进行纵向接合的咬口折边，再卷圆咬合成各个管节，再用手工或机械在管节两侧加工立咬口的折边，进而把各管节一一组合成弯头。对于弯头的咬口要求严密一致，各节的纵向咬口应错开，成形的弯头应与要求的角度一致，不应发生歪扭现象。

当弯头采用焊接时，是先将各管节焊好，再次修整圆度后，进行节间组对点焊成弯管并整形，经角度、平整等检查合格后，再进行焊接。点焊点应沿弯头圆周均匀分布，按管径大小确定点数，但最少不少于 3 处，每处点焊缝不宜过长，以点住为限。施焊时应防止弯管两面及周长出现受热集中现象。焊缝采用对接焊缝。

矩形弯头的咬口连接或焊接参照圆形弯头的加工。

2. 三通的加工

圆形三通主管及支管下料后，即可进行整体组合。主管和支管的结合缝的连接，可为咬口、插条或焊接连接。

当采用咬口连接时，是用覆盖法咬接，如图 7-25 所示。先把主管和支管的纵向咬口折边放在两侧，把展开的主管平放在支管上，如图 7-25 中 1、2 所示的步骤套好咬口缝，再用手将主管和支管扳开，把结合缝打紧打平，如图 7-25 中 3、4 所示，最后把主管和支管卷圆，并分别咬好纵向结合缝，打紧打平纵向咬口，进行主、支管的整圆修整。

当用插条连接时，主管和支管可分别进行咬口、卷圆、加工成独立的部件，然后把对口部分放在平钢板上检查是否贴实，再进行接合缝的折边工作。折边时主管和支管均为单平折边，如图 7-26 所示。用加工好的插条，在三通的接合缝处插入，并用木锤轻轻敲打。插条插入后，用小锤和衬铁打紧打平。

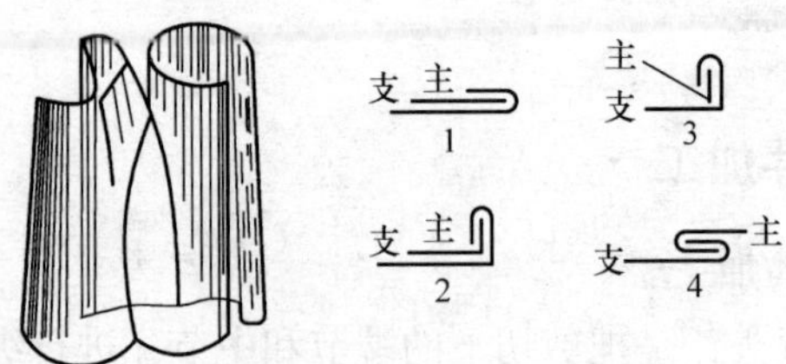

图 7-25　三通的覆盖法咬接

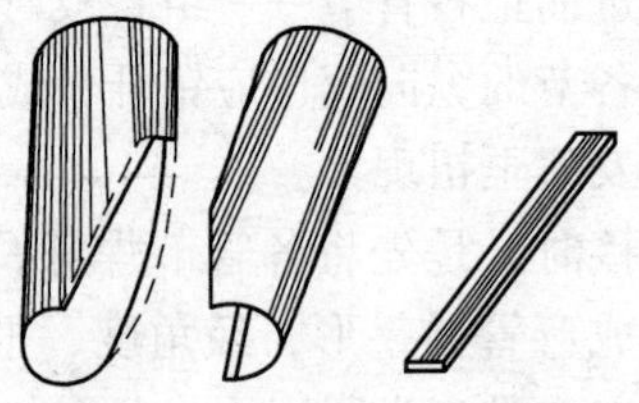
图 7-26　三通的插条法加工

当采用焊接使主管和支管连接时，先用对接焊缝把主管和支管的结合缝焊好，经板料平整消除变形后，将主、支管分别卷圆，再分别对缝焊接，最后进行整圆的修整。

矩形三通的加工可参照矩形风管的加工方法进行咬口连接。当采用焊接时，矩形风管和三通可按要求采用角焊缝、搭接角焊缝或扳边角焊缝。

3. 变径管的加工

圆形变径管下料时，咬口留量和法兰翻边留量应留得合适，否则会出现大口法兰与风管不能紧贴，小口法兰套不进去等现象，如图 7-27a 所示。为防止出现这种现象，下料时可将相邻的直管剪掉一些，或将变径管高度减少，将减少量加工成正圆短管，套入法兰后再翻边，如图 7-27b 所示。为使法兰顺利套入，下料时可将小口稍微放小些，把大口稍微放大些，从上边穿大口法兰，翻边后，再套入上口法兰进行翻边。

矩形变径管和天圆地方管的加工，可用一块板材加工制成。为了节省板材，也可用四块小料拼接，即先咬合小料拼合缝，再依次卷圆或折边，最后咬口成形。

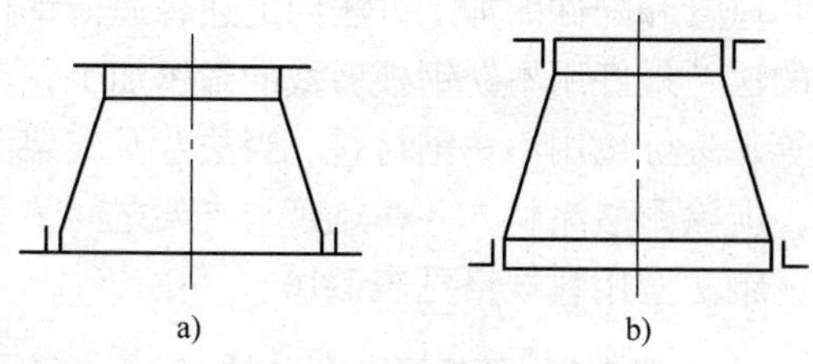

图7-27　圆形变径管的加工

弯头、三通、变径管等风管配件已标准化，可按实际需要查阅《全国通用通风管道配件图表》，按图表规定的标准规格和尺寸作为配件加工的依据。

当通风或空调系统采用法兰连接时，所有直风管、风管配件在加工后均应同时将两端的法兰装配好。

7.2.8　其他风管和配件加工

1. 不锈钢风管及配件的加工

不锈钢板含有适量铬、镍成分，因而在板面形成一层非常稳定的钝化保护膜。该板材具有良好的耐高温和耐腐蚀性，有较高塑性和优良的力学性能，常用来制作输送腐蚀性气体的风管和配件。

不锈钢板加工时不得退火，以免降低其机械强度。焊接时宜用非熔化极（钍化钨）电极的氩弧焊。焊接前，应将焊缝处的污物、油脂等用汽油或丙酮清洗干净。焊接后要清理焊缝处焊渣，并用钢丝刷刷出光泽，再用10%的硝酸溶液酸洗焊缝，最后用热水冲洗。不锈钢板的焊接还可用电焊、点焊机或焊缝机进行。

不锈钢板划线放样时，应先制出样板贴在板材面上，用红蓝铅笔划线，不可用硬金属划针划线或作辅助线，以免损害板面钝化膜。

不锈钢板板厚$\delta \leq 1.0$mm时，可用咬口连接，$\delta > 1.0$mm时，

采用焊接。其风管和配件的加工方法同上述普通薄钢板。不锈钢风管和配件的法兰最好用不锈钢板剪裁的扁钢加工，风管的支架及法兰螺栓等，最好也用不锈钢材料。当法兰及支架等采用普通碳钢材料时，应涂耐酸涂料，并在风管与支架之间垫上塑料或木制垫块。不锈钢法兰用料规格见表 7-16。

表 7-16 不锈钢法兰用料规格 （单位：mm）

圆形风管直径或矩形风管大边长	法兰用料规格	圆形风管直径或矩形风管大边长	法兰用料规格
≤280	－25×4	630～1000	－35×6
320～560	－30×4	1120～2000	－40×8

2. 铝板风管及配件的加工

通风工程常用的铝板有纯铝板和经退火处理的铝合金板。纯铝板有优良的耐腐蚀性能，但强度较差。铝合金板的耐腐蚀性不如纯铝板，但其机械强度高。铝板的加工性能良好，当风管和配件壁厚 $\delta \leqslant 1.5$mm 时，可采用咬口连接，$\delta > 1.5$mm 时，方可采用焊接。焊接以采用氩弧焊最佳。其加工方法同上述普通薄钢板。铝板与铜、铁等金属接触时，会产生电化学腐蚀，因此应尽可能避免与铜、铁金属接触。

铝法兰可采用 5～10mm 厚的铝板折成直角的形状，再加工成矩形或圆形风管法兰。铝板风管采用角形法兰，应翻边连接，并用直径 4～6mm 的铝铆钉固定，不得用碳素钢铆钉代替。如采用碳素钢材（扁钢、角钢）制作法兰时，应进行防腐绝缘处理，如镀锌或喷绝缘漆等。铝法兰用料规格见表 7-17。

表 7-17 铝法兰用料规格 （单位：mm）

圆形风管直径或矩形风管大边长	法兰用料规格		圆形风管直径或矩形风管大边长	法兰用料规格	
	扁铝	角铝		扁铝	角铝
≤280	－30×6	∟30×4	630～1000	－40×10	
320～560	－35×8	∟35×4	1120～2000	－40×12	

3. 硬聚氯乙烯风管和配件的加工

硬聚氯乙烯风管和配件的加工过程是：划线→剪切→打坡口→加热→成形（折方或卷圆）→焊接→装配法兰。

硬聚氯乙烯风管和配件的划线、展开放样方法同薄钢板风管及配件，但在划线时，不能用金属划针划线，而应用红蓝铅笔，以免损伤板面。又由于该板材在加热后再冷却时会出现收缩现象，故划线下料时要适当地放出余量。

板材的剪切可用剪板机（剪床），也可用圆盘锯或手工钢丝带锯。剪切应在气温 15℃ 以上的环境中进行。如冬季气温较低或板材厚度在 5mm 以上时，应把板材加热至 30℃ 左右再进行剪切，以免发生脆裂。

板材打坡口以提高焊缝强度，可用锉刀、刨子或砂轮机、坡口机进行加工，坡口的角度和尺寸应均匀一致。

板材的加热可用电加热、蒸汽加热和热风加热等方法。一般工地常用电热箱来加热大面积塑料板材。

硬聚氯乙烯圆形风管是在展开下料后，将板材加热至 100～150℃，达到柔软状态后，在胎模上卷制成形，最后将纵向结合缝焊接制成的。硬聚氯乙烯板的焊接用热空气焊接。板材在加热卷制前，其纵向结合缝处必须将焊接坡口加工完好。硬聚氯乙烯矩形风管是用计算下料的大块板料四角折方，最后将纵向结合缝焊接制成的。风管折方应加热，加热可用热空气喷枪烤热。板厚在 5mm 以上时，可用管式电加热器，通过自动控制温度加热，它是把管式电加热器夹在板面的折方线上，形成窄长的加热区，因而其他部位不受热影响，板料变形很小，这样加热后折角的风管表面色泽光亮，弯角圆滑，管壁平直，制作效率也高。矩形风管在展开放样划线时，应注意不使其纵向结合缝落在矩形风管的四角处，因为四个矩形角处要折方。

圆形、矩形风管在延长连接组合时，其纵向接缝应错开，如图 7-28 所示的矩形风管纵向接缝位置。

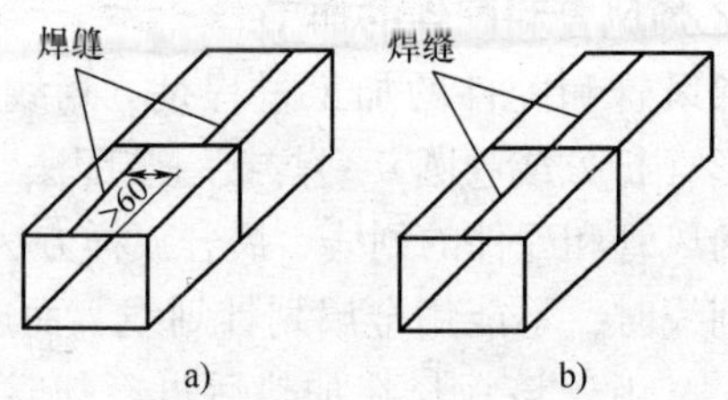

图 7-28　矩形风管纵向接缝位置
a）正确　b）不正确

风管的延长连接用热空气焊接。焊接前，连接的风管端部应制好坡口，以加强对接焊缝的强度。焊接的加热温度为 210 ~ 250℃，选用塑料焊条的材质应与板材材质相同。塑料焊条选用规格见表 7-18。中、低压系统硬聚氯乙烯圆形、矩形风管板材厚度见表 7-19、表 7-20。

表 7-18　塑料焊条选用规格　（单位：mm）

板材厚度	焊条直径
2 ~ 5	2
5.5 ~ 15	3
16 以上	3.5

表 7-19　中、低压系统硬聚氯乙烯圆形风管板材厚度
（单位：mm）

风管直径 D	板材厚度
$D \leqslant 320$	3.0
$320 < D \leqslant 630$	4.0
$630 < D \leqslant 1000$	5.0
$1000 < D \leqslant 2000$	6.0

表7-20 中、低压系统硬聚氯乙烯矩形风管板材厚度

（单位：mm）

风管边长尺寸 b	板材厚度
$b\leqslant320$	3.0
$320<b\leqslant500$	4.0
$500<b\leqslant800$	5.0
$800<b\leqslant1250$	6.0
$1250<b\leqslant2000$	8.0

当圆形风管直径或矩形风管大边长度大于630mm时，应对硬聚氯乙烯风管进行加固。加固的方法是利用风管延长连接的法兰加固，以及用扁钢加固圈加固，硬聚氯乙烯风管的加固如图7-29所示，硬聚氯乙烯风管加固圈规格及间距见表7-21。

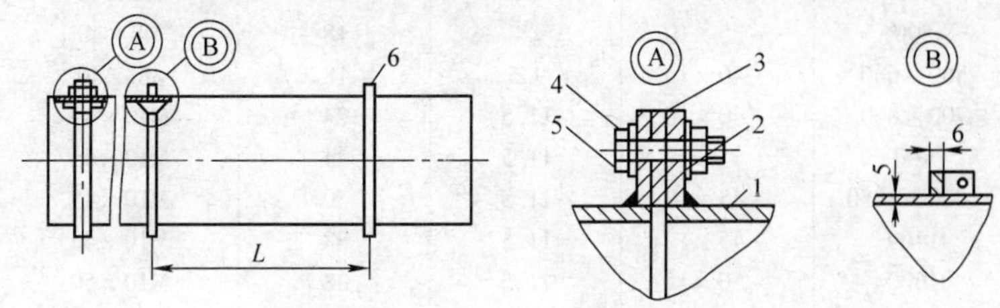

图7-29 硬聚氯乙烯风管的加固

1—风管 2—法兰 3—垫料 4—垫圈 5—螺栓 6—加固圈

表7-21 硬聚氯乙烯风管加固圈规格及间距

（单位：mm）

圆形			矩形		
风管直径	扁钢加固圈		风管大边长	扁钢加固圈	
	宽×厚（$a\times b$）	间距 L		宽×厚（$a\times b$）	间距 L
700~800	－40×8	800	650~800	－40×8	800
900~1000	－45×10	800	1000	－45×8	400
1120~1400	－45×10	800	1250	－45×10	400
1600	－50×12	400	1600	－50×12	400
1800~2000	－60×12	400	2000	－60×15	400

硬聚氯乙烯风管配件的加工方法同上述普通钢板风管配件的加工。加工时划线下料均按焊接连接考虑，而不需放出咬口留量，但配件与法兰嵌接处仍应加留法兰装配余量。硬聚氯乙烯风管与法兰的连接应采用焊接，其连接处宜加三角支撑，三角支撑间距为300~400mm。硬聚氯乙烯法兰用料规格见表7-22、表7-23。

表7-22 硬聚氯乙烯圆形法兰用料规格（单位:mm）

风管直径	法兰用料规格			镀锌螺栓规格
	宽×厚	孔径	孔数/个	
100~160	-35×6	7.5	6	M6×30
180	-35×6	7.5	8	M6×30
200~220	-35×8	7.5	8	M6×35
250~320	-35×8	7.5	10	M6×35
360~400	-35×8	9.5	14	M8×35
450	-35×10	9.5	14	M8×40
500	-35×10	9.5	18	M8×40
560~630	-40×10	9.5	18	M8×40
700~800	-40×10	11.5	24	M10×40
900	-45×12	11.5	24	M10×45
1000~1250	-45×12	11.5	30	M10×45
1400	-45×12	11.5	38	M10×45
1600	-50×15	11.5	38	M10×50
1800~2000	-60×15	11.5	40	M10×50

表7-23 硬聚氯乙烯矩形法兰用料规格（单位:mm）

风管大边长	法兰用料规格			镀锌螺栓规格
	宽×厚	孔径	孔数/个	
120~160	-35×6	7.5	3	M6×30
200~250	-35×8	7.5	4	M6×35
320	-35×8	7.5	5	M6×35
400	-35×8	9.5	5	M8×35
500	-35×10	9.5	6	M8×40
630	-40×10	9.5	7	M8×40
800	-40×10	11.5	9	M10×40
1000	-45×12	11.5	10	M10×45
1250	-45×12	11.5	12	M10×45
1600	-50×15	11.5	15	M10×50
2000	-60×18	11.5	18	M10×60

7.3　通风空调系统管道安装

7.3.1　安装前准备工作

1. 材料要求及主要机具

1）各种安装材料产品应具有出厂合格证明书或质量鉴定文件及产品清单。风管成品不允许有变形、扭曲、开裂、孔洞、法兰脱落、法兰开焊、漏铆、漏打螺栓孔等缺陷；安装的阀体、消声器、罩体、风口等部件应检查调节装置是否灵活，消声片、油漆层有无损伤。

2）准备材料有：螺栓、螺母、垫圈、垫料、自攻螺钉、铆钉、拉铆钉、电焊条、气焊条、焊丝、石棉布、帆布、膨胀螺栓等，都应符合产品质量要求。

3）主要机具有：手锤、电锤、手电钻、手锯、电动双刃剪、电动砂轮锯、角向砂轮锯、台钻、电焊具、气焊具、扳手、螺钉旋具、木锤、拍板、手剪、捯链、高凳、滑轮绳索、尖冲、錾子、射钉枪、刷子、安全帽、安全带等。

2. 作业条件

1）一般送排风系统和空调系统的安装，要在建筑物围护结构施工完，安装部位的障碍物已清理，地面无杂物的条件下进行。

2）对空气洁净系统的安装，应在建筑物内部安装部位的地面做好，墙面已抹灰完毕，室内无灰尘飞扬，或有防尘措施的条件下进行。

3）一般除尘系统风管安装，宜在厂房的工艺设备安装完或设备基础已确定，设备的连接管、罩体方位已知的情况下进行。

4）检查现场结构预留孔洞的位置、尺寸是否符合图样要求，有无遗漏现象，预留的孔洞应比风管实际截面每边尺寸大100mm。

5）作业地点要有相应的辅助设施，如梯子、架子及电源和安全防护装置、消防器材等。

6）风管安装应有设计的图样及大样图，并经过施工人员的技术、质量、安全交底。

7.3.2 施工安装程序

根据建筑物内风管系统的布置情况，可分别采用整体吊装和分段吊装的方法，一般可先在地面上将风管连接成 10～12m 左右一段进行吊装，然后按干、支、立管的顺序进行组装。

1. 确定标高

按照设计图样并参照土建基准确定风管的标高位置并放线。

2. 支、吊架制作

标高确定以后，按照风管系统所在的空间位置，确定风管支、吊架形式。风管的支、吊架要严格按照《供暖通风设计选用手册》的用料规格和做法制作。风管支、吊架的制作应注意的问题如下：

1）支架的悬臂、吊架的吊铁采用角钢或槽钢制成；斜撑的材料为角钢；吊杆采用圆钢；扁铁用来制作抱箍。

2）支、吊架在制作前，首先要对型钢进行矫正，矫正的方法分为冷矫正和热矫正两种。小型钢材一般采用冷矫正。较大的型钢必须加热到 900℃ 左右后进行热矫正。矫正的顺序应该先矫正扭曲、后矫正弯曲。

3）钢材切断和打孔，不应使用氧—乙炔切割。抱箍的圆弧应与风管圆弧一致。支架的焊缝必须饱满，保证具有足够的承载能力。

4）吊杆圆钢应根据风管安装标高适当截取。套螺纹不宜过长，螺纹末端不应超出托盘最低点。挂钩应煨成图 7-30 形式。

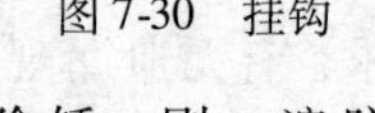

图 7-30　挂钩

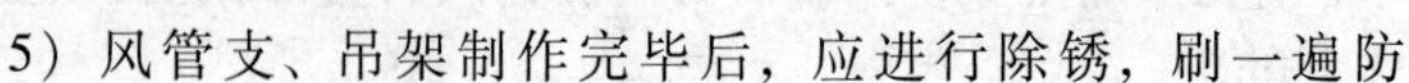

5）风管支、吊架制作完毕后，应进行除锈，刷一遍防

锈漆。

6）用于不锈钢、铝板风管的支架，抱箍应按设计要求进行防腐绝缘处理，防止电化学腐蚀。

风管吊点根据吊架形式设置，有预埋件法、膨胀螺栓法、射钉枪法等。

（1）预埋件法 此法分为前期预埋和后期预埋两种形式。

1）前期预埋一般由预留人员将预埋件按图样坐标位置和支、吊架间距，牢固固定在土建结构钢筋上，然后浇混凝土。

2）后期预埋

①在砖墙上埋设支架。根据风管的标高算出支架型钢上表面离地距离，找到正确的安装位置，打出80mm×80mm的方洞。洞的内外大小应一致，深度比支架埋进墙的深度大30mm左右。打好洞后，用水把墙洞浇湿，并冲出洞内的砖屑。然后在墙洞内先填塞一部分1:2水泥砂浆，把支架埋入，埋入深度一般为150~200mm。用水平尺校平支架，调整埋入深度，继续填塞砂浆，适当填塞一些浸过水的石块和碎砖，便于固定支架。填入水泥砂浆时，应稍低于墙面，以便土建工种进行墙面装修。

②在楼板下埋设吊件。首先确定吊卡位置，然后用冲击钻在楼板上打一透眼，在地面凿一个长300mm、深20mm的槽，将吊件嵌入槽中，用水泥砂浆将槽填平（图7-31）。

（2）膨胀螺栓法 此法适用于土建基本完成或旧楼房的风管安装。其特点是施工灵活、准确、快速。但选择膨胀螺栓时要考虑风管的规格、重量。在楼板上用电锤打一个同膨胀螺栓的胀管外径一致的洞，将膨胀螺栓塞进孔中，并把胀管打入，使螺栓紧固。

（3）射钉枪法 此法用于周边小于800mm的风管支管的安装。其特点同膨胀螺栓，使用时应特别注意安全，不同材质的墙体要选用不同的弹药量（图7-32）。

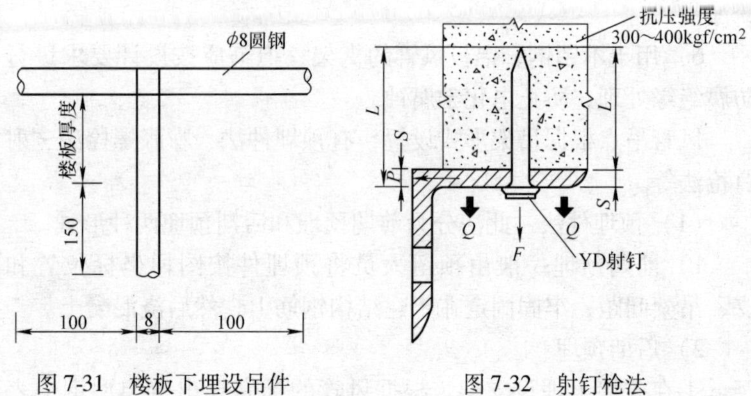

图 7-31　楼板下埋设吊件

图 7-32　射钉枪法

注：$1kgf/cm^2 = 98.0665kPa$

3. 支、吊架安装

1）支架安装。以风管的标高为准。圆形风管以中心标高为依据；矩形风管以外底标高为依据，向下返尺至支架角钢面上。在柱子预埋铁件上、墙上的预留孔洞上以及距风管两端最近的支架位置上做出安装标记。按角钢伸出柱子（或墙）的距离划线，先用点焊焊住。经复查标高准确无误，可将角钢焊于预埋件上（或用抱箍固定在柱子上），然后在两端角钢面上拉线确定中间支架的标高。托架插入墙内的一端必须劈叉。

2）吊架安装。风管敷设在楼板、屋面、屋架及梁下面且离墙较远时，一般采用吊架来固定风管。安装时以风管中心线为准。单吊杆位于风管中心线上，双吊杆按托板螺孔间距或风管中心线对称安装。圆形风管与托板间垫木块，以防止变形。矩形风管下垫隔热材料，为防止产生“冷桥”。吊杆不允许固定在法兰上。

3）立管管卡安装。先把最上面的一个管件固定住，再吊线坠找正，以下管卡顺线固定。

4）当风管较长时，需要安装很多支架时，可先把两端的安好，然后以两端的支架为基准，用拉线法确定中间各支架的标高进行安装。

5）支、吊架安装应注意的问题：

①采用吊架的风管，当管道较长时，应在适当的位置增设防止管道摆动的支架。

②支、吊架的标高必须正确，如圆形风管管径由大变小，为保证风管中心线的水平，支架型钢上表面标高应相应提高。对于有坡度要求的风管，支架的标高也应按风管的坡度要求安装。

③风管支、吊架间距如无设计要求时，对于不保温风管应符合表7-24的要求。对于保温风管支、吊架间距无设计要求的，按表7-24间距要求值乘以0.85。螺旋风管的支、吊架间距可适当增大。

表7-24　不保温风管支、吊架间距

圆形风管直径或矩形风管长边尺寸/mm	水平风管间距/m	垂直风管间距/m	最少吊架数/付
≤400	不大于4	不大于4	2
≤1000	不大于3	不大于3.5	2
>1000	不大于2	不大于2	2

④支、吊架的预埋件或膨胀螺栓埋入部分不得油漆，并应除去油污。

⑤支、吊架不得安装在风口、阀门、检查孔处，以免妨碍操作。吊架不得直接吊在法兰上。

⑥圆形风管与支架接触的地方垫木块，否则会使风管变形。保温风管的垫块厚度应与保温层的厚度相同。

⑦矩形保温风管的支、吊装置宜放在保温层外部，但不得损坏保温层。

⑧矩形保温风管不能直接与支、吊架接触，应垫上坚固的隔热材料，其厚度与保温层相同，防止产生“冷桥”。

4. 风管安装

1）根据安装草图上系统编号，按顺序进行安装，先干管后支管，垂直风管一般从下向上安装。按已预制好的风管上、管件上的编号，运至安装现场，并将风管及部件内外清埋干净，再将其进行排列、组合、连接。连接长度按吊装机具和风管直径决定，一般在 10～12m。在排尺中，风管与配件的可拆卸接口及调节机构，不能装设在墙或楼板内。

2）风管无法兰连接时，接口处应严密、牢固，矩形风管四角必须有定位及密封措施，风管连接的两平面应平直，不得错位或扭曲。风管无法兰连接的特点是：节省法兰连接用材料；减少安装工作量；加工工艺简单；管道重量轻，可适当增大支架间距以减少支架。以下为几种无法兰连接的安装形式：

①抱箍式连接：主要用于钢板圆风管和螺旋风管的连接。先把每一管段的两端轧制出鼓筋，并使其一端缩为小口，安装时按气流方向把小口插入大口，外面用钢制抱箍将两个管端的鼓筋用抱箍连接，最后用螺栓穿在抱箍的耳环中固定拧紧，如图 7-33 所示。

②插接式连接：主要用于矩形或圆形风管连接。先制作连接管，然后插入两侧风管，再用自攻螺钉或拉铆钉将其紧密固定，如图 7-34 所示。

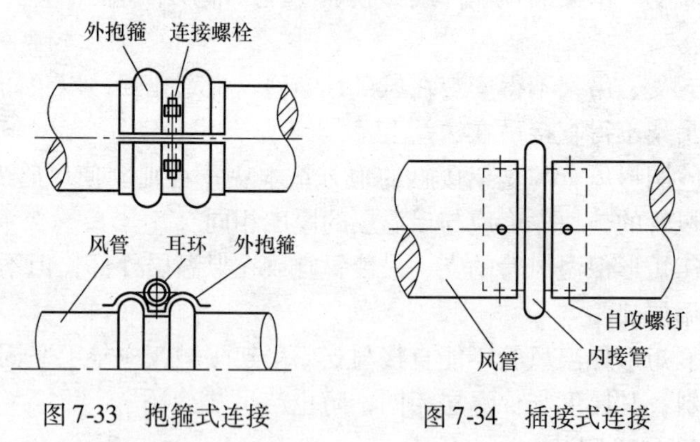

图 7-33　抱箍式连接　　　图 7-34　插接式连接

③插条式连接：主要用于矩形风管连接。将不同形式的插条插入风管两端，然后压实。其形状和接管方法如图 7-35 所示。

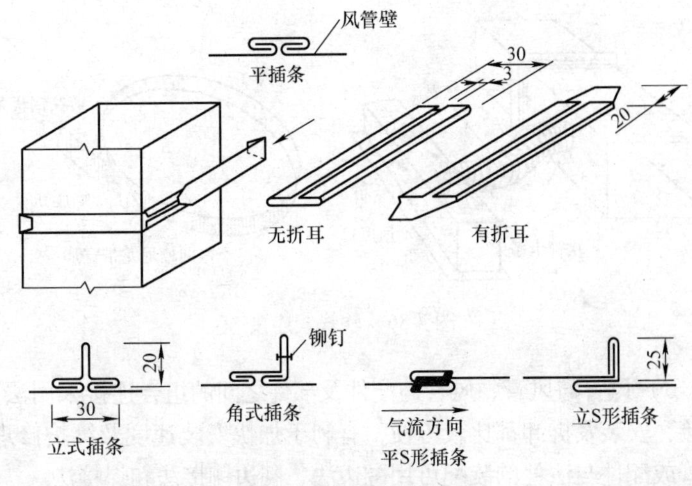

图7-35　插条式连接

平插条分为有折耳与无折耳两种，风管的端部也需折边180°，然后将平插条插入风管的两端折边缝中，并把插条折耳在角边复折。适用于长边小于460mm油风管连接。立式插条安装方法与平插条相同，适用于长边为500～1000mm的风管。角式插条在立边上用铆钉加固，适用于长边大于或等于1000mm的风管。采用平S形插条连接的风管端部不需折边，可直接将两段风管对插入插条的上下缝中，适用于长边小于或等于760mm的风管。采用立S形插条连接时，一端风管需向外翻边90°，先将立S形插条安装上，另一端直接插入平缝中，可用于边长较大的风管上。

④软管式连接：主要用于风管及部件（如通风机、静压箱、空调器等）的连接安装，将软管套在连接的管外，再用特制管卡把软管箍紧的情况。软管连接给安装工作带来很大方便，尤其在安装空间狭窄，预留位置难以准确确定的情况下，有利于密切配合土建工程，加快施工进度。这种连接方法适用于暗设部位，系统运行时阻力较大，如图7-36所示。

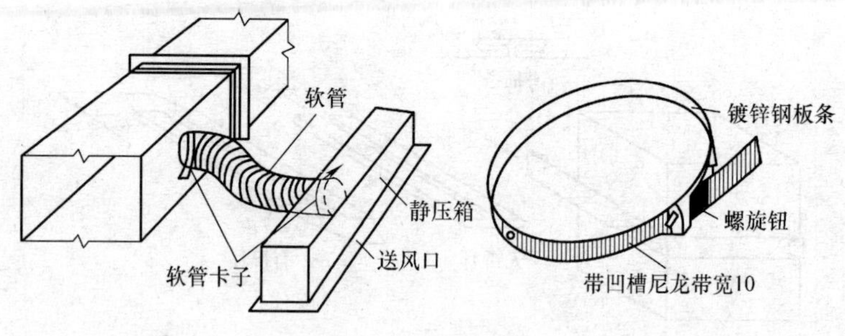

图 7-36　软管式连接

3）风管与风管、风管与配件及部件之间的组合连接采用法兰连接，安装及拆卸都比较方便，有利于加快安装速度及维护修理。风管或配件与法兰的装配可用翻边法、翻边铆接法和焊接法。

法兰连接时，加上垫片，把两个法兰先对正，穿上几条螺栓，并带上螺母，暂时不要上紧，然后用尖冲塞进穿不上螺栓的螺孔中，把两个螺孔拨正，直到所有螺栓都穿上后，再把螺栓拧紧。为了避免螺栓滑扣，紧螺栓时应按十字交叉逐步均匀地拧紧。连接好的风管，应以两端法兰为准，拉线检查风管连接是否平直。法兰连接应注意的问题如下：

①法兰如有破损（开焊、变形等）应及时更换，修理；连接法兰的螺母应在同一侧。

②一副法兰之间不可垫双垫或多垫。

③不锈钢风管法兰连接的螺栓，宜用同材质的不锈钢制成，如用普通碳素钢，应按设计要求喷涂涂料。

④铝板风管法兰连接应采用镀锌螺栓，并在法兰两侧垫镀锌垫圈。

⑤聚氯乙烯风管法兰连接，应采用镀锌螺栓或增强尼龙螺栓，螺栓与法兰接触处应加镀锌垫圈。

⑥玻璃钢风管连接法兰的螺栓，两侧应加镀锌垫圈。

⑦为保证法兰接口的严密性，法兰之间应有垫料。在无特殊要求情况下，法兰垫料可按表 7-25 选用。

表7-25 法兰垫料选用

应用系统	输送介质	垫料材质及厚度/mm		
一般空调系统及送排风系统	温度低于70℃的洁净空气或含尘含湿气体	8501密封胶带	软橡胶板	闭孔海绵橡胶板
		3	2.5~3	4~5
高温系统	温度高于70℃的空气或烟气	石棉绳	石棉橡胶板	
		$\phi8$	3	
化工系统	含有腐蚀性介质的气体	耐酸橡胶板	软聚氯乙烯板	
		2.5~3	2.5~3	
洁净系统	有净化等级要求的系统	橡胶板	闭孔海绵橡胶板	
		5	5	
塑料风道	含腐蚀性气体	软聚氯乙烯板		
		3~6		

法兰加垫料时应注意的问题如下：

①了解各种垫料的使用范围，避免用错垫料。

②去除法兰表面的油污、铁锈等。

③法兰垫料内径不能小于管子内径，以免增大流动阻力和增加管内集垢。

④空气洁净系统严禁使用石棉绳等易产生粉尘的材料。法兰垫料应尽量减少接头，接头应采用梯形或楔形连接（图 7-37），并涂胶粘牢。

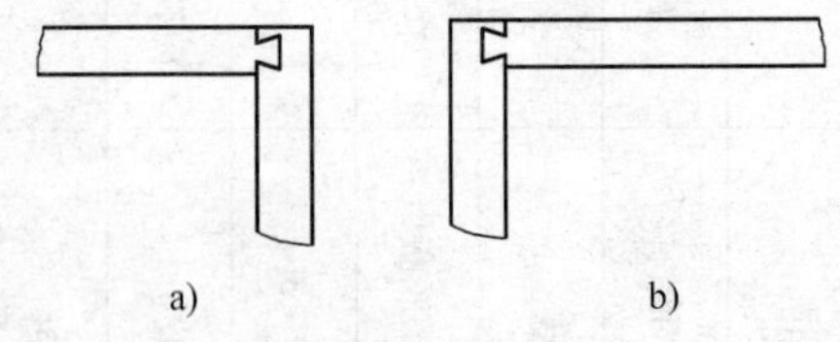

图 7-37 梯形或楔形连接
a）梯形 b）楔形

⑤法兰连接后严禁向法兰缝隙中填塞垫料。

组合法兰是一种新型的风管连接件，它适用于通风空调系统中矩形风管的组合连接。组合法兰由法兰组件和连接扁角钢（法兰镶角）两部分组成。法兰组件用厚度 $\delta \geqslant 0.75 \sim 1.2\text{mm}$ 的镀锌钢板，通过模具压制而成，其长度可根据风管的边长而定（图 7-38）。连接扁角钢用厚度 $\delta = 2.8 \sim 4.0\text{mm}$ 的钢板冲压制成，如图 7-39 所示。

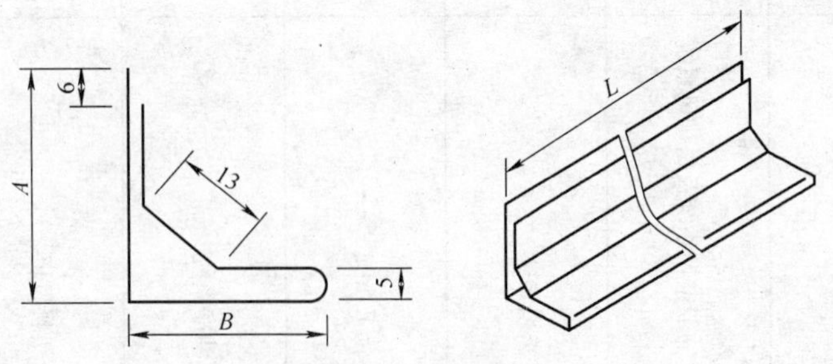

图 7-38 法兰组件

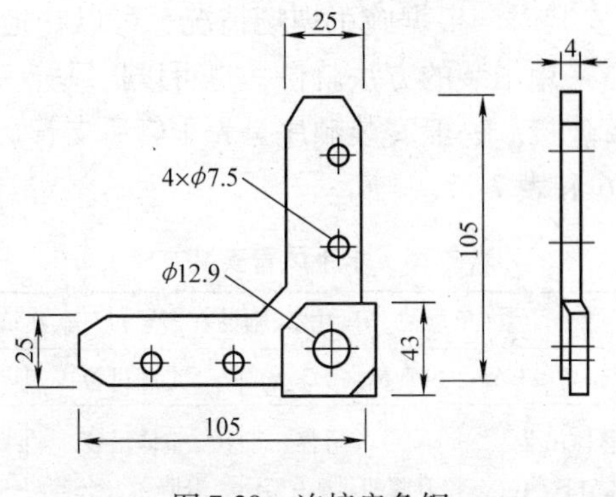

图7-39 连接扁角钢

风管组合连接时，将四个扁角钢分别插入法兰组件的两端，组成一个方形法兰，再将风管从法兰组件的开口处插入，并用铆钉铆住，即可将两风管组装在一起，如图7-40所示。

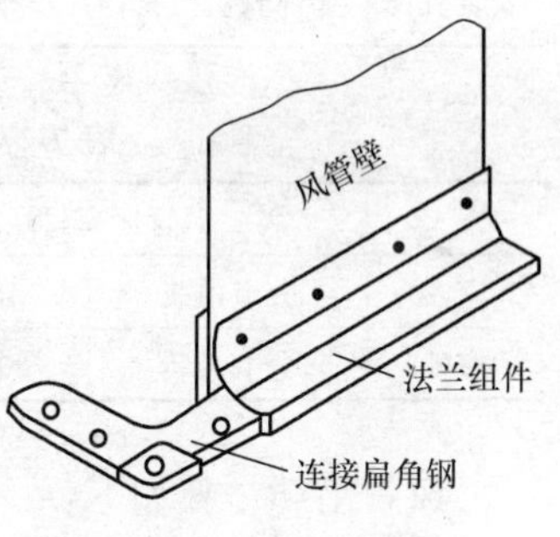

图7-40 扁角钢的连接

安装时两风管之间的法兰对接，四角用四个M12螺栓紧固，法兰间垫一层闭孔海绵橡胶作垫料，厚度为3~5mm，宽度为20mm，如图7-41所示。与角钢法兰相比，组合法兰式样新颖，轻巧美观，节省型钢，安装简便，施工速度快，对墙或靠顶敷设的风管可不必多留安装空隙。

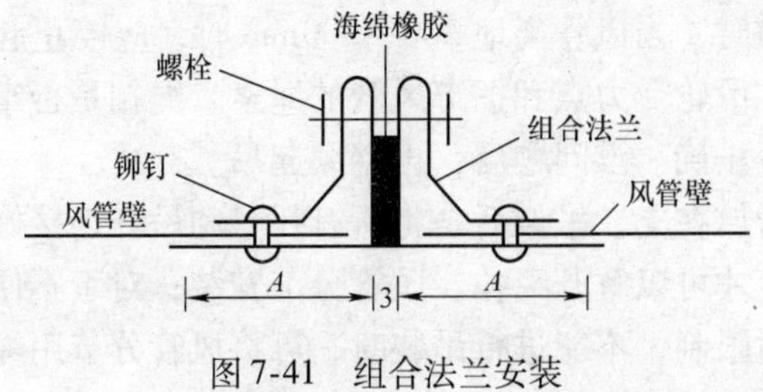

图7-41 组合法兰安装

4）风管安装时，根据施工现场情况，可以在地面连成一定的长度，然后采用吊装的方法就位；也可以把风管一节一节地放在支架上逐节连接。一般安装顺序是先干管后支管。具体安装方式参照表7-26和表7-27。

表7-26 水平风管安装方式

建筑物	（单层）厂房、礼堂、剧场、（多层）厂房、建筑			
	风管标高≤3.5m	风管标高>3.5m	走廊风管	穿墙风管
主风管	整体吊装	分节吊装	整体吊装	分节吊装
安装机具	升降机、倒链	升降机、脚手架	升降机、倒链	升降机、高凳
支风管	分节吊装	分节吊装	分节吊装	分节吊装
安装机具	升降机、高凳	升降机、脚手架	升降机、高凳	升降机、高凳

表7-27 立风管安装方式

	风管标高≤3.5m		风管标高>3.5m	
室内	分节吊装	滑轮、高凳	分节吊装	滑轮、脚手架
室外	分节吊装	滑轮、脚手架	分节吊装	滑轮、脚手架

风管吊装步骤如下：

①首先应根据现场具体情况，在梁柱上选择两个可靠的吊点，然后挂好捯链或滑轮。

②用麻绳将风管捆绑结实。塑料风管如需整体吊装时，绳索不得直接捆绑在风管上，应用长木板托住风管的底部，四周应有软性材料垫层，方可起吊。

③起吊时，当风管离地200~300mm时，应停止起吊，仔细检查捯链式滑轮受力点和捆绑风管的绳索、绳扣是否牢靠，风管的重心是否正确。没问题后，再继续起吊。

④风管放在支、吊架后，将所有托盘和吊杆连接好，确认风管稳固好，才可以解开绳扣。风管分节安装；对于不便悬挂滑轮或因受场地限制，不能进行吊装时，可将风管分节用绳索拉到脚手架上，然后抬到支架上对正法兰逐节安装。

风管安装时应注意的安全问题如下：

①起吊时，严禁人员在被吊风管下方，风管上严禁站人。

②应检查风管内、上表面有无重物，以防起吊时，坠物伤人。

③对于较长风管，起吊速度应同步进行，首尾呼应，防止由于一头过高，中段风管法兰受力大而造成风管变形。

④抬到支架上的风管应及时安装，不能放置太久。

⑤对于暂时不安装的孔洞不要提前打开；暂停施工时，应加盖板，以防坠人坠物事故发生。

⑥使用梯子不得缺档，不得垫高使用。使用梯子的上端要扎牢，下端采取防滑措施。

⑦送风支管与总管采用直管形式连接时，插管接口处应设导流装置。

5）特殊风管安装。输送易燃易爆气体或该环境下的风管应有接地，应尽量减少接口，在其通过生活及辅助间时不得设有接口。不锈钢和碳素钢支架间应垫非金属片或喷刷涂料。铝板风管安装时，支架、抱箍应镀锌，其风管采用角钢法兰，翻边连接，法兰的连接采用镀锌螺栓，并在法兰两侧垫上镀锌垫圈。

聚氯乙烯风管的安装基本同金属风管，但由于不同的力学性能和条件，安装时需做到以下几点：由于其自身重量以及受热、老化，其支架间距一般为2～3m，一般采用吊架。支架数据见表7-28。尽量加大风管与支、吊、托架的接触面，接触处垫3～5mm的塑料垫片。支架抱箍不能过紧，以便伸缩。安装时远离热设备。风管上所用金属材料应防腐。穿墙应设金属套管保护，做法如图7-42a所示，穿楼板应设保护圈，做法如图7-42b所示，聚氯乙烯风管要在两固定点间（大于20m）安装一个伸缩节，支管与干管连接可采用柔性接管（表7-29）。

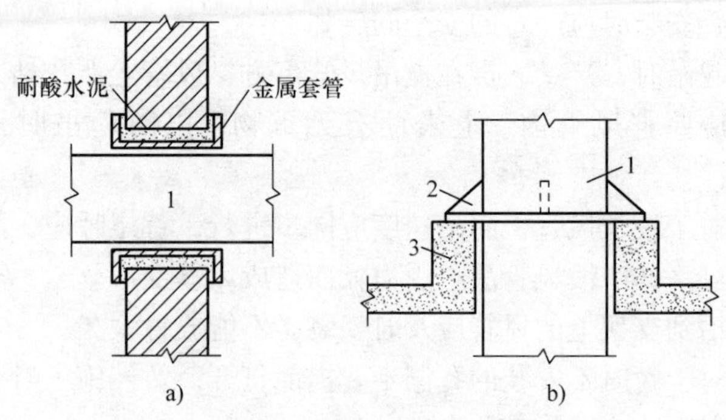

图 7-42　塑料风管保护套管

a）过墙套管　b）保护圈

1—塑料风管　2—塑料支撑　3—混凝土结构

表 7-28　聚氯乙烯风管的支架　　（单位：mm）

矩形风管的长边或圆形风管的直径	承托角钢规格	吊环螺栓直径	支架最大间距
≤500	30×30×4	8	3.0
510~1000	40×40×5	8	3.0
1010~1500	50×50×6	10	3.0
1510~2000	50×50×6	10	2.0
2010~3000	60×60×7	10	2.0

表 7-29　伸缩节、软接头尺寸　　（单位：mm）

圆形风管直径	矩形断面周长	壁厚	伸缩节长度	软接头长度
100~285	520~960	2	230	330
320~885	1000~2800	3	270	370
1025~1540	3200~3600	4	310	410
–	4000~5000	5	350	450
–	5400	6	390	490

玻璃钢风管常用于纺织、印染等产生腐蚀性气体和大量水蒸气的排风系统中。玻璃钢法兰与风管或配件应成为整体，并与风

管轴线成直角。法兰平面度允许偏差为 2mm。因风管的变形，其法兰规格应符合表 7-30 的规定，螺栓间距按 60mm 计。树脂不得有破裂、断落及分层，安装后不得扭曲，且应加大玻璃钢风管在支、吊架上的受力接触面。

表 7-30　玻璃法兰规格　（单位:mm）

圆形风管直径或矩形风管大边长	规格(宽×厚)	螺栓规格
≤400	30×4	M8×25
420~1000	40×6	M8×30
1060~2000	50×8	M10×35

7.4　通风空调系统部件安装

7.4.1　防火阀

在系统中部件与风管相连接，大多采用法兰，其连接要求和所用垫料与风管接口相同。常用部件有阀门、风口、风帽、吸排气罩等。阀门有止回阀、防火阀、密闭阀等几种，常用防火阀如图 7-43 所示。

防火阀制作时阀体板厚不应小于 2.0mm，遇热后不能有显著变形，阀门轴承等可动部分必须用耐腐蚀材料制作，以免发生火灾时因锈蚀而动作失灵。防火阀制成后应进行漏风试验。

防火阀有水平安装、垂直安装和左式、右式之分，安装时不得随意改变。尤其是阀板的开启方向应逆气流方向，不得装反。易熔件材质严禁代用，安装于气源一侧。

风管穿防火墙时，穿墙风管需用 $\delta \geqslant 1.6$mm 厚钢板制作，风管外面用耐火的保温材料隔热，预留洞应比风管法兰大 30mm，如图 7-44a所示，并要求防火阀单独设吊架，安装后应在墙洞与管子间用水泥砂浆密封。变形缝处防火阀安装如图 7-44b 所示，要求穿墙风管与墙之间保持 50mm 距离，并用柔性非燃烧材料充填密封。

带手动复位装置的防火阀必须在安装后进行模拟试验，检查其关闭性能。电接点远传信号应准确无误。模拟试验后一定要恢复常开状态。

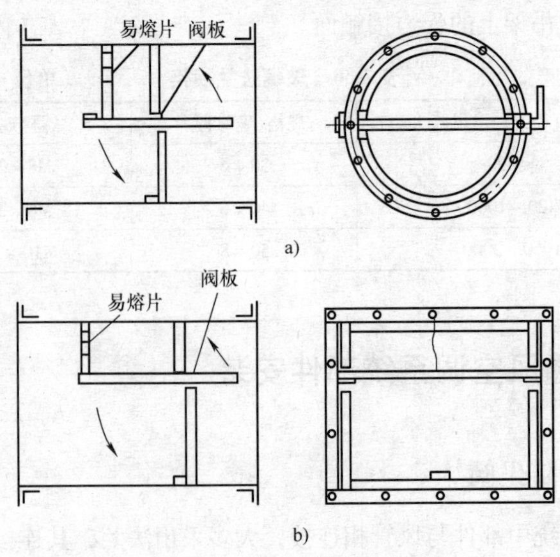

图 7-43　防火阀

a）圆形风管防火阀　b）方形、矩形风管防火阀

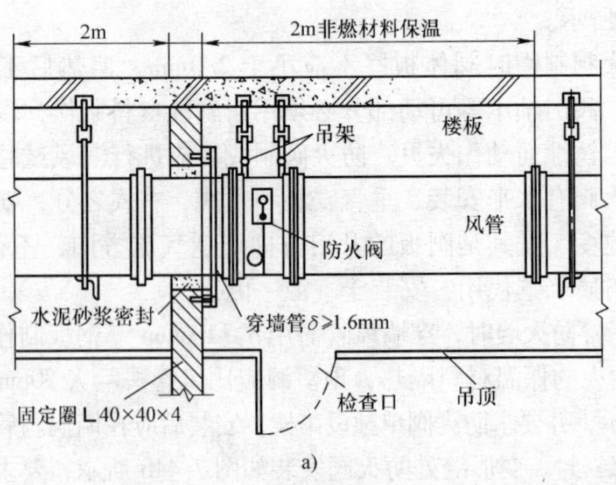

图 7-44　防火阀安装示意图

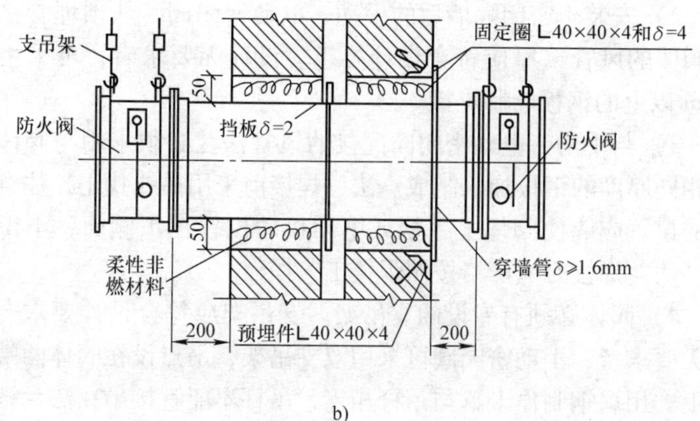

图7-44　防火阀安装示意图（续）

a）方案一　b）方案二

7.4.2　风管止回阀

止回阀安装在风机的压出管段上，开启方向必须与气流方向一致。水平安装时，坠锤的位置是在侧面，不能在上面或下面。坠锤摆动的角度约有45°左右，摆幅不够说明有卡阻或是坠锤配重有问题，应查明原因，加以纠正。垂直安装时，气流只能由下向上。止回阀的阀板靠风力推动开启，无风时或风向相反时阀板靠重力回落封闭风道，阀上没有重锤，不能与水平安装的止回阀混用。

7.4.3　密闭阀

密闭阀有手动和电动之分。一般直接安装在水平或垂直风管上。其安装方法和注意事项如下：

1）安装手动、电动密闭阀时，阀体上的箭头方向必须与冲击波方向一致。与风管连接的法兰间应垫5mm厚橡胶垫。安装时应先穿好全部法兰螺栓，然后对称逐次拧紧螺母，防止法兰受力不均产生渗漏。

2）安装于密闭隔墙后的手动、电动密闭阀，从预埋管接出至阀体的风管壁厚应符合设计要求。设计无要求者，可采用厚3mm以上的钢板卷制焊接。

3）与手动、电动密闭阀配接的风管法兰必须采用与阀体法兰相同厚度的钢板加工制成。法兰焊接前采用吊线找正，注意螺孔的位置应能使阀体上手柄或电动机的位置在正侧面，不得歪斜。法兰焊接时应严格按照焊接工艺操作。

4）阀体必须有专设的支吊架。支吊架应符合设计要求，设计无要求者，手动密闭阀可采用双支吊架，吊点设在阀体两端轴头上。用扁钢制作卡箍与吊杆相连，吊杆不能直接吊在法兰螺栓上。电动密闭阀可采用带斜撑支架或吊架，并应在减速器箱位置增设吊点，保持阀体重心平衡。阀体垂直安装时，如离地面或墙面较近，也可采用支架，支架与阀体结合处必须采用卡箍，不得直接支在法兰盘上。

5）手动、电动密闭阀的阀板密封面及密封圈上禁止刷漆。应保持清洁无锈。阀体减速器中的润滑油位应达到规定位置。

6）电动密闭阀安装好后应进行调试，确保其开启到位和关闭到位，密闭性能符合设计要求。阀体上的“开”“关”到位指示器的指针位置应调整到刻度的起始和终止位置，与阀板的运动实际情况相符。电动密闭阀的开启和关闭到位由减速器箱内的限位开关控制。调试时，主要是调整限位开关的挡块位置，使阀体开启和关闭到位。连接在风管中的电动密闭阀看不见阀板的关闭情况，可在阀板运动停止后，用摇把插入手动轴孔内向关闭方向转动摇把，如果只能转动四分之一周，且明显感到阀板压簧已经压紧，就可认为阀板已关闭到位，否则应重新调整限位开关位置，直到满足要求。

7.4.4 风口制作与安装

1. 百叶风口

百叶风口是空调中常用风口，有联动百叶风口和手动百叶风口。新型百叶风口内装有对开式调节阀，以调节风口风量。单层百叶风口用于一般送风口，双层百叶风口用于调节风口垂直方向气流角度，三层百叶风口用于调节风口垂直和水平方向气流角度。

在风管上安装时直接固定在风管壁上，在墙上安装时预留木框断面尺寸可为40mm×40mm。为满足系统试验调整工作的需要，百叶风口的叶片必须平整、无毛刺，间距均匀一致。封口在关闭位置时，各叶片贴合无明显缝隙，开启时不得碰撞外框并应保证开启角度。手动百叶风口的叶片直接用铆钉固定在外框上，制作时不能铆接过紧或过松，否则将有调整叶片角度时扳不动或气流吹过时颤动等现象。

2. 散流器

散流器有方形和圆形。安装在吊顶上时，支管应以斜三通接出。每个散流器只能占据一块吊顶装饰板的位置居中安装。安装时要由上向下安装，不得另加装饰。散流器重量可由网管承受，也可由吊顶承担。目前有些散流器，芯子与边框可以分离，安装时可先拆下芯子，把边框固定好后再把芯子装上。

散流器与风管连接时，应使风管法兰处于不铆接状态，使散流器按正确位置安装后，再准确定出风管法兰的安装位置，最后按确定的风管法兰安装位置，将法兰与风管铆接牢固。

3. 吊顶风口安装

目前，一些宾馆、商场、写字楼等高级建筑出于装饰需要，大量采用铝合金轻质龙骨吊顶或高质量的合成材料吊顶。安装风口时，风口位置切断中、小龙骨后应采用增设吊点的方法保证吊顶龙骨的荷重能力，使吊顶保持平整。否则，可能会对吊顶结构产生损坏。

4. 风口专配柔性软管安装

高级建筑中空调风口的布置要服从装饰效果的需要，往往要配合顶板造型。采用常规方法制作支风管困难很大，往往采用新型柔性风管来配合风口安装，两端采用专用钢卡箍配件与风管或风口连接。柔性软管可与散流器直接配接，也可与风口静压箱相连。

空调用柔性软管有保温型和不保温型。材料为自熄性、无毒害，可耐受一定温度。目前常用的有圆形和方形，规格有 100 ~ 400mm，每条长度为 6mm。

7.4.5 风帽、吸尘罩与排气罩的安装

1. 风帽的安装

风帽安装方法有两种：一种是风帽从室外沿墙绕过屋檐伸出屋面；另一种是从室内直接穿过屋面层伸向室外。采用穿屋面的做法时，屋面板应预留洞，风帽安装后，屋面孔洞处应做防雨罩（图 7-45），防雨罩与接口应紧密不漏水。

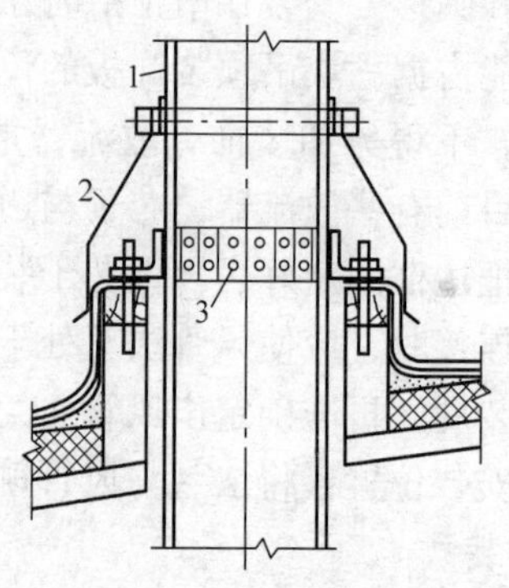

图 7-45　穿过屋面的风帽

1—金属风管　2—防雨罩　3—铆钉

不连接风管的筒形风帽，可用法兰固定在屋面板预留洞口的底座上，如在底座下设有滴水盘时，其排水管应接到指定位置或有排水装置的地方。

风帽安装高度一般超出屋面 1.5m 时，应用镀锌钢丝或圆钢拉索固定，拉索应不少于三根，拉索中间加松紧螺钉调节。拉索不得固定在风管连接法兰上面，应另设加固法兰。

2. 吸尘罩与排气罩安装

各类吸尘罩与排气罩的安装位置，应参照设计，根据已安装的相应设备位置、尺寸确定。罩口直径大于 600mm 或矩形大边大于 600mm 的罩子应设支架或吊架，其重量不得由设备及风管承担。支架或吊架应不妨碍生产操作。

7.5　通风空调设备的安装

7.5.1　通风机的安装

通风机是通风空调系统中的主要设备之一，常用通风机为离心式和轴流式两种。安装的工艺流程为：基础验收→开箱检查→搬运→清洗→安装、找平、找正→试运转、检查验收。

1. 安装前的准备

（1）基础验收　安装前应对设备基础进行全面检查，查看是否符合尺寸，标高是否正确；预埋地脚螺栓或预留地脚螺栓孔的位置及数量，应与风机及电动机上地脚螺栓孔相符，预埋地脚螺栓的直径或预留地脚螺栓孔的大小及深度，均应符合要求。应使用与基础相同强度等级的水泥浇地脚螺栓。

（2）开箱检查　应有出厂合格证或质量鉴定文件；根据设备清单核对其规格、型号是否与设计相符，带轮、传动带、电动机滑轨及地脚螺栓等零配件是否齐全；观察外表有无损坏、变形和锈蚀现象；用手拨动风机叶轮是否灵活，旋转后每次都不应停留在同一位置上并不得碰壳；风机轴承充填润滑剂的黏度应符合设计要求，不能使用变质或含有杂物的润滑剂。

（3）风机搬运　按施工方案进行。整体安装的风机，搬运和吊装的绳索不能捆绑在机壳和轴承的吊环上，与机壳边接触的绳索，在棱角处应垫以柔软的材料，防止磨损机壳及绳索被切断；解体安装的风机，绳索捆绑不能损坏主轴、轴衬的表面和机壳、叶轮等部件；搬动风机时，不得将叶轮、齿轮轴直接放在地上滚动或移动。

(4) 设备清洗　风机设备安装前，应将轴承、传动部位及调节机构进行拆卸、清洗，装配后使其转动，调节灵活；用煤油或汽油清洗轴承时严禁吸烟或用火，以防发生火灾。

2. 离心式通风机的安装

离心式通风机分为整体式小型风机、分体式风机和轴流式通风机三种。

1) 整体式小型风机可直接安装，步骤如下：

①在底座上穿地脚螺栓，并拧满螺母，将风机连同底座一起吊装到基础上。

②调整底座，使其与底座上面确定的横向及纵向中心线吻合。

③用水平仪测量风机是否水平，如不水平，可通过在底座四角下垫铁找平。

④调整风机与电动机的同轴度。调整时，松动风机或电动机与底座的固定螺栓，微调后，再拧紧螺栓。

⑤二次浇筑，将地脚螺栓孔用细石混凝土浇灌、捣实。将基础面与底座间缝隙抹平压光。

⑥二次浇筑干结后，再次校正风机与电动机的水平度与同轴度，合格后拧紧螺栓。

2) 分体式风机应分步安装，步骤如下：

①清理好基础和螺栓孔，并在基础上定出风机安装纵、横向中心线。

②将底座穿上地脚螺栓拧满螺母，把机壳吊装到基础上，调整风机使其对准安装中心线。

③将叶轮装上轮轴，将电动机及轴承架吊放基础上。

④用水平仪检查风机轮轴的水平度，如不水平，可加垫铁找平。找平后将垫铁点焊固定。

⑤检查和调整滑动轴承轴瓦间隙。一般顶间隙为 $(0.0018 \sim 0.002)d$(d 为轴颈直径)，侧间隙应为顶间隙的一半。

⑥风机外壳找正，使机壳和叶轮及轴承不互相摩擦。

⑦电动机找正，应在风机组合体安装后进行。用联轴器安装时，联轴器两端应调整到外圆同心、端面平行，风机与电动机联轴器端面保持表 7-31 中规定的间隙值。风机联轴器找平后，同轴度允许偏差参见表 7-32。

表 7-31　风机与电动机联轴器端面间隙值

风机类型	间隙/mm
大型	8 ~ 12
中型	6 ~ 8
小型	3 ~ 6

表 7-32　风机同轴度允许偏差

转速/(r/min)	刚性联轴器/mm	弹性联轴器/mm
<3000	≤0.04	≤0.06
<1500	≤0.06	≤0.08
<1000	≤0.08	≤0.10
<500	≤0.10	≤0.15

⑧进行二次浇筑。

⑨安装带轮。注意安装后应有一定的松紧度，且拉紧一面应位于带轮下方，如图 7-46 所示。这样可增大传动带和带轮的接触面积，提高传动效率，同时有利于 V 带较顺利地嵌进风机的带轮槽内。

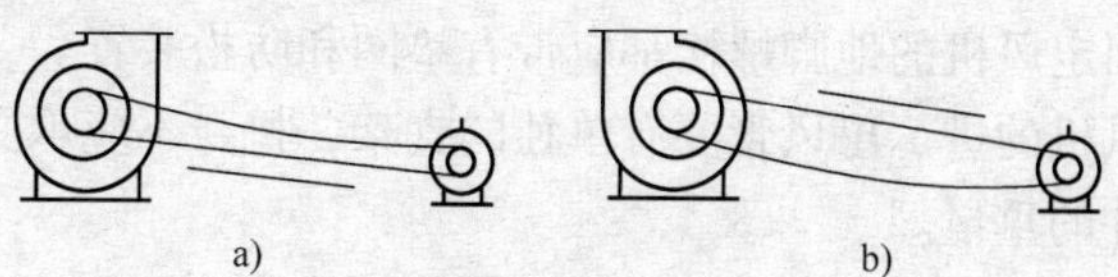

图 7-46　带传动方向

a）正确　b）不正确

离心式风机本体安装要求：使风机的叶轮旋转后，每次都不停留在原来位置上且不得碰擦机壳。安装允许偏差见表7-33。机壳进风斗的中心线与叶轮中心线应在一条直线上，风机机壳进风斗与叶轮的轴向间隙如图7-47所示，间隙值应符合表7-34的规定。

表7-33 风机安装允许偏差 (单位:mm)

中心线的平面位移	标高	带轮轮宽中心平面位移	转动轴水平度		联轴器同轴度	
			纵向	横向	径向位移	横向倾斜
10	±10	1	0.2/1000	0.3/1000	0.05	0.2/1000

表7-34 进风斗与叶轮的间隙值

离心式风机号	间隙(不大于)/mm	离心式风机号	间隙(不大于)/mm
2~3	3	6~1	6
4~5	4	12以上	7

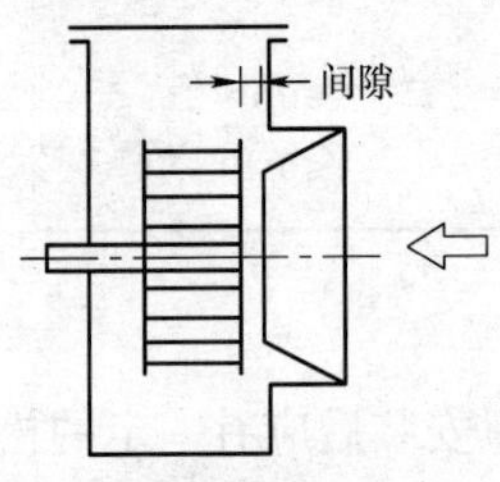

图7-47 风机机壳进风斗与叶轮的轴向间隙

在安装时应注意的问题如下：

①固定风机的地脚螺栓都应带有垫圈和防松装置。

②风机的进、出风管要有单独的支架，机身不应承受风管及其他构件的重量。

③风管与风机连接时，中间要装柔性接管。

④离心风机出口处的异径管和弯管，应顺气流方向向内扩大，以减小出口阻力，如图7-48所示。

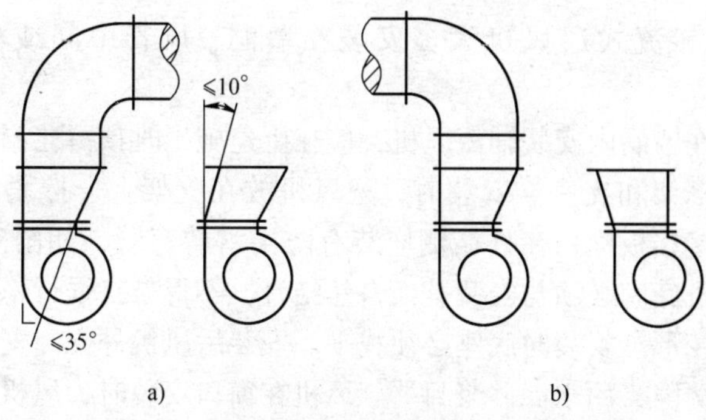

图7-48 风机出口连接

a）正确 b）不正确

⑤风机的进风管或出风管直通大气时，在管口处要加设防护网。

⑥风机试运转前必须在传动装置上加注润滑油，并检查各项措施是否安全；叶轮旋转方向必须正确；机壳温度不得超过60℃。

⑦风机试运转连续运转时间不少于2h。

⑧电动机的安装：电动机可水平安装在滑座上或固定在基础上。电动机按风机找平、找正。风机与电动机的连接：此时两轴中心线应在同一条直线上，其轴向倾斜允许偏差为0.2‰，径向位移允许偏差为0.05mm（图7-49）。

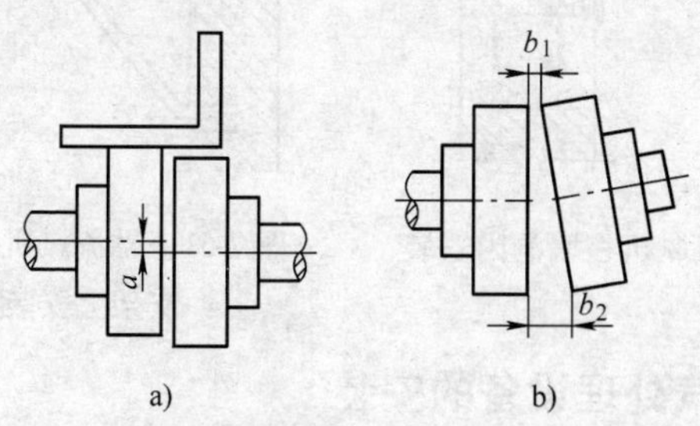

图7-49 连接偏差

a）径向位移偏差 b）轴向倾斜偏差

3）轴流式通风机大多安装在墙洞、风管中间或单独支架上。

①在墙洞内安装轴流风机，应在土建施工时预留孔洞，并预埋风机框架和支座。安装时，把风机放在支架上，拧紧地脚螺栓，连接挡板框，在外墙侧应装有防雨雪的弯管，如图 7-50 所示。风机底座必须与安装基面自然结合，不得敲打强行稳固，以防底座变形。安装时底座必须找平。安装后风机外壳与安装孔洞之间的缝隙，用水泥砂浆封严。风机在窗口安装时，风机固定在木结构上，并用 1mm 厚的钢板将四周缝隙封严。

②在风管内安装轴流风机和在单独支架上安装相同，把风机底座固定在角钢支架上，支架按图样要求位置和标高安置牢固，支架螺孔位置应与风机底座螺孔尺寸相符。将风机吊放在支架上，支架与底座间宜垫以 4 ~ 5mm 厚的橡胶板，找平、找正后，把螺栓拧紧。安装时要注意气流方向和翼轮转向，防止反转。连接风管时，风管中心应与风机中心对正，如图 7-51 所示。

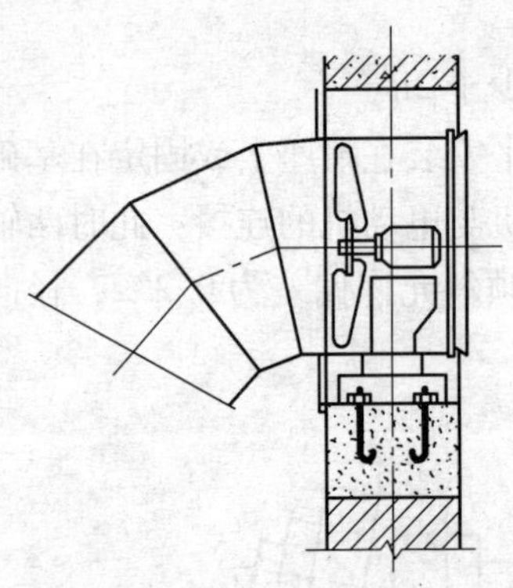

图 7-50 轴流风机在墙洞内安装

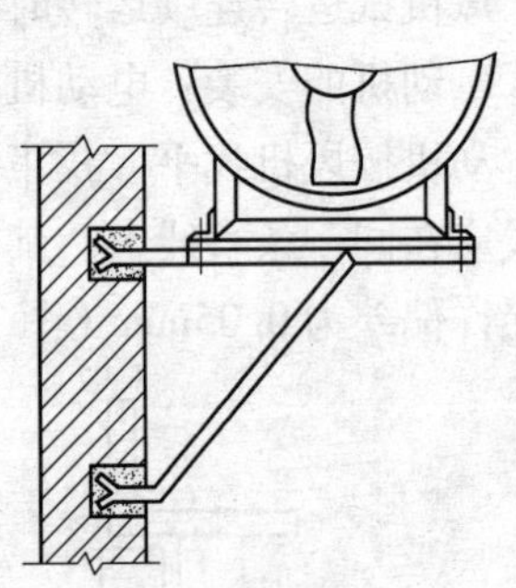

图 7-51 轴流风机在单独支架上安装

7.5.2 空气处理设备的安装

1. 空调机组的安装

空调机组主要由空气过滤器、冷热交换器和送风机组成，常见的有新风空调机组、柜式空调机组、组合式空调机组等。安装形式有卧式、立式和吊顶式。

（1）吊顶式空调机组安装　吊顶式空调机组不单独占据机房，而是吊装于楼板之下、吊顶之上，因此机组高度尺寸较小；风机为低噪声风机。一般在风量 $4000m^3/h$ 以上的机组有两个或两个以上的风机并且为了吊装的方便，其底部框架的两根槽钢做得较长，打有四个吊装孔，其孔径根据机组重量和吊杆直径确定。从承重方面考虑，在一般情况下吊装机组的风量不超过 $8000m^3/h$。如果建筑承重强度大并且有保证，也可以吊装较大的新风空调箱（可达到 $20000m^3/h$），但在安装时必须有保证措施。

吊顶式空调机组的安装方法和步骤如下：

1）安装前，应首先阅读生产厂家所提供的产品样本及安装使用说明书，详细了解其结构特点和安装要点。

2）因机组吊装于楼板上，应确认楼板的混凝土强度等级是否合格，承受能力是否满足要求。

3）确定吊装方案。一般情况下，如机组风量和重量均不过大，而机组的振动又较小的情况下，吊杆顶部采用膨胀螺栓与楼板连接，吊杆底部采用螺纹加装橡胶减振垫与吊装孔连接的办法。如机组的风量、重量较大，吊杆在钢筋混凝土内应加装钢板，如图 7-52 所示。

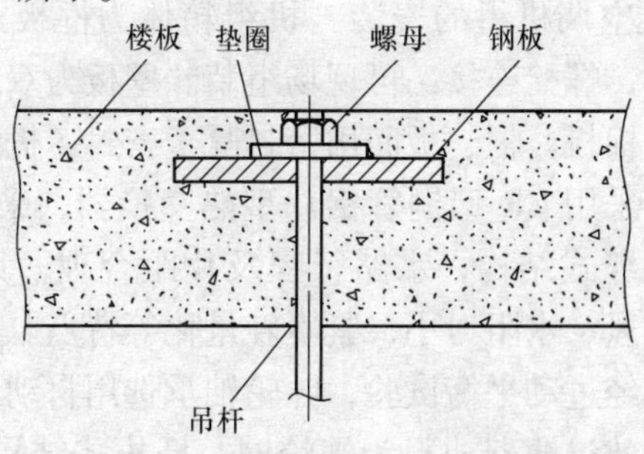

图 7-52　大风量机组吊杆顶部连接

4）合理选择吊杆直径的大小，保证吊挂安全。

5）合理考虑机组的振动，采取适当的减振措施。在一般情况下，新风空调箱内部的风机与箱体底架之间已加装了减振装置。如果是较小规格的机组，并且机组本身减振效果又较好的情况下，可直接将吊杆与机组吊装孔采用螺纹加垫圈连接；如果进行试运转，机组本身振动较大，则应考虑加装减振装置，其措施一是在吊装孔下部粘贴橡胶垫使吊杆与机组之间减振，二是在吊杆中部加装减振弹簧，效果更好。

6）安装时应特别注意机组的进出风方向、进出水方向、过滤器的抽出方向是否正确等，以避免不必要的失误。安装时应注意保护好进出水管、冷凝水管的连接螺纹，缠好密封材料，以保证管道连接的严密性，防止管道连接处漏水。同时应保护好机组凝结水盘的保温材料，不要使凝结水盘有裸露情况。

7）机组安装后应进行调节，以保持机组水平；在连接机组的冷凝水管时应有一定的坡度（≥5%），以使冷凝水顺利排出；机组安装完毕后应检查风机运转是否平衡，风机转动方向是否正确，同时冷热交换器应无渗漏。

8）机组的送风口与送风管道连接时应采用帆布软管连接形式。

9）机组安装完毕进行通水试压时，应通过冷热换热器上部的放气阀将空气排放干净，以保证系统压力和水系统的通畅。

（2）柜式空调机组的安装　机组箱体为框板式结构，框架采用轧制型钢，螺栓连接，可现场组装。壁板为双层钢板，中间粘贴超细玻璃棉板。框、板间用密封腻子密封。机组应进行防腐处理。换热器采用 CR 型铜管铝片型热交换器，采用机械胀管、二次翻边、条缝式结构，水路行程及片距合理，具有换热性能好，耐压高，风、水阻力小，紧凑轻量化等特点。风机为低噪声风机，叶轮均经过动平衡试验，叶轮轴承选用自动调心轴承，并装减振器。初效过滤器滤料为锦纶网，插拔式结构，拆装方便，可重复使用。可采用自控系统实现对空气温度、湿度、风压及风量的自动控制，实现过滤器前后压差显示及风机电动机的保护，以满足工艺性空调的要求。

（3）组合式空调机组的安装　组合式空调机组外形较大，有十多种功能段：新风、回风混合段，初效过滤段，中效过滤段，表面冷却段，加热段，加湿段，回风机段，送风机段，二次回风段，消声段，中间段等。安装如图 7-53 所示，供不同应用场合选用、组合。

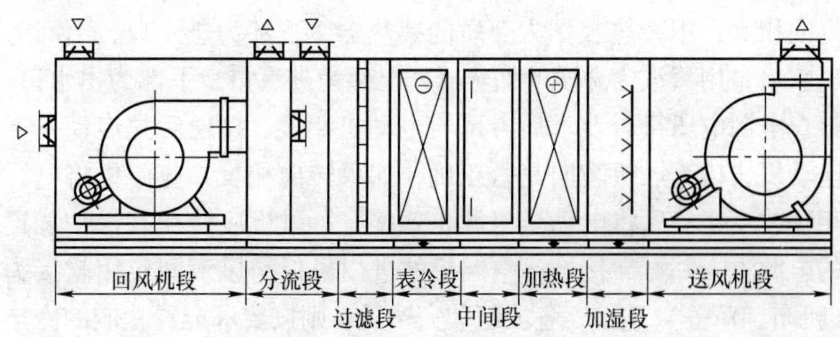

图 7-53　组合式空调机组的安装

这种空调器的各部件是散装供货，在现场按设计图样进行组装后安装，机组安装步骤和要求如下：

现场条件：机组四周尤其是操作面及外接管一侧应留有充分空间，供操作及维修使用；机组应放置在平整的基座上（混凝土垫层或槽钢底座），基座应高于机房地平面 200～250mm，且四周需做排水沟口；机房应设有地漏，以便排放冷凝水及清洗水。

设备开箱检查：应与建设单位和设备供货商共同开箱检查；检查设备名称、规格、型号是否符合设计图样的要求，产品说明书、合格证是否齐全；安装箱清单及设备技术文件，检查附件、专用工具是否齐全；设备表面有无缺陷、损坏、锈蚀等现象；风机叶轮与机壳是否卡塞，风机减振是否合格；并做好检验记录，作为设备技术档案。

空调机组应分段组装，从空调机组的一端开始，逐一将段体抬上底座校正位置后，加上衬垫，将相邻的两个段体用螺栓连接严密牢固。每连接一个段体前，将内部清理干净；与加热段相连的段体，应采用耐热垫片作衬垫；必须将外管道的水路冲洗干净后方可与空调机组的进出水管相接，以免将换热器水路堵死；与机组管道相接时，不能用力过猛，以免损坏换热器；机组内部安装有换热器的放气及泄水阀门，为了方便操作，安装时也可在机组外部的进出水管上安装放气及泄水阀门；通水时旋开放气阀门排气，排完后将阀门旋紧，停机后通过泄水阀门排出换热器水管内的积水；用冷热水作为介质的换热器，下部为进水口，上部为出水口，用蒸汽为介质的加热器，上部为进汽口，下部为出水口；检查电源电压符合要求后方可与电动机相接，接通后先启动一下电动机，检查风机转向是否正确，如果转向相反，应停机将电源相序改变，然后将电动机电源正式接好；风机应接在有保护装置的电源上，并可靠接地；空调机的进出风口与风道间应用软接头（帆布、革等）连接；各段组装完毕后，则按要求配置相应的冷热介质管道、给水排水管道，冷凝水排出管应畅通。全部系统安装完毕应进行试运转，一般应连续运行 8h 无异常现象为合格。

2. 风机盘管机组的安装

风机盘管机组主要由换热盘管、风机、电动机、送回风口、过滤器、控制器和凝水盘等组成。机组有立式、卧式等形式，如图 7-54 所示。风机盘管一般直接设置在空调房间内。

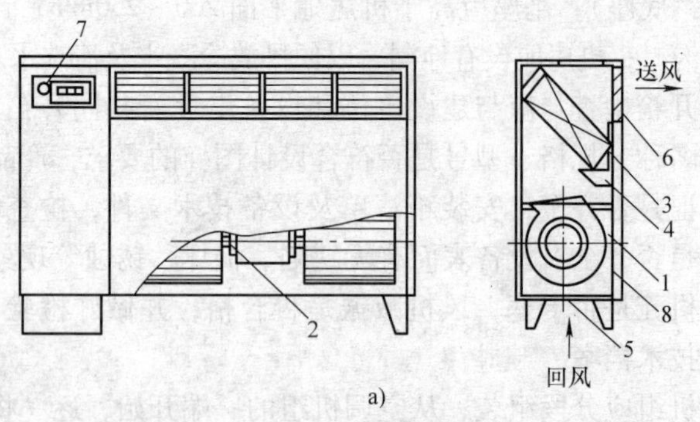

图 7-54　风机盘管机组

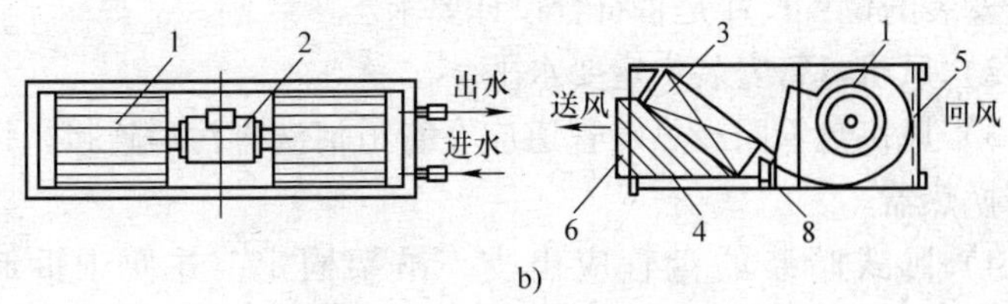

图7-54　风机盘管机组（续）

a）立式明装　b）卧式暗装（控制器装在机组外）

1—离心式风机　2—电动机　3—盘管　4—凝水盘　5—空气过滤器　6—出风格栅　7—控制器（电动阀）　8—箱体

（1）风机盘管的安装方式

1）卧式明装：吊装于顶棚下或门窗上方。

2）卧式暗装：吊装于顶棚内，回风口方向可在下部或后部。

3）立式明装：设置于室内地面上。

4）立式暗装：设置在窗台下，送风口方向可在上方或前方。

（2）风机盘管的安装步骤、方法

1）风机盘管安装前应逐台进行水压试验，试验压力应为工作压力的1.5倍，定压后观察2～3min不渗不漏。

2）根据设计要求确定盘管安装位置。

3）根据安装位置选择支、吊架的类型。

4）制作支、吊架。

5）安装支、吊架。

6）盘管安装到位。

7）盘管找正、找平。

8）盘管固定。

（3）风机盘管安装应注意的问题

1）土建施工时要搞好配合，按设计位置预留孔洞。待建筑结构工程施工完毕，屋底做好防水层，室内墙面、地面抹完，再检查安装的位置尺寸是否符合设计要求。

2）风机盘管安装一定要水平。

3）风机盘管同冷热媒管道应在管道清洗排污后连接，以免堵塞换热器。

4）卧式暗装的盘管应由支、吊架固定，并便于拆卸和检修。

5）空调系统干管安装完后，检查接往风机盘管的支管预留管口位置标高是否符合要求。

6）为便于凝结水的排出，安装明装立式机组时，要求通电侧稍高于通水侧，安装卧式机组时，应使机组的冷凝水管保持一定的坡度（一般坡度为5°）。

7）机组冷凝水管不得压扁、折弯，以确保凝结水排除通畅；机组冷凝水管连接要严密、不得渗漏。

8）风机盘管与风管、回风室及风口连接处应严密。

9）冷热媒管与风机盘管相连宜采用钢管或紫铜管，接管应平直。冷凝水管宜软性连接，材质宜用透明胶管，并用喉箍紧固严禁渗漏，坡度应正确，凝结水应畅通流到指定位置，水盘应无积水现象。

10）机组进出水管应加保温层，以免夏季使用时产生凝结水。进出水管的管螺纹应有一定的锥度，螺纹连接处应采取密封措施（一般选用聚四氟乙烯生料带）、进出水管与外接管道连接时必须对准，应采用挠性接管（软接头）或铜管连接，连接时切忌用力过猛或别劲（因是薄壁管的铜焊件，以免造成盘管弯扭而漏水）。

3. 消声器安装

消声器有定型产品或现场加工制作，制作时各种板材、型钢及消声材料都应严格按设计要求选用。图7-55所示为消声弯管。

对定型的消声器产品，除检查有无合格证外还应进行外观检查，如板材表面应平整，厚度均匀，无凸凹及明显压伤现象，并不得有裂纹、分层、麻点及锈蚀情况。

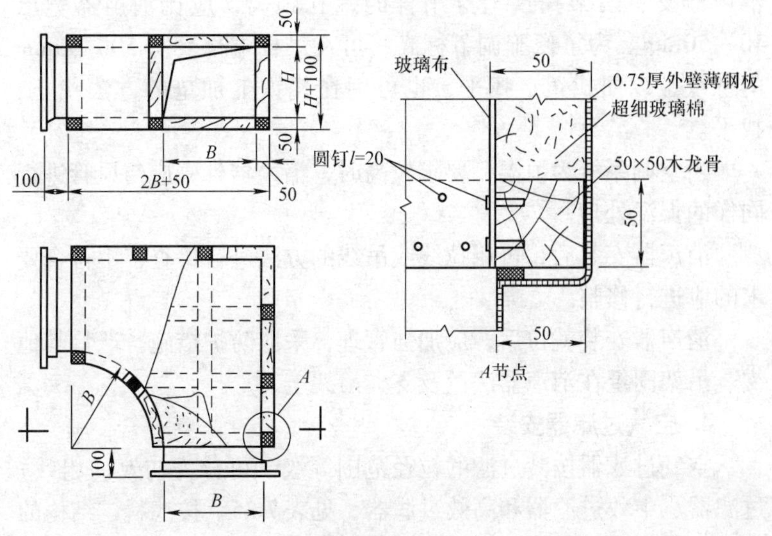

图 7-55 消声弯管

对制作消声器所用型钢应等型，不应有裂纹、划痕、麻点及其他影响质量的缺陷。消声材料应严格按照设计要求选用，并满足对防火、防潮和耐腐蚀性能的要求。用得较多的是聚氨酯泡沫塑料、超细玻璃纤维和工业毛毡等材料。为防止纤维飞散，消声层表面均用织布（玻璃纤维布、细布或塑料、金属纱网）覆盖包裹。为提高强度，有的还用金属穿孔板加以保护。消声材料要铺匀贴紧，不得脱落，覆面层不得破损。穿孔板应平整，孔眼排列均匀，无毛刺。

消声器在运输安装过程中，不能受潮。充填的消声材料不应有明显下沉，其安装方法要正确。消声器和消声弯头应单独设支架，其重量不得由风管来承担，这样也有利于单独拆卸检查和更换。

消声器内外金属构件表面应涂刷红丹防锈漆两道（优质镀锌板材可不涂防锈漆）。涂刷前，金属表面应按需要进行处理，清除铁锈、油脂等。涂刷时要求无漏涂、起泡、露底等现象。

消声器支、吊架托铁上穿吊杆的螺孔距离，应比消声器宽出40～50mm。为了便于调节标高，可在吊杆端部套有50～60mm的螺纹，以便找正、找平，也可用在托铁上加垫的方法找正、找平。

当空调系统为恒温，要求较高时，消声器外壳应与风管进行同样的保温处理。

消声器安装后，可用拉线或吊线的方法进行检查，不符合要求的应进行修整。

消声器安装就位后，应加强管理，采取防护措施。严禁其他支、吊架固定在消声器法兰及支、吊架上。

4. 空气过滤器安装

空气过滤器按其过滤的粒径范围等级，可分为初效（粗效）过滤器、中效过滤器和高效过滤器，见表7-35。按滤料、结构的不同，这三种过滤器又可分为若干种。过滤器的安装应做到以下几点：

表7-35 过滤器的分类

分级	入口浓度/(mg/m³)	主要过滤径/μm	设计滤速/(m/s)	效率(≥0.3μm的尘粒)(%)	阻力/Pa		清洗或更换周期(按8h/d计)/月
					初	终	
初效	<10	>10	0.5～3	<20	30～50	<100	0.5～1
中效	1～2	1～10	0.05～0.3	20～90	50～100	<200	2～4
高效	<1	<1	0.01～0.03	90～99.99	100～200	<400	≥12

1）对于框式及袋式的粗、中效空气过滤器，安装时要便于拆除和更换滤料，还要注意过滤器内部及其与风管或空气处理室间的严密性。

2）对于亚高效、高效过滤器，应注意按标志方向搬运、存放于干燥洁净的地方。必须在其他安装工程完毕，并全面清扫完后，将系统连续运行12h，对过滤器进行开箱检查，合格后立即安装。安装时，外框箭头应与气流方向一致，带波纹板的过滤器，波纹板应垂直于地面，网孔尺寸沿气流方向逐渐缩小，不得装反。过滤器与框架间应严格密封。

3）自动卷绕式过滤器一般由箱体、滤料、滤料固定部分、传动机构、控制部分组成，如图7-56所示。安装时，应先在墙洞或混凝土底座上制好预埋件，将框架与预埋件用螺栓固定，中间垫入10mm厚的衬垫。注意上下筒间平行，框架平整，滤料松紧合适。

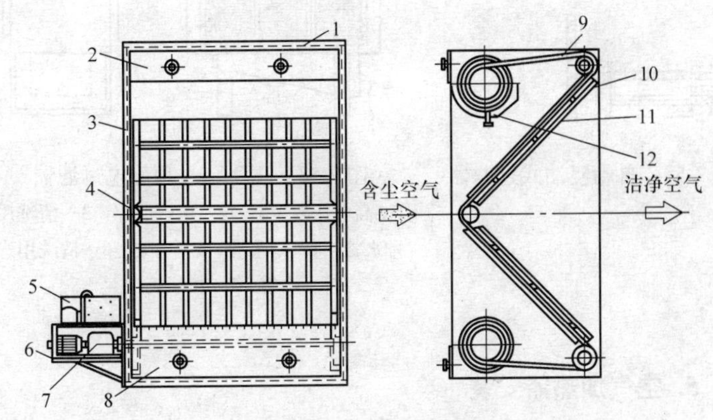

图7-56 ZJK-1型自动卷绕式过滤器

1—连接法兰 2—上箱 3—滤料滑槽 4—改向辊 5—自动控制箱 6—支架 7—双极蜗轮减速器 8—下箱 9—滤料 10—挡料栏 11—压料栏 12—限位器

4）自动浸油式过滤器安装时，将数层波浪形金属网格交错重叠装于金属匣内，如图7-57所示。浸油后，将若干个网格同时固定在一个框架上使用。安装时整体固定在预埋的角钢框上。应使过滤器间接缝严密，滤网应清理干净，传动灵活。

过滤器在安装时，一定要注意其安装的严密性，防止空气二次污染和滤料中毒。

5）静电过滤器由尼龙网层、电过滤器、高电压发生器和控制盒组成，除控制盒外，其他三个部分共同装于一个外壳内，如图7-58所示。一般采用整体式安装。安装时应注意平稳性，与其相连处应采用柔性短管。必须带有接地装置，接地电阻应小于4Ω。为了方便清洗，还应安装进、出水管。

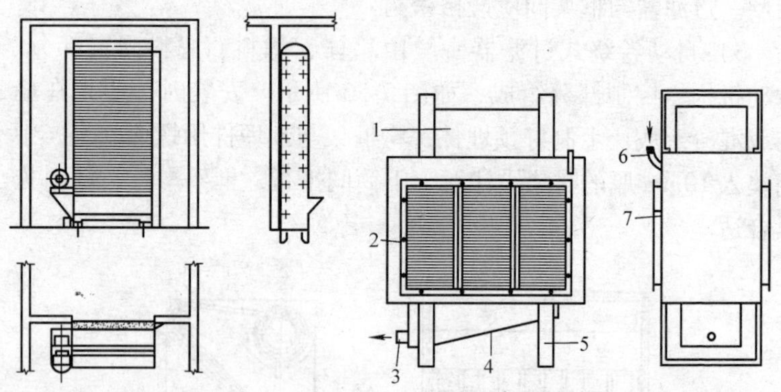

图 7-57 自动浸油式过滤器

图 7-58 JKG－2A 型静电过滤器

1—高电压发生器 2—电过滤器 3—清洗用排水管 4—排水槽 5—支架 6—清洗用进水管 7—接风管法兰

5. 空气加热器安装

空气加热器大致有两种类型：表面式加热器和电加热器(图 7-59 和图 5-60)。在通风空调系统中，表面式加热器应用更为广泛。

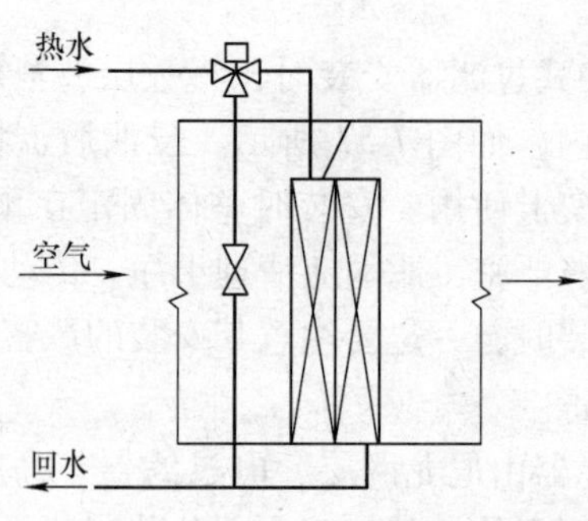

图 7-59 表面式加热器

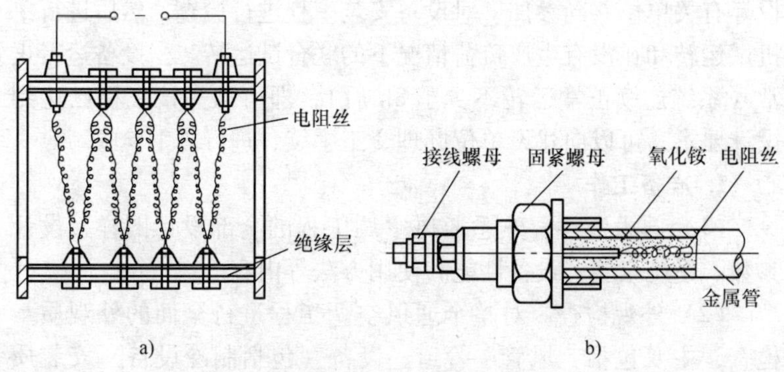

图7-60　电加热器
a）裸线式电加热器　b）管状电加热器

表面式加热器一般装配在空调机组内。安装前，应检查验收，合格后，才能安装；安装时，空气加热器应与预制好的角钢框连接起来，中间垫上3mm厚的石棉板；注意用水平尺校正、找平；加热器并联安装时，应用螺栓垫石棉板连接，加热器与外框以及加热器间缝隙应用耐火材料填实；若表面式加热器夏季用于冷却空气，其下部应安装有凝水盘和凝结水排水管。

常用电加热器也有两种类型，即裸线式电加热器和管状电加热器。一般只安装于风管内。安装时注意应保持良好的接地；连接电加热器前后风管的法兰垫料应用绝缘的耐热防火材料，严禁连接螺栓导电；暗装风管内的电加热器，安装时，应留有检修孔。

7.6　通风空调系统的调试与验收

7.6.1　通风空调系统的调试

施工单位在通风空调工程竣工后、交付使用前，应先向建设单位办理竣工验收手续。由建设单位组织设计、施工、监理、建设等有关单位共同参加，对设备安装工程进行检查，然后进行单机试运转和在没有生产负荷情况下的联合试运转。当设备运行正常（系统连续正常运转不少于 8h 后），即可认为该工程已达到设计要求，可以向建设单位办理交工手续，进行竣工验收。

1. 准备工作

（1）熟悉资料　熟悉通风空调工程的全部设计图样、设计参数、系统全貌、设备性能和使用方法等内容。

（2）外观检查　对整个通风空调工程进行全面的外观质量检查，主要包括：风管、管道、设备（包括制冷设备）安装质量是否符合规定，连接处是否符合要求；各类阀门安装是否符合要求，操作调节是否灵活方便；空气洁净系统的安装是否满足清洁、严密的规定；除尘器、集尘器是否严密；系统的防腐及保温工作是否符合规定。检查中凡质量有不符合规范规定的地方应逐一做好记录并及时修正，直到合格为止。

（3）编制调试计划　内容包括：目标要求、时间进度、试调项目、调试程序和方法以及人员安排等，并做到统一指挥，统一行动。

准备好需用的仪表和工具，接通水、电源及冷、热源。

各项准备工作就绪和检查无误后，即可按计划投入试运转。

2. 单机试运转

主要包括风机、空调机、水泵、制冷机、冷却塔等的单机试运转。

运转后要检查设备的减振器是否有位移现象。设备的试运转要根据各种设备的操作规程运行，并做好记录。

3. 无生产负荷的联合试运转

在单机试运转合格的基础上，可进行设备的联合试运转。

1）风机的风量、风压测定。测量空气流动速度的各种仪器、仪表在使用前都需经过认真检验校核，确保其数据准确可靠。常用的仪器、仪表有叶轮风速仪、转杯风速仪和热电风速仪、毕托管、微压计等。

2）风管系统的风量平衡。将系统各部位的风量调整到设计要求的数值，使系统达到设计要求，一般应达到下面三点：风口的风量、新风量、排风量、回风量的实测值与设计风量的允许值不大于 10%；新风量与回风量之和应近似等于总的送风量或各送风量之和；总的送风量应略大于回风量与排风量之和。

风量的调整通过调节风管系统中阀门的开度来改变系统各管段的阻力，使风量达到设计要求（图 7-61）。目前，常用的调试方法有等比分配法、基准风口调整法及逐段分支调整法等。

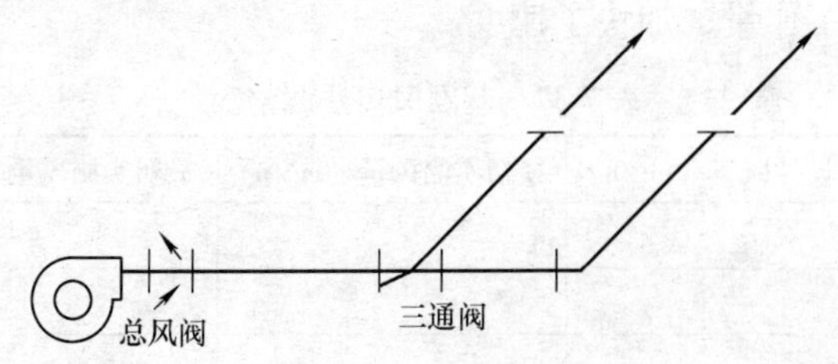

图 7-61　风量分配示意图

①等比分配法。从最不利风口（通常为最远管段）开始，逐步调向风机。步骤如下：绘制系统草图，标出各管段的风量，并填写风量等比分配法调整表（表 7-36）；从最不利管段开始，用两套仪器相邻测量管段的风量，边测量边调节三通阀或支管调节阀的开度，使相邻管段间实测风量比与设计风量比近似相等，逐段依次进行；最后调整总风管的风量达到设计风量，这样，各管段风量也按比值进行分配，从而符合设计风量值。等比分配法调整风量准确，但各个管段上均需打孔，因而未能普遍使用。

表 7-36　风量等比分配法调整表

管段编号	设计风量/(m^3/h)	相邻管段设计风量比	调整后实测风量比
1			
2			
⋮			
n			

②基准风口调整法。先找出系统风量与设计风量比值最小的风口，以此风口风量为基准，对其他风口进行调整。步骤如下：用风速仪测出所有风口的风量，填写基准风口法调整表（表7-37）；在每一干管上选一基准风口（系统风量与设计风量之比最小），用两套仪器，一套放于基准风口处不动，另一套分别放于其他风口处，借助三通阀的调节使两风口的实测风量比值与设计风量比值近似相等；最后调整干管风量，使之达到设计风量，则各管段风口风量也相应地达到设计要求。该方法无需打孔，减小了调试的工作量，加快了速度。

表 7-37 基准风口法调整表

风口编号	设计风量/(m^3/h)	最初实测风量/(m^3/h)	最初实测风量/设计风量
1			
2			
⋮			
n			

③逐段分支调整法。该方法为逐步接近法，通过反复逐段调整，使之达到设计风量。系统调整好后，在阀门手柄上做标记并加以固定。

3）制冷系统试验及充注制冷剂，进行冷介质系统试运转。制冷系统的压力、温度、流量等各项技术数据应符合有关规范及技术文件的规定。

4）部件相差较大时，仅进行不带冷、热源的正常联合试运转不少于8h；通风、除尘系统的连续运转不应少于2h。

无生产负荷联合试运转是指空调房间没有工艺设备，或虽有工艺设备但并未投入运转，也无生产人员的情况下进行的联合试运转。在试运转时应考虑到各种因素，如建筑物装修材料是否干燥，室内的热湿负荷是否符合设计条件等。同时，在无生产负荷联合试运转时一般能排除的影响因素应尽可能排除，如果室内温度达不到要求，应检查盘管的过滤网是否堵塞，风机传动带是否打滑，新风过滤器的集尘量是否超过要求，或者制冷量达不到要求等。检查出的问题应由施工、设计及建设单位共同商定改进措施。如果运转情况良好，试运转工作即告结束。

7.6.2　竣工验收

1. 提交验收资料

施工单位在进行了无负荷联合试运转后，应向建设单位提供以下资料：

1）设计修改的证明文件、变更图和竣工图。

2）主要材料、设备、仪表、部件的出厂合格证或检验资料。

3）隐蔽工程验收单和中间验收记录。

4）分部、分项工程质量评定记录。

5）制冷系统试验记录。

6）空调系统无生产负荷联合试运转记录。

以上资料施工单位在施工过程中一定要保存好，不要丢失或损坏，以免造成因资料不全而影响工程竣工验收，将这些资料整理后移交给建设单位存档。施工单位也要重视绘制竣工图的工作，特别是隐蔽工程，在隐蔽前一定要做好文字记录或绘制一些隐蔽工程图，由双方签字，分别由甲、乙方保管，以便作为竣工及结算的依据。

2. 竣工验收过程

由建设单位组织，由质量监督部门逐项验收，待验收合格后，即将工程正式移交建设单位管理。

3. 综合效能试验

对于空调系统应在人员进入室内及工艺设备投入运行的状态下，进行一次带生产负荷的联合试运转，即综合效能试验，检验各项参数是否达到设计要求。由建设单位组织，设计和施工单位配合进行。综合效能试验主要是针对空调房间的温度、湿度、洁净度、气流组织、正压值、噪声级等。每一项空调工程都应根据工程需要对其中若干项目进行测定。如果在带生产负荷的综合效能试验时发现问题，应与建设、设计、施工单位共同分析，分清责任，采取处理措施。

第8章　管道设备的防腐及保温

8.1　管道及设备的防腐

8.1.1　管道及设备的防腐概述

在建筑设备系统中，常常因为管道被腐蚀而引起系统漏水、漏汽（气），这样既浪费能源，又影响生产。对于输送有毒、易燃、易爆的介质，还会污染环境，甚至造成重大事故。因此，为保证正常的生产秩序和生活秩序、延长系统的使用寿命，除了正确选材外，采取有效的防腐措施也是十分必要的。

除设计有特殊要求外，管子外壁涂料防腐层施工的一般要求如下。

对于室内管道：明装镀锌钢管刷银粉漆一道或不刷漆；明装黑铁管及其支架和散热器刷红丹底漆一道，银粉漆两道；暗装黑铁管刷红丹底漆两道；潮湿房间（如浴室、蒸煮间等）内明装黑铁管及其支架和散热器等均刷红丹底漆两道，银粉面漆两道；对明装各种水箱及设备刷红丹底漆两道，面漆两道。

对于室外管道：明装室外管道，刷底漆或防锈漆一道，再刷两道面漆；装在通行和半通行地沟里的管道，刷防锈漆两道，再刷两道面漆。

金属管道的防腐施工一般由表面处理、喷涂（或涂刷）两道工序组成。每道工序都很重要，都应按规范的规定施工；否则涂料将不能和被涂物表面结合良好，时间稍长就会自行脱落。

8.1.2 腐蚀及防腐保护

腐蚀分为化学腐蚀和电化学腐蚀。化学腐蚀是金属在干燥的气体、蒸汽或电解溶液中的腐蚀，是化学反应的结果；电化学腐蚀是由于金属和电解质溶液间的电位差，导致有电子转移的化学反应所造成的腐蚀。金属材料（或合金）的腐蚀，两种均有。

在管道工程中最经常、最大量的是碳钢管的腐蚀，碳钢管主要是受水和空气的腐蚀。暴露在空气中的碳钢管除受空气中的氧腐蚀外，还受到空气中微量的 CO_2、SO_2、H_2S 等气体的腐蚀，由于这些复杂因素的作用，加速了碳钢管的腐蚀速度。一般影响腐蚀的因素有以下几个：

1）材质性能。有色金属较黑色金属耐腐蚀，不锈钢较有色金属耐腐蚀。

2）空气湿度。空气中存在水蒸气是金属表面形成电解质溶液的主要条件，干燥的空气腐蚀性差。

3）环境中含有的腐蚀性介质的多少。

4）土壤的腐蚀性和均匀性。

5）杂散电流的强弱。杂散电流强，埋地管道腐蚀的可能性就强。

为了防止金属管道的腐蚀常采取以下措施：

1）合理选用管材。根据管材的使用环境和使用状况，合理选用耐腐蚀的管道材料。

2）涂覆保护层。地下管道采用防腐绝缘层或涂料层，地上管道采用各种耐腐蚀的涂料。

3）衬里。在管道或设备内贴衬耐腐蚀的管材和板材，如衬橡胶板、衬玻璃板、衬铅等。

4）电镀。在金属管道表面镀锡、镀铬等。

5）电化学保护。牺牲阳极法，即用电极电位较低的金属与被保护的金属接触，使被保护的金属成为阴极而不被腐蚀。牺牲阳极法广泛用于防止在海水及地下的金属设施的腐蚀。

在管道及设备的防腐方法中，采用最多的是涂料工艺，对于放置在地面上的管道和设备，一般采用油漆涂料；对于设置在地下的管道，则多采用沥青涂料。

8.1.3　除污

一般钢管（或薄钢板）和设备表面总有各种污物，如灰尘、污垢、油渍、锈斑等，这些会影响防腐涂料对金属表面的附着力，如果铁锈没除尽，涂料涂刷到金属表面后，漆膜下被封闭的空气继续氧化金属，即继续生锈，以致使漆膜被破坏，使锈蚀加剧。为了增加涂料的附着力和防腐效果，在涂刷底漆前，必须将管道或设备表面的污物清除干净，并保持干燥。常用的除污方法有人工除污和喷砂除污两种。

1. 人工除污

人工除污一般使用钢丝刷、砂布、砂轮片等摩擦外表面。对于钢管的内表面除锈，可用圆形钢丝刷来回拉擦。内、外表面除锈必须彻底，以露出金属光泽为合格，再用干净棉纱或废布擦干净，最后用压缩空气吹洗。

这种方法劳动强度大、效率低、质量差，但在劳动力充足、机械设备不足时，尤其是安装工程中还常采用人工除污。

2. 喷砂除污

喷砂除污是采用 0.4～0.6MPa 的压缩空气，把粒度为 0.5～2.0mm 的砂子喷射到有锈污的金属表面上，靠砂子的打击使金属表面的污物去掉，露出金属的质地光泽。喷砂装置如图 8-1 所示。

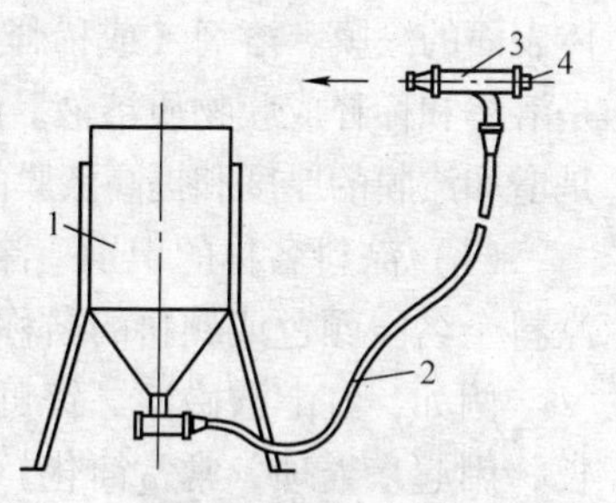

图 8-1　喷砂装置

1—贮砂罐　2—橡胶管

3—喷枪　4—空气接管

用这种方法除污的金属表面变得粗糙而均匀，使涂料能与金属表面良好结合，并且能将金属表面凹处的锈除尽，是加工厂或预制厂常用的一种除污方法。

喷砂除污效率高、质量好，但喷砂过程中产生大量的灰尘，污染环境，影响人们的身体健康。为避免干喷砂的缺点，减少尘埃的飞扬，可用喷湿砂的方法来除污。为防止喷湿砂除污后的金属表面易生锈，需在水中加入一定量（1% ~15%）的缓蚀剂（如磷酸三钠、亚硝酸钠），使除污后的金属表面形成一层牢固而密实的膜（即钝化）。实践证明，加有缓蚀剂的湿砂除污后，金属表面可保持短时间不生锈。喷湿砂除污的砂子和水一般在贮砂罐内混合，然后沿管道至喷嘴高速喷出以除去金属表面的污物，一次使用后的湿砂再收集起来倒入贮砂罐内继续使用。

8.1.4 刷油

1. 涂料

油漆是一种有机高分子胶体混合物的溶液，实际上是一种有机涂料。将它称为油漆，是由于从前人们制漆时，多采用天然的植物油为主要原料。现在的人造漆已经很少用油，而改用有机合成的各种树脂，仍将它们称为油漆是沿用习惯的叫法。

涂料主要由成膜物质、溶剂（或稀释剂）、颜料（或填料）三部分组成。成膜物质实际上是一种胶粘剂，是涂料的基础材料，它的作用是将颜料或填料粘结融合在一起，以形成牢固附着在物体表面的漆膜。溶剂（或稀释剂）是一些挥发性液体，它的作用是溶解和稀释成膜物质溶液。颜料（或填料）是粉状，它的作用是增加漆膜的厚度和提高漆膜的耐磨、耐热和耐化学腐蚀性能。

（1）涂料名称的识别　涂料的名称由三部分内容组成，即：涂料全名 = 颜色或颜料的名称 + 成膜物质名称 + 基本名称。

例如，红醇酸磁漆、锌黄酚醛防锈漆。有些成膜物质名字较长，用起来繁琐，常常简化，如聚氨基甲酸酯简化成聚氨酯。

（2）涂料型号的识别　涂料的型号也由三部分内容组成。第一部分是指成膜物质，用汉语拼音字母表示；第二部分是指基本名称，用其名称编号的两个阿拉伯数字表示；第三部分是产品编号，用一位阿拉伯数字表示。例如，H－52－3 中，H 为成膜物质代号，52 为基本名称，3 为序号，其全称为环氧防腐漆。

目前涂料的品种繁多，性能各不相同。如何正确选择和使用涂料与防腐效果的好坏有极大关系。一般情况下，应考虑下列几个因素：被涂物周围腐蚀介质的种类、浓度和温度；被涂物表面的材料性质；经济效果。

2. 管道及设备的刷油

涂料防腐的原理就是靠漆膜将空气、水分、腐蚀介质等隔离起来，以保护金属表面不受腐蚀。涂料的漆膜一般由底层（漆）和面层（漆）构成。底漆打底，面漆罩面。底层应用附着力强，并具有良好防腐性能的漆料涂刷。面层的作用主要是保护底层不受损伤。每层漆膜的厚度视需要而定，施工时可涂刷一遍或多遍。

涂装方法很多，这里介绍安装工程中常用的两种方法。

1）涂刷法。主要是手工涂刷。这种方法操作简单，适应性强，可用于各种涂料的施工。但人工涂刷效率低，质量受操作者技术水平影响较大。手工涂刷应自上而下，从左至右，先里后外，先斜后直，先难后易，漆膜厚薄均匀一致，无漏刷处。

2）空气喷涂。所用的工具为喷枪（图 8-2）。

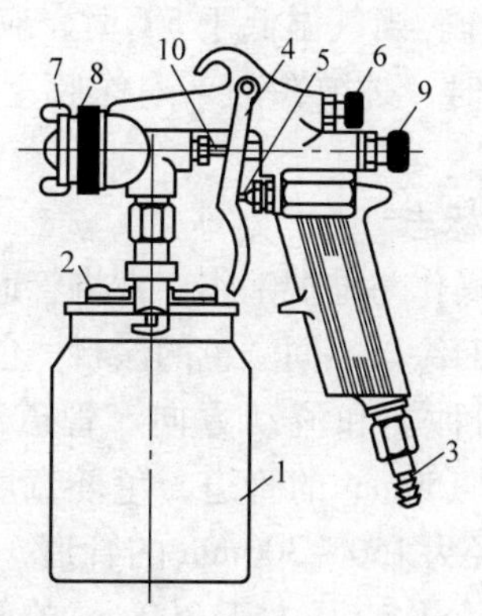

图 8-2　油漆喷枪

1—漆罐　2—花篮螺栓　3—空气接头　4—板机　5—空气阀杆
6—控制阀　7—空气喷嘴　8—螺母　9—螺栓　10—针塞

其原理是压缩空气通过喷嘴时产生高速气流，将漆罐内漆液引射混合成雾状，喷涂于物体的表面。这种方法的特点是漆膜厚薄均匀，表面平整，效率高。只要调整好涂料的黏度和压缩空气的工作压力，并保持喷嘴距被涂物表面一定的距离和一定的移动速度，均能达到满意的效果。

喷枪所用的空气压力一般为0.2～0.4MPa。喷嘴距被涂物件的距离，视被涂物件的形状而定：如被涂物件表面为平面，一般在250～350mm的范围为宜；如被涂物件表面为圆弧面，一般在400mm左右为宜。喷嘴移动的速度一般为10～15m/min。空气喷漆的漆膜较薄，往往需要喷涂几次才能达到需要的厚度，为提高一次喷涂的漆膜厚度，减少稀释剂的消耗量，提高工作效率，可采用热喷涂施工。热喷涂施工就是将涂料加热，用提高涂料温度的方法来代替稀释剂使涂料的黏度降低，以满足喷涂的需要。涂料加热温度一般为70℃。采用热喷涂法比一般空气喷除法可节省2/3左右的稀释剂，并提高近一倍的工作效率，同时还能改变涂膜的流平性。

为保证施工质量，均要求被涂物表面清洁干燥，并避免在低温和潮湿环境下工作。当气温低于5℃时，应采取适当的防冻措施。需要多遍涂刷时，必须在上一遍涂膜干燥后，方可涂刷第二遍。

3. 管道的涂色标志

为方便管理、操作与维护工作，常将管道表面或防腐层、绝热管道的保护层表面涂以不同颜色的涂料、色环、箭头，以区别管道内流动介质的种类和流动方向。管道涂色一般规定见表8-1。公称直径小于150mm的管道，色环宽度为30mm，间距为1.5～2m；公称直径为150～300mm的管道，色环宽度为50mm，间距为2～2.5m；公称直径大于300mm的管道，色环的宽度、间距可适当加大。用箭头表明介质流动方向。当介质可能有两个方向流动时，应标出双向流动箭头。箭头一般涂成白色或黄色，在浅底的情况下，也可将箭头涂成红色或其他颜色，以指示鲜明。管道支架如设计未明确可一律涂成灰色。

表 8-1　管道涂色一般规定

管道名称	颜色		管道名称	颜色	
	底色	色环		底色	色环
过热蒸汽管	红	黄	液化石油气管	黄	绿
饱和蒸汽管	红		压缩空气管	浅蓝	
废汽管	红	绿	净化压缩空气管	浅蓝	黄
凝结水管	绿	红	乙炔管	白	
余压凝结水管	绿	白	氧气管	深蓝	
热力网返回水管	绿	褐	氮气管	棕	
热力网输出水管	绿	黄	氢气管	白	红
疏水管	绿	黑	油管	棕	
高热值煤气管	黄		排气管	绿	蓝
低热值煤气管	黄	褐	天然气管	黄	黑
生活饮用水管	黄				

8.1.5　埋地管道的防腐

埋地管道的腐蚀是由于土壤的酸性、碱性、潮湿、空气渗透以及地下杂散电流的作用等因素所引起的，其中主要是电化学作用。防止腐蚀的方法主要是采用沥青涂料。埋地敷设的管道主要有铸铁管和碳钢管两种，铸铁管只需涂刷 1 ~ 2 道沥青漆或热沥青即可，而碳钢管由于腐蚀因素多，因此必须在钢管外壁采取特殊的防腐措施。

1. 沥青

沥青是一种有机胶结构，主要成分是复杂的高分子烃类混合物及含硫、含氮的衍生物。它具有良好的粘结性、不透水和不导电性，能抵抗稀酸、稀碱、盐、水和土壤的侵蚀，但不耐氧化剂和有机溶液的腐蚀，耐气候性也不强。它价格低廉，是地下管道最主要的防腐涂料。沥青有两大类：地沥青（石油沥青）和煤沥青。

石油沥青有天然石油沥青和炼油沥青。天然石油沥青是在石油产地天然存在的或从含有沥青的岩石中提炼而得；炼油沥青则是在提炼石油时得到的残渣，经过继续蒸馏或氧化后而得。根据我国现行的石油沥青标准，分为道路石油沥青、建筑石油沥青和普通石油沥青。在防腐工程中，一般采用建筑石油沥青和普通石油沥青。

煤沥青又称煤焦油沥青、柏油，是由烟煤炼制焦炭或制取煤气时干馏所挥发的物质中冷凝出来的黑色黏性液体，经进一步蒸馏加工提炼所剩的残渣而得。煤沥青对温度变化敏感，软化点低，低温时性脆。其最大的缺点是有毒，因此一般不直接用于工程防腐。

沥青的性质是用针入度、伸长度、软化点等指标来表示的。针入度反映沥青软硬稀稠的程度：针入度越小，沥青越硬，稠度就越大，施工就越不方便，老化就越快，耐久性就越差。伸长度反映沥青塑性的大小：伸长度越大，塑性越好，越不易脆裂。软化点表示固体沥青熔化时的温度：软化点越低，固体沥青熔化时的温度就越低。防腐沥青要求的软化点应根据管道的工作温度而定，软化点太高，施工时不易熔化，软化点太低，则热稳定性差。一般情况下，沥青的软化点应比管道最高工作温度高40℃以上为宜。

在管道及设备的防腐工程中，常用的沥青型号有30号甲、30号乙、10号建筑石油沥青和75号、65号、55号普通石油沥青。

2. 防腐层结构及施工方法

由前述可知，埋地管道腐蚀的强弱主要取决于土壤的性质。根据土壤腐蚀性质的不同可将防腐层结构分为三种类型：普通防腐层、加强防腐层和特加强防腐层，其结构见表8-2。普通防腐层适用于腐蚀性轻微的土壤；加强防腐层适用于腐蚀性较剧烈的土壤；特加强防腐层适用于腐蚀性极为剧烈的土壤。

表 8-2　埋地管道防腐层结构

附腐层层次（从金属表面起）	普通防腐层	加强防腐层	特加强防腐层	说　明
1	沥青底漆	沥青底漆	沥青底漆	防腐层厚度：一般普通防腐层的厚度不应小于 3mm，加强防腐层的厚度不应小于 5mm；特加强防腐层的厚度不应小于 9mm
2	沥青涂层	沥青涂层	沥青涂层	
3	外包保护层	加强包扎层	加强包扎层	
4		沥青涂层	沥青涂层	
5		外包保护层	加强包扎层	
6			沥青涂层	
7			外包保护层	

目前各种埋地管道的防腐层主要有石油沥青防腐层、环氧煤沥青防腐层、聚乙烯胶松节防腐层、塑料防腐层等。这里主要介绍石油沥青防腐层及施工方法，主要步骤如下。

1）刷冷底子油。在钢管表面涂沥青之前，为增加钢管和沥青的粘结力，应刷一层冷底子油。冷底子油是用沥青 30 号甲、30 号乙或 10 号建筑石油沥青，也可用 65 号普通石油沥青，汽油采用无铅汽油，沥青和汽油的配合比（体积比）为 1:(2. 25 ~ 2. 5）所配制。调配时先将沥青加热至 170 ~ 220℃进行脱水，然后再降温至 70 ~ 80℃，将沥青慢慢地倒入按上述配合比备好的汽油容器中，一边倒一边搅拌，严禁把汽油倒入沥青中。

施工时，冷底子油应涂刷在洁净、干燥的管子表面上，涂刷要均匀、无气泡、无滴落和流痕等缺陷，表面不得有油污和灰尘，涂抹厚度一般为 0. 1 ~ 0. 2mm。

2）浇涂热沥青。用于防腐的石油沥青，一般采用建筑石油沥青或改性石油沥青。熬制前，宜将沥青破碎成粒径为 100 ~ 200mm 的块状，并清除纸屑、泥土及其他杂物。熬制开始时应缓慢加热，熬制温度控制在 230℃左右，最高不超过 250℃，熬制中应经常搅拌，并清除熔化沥青面上的漂浮物。每锅沥青的熬制时间宜控制在 4 ~ 5h 左右。

施工时，底漆（冷底子油）干燥后，方可浇涂热沥青。沥青的浇涂温度为200~220℃，浇涂时最低温度不得低于180℃。若环境温度高于30℃，则允许沥青降低至150℃，浇涂时不得有气孔、裂纹、凸瘤等缺陷，并避免落入杂物。每层沥青的浇涂厚度为1.5~2mm。

3）缠加强包扎层。加强包扎层的作用是提高防腐层的强度整体性和热稳定性，一般采用玻璃丝布。施工时，浇涂热沥青后，应立即缠玻璃丝布。玻璃丝布必须干燥、清洁，缠绕时应紧密无皱褶，搭接应均匀，搭接宽度为30~50mm。玻璃丝布的沥青渗透率应达95%以上。

4）包外保护层。通常包一层透明的聚氯乙烯薄膜，其作用是增强防腐性能，通常规格为厚度0.2mm，比玻璃丝布宽10~15mm。施工时，待沥青层冷却到100℃以下时，方可包扎聚氯乙烯工业膜外保护层，包扎时应紧密适宜，无皱褶、脱壳等现象。搭接应均匀，搭接宽度为30~50mm。

5）当管道的特殊防腐层为集中预制时，在单根管子两端应留出逐层收缩成80~100mm的阶梯形接茬，并将接茬处封好以防污染，待管道连接并试压合格后，补做加强或特加强防腐层接头。补做的防腐层应不降低质量要求，并应注意使接头处无粗细不均匀缺陷。

沥青防腐层的施工，宜在环境温度高于5℃的常温下进行。当管子表面结有冰霜时，应先将管子加热干燥后，才能进行防腐层施工，当温度降到-5℃以下时，应采取冬期施工措施，严禁在雨、雾、风、雪中进行防腐层的施工。

8.2 管道及附件保温

8.2.1 管道及附件保温工程概述

保温又称绝热，绝热则更为确切。绝热是减少系统热量向外传递（保温）和外部热量传入系统（保冷）而采取的一种工艺措施。绝热包括保温和保冷。

保温和保冷是不同的。保冷的要求比保温高。这不仅是因为冷损失比热损失代价高，更主要的是因为保冷结构的热传递方向是由外向内。在传热过程中，由于保冷结构内外壁之间的温度差而导致保冷结构内外壁之间的水蒸气分压力差，大气中的水蒸气在分压力差的作用下随热流一起渗入绝热材料内，并在其内部产生凝结水或结冰现象，导致绝热材料的热导率增大、结构开裂。

对于有些有机材料，还将因受潮而发霉腐烂，以致材料完全被损坏。系统的温度越低，水蒸气的渗透性就越强。为防止水蒸气的渗入，保冷结构的绝热层外必须设置防潮层。而保温结构在一般情况下是不设置防潮层的。这就是保温结构与保冷结构的不同之处。虽然保温和保冷有所不同，但往往并不严格区分，习惯上统称为保温。

保温的主要目的是减少冷、热量的损失，节约能源，提高系统运行的经济性。此外，对于高温设备和管道，能改善四周的劳动条件，保护操作人员不被烫伤，实现安全生产。对于低温设备和管道（如制冷系统），保温能提高外表面的温度，避免外表面结露或结霜，也可以避免人的皮肤与之接触受冻。对于空调系统，保温能减小送风温度的波动范围，有助于保持系统内部温度的恒定。对于高寒地区的室外回水或给水排水管道，保温能防止水管冻结。

8.2.2　保温材料的选用

保温材料应热导率小而且随温度变化小。根据热导率的大小，将保温材料分为四级：

一级 $K<0.08\mathrm{W/(m\cdot K)}$。

二级 $0.08\mathrm{W/(m\cdot K)}<K<0.116\mathrm{W/(m\cdot K)}$。

三级 $0.116\mathrm{W/(m.K)}<K<0.174\mathrm{W/(m\cdot K)}$。

四级 $0.174\mathrm{W/(m\cdot K)}<K<0.209\mathrm{W/(m\cdot K)}$。

理想的保温材料除热导率小外，还应具备质量轻、有一定机械强度、吸湿率低、抗水蒸气渗透性强、耐热、不燃、无毒、无臭味、不腐蚀金属、能避免鼠咬虫蛀、不易霉烂、经久耐用、施工方便、价格低廉等特点。

在实际工程中，一种材料全部满足上述要求是很困难的，这就需要根据具体情况具体分析，抓住主要矛盾，选择最有利的保温材料。例如，低温系统应着重考虑保温材料的密度轻、热导率小、吸湿率低等特点；高温系统则应着重考虑材料在高温下的热稳定性。在大型工程项目中，还应考虑材料的价格、货源，以及减少品种规格等。对于在运行中有振动的管道或设备，宜选用强度较好的保温材料及管壳，以免长期受振动使材料破碎。对于间歇运行的系统，还应考虑选用热容量小的材料。

目前保温材料的种类很多，比较常用的保温材料有岩棉、玻璃棉、矿渣棉、珍珠岩、硅藻土、石棉、水泥蛭石等材料及碳化软木、聚苯乙烯泡沫塑料、聚氨酯泡沫塑料、泡沫玻璃、泡沫石棉、铝箔、不锈钢箔等。各厂家生产的同一保温材料的性能均有所不同，应按照厂家的产品样本或使用说明书中所给的技术数据选用。

8.2.3 保温结构的组成

保温结构一般由防锈层、保温层、防潮层（对保冷结构而言）、保护层、防腐蚀及识别标志层等构成。

防锈层所用的材料为防锈漆等涂料，它直接涂刷于清洁干燥的管道或设备的外表面。无论是保温结构还是保冷结构，其内部总有一定的水分存在，因为保温材料在施工前不可能绝对干燥；而且在使用（包括运行或停止运行）过程中，空气中的水蒸气也会进入到保温材料中去。金属表面受潮湿后会生锈腐蚀，因此管道或设备在进行保温之前，必须在表面涂刷防锈漆，这对保冷结构尤为重要。保冷结构可选择沥青冷底子油或其他防锈力强的材料作防锈层。

保温层在防锈层的外面，是保温结构的主要部分，其作用是减少管道或设备与外部的热量传递，起保温、保冷作用。

在保温层外面对保冷结构要做防潮层，目前防潮层所用的材料有沥青及沥青油毡、玻璃丝布、聚乙烯薄膜、铝箔等。防潮层的作用是防止水蒸气或雨水渗入保温材料，以保证材料良好的保温效果和使用寿命。

保护层设在保温层或防潮层外面，主要是保护保温层或防潮层不受机械损伤。保护层常用的材料有石棉石膏、石棉水泥、金属薄板及玻璃丝布等。

保温结构的最外面为防腐蚀及识别标志层，防止或保护保护层不被腐蚀，一般采用耐气候性较强的涂料直接涂刷于保护层上。因这一层处于保温结构的最外层，为区分管道内的不同介质，常采用不同颜色的涂料涂刷，所以防腐层同时也起识别管内流动介质的作用。

8.2.4　保温结构的施工

从上面的保温结构各层中看出，其中的防锈层和防腐蚀及识别层所用材料为油漆涂料，其施工方法已在前面叙述，本处不再重复。下面对保温层、防潮层、保护层的施工方法分别加以阐述。

1. 保温层施工

(1) 技术要求　对保温层施工的技术要求如下。

1) 凡垂直管道或倾斜角度超过45°、长度超过5m的管道，应根据保温材料的密度及抗压强度，设置不同数量的支撑环（或托盘），一般3～5m设置一道，其形式如图8-3所示。图中径向尺寸A为保温层厚度的1/2～3/4，以便将保温层托住。

2) 用保温瓦或保温后呈硬质的材料，作为热力管道的保温时，应每隔5～7m左右留出间隙为5mm的膨胀缝。弯头处留20～30mm膨胀缝，如图8-4所示。膨胀缝内应用柔性材料填塞。设有支撑环的管道，膨胀缝一般设置在支撑环的下部。

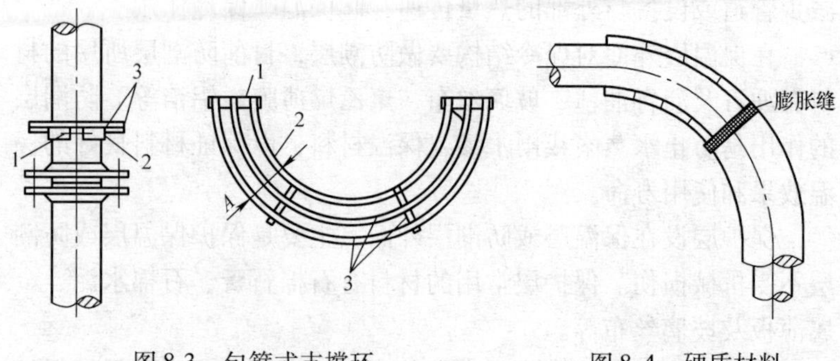

图 8-3　包箍式支撑环
1—角钢　2—扁钢　3—圈阀

图 8-4　硬质材料弯头的保温

3）除寒冷地区的室外架空管道的法兰、阀门等附件应按设计要求保温外，一般法兰、阀门、套管补偿器等管道附件可不保温，但两侧应留 70～80mm 间隙，并在保温层端部抹 60°～70°的斜坡。设备和容器上的人孔、手孔或可拆卸部件附近的保温层端部，应做成 45°斜坡。

（2）保温层施工方法　主要取决于保温材料的形状和特性，常用的保温方法有以下几种形式。

1）涂抹法保温适用于石棉粉、硅藻土等不定形的散状材料，将其按一定的比例用水调成胶泥涂抹于需要保温的管道设备上。这种保温方法整体性好，保温层和保温面结合紧密，且不受被保温物体形状的限制。

涂抹法多用于热力管道和热力设备的保温，其结构如图 8-5 所示。施工时应分多次进行，为增加胶泥与管壁的附着力，第一次可用较稀的胶泥涂抹，厚度为 3～5mm，待第一层彻底干燥后，用干一些的胶泥涂抹第二层，厚度为 10～15mm，以后每层为 15～25mm，均应在前一层完全干燥后进行，直到要求的厚度为止。

涂抹法不得在环境温度低于 0℃ 的情况下施工，以防胶泥冻结。为加快胶泥的干燥速度，可在管道或设备内通入温度不高于

150℃的热水或蒸汽。

2）绑扎法保温适用于预制保温瓦或板块料，用镀锌钢丝绑扎在管道的壁面上，是目前国内外热力管道保温最常用的一种保温方法，其结构如图 8-6 所示。

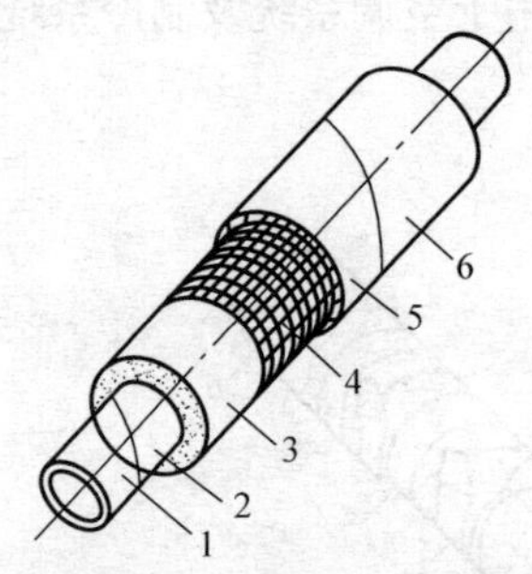

图 8-5　涂抹法保温结构

1—管道　2—防锈漆　3—保温层　4—钢丝网　5—保护层　6—防腐漆

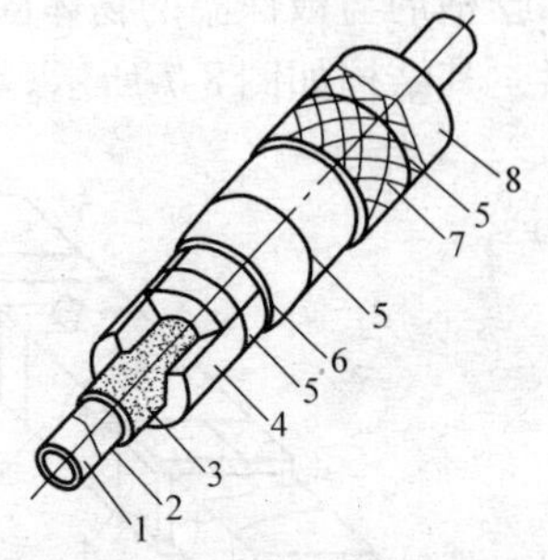

图 8-6　绑扎法保温结构

1—管道　2—防锈漆　3—胶泥　4—保温材料　5—镀锌钢丝　6—沥青油毡　7—玻璃丝布　8—防腐漆

为使保温材料与管壁紧密结合，保温材料与管壁之间应涂抹一层石棉粉或石棉硅藻土胶泥（一般为 3 ~ 5mm 厚），然后再将保温材料绑扎在管壁上。对于矿渣棉、玻璃棉、岩棉等矿纤材料预制品，因抗水湿性能差，可不涂抹胶泥直接绑扎。

绑扎保温材料时，应将横向接缝错开，双层绑扎的保温预制品应内外盖缝。如保温材料为管壳，应将纵向接缝设置在管道的两侧。非矿纤材料制品（矿纤材料制品采用干接缝）的所有接缝均应用与保温材料性能相近的材料配成胶泥填塞。绑扎保温材料时，应尽量减小两块之间的接缝。制冷管道及设备采用硬质或半硬质隔热层管壳，管壳之间的缝隙不应大于 2mm，并用粘结材料将缝填满。采用双层结构时，第一层表面必须平整，不平整时，矿纤材料用同类纤维状材料填平，其他材料用胶泥抹平，第一层表面平整后方可进行下一层保温。

绑扎的钢丝，直径的大小一般为 1 ~ 1. 2mm，绑扎的间距为

150～200mm，并且每块预制品至少应绑扎两处，每处绑扎的钢丝不应少于两圈，其接头应放在预制品的接头处，以便将接头嵌入缝内。

3）粘贴法保温也适用于各种保温材料加工成型的预制品，它靠胶粘剂与被保温的物体固定，多用于空调系统及制冷系统的保温，其结构如图 8-7 所示。

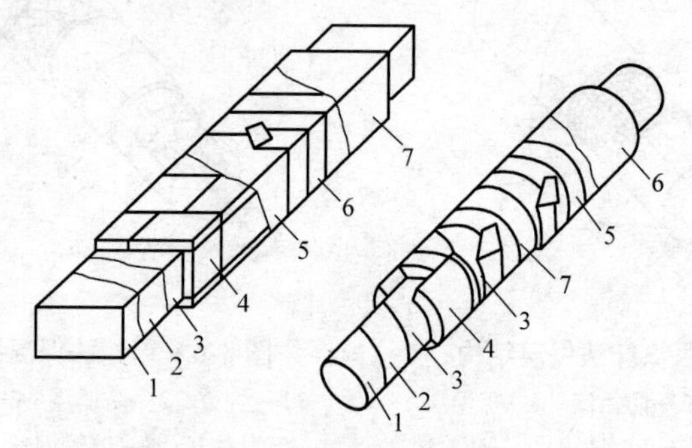

图 8-7 粘贴法保温结构

1—风管（水管） 2—防锈漆 3—胶粘剂 4—保温材料 5—玻璃丝布 6—防腐漆 7—聚氯乙烯薄膜

选用胶粘剂时，应符合保温材料的特性，并且价格低廉，采购方便。目前大部分材料都可用石油沥青玛㻋脂作胶粘剂。对于聚苯乙烯泡沫塑料制品，要求使用温度不超过 80℃。温度过高，材料会受到破坏，故不能用热沥青或沥青玛㻋脂作胶粘剂。可选用聚氨酯预聚体（即 101 胶）或醋酸乙烯乳胶、酚醛树脂、环氧树脂等材料作胶粘剂。也可采用冷石油沥青玛㻋脂作胶粘剂，但由于受到使用温度的限制、其粘结质量较差。

涂刷胶粘剂时，要求粘贴面及四周接缝上各处胶粘剂均匀饱满。粘贴保温材料时，应将接缝相互错开，错缝的方法及要求与绑扎法保温相同。

4）钉贴法保温是矩形风管采用较多的一种保温方式，它用保温钉代替胶粘剂将泡沫塑料保温板固定在风管表面上。这种方法操作简便、工效高。

使用的保温钉形式较多，有钢质的，有尼龙的，有用一般垫片的，有用自锁垫片的，以及用镀锌薄钢板现场制作的等，如图 8-8 所示。

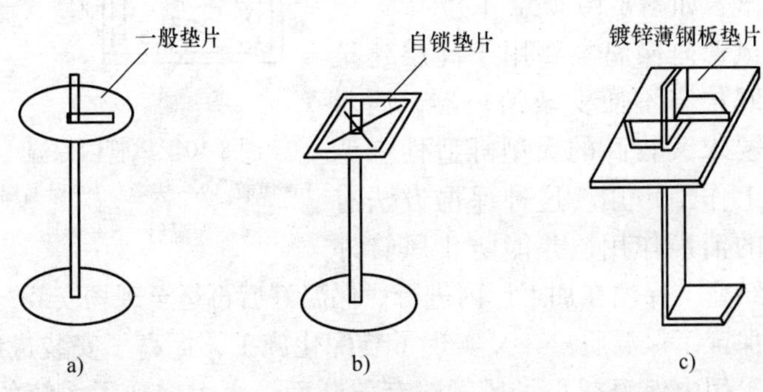

图 8-8　保温钉

a）钢质保温钉　b）钢质或尼龙保温钉　c）镀锌薄钢板保温钉

施工时，先用胶粘剂将保温钉粘贴在风管表面上。粘贴的间距一般为：顶面不少于 4 个/m^2；侧面不少于 6 个/m^2；底面不少于 12 个/m^2。保温钉粘上后，只要用手或木方轻轻拍打保温板，保温钉便穿过保温板而露出，然后套上垫片，将外露部分扳倒（自锁垫片压紧即可），即将保温板固定，其结构如图 8-9 所示。这种方法的最大特点是省去了胶粘剂。为了使保温板牢固地固定在风管上，外表也应用镀锌薄钢板带或尼龙带包扎。

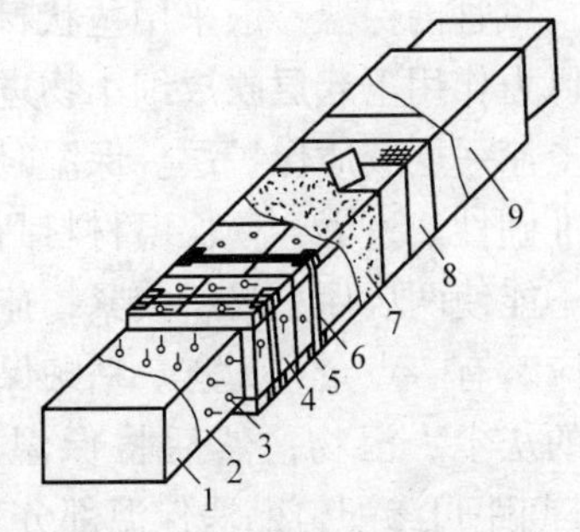

图 8-9　钉贴法保温结构

1—管道　2—防锈漆　3—保温钉　4—保温板　5—铁垫片　6—包扎带　7—胶粘剂　8—玻璃丝棉　9—防腐漆

5）风管内保温是将保温材料置于风管的内表面，用胶粘剂和保温钉将其固定，是粘贴法和钉贴法联合使用的一种保温方法，其目的是加强保温材料与风管的结合力，以防止保温材料在风力的作用下脱落，如图8-10所示。

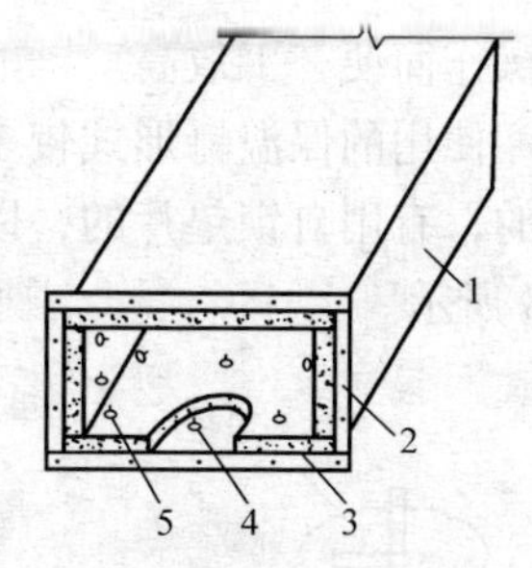

图8-10 风管内保温
1—风管 2—法兰 3—保温棉毡 4—保温钉 5—垫片

风管内保温主要用于高层建筑因空间狭窄不便安装消声器，而对噪声要求又较高的大型舒适性空调系统上作消声用。这种保温方法有良好的消声作用，并能防止风管外表面结露。保温在加工厂内进行，保温好后再运至现场安装，这样既保证了保温质量，又实现了装配化施工，提高了安装进度。但是采用内保温减小了风管的有效断面，大大增加了系统的阻力，增加了钢板的消耗量和系统日后的运行费用。另外，系统容易积尘，对保温的质量要求也较高，并且不便于进行保温操作。

风管内保温一般采用毡状材料（如玻璃棉毡），为防止棉毡在风力作用下**起层吹成**细小物进入房间，污染室内空气，多将棉毡上涂一层胶质保护层。保温时，先将棉毡裁成块状，注意尺寸的准确性。过大会使保温材料凸起，与风管表面贴合不紧密；过小不能使两块保温材料接紧，造成大的缝隙，容易被风吹开。一般应略有一点余量为宜。粘贴保温材料前，应先除去风管粘贴面上的灰尘、污物，然后将保温钉刷上胶粘剂，按要求的间距（其间距可参照钉贴法保温部分）粘贴在风管内表面上，待保温钉粘贴固定后，再在风管内表面上满刷一层胶粘剂后迅速将保温材料铺贴上，注意不要碰倒保温钉，最后将垫片套上。如是自锁垫片，套上压紧即成，如是一般垫片，套上压紧后将保温钉外露部分扳倒即成。

内保温的四角搭接处，应小块顶大块，以防止上面一块面积过大下垂。棉毡上的一层胶质保护层很脆，施工时注意不能损坏。管口及所有接缝处都应刷上胶粘剂密封。

6）聚氨酯硬质泡沫塑料的保温。聚氨酯硬质泡沫塑料由聚醚和多元异氰酸酯加催化剂、发泡剂、稳定剂等原料按比例调配而成。施工时，应将这些原料分成两组（A组和B组）。A组为聚醚和其他原料的混合液；B组为异氰酸酯。只要两组混合在一起，即起泡而生成泡沫塑料。

聚氨酯硬质泡沫塑料一般采用现场发泡，其施工方法有喷涂法和灌注法两种。喷涂法施工就是用喷枪将混合均匀的液料喷涂于被保温物体的表面上。为避免垂直壁面喷涂时液料下滴，要求发泡的时间要快一些。灌注法施工就是将混合均匀的液料直接灌注于需要成型的空间或事先安置的模具内，经发泡膨胀而充满整个空间，为保证有足够的操作时间，要求发泡的时间应慢一些。

在同一温度下，发泡的快慢主要取决于原料的配方。各生产厂的配方均有所不同，施工时应按原料供应厂提供的配方及操作规程等技术文件资料进行施工。为防止配方或操作的错误使原料报废，应先进行试喷（灌），以掌握正确的配方和施工操作方法，在有了可靠的保证之后，方可正式喷（灌）。

操作注意事项如下：聚氨酯硬质泡沫塑料不宜在气温低于5℃的情况下施工，否则应对液料加热，其温度在20~30℃为宜；被涂物表面应清洁干燥，可以不涂防锈层，为便于喷涂和灌注后清洗工具和脱模，在施工前可在工具和模具的内表面涂上一层油脂；调配聚醚混合液时，应随用随调，不宜隔夜，以防原料失效；异氰酸酯及其催化剂等原料，均为有毒物质，操作时应戴上防毒面具、防毒口罩、防护眼镜、橡胶手套等防护用品，以免中毒和影响健康。

聚氨酯硬质泡沫塑料现场发泡工艺简单，操作方便，施工效率高，附着力强，不需要任何支撑件，没有接缝，热导率小，吸湿率低，可用于-100~+120℃的保温。其缺点是异氰酸酯及催化剂有毒，对上呼吸道、眼睛和皮肤有强烈的刺激作用。另外，施工时需要一定的专用工具或模具，价格较贵。

7）缠包法保温适用于卷状的软质保温材料（如各种棉毡

等）。施工时需要将成卷的材料根据管径的大小剪裁成适当宽度（200～300mm）的条带，以螺旋状包缠到管道上（图8-11a）。也可以根据管道的圆周长度进行剪裁，以原幅宽对缝平包到管道上（图8-11b）。不管采用哪种方法，均需边缠、边压、边抽紧，使保温后的密度达到设计要求。一般矿渣棉毡缠包后的密度不应小于150～200kg/m^3，玻璃棉毡缠包后的密度不应小于100～130kg/m^3，超细玻璃棉毡缠包后的密度不应小于40～60kg/m^3。

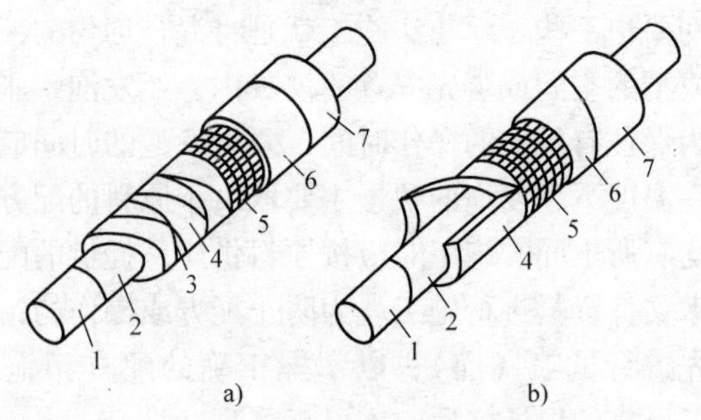

图8-11　缠包法保温结构

1—管道　2—防锈漆　3—镀锌钢丝　4—保温毡

5—钢丝网　6—保护层　7—防锈漆

如果棉毡的厚度达不到规定的要求，可采用两层或多层缠包。缠包时横向接缝应紧密结合，如有缝隙，应用同等材料填充。纵向搭接缝应放在管子上部，搭接宽度应大于50mm。保温层外径小于或等于500mm时，在保温层外面用直径为1.0～1.2mm的镀锌钢丝绑扎，间距为150～200mm，禁止以螺旋状连续缠绕。当保温层外径大于500mm时还应加镀锌钢丝网缠包，再用镀锌钢丝绑扎牢。

8）套筒式保温是将矿纤材料加工成型的保温筒直接套在管道上。这种方法施工简单、工效高，是目前冷水管道较常用的一种保温方法。施工时，只要将保温筒上的轴向切口扒开，借助矿纤材料的弹性便可将保温筒紧紧地套在管道上。为便于现场施工，在生产厂多在保温筒的外表面涂一层胶状保护层，因此在一般室内管道保温时，可不需再设保护层。对于保温筒的轴向切口和两筒之间的横向接口，可用带胶铝箔粘合，其结构如图8-12所示。

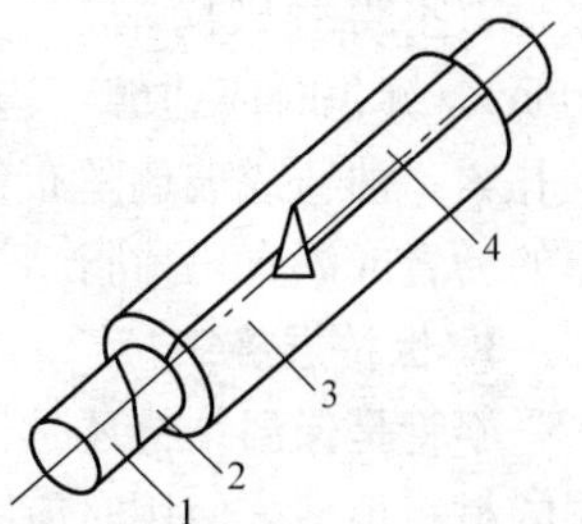

图8-12 套筒式保温结构
1—管道 2—防锈漆
3—保温筒 4—带胶铝箔带

2. 防潮层施工

对于保冷结构和敷设于室外的保温管道，需设置防潮层。目前防潮层的材料有两种：一种是以沥青为主的防潮材料；另一种是聚乙烯薄膜防潮材料。

以沥青为主体材料的防潮层有两种结构和施工方法：一种是用沥青或沥青玛琋脂粘沥青油毡；另一种是以玻璃丝布作胎料，两面涂刷沥青或沥青玛琋脂。沥青油毡因其过分卷折会断裂，只能用于平面或较大直径管道的防潮，而玻璃丝布能用于任意形状的粘贴，故应用广泛。

聚乙烯薄膜防潮层是直接将薄膜用胶粘剂粘贴在保温层的表面，施工方便，但由于胶粘剂价格较贵，此法应用尚不广泛。

以沥青为主体材料的防潮层施工是先将材料剪裁下来，对于油毡，多采用单块包裹法施工，因此油毡剪裁的长度为保温层外圆加搭接宽度（搭接宽度一般为30~50mm），对于玻璃丝布，多采用包缠法施工，即以螺旋状包缠于管道或设备的保温层外面，因此需将玻璃丝布剪成条带状，其宽度视保温层直径的大小而定。

包缠防潮层时，应自下而上进行，先在保温层上涂刷一层1.5~2mm的沥青或沥青玛琋脂（如果采用的保温材料不易涂上沥青或沥青玛琋脂，可在保温层上包缠一层玻璃丝布，然后再行涂刷），再将油毡或玻璃丝布包缠到保温层的外面。纵向接缝应设在管道的侧面，并且接口向下，接缝用沥青或沥青玛琋脂封口，外面再用镀锌钢丝绑扎，间距为250~300mm，钢丝接头应按平，不得刺破防潮层。缠包玻璃丝布时，搭接宽度为10～20mm，缠包时应边缠、边拉紧、边整平，缠至布头时用镀锌钢丝扎紧。油毡或玻璃丝布包缠好后，最后在上面刷一层2～3mm厚的沥青或沥青玛琋脂。

3. 保护层施工

不管是保温结构还是保冷结构，都应设置保护层。用作保护层的材料很多，使用时应随使用的地点和所处的条件，经技术经济比较后决定。材料不同，其结构和施工方法也不同。保护层常用的材料和形式有沥青油毡和玻璃丝布构成的保护层、单独用玻璃丝布缠包的保护层、石棉石膏或石棉水泥保护层、金属薄板加工的保护壳等。将上述几种材料和形式的保护层施工方法及使用场合分述如下。

（1）沥青油毡和玻璃丝布构成的保护层　先将沥青油毡按保温层或加上防潮层厚度加搭接长度（一般为50mm）剪裁成块状，然后将油毡包裹到管道上，外面用镀锌钢丝绑扎，其间距为250～300mm。包裹油毡时，应自下而上进行，油毡的纵横向搭接长度为50mm，纵向接缝应用沥青或沥青玛琋脂封口，纵向接缝应设在管道的侧面，并且接口向下。油毡包裹在管道上后，再将裁下来的带状玻璃丝布以螺旋状缠包到油毡的外面。每圈搭接的宽度为条带的1/2～1/3，开头处应缠包两圈后再以螺旋状向前缠包，起点和终点都应用镀锌钢丝绑扎，并不得少于两圈。缠包后的玻璃丝布应平整无皱纹、气泡，并松紧适当。

油毡和玻璃丝布构成的保护层一般用于室外敷设的管道，玻璃丝布表面根据需要还应涂刷一层耐气候变化的涂料。

（2）单独用玻璃丝布缠包的保护层　单独用玻璃丝布缠包于保温层或防潮层外面作保护层的施工方法同前。多用于室内不易碰撞的管道。对于未设防潮层而又处于潮湿空气中的管道，为防止保温材料受潮，可先在保温层上涂刷一层沥青或沥青玛琋脂，然后再将玻璃丝布缠包在管道上。

（3）石棉石膏或石棉水泥保护层　施工方法采用涂抹法。施工时先将石棉石膏或石棉水泥按一定的比例用水调配成胶泥，如保温层（或防潮层）的外径小于 200mm，则将胶泥直接涂抹在保温层或防潮层上；如果保温层或防潮层外径大于或等于 200mm，还应在保温层或防潮层外先用镀锌钢丝网包裹加强，并用镀锌钢丝将网的纵向接缝处缝合拉紧，然后将胶泥涂抹在镀锌钢丝网的外面。当保温层或防潮层的外径小于或等于 500mm 时，保护层厚度为 10mm；大于 500mm 时，厚度为 15mm。

涂抹保护层时，一般分两次进行。第一次粗抹，第二次精抹。粗抹厚度为设计厚度的 1/3 左右，胶泥可干一些，待初抹的胶泥凝固稍干后，再进行精抹，精抹的胶泥应稍稀一些。精抹必须保证厚度符合设计要求，表面光滑平整，不得有明显的裂纹。石棉石膏或石棉水泥保护层一般用于室外及有防火要求的非矿纤材料保温的管道。为防止保护层在冷热应力的影响下产生裂缝，可在趁精抹的胶泥未干时将玻璃丝布以螺旋状在保护层上缠包一遍，搭接的宽度可为 10mm。保护层干后则玻璃丝布与胶泥结成一体。

（4）金属薄板保护壳　金属薄板一般采用镀锌薄钢板，厚度根据保护层直径而定。一般直径小于或等于 1000mm 时，厚度为 0.5mm；直径大于 1000mm 时，厚度为 0.8mm。

金属薄板保护壳应事先根据使用对象的形状和连接方式用手工或机械加工好，再安装到保温层或防潮层表面上。

金属薄板加工成保护壳后，应在内外表面涂刷一层防锈漆后方可进行安装。安装保护壳时，应紧贴在保温层或防潮层上，纵横向接口搭接量一般为 30 ~ 40mm，所有接缝必须有利雨水排除。纵向接缝应尽量在背视线一侧，接缝常用自攻螺钉固定，其间距为 200mm 左右。用自攻螺钉固定时，应先用手提式电钻用 0.8 倍螺钉直径的钻头钻孔，禁止用冲孔或其他方式打孔。安装有防潮层的金属保护壳时，则不能用自攻螺钉固定，可用镀锌薄钢板带包扎固定，以防止自攻螺钉刺破防潮层。

金属保护壳因其价格较贵，并耗用钢材，仅用于部分室外管道（如室外风管）及室内容易碰撞的管道以及有防火、美观等特殊要求的场合。

参考文献

[1] 范秋雨. 建筑工地实用技术问答 [M]. 北京: 中国建筑工业出版社, 2003.

[2] 黄剑敌. 暖、卫、燃气、通风空调建筑设备分项工艺标准 [M]. 北京: 中国建筑工业出版社, 2001.

[3] 赵培森, 竺士文, 赵柄文, 建筑给水排水、暖通空调设备安装手册 [M]. 北京: 中国建筑工业出版社, 2000.

[4] 肖绪文. 通风空调工程施工工艺标准 [M]. 北京: 中国建筑工业出版社, 2003.

[5] 杨卫东. 建筑水暖与通风空调工程 [M]. 北京: 中国建筑工业出版社, 2003.

[6] 柳涌. 建筑安装工程施工图集 [M]. 北京: 中国建筑工业出版社, 2004.

[7] 陈一才. 现代建筑设备工程设计手册 [M]. 北京: 机械工业出版社, 2001.

[8] 住建部. GB 50300—2001 建筑工程施工质量验收统一标准 [S]. 北京: 中国建筑工业出版社, 2001.

[9] 住建部. GB 50242—2008 建筑给水排水及采暖工程施工质量验收规范 [S]. 北京: 中国建筑工业出版社, 2008.

[10] 住建部. GB 50243—2002 通风与空调工程施工质量验收规范 [S]. 北京: 中国建筑工业出版社, 2002.

[11] 住建部. GB 50303—2002 建筑电气工程施工质量验收规范 [S]. 北京: 中国计划出版社, 2002.

[12] 杨卫东. 建筑水暖与通风空调工程监理 [M]. 北京: 中国建筑工业出版社, 2003.

[13] 张兴国. 水暖工长手册 [M]. 北京: 中国建筑工业出版社, 2001.

[14] 刘宝珊. 建筑电气安装工程实用技术手册 [M]. 北京: 中国建筑工业出版社, 1998.

[15] 曹文斌. 简明建筑设备安装技术手册 [M]. 北京: 中国建筑工业出版社, 2004.

[16] 张闻民, 等. 暖卫安装工程施工手册 [M]. 北京: 中国建筑工业出

版社，1997.
[17] 姜湘山，郭桦. 高层建筑设备安装工程指南 [M]. 北京：机械工业出版社，2005.
[18] 刘庆山. 采暖卫生与燃气工程 [M]. 北京：中国建筑工业出版社，2006.
[19] 奕勇. 建筑给水排水及采暖工程施工与质量验收实用手册 [M]. 北京：中国建材工业出版社，2003.
[20] 杨南方，尹辉. 建筑工程施工技术措施 [M]. 北京：中国建筑工业出版社，2000.
[21] 黄崇国. 通风空调工程施工与验收手册 [M]. 北京：中国建筑工业出版社，2006.
[22] 张文祥. 通风空调工程施工手册 [M]. 太原：山西科学技术出版社，2005.
[23] 吴耀伟. 供热通风与空调工程施工技术 [M]. 北京：中国电力出版社，2004.
[24] 住建部. JGJ141—2004 通风管道技术规程 [S]. 北京：中国建筑工业出版社，2004.
[25] 赵荣义. 简明空调设计手册 [M]. 北京：中国建筑工业出版社，1998.
[26] 路延魁. 空气调节设计手册 [M]. 2 版. 北京：中国建筑工业出版社，1995.
[27] 韩喜林. 通风与空调工程——安全、操作、技术 [M]. 北京：中国建筑工业出版社，2006.
[28] 李亚峰. 建筑给水排水工程 [M]. 北京：机械工业出版社，2007.
[29] 蒋白懿，王宏伟，李亚峰. 简明建筑设备安装手册 [M]. 北京：化学工业出版社，2009.
[30] 杨南方，贾丕业，吴显慧. 建筑设备安装施工 [M]. 北京：中国建筑工业出版社，2006.
[31] 瞿义勇. 建筑设备安装——专业技能入门与精通 [M]. 北京：机械工业出版社，2010.